"A"级巴氏杀菌乳条例

（2015 修订版）

国家认证认可监督管理委员会
青岛出入境检验检疫局　编译

U0275028

中国质检出版社
中国标准出版社
北　京

图书在版编目（CIP）数据

"A"级巴氏杀菌乳条例（2015修订版）/国家认证认可监督管理委员会，青岛出入境检验检疫局编译. —北京：中国质检出版社，2018.4

ISBN 978 - 7 - 5026 - 4548 - 9

Ⅰ. ①A… Ⅱ. ①美… Ⅲ. ①乳制品—食品安全—条例—美国 Ⅳ. ①TS252.7

中国版本图书馆 CIP 数据核字（2017）第 325752 号

中国质检出版社
中国标准出版社 出版发行

北京市朝阳区和平里西街甲 2 号（100029）
北京市西城区三里河北街 16 号（100045）
网址：www. spc. net. cn
总编室：（010）68533533　发行中心：（010）51780238
读者服务部：（010）68523946
中国标准出版社秦皇岛印刷厂印刷
各地新华书店经销

＊

开本 787×1092　1/16　印张 23.75　字数 542 千字
2018 年 4 月第一版　2018 年 4 月第一次印刷

＊

定价：78.00 元

编　委　会

编译说明

　　乳和乳制品是人体健康必需营养成分的优质来源。为避免食源性疾病的爆发，美国自 1924 年以来，在公共卫生署、农业署、食品药品管理局、乳制品及相关行业、消费者团体等的共同努力下，通过技术协助、培训、制定标准、评估等工作，对其国内的乳和乳制品生产、供应采取了持续的保护及改进措施，从而在很大程度上减少了由乳和乳制品导致的食源性疾病的爆发。

　　近年来，由于新型乳和乳制品、新的加工工艺、新材料、新的营销模式的出现，乳和乳制品安全问题变为一个多元素的复杂性问题，需要在乳和乳制品的生产、加工、巴氏杀菌和配送的各个阶段对新的引进元素进行评估。美国 2015 版《"A"级巴氏杀菌乳条例》将新型的技术与知识转化为可实施的公共健康举措，希望在整个国家的关注与合作下，能为乳和乳制品安全提供有效保障。

　　为与时俱进，并方便我国社会各界学习借鉴，特别是供我国广大乳和乳制品企业及政府监管人员参考，特组织专家对美国 2015 版《"A"级巴氏杀菌乳条例》进行翻译出版，希望能够为促进我国的乳和乳制品安全工作，以及乳和乳制品行业整体水平的提升略尽绵薄之力。

　　本书的编译工作由国家认证认可监督管理委员会、青岛出入境检验检疫局联合承担。本书译自美国卫生和人类服务部、公共卫生署和食品药品管理局联合出版的 2015 版《"A"级巴氏杀菌乳条例》，如有不妥之处，敬请批评指正。

编译者

2017 年 12 月

美国公共卫生署/FDA 乳品条例以往版本目录

1924. 仅条例，重印号 971，据 1924 年 11 月 7 日《公共卫生报告》。

1926. 仅条例，重印号 1099，据 1926 年 7 月 30 日《公共卫生报告》。

1927. 条例和法规，1927 年 11 月，油印版暂行草案。

1929. 条例和法规，1929 年 7 月油印版。

1929. 条例和法规，1929 年 9 月油印版。

1931. 条例和法规，1931 年 9 月油印版。

1933. 仅条例，1933 年 7 月油印版。

1933. 条例和法规，1933 年 7 月油印版。

1933. 仅条例，1933 年 12 月影印版。

1933. 条例和法规，1933 年 12 月影印版。

1934. 条例和法规，1934 年 8 月影印版。

1934. 仅条例，1934 年 8 月影印版。

1935. 条例和法规。作为《公共卫生公告》出版，编号 220，1935 年版，1935 年 7 月。

1936. 仅条例，1936 年 12 月油印版。

1936. 条例和法规，作为《公共卫生公告》出版，编号 220，1936 年版，1937 年 1 月。

1939. 条例和法规，1939 年 1 月油印版。

1939. 仅条例，1939 年 2 月油印版。

1939. 仅条例，1939 年 11 月，油印版。

1939. 条例和法规，作为《公共卫生公告》出版，编号 220，1939 年版，1940 年 2 月。

1947. 仅条例，1947 年 8 月，油印版暂行草案。

1949. 仅条例，1949 年 4 月，简易平版印刷。

1951. 仅条例，1951 年 11 月，简易平版印刷。

1953. 条例和法规。作为公共卫生服务出版物印刷，编号 229。

1965.《"A"级巴氏杀菌乳条例》公共卫生服务出版编号 229。

1978.《"A"级巴氏杀菌乳条例》公共卫生署/食品药品管理局。

1983.《"A"级巴氏杀菌乳条例》公共卫生署/食品药品管理局。

1985.《"A"级巴氏杀菌乳条例》公共卫生署/食品药品管理局。

1989.《"A"级巴氏杀菌乳条例》公共卫生署/食品药品管理局。

1993.《"A"级巴氏杀菌乳条例》公共卫生署/食品药品管理局。

1995.《"A"级巴氏杀菌乳条例》公共卫生署/食品药品管理局。

1997.《"A"级巴氏杀菌乳条例》公共卫生署/食品药品管理局。

1999.《"A"级巴氏杀菌乳条例》公共卫生署/食品药品管理局。

2001.《"A"级巴氏杀菌乳条例》公共卫生署/食品药品管理局。

2003.《"A"级巴氏杀菌乳条例》,包括之前版本《"A"级巴氏杀菌乳条例》附录Ⅰ:"A"级炼乳和乳粉制品及浓缩乳清和乳清粉中的规定。公共卫生署/食品药品管理局。

2005.《"A"级巴氏杀菌乳条例》,包括之前版本《"A"级巴氏杀菌乳条例》附录Ⅰ:"A"级炼乳和乳粉制品及浓缩乳清和乳清粉中的规定。公共卫生署/食品药品管理局。

2007.《"A"级巴氏杀菌乳条例》,包括之前版本《"A"级巴氏杀菌乳条例》附录Ⅰ:"A"级炼乳和乳粉制品及浓缩乳清和乳清粉中的规定。公共卫生署/食品药品管理局。

2009.《"A"级巴氏杀菌乳条例》,包括之前版本《"A"级巴氏杀菌乳条例》附录Ⅰ:"A"级炼乳和乳粉制品及浓缩乳清和乳清粉中的规定。公共卫生署/食品药品管理局。

2011.《"A"级巴氏杀菌乳条例》,包括之前版本《"A"级巴氏杀菌乳条例》附录Ⅰ:"A"级炼乳和乳粉制品及浓缩乳清和乳清粉中的规定。公共卫生署/食品药品管理局。

2013.《"A"级巴氏杀菌乳条例》,包括之前版本《"A"级巴氏杀菌乳条例》附录Ⅰ:"A"级炼乳和乳粉制品及浓缩乳清和乳清粉中的规定。公共卫生署/食品药品管理局。

2015.《"A"级巴氏杀菌乳条例》,包括之前版本《"A"级巴氏杀菌乳条例》附录Ⅰ:"A"级炼乳和乳粉制品及浓缩乳清和乳清粉中的规定。公共卫生署/食品药品管理局。

序

美国公共卫生署（USPHS）的乳品卫生程序是其机构中历史最悠久和最受推崇的工作之一。美国公共卫生署（USPHS）所关注的问题源自于两个重要的公共健康考虑因素。首先，作为维持人体健康尤其是儿童与老年人健康所必需的营养成分的单一来源，乳品在所有食品中首屈一指。因此，美国公共卫生署（USPHS）多年以来一直提倡扩大乳品的消费量。其次，乳品有可能成为疾病传播的媒介，并在过去曾与大多数疾病爆发有关。

在美国，通过乳品传播的疾病的发生率已经大为下降。1938年，所有因食品和水资源污染而导致的疾病爆发事件中，乳制品导致感染疾病的占25％。据我们掌握的最新资料表明，上述被报道的疾病爆发事件中，与乳和液态乳制品产品有关的不到1％。这一值得称道的成果要归因于众多团体组织的共同努力，包括公共卫生署、农业署、乳品行业及相关行业、相关的专业团体、教育机构以及消费民众。美国公共卫生署与食品药品管理局（USPHS/FDA）为其通过技术协助、培训、调查、标准的制定、评估和认证工作而对国家的乳品供应所采取的保护与改进措施而引以为荣。

尽管已取得了很大进步，但偶尔仍会有乳制品传播疾病爆发事件发生，说明在乳和乳制品的生产、加工、巴氏杀菌和配送等各个阶段都需要保持高度警惕。由于新型乳制品、新的加工工艺、新材料与新的营销模式都必须从其公共健康的重要性角度来加以评估，因此，与确保乳和乳制品安全有关的问题就变得极其复杂。《"A"级巴氏杀菌乳条例》2015修订版将该新型技术与知识诠释为有效且切合实际的公共健康措施，并包含了之前版本的《"A"级巴氏杀菌乳条例》"附录Ⅰ："A"级炼乳和乳粉条例"的规定。

　　保证乳和乳制品的随时可食用性和安全性的责任并不仅限于个别团体、州或联邦政府，而是整个国家关注的问题。在包括政府与业界在内的致力于乳和乳制品的安全保障工作的各方的持续合作下，必定能够承担起这一重任。

前　言

　　美国公共卫生署在乳品卫生领域的工作始于世纪之交对乳在疾病蔓延当中的影响力的研究。通过这些研究得出的结论是，要对乳制品传播疾病进行有效的公共卫生控制，需要在乳和乳制品的生产、运输、巴氏杀菌法和配送等各个环节中采取一系列卫生措施。在上述早期的研究之后，紧接着还通过调查对疾病控制中可能采用的卫生措施进行了确认和评估，包括对改进巴氏杀菌过程的研究。

　　为了协助各个州和自治市起动和维持有效的乳制品传播疾病的预防计划，美国公共卫生署于1924年制定了一部示范性规程——《标准乳品条例》，供各个州与地方乳品管理机构自愿采用。为了对该《条例》进行统一的解释，1927年还颁布了一部配套《法典》，规定了详细的管理措施和技术规范，以便充分地遵照该《条例》执行。该示范性乳品规程也就是现在的《"A"级巴氏杀菌乳条例》2015修订本，其中包含了"A"级乳和乳制品加工、包装及销售的所有管理规定，这些乳制品包括酪乳和酪乳制品、乳清和乳清制品、炼乳和乳粉制品等，前后共进行了30次修订，并在公共卫生实施办法中融合了最新的技术成果。

　　该《"A"级巴氏杀菌乳条例》并不是由美国公共卫生署与食品药品管理局（USPHS/FDA）独自制定的。前述各个版本是在联邦政府、州政府及地方政府的各级乳品管理与评级机构的统一协助下制定出来的，包括卫生部和农业部；乳品行业的所有部门，包括生产商、乳加工厂运营商、设备制造商及相关机构、诸多教育机构与研究机构；同时也收到了来自很多公共卫生学家及其他个人的帮助性意见。

美国公共卫生署与食品药品管理局（USPHS/FDA）所推荐的《"A"级巴氏杀菌乳条例》是各州与美国公共卫生署与食品药品管理局（USPHS/FDA）之间针对州际乳品货运商认证的自愿性合作计划中所使用的基本标准，所有 50 个州、哥伦比亚地区及美利坚托管领土等都加入了该计划。国家州际乳品贸易协会（NCIMS）在其两年一度的大会上依照食品药品管理局的谅解备忘录提出了对《"A"级巴氏杀菌乳条例》的修改意见。这些修改意见都包含到了 2015 修订版中。该大会所提出的建议和指导在《"A"级巴氏杀菌乳条例》的该版本的编制过程中受到了一致好评。

《"A"级巴氏杀菌乳条例》在联邦乳和乳制品采购规范中也得到了引用；并作为州际运输公司所使用的乳和乳制品的卫生规范而得到了使用；同时也作为乳品卫生的国家标准而得到了公共卫生机构、乳品行业，以及众多其他机构组织的认可。得到广泛采用和统一实施的《"A"级巴氏杀菌乳条例》将继续提供有效的公共健康保护，而不会对监管机构或乳品行业产生过多的负担和阻碍。它代表的是广大民众对当前科技和实际经验的一致认可，从而代表了一套切实可行与公平合理的国家乳品卫生标准。

依照国家州际乳品贸易协会的指示，在 2015 版的《"A"级巴氏杀菌乳条例》当中已经包括了之前版本的《"A"级巴氏杀菌乳条例》"附录Ⅰ："A"级炼乳和乳粉条例"中所包含的对炼乳和乳粉制品及浓缩乳清和乳清粉的生产加工过程的管理要求与技术规范。

引　言

以下《"A"级巴氏杀菌乳条例》及其附件可供各州合法采用，从而促使美国境内的乳品卫生工作的统一性和优质水平得到进一步提升。本推荐标准的一个重要目的就是促进州际及州内商业领域内优质乳制品的商贸活动。

该版本的《条例》包含了用于巴氏杀菌、超巴氏杀菌、无菌加工和包装、包装后蒸汽灭菌处理的"A"级生鲜乳以及第一章中所定义的"A"级乳和乳制品的卫生标准。

建议各州在经相应的法律机构批准后采用以下形式。采用该形式可降低出版及印刷成本，并更有利于《"A"级巴氏杀菌乳条例》的通用。采用该形式在很多州均视为合法并已按此采用。州政府议会已经制定了一部示范性州法律——《乳品与食品条例引用采纳法案》[1]，并推荐由各州进行颁布，以便使各个社会团体能够通过引用的形式来采纳乳品与食品条例。

一部对"A"级乳和乳制品的生产、运输、加工、搬运、取样、检查、标示及销售；对乳牛场、乳加工厂、乳接收站、中转站、乳罐车清洁设施、乳罐车及散装乳搬运工/取样员的检查工作；对乳生产商、散装乳搬运工/取样员、乳罐车、乳运输公司、乳加工厂、接收站、中转站、乳罐车清洁设施、搬运工及配送人员许可证发布与吊销工作，以及处罚措施的认定工作进行管理的条例。

---

[1]　由州政府议会（Box 11910，Iron Works Pike，Lexington，KY 40578）制定的 1950 年度州立法建议程序中包含的示范性法案的副本。

_____的_____[2] 颁布命令：

　　第一章　在_____的_____[2] 或其管辖范围内进行最终消费的"A"级乳和乳制品的生产、运输、加工、搬运、取样、检查、标示及销售；对乳牛场、乳加工厂、乳接收站、中转站、乳罐车清洁设施、乳罐车及散装乳搬运工/取样员的检查工作，以及对乳生产商、散装乳搬运工/取样员、乳罐车、乳运输公司、乳加工厂、接收站、中转站、乳罐车清洁设施、搬运工及配送人员许可证发布与吊销工作均须依照当前版本的《"A"级巴氏杀菌乳条例》来进行管理，即由相应的管理官员办公室存档的已认证副本[3]。前提是，本《条例》的第十五章和第十六章须分别用以下第二章和第三章来代替。

　　第二章　违反本《条例》中的任何规定的个体将以轻罪论处，并在认定后将处以最高_____美元的罚款，和/或禁止该违法个体继续实施违法行为。每一天发生的违法行为均视为一次单独的违法行为。

　　第三章　与本《条例》相抵触的所有条例及其任何内容均应于本《条例》采用之日起12个月后废止，同时本《条例》将依照法律规定具有完全的效力。

　　法律方面的问题：首席律师办公室时常提出与法律有关的推荐措施并包含在了本《条例》之中。另外，在各个州与地方法律顾问的建议下，还进行了其他的修改。

　　多年来，本《条例》得到了广泛采用并得到了多项诉讼庭审的支持。支持本《条例》各项规定的最具有广泛性的判决之一是由堪萨斯州里诺县的地方法院于1934年5月1日在哈钦森等城市比林斯等人的案件中作出的坚持各项规定的判决。在该诉讼中，原告未成功争取到禁止实施哈钦森条例的权利，其基于的理由是：（a）该条例不合理；（b）该条例与州议会的立法抵触；（c）地方条例中规定的许可证费用（而非美国公共卫生署推荐的《条例》中的相应费用）金额过高；以及（d）乳品检查人员独断专行。

---

　　[2]　在此处及本《条例》的类似位置均代表相应的执法机构。

　　[3]　已认证副本可由公共卫生署卫生与公共服务部、食品药品管理局、肉蛋工厂与乳品安全部（HFS316，5100 Paint Branch Parkway，College Park，MD 20740—3835）提供。

（重印号 1629 — 据 1934 年 6 月 8 日的《公共卫生报告》）

该示范性《条例》不鼓励使用公共卫生条例而擅自建立针对其他乳品供应地优质乳的贸易壁垒（参见第十一章）。应州与地区卫生官员协会及国家州际乳品贸易协会（NCIMS）的多次请求，美国公共卫生署与食品药品管理局（USPHS/FDA）正在州际乳品货运商认证的自愿性计划中积极进行合作。没有统一的标准来达成广泛的共识，是不可能实施这样的计划的，比如像本推荐《条例》中的各种标准。

这些标准作为克服州际贸易壁垒的一种方式所具有的价值在麦迪逊市迪恩乳品公司（Dean Milk Company）一案中得到了美国最高法院的认可（1950 年 10 月期—编号 258）。该法院撤销了威斯康星州最高法院的判决，后者对麦迪逊市销售乳品的巴氏杀菌乳工厂的位置作出了 5mile[①] 的限制性要求，并指出，如果该市执行的是美国公共卫生署所推荐的《乳品条例》中第十一章的规定，那么麦迪逊的消费者就会得到充分的保护。

美国公共卫生署与食品药品管理局（USPHS/FDA）对于乳品卫生标准的实施不拥有法定管辖权，但对州际货运公司以及州际商业贸易中交易的乳和乳制品除外。它是以一种建议性和激励性的方式来独立运作，其设计的计划主要是用来协助监管机构的工作。其目的是推动在各个州建立有效而均衡的乳品卫生计划；促进采用适当而统一的乳品管理法规；并鼓励通过适当的法律措施和教育措施来采用统一的实施程序。

当本《条例》在各个地方得到采用后，其实施工作就会成为执法部门的一项职能。因此，只有当能够为合格的人员与合适的实验室设施制定适当的规定后，该《条例》才能得到采用。

条例的采用：出于全国范围内的统一性考虑，建议各州在采用本《条例》时不要对其进行任何修改，除非为了避免与州法律相冲突而必须修改。修改工作在计划时应当特别谨慎，以确保本《条例》能够切实得到履行。为了力求统一，建议同时采用所有的行政程序。

---

① 1mile=1.609km。

本书中使用的量的单位多为非法定计量单位，读者使用时可根据需要进行换算。以下不再标注。——编者注

现有的各项规程的修订：采用美国公共卫生署与食品药品管理局（USPHS/FDA）所推荐的《"A"级巴氏杀菌乳条例》2013 版或更早版本的各个州应尽快更新到该《条例》的最新版本，以便充分利用乳品卫生与管理措施当中的最新发展动态。其乳品卫生法律或规程未依照美国公共卫生署和食品药品管理局（USPHS/FDA）所推荐的早期版本的《"A"级巴氏杀菌乳条例》的各个州应尽快考虑相配套的公共卫生福利和经济性福利，这些都可以通过采用和实施《"A"级巴氏杀菌乳条例》来获得。

目　录

插　图

表　格

缩写和首字母缩略词

3 – A SSI（3 – ASanitary Standards，Inc.）3 – A 卫生标准有限责任公司

℃（Degrees Celsius）摄氏度

℉（Degrees Fahrenheit）华氏度

＋（Positive）阳性

－（Negative）阴性

＋/－（Plus or Minus）正/负

AC（Air Cleaner or Alternating Current）空气过滤器或空气交换机

AISI（American Iron and Steel Institute）美国钢铁协会

AMI（Automatic Milking Installation）自动挤乳设备

AOAC（Association of Official Analytical Chemists）美国官方分析化学家协会

APA（Administrative Procedures Act）行政程序法案

APHIS（Animal and Plant Health Inspection Service）动植物卫生检验局

APPS（Aseptic Processing and Packaging System）无菌加工和包装系统

AR（Audit Reports）审计报告

ASHRAE（American Society of Heating，Refrigeration and Air – Conditioning Engineers）美国采暖、制冷与空调工程师协会

ASME（American Society of Mechanical Engineers）美国机械工程师协会

ASTM（American Society of Testing and Materials）美国材料实验协会

AUX STLR（Auxiliary Safety Thermal Limit Recorder – Controller）辅助安全热限记录控制器

AVIC（Area Veterinarian – in – Charge）地方兽医主管

aw（Water Activity）水分活度

BSC（BactoScan FC）福斯快速细菌计数方法

BTU（Bulk Tank Unit）散装罐体单元

CCP（Critical Control Point）关键控制点

cfm（Cubic Feet per Minute）每分钟立方英尺

CFR（Code of Federal Regulations）美国联邦法规

CFSAN（Center for Food Safety and Applied Nutrition）食品安全与应用营养中心

cfu（Colony Forming Units）菌落形成单位

CG（Confluent Growth）汇合生长

CIP（Clean-in-Place）就地清洁

CIS（Certified Industry Supervisor）经认证的行业主管

CL（Critical Limit）关键限定值

CLE（Critical Listing Element）关键列表元素

CLT（Constant-Level Tanks）恒液位槽

cm（Centimeter）厘米

cm2（Square Centimeter）平方厘米

CMR（Cooling Media Return）冷却介质返回

CMS（Cooling Media Supply）冷却介质供应

Condensed（Concentrated Milk and/or Milk Products）浓缩乳和/或乳制品

COP（Cleaned-out-of-Place）在他处进行清洗

CPC（Coliform Plate Count）大肠菌群计数板

CPG（Compliance Policy Guide）合规政策指南

CTLR（Controller）控制器

DIS/TSS 4（Disinfectant/Technical Science Section-EPA Sanitizer Test for Inanimate Surfaces：Efficacy Data Requirements）无菌表面消毒剂测试/技术科学部分-环保署消毒剂测试：效果的数据要求

DMSCC（Direct Microscopic Somatic Cell Count）直接显微镜体细胞计数

DNA（Deoxyribonucleic Acid）脱氧核糖核酸

DOP（Dioctylphthalate Fog Method）邻苯二甲酸二辛酯雾化法

DPC（Dairy Practices Council）乳业实践委员会

DPLI（Differential Pressure Limit Indicator）压差限制仪表

DRT（Digital Reference Thermometer）数显温度计

dSSO（delegated Sampling Surveillance Regulatory Agency Official）经授权取样的监管机构官员

EAPROM（Electrically Alterable, Programmable, Read-Only Memory）电可改写可编程只读存储器

EC（Electrical Conductivity）导电率

ECA（Electro-Chemical Activation）电化学活化

EEPROM（Electrically Erasable, Programmable, Read-Only Memory）电可擦可编程只读存储器

EML（Evaluation of Milk Laboratories）乳品实验室评估

EPA（Environmental Protection Agency）环境保护局

EPROM（Erasable，Programmable，Read－Only Memory）可擦可编程只读存储器

ESCC（Electronic Somatic Cell Count）电子体细胞计数

FAC（Free Available Chlorine）游离有效氯

FALCPA（Food Allergen Labeling and Consumer Protection Act）食品过敏原标示和
消费者保护法案

FAO（Food and Agriculture Organization）联合国粮食及农业组织

FC（Fail Closed）故障时自动关闭

FDA（Food and Drug Administration）食品药品管理局

FDD（Flow－Diversion Device）分流装置

FFD&CA（Federal Food，Drug，and Cosmetic Act）联邦食品、药品和化妆品法案

FIPS（Federal Information Processing Standard）联邦信息处理标准

FR（Federal Register）联邦法规

FRC（Flow Recorder/Controller）流量记录器/控制器

GLP（Good Laboratory Practice）良好实验室操作规范

gm（Gram）克

GMP（Good Manufacturing Practice）良好操作规范

GRAS（Generally Recognized as Safe）公认为安全

H（Height）高

HACCP（Hazard Analysis Critical Control Point）危害分析的临界控制点

HFA（High Flow Alarm）高流量警报

HHS（Health and Human Services）美国健康与公共服务部

HHST（Higher－Heat－Shorter－Time）高热短时

HMR（Heating Media Return）加热介质返回

HMS（Heating Media Supply）加热介质供应

HPC（Heterotrophic Plate Count）异养平板计数

HSCC（High Sensitivity Coliform Count）高灵敏度大肠菌群计数

HTST（High－Temperature－Short－Time）高温短时

IA（Industry Analyst）行业分析师

ICP（International Certification Program）国际认证组织

IS（Industry Supervisor）行业主管

IFT（The Institute of Food Technologists）食品工艺师学会

IMS（Interstate Milk Shipper）州际乳品货运商

in.（Inch）英寸

I. U.（International Units）国际单位

kg（Kilogram）千克

kPa（Kilo Pascal）千帕

L（Length or Liter）长或升

LACF（Low Acid Canned Food）低酸罐头食品

LEO（Laboratory Evaluation Officer）实验室评估官员

LOI（Letter of Intent）购买意向书

LOSA（Loss of Signal/Low Flow Alarm）信号损失/低流量警报

LOU（Letter of Understanding）担保书

LPET（Laboratory Proficiency Evaluation Team）实验室能力评估组

LS（Level Sensor）液位传感器

lux（Unit of Illuminance and Luminous Emittance）勒克斯，照度的国际单位

M（Meter）米

M－a（Memorandum of Interpretation）备忘录

M－b（Memorandum of Milk Ordinance Equipment Compliance）编码备忘录

MBTS（Meter Based Timing System）基于流量计的调速系统

MC（Milk Company）乳品公司

MF（Membrane Filter or Micro－Filtration）薄膜滤器或微过滤（MF）系统

MFMBTS（Magnetic Flow Meter Based Timing System）基于电磁流量计的调速系统

mg/L（Milligrams per Liter）毫克每升

M－I（Memorandum of Information）信息备忘录

MIL－STD（Military Standard）军事标准

mL（Milliliter）毫升

mm（Millimeter）毫米

MMSR（Methods of Making Sanitation Ratings of Milk Shippers and the Certifications/ Listings of Single－Service Containers and Closures for Milk and/or Milk Products Manufacturers）乳品货运商卫生等级评定方法、乳和/或乳制品一次性容器及封盖生产工厂认证/登记

MOA（Memorandum of Agreement）协议备忘录

MOU（Memorandum of Understanding）谅解备忘录

MPN（Most Probable Number）最大可能数

MSDS（Material Safety Data Sheet）材料安全数据表

MST（Milk Safety Team）乳品安全组

MTF（Multiple Tube Fermentation）多管发酵

NA（Not Applicable）不适用

NACMCF（National Advisory Committee on Microbiological Criteria for Foods）美国国家食品微生物标准咨询委员会

NASA（National Aeronautics and Space Administration）美国国家航空和航天局

NCIMS（National Conference on Interstate Milk Shipments）国家州际乳品贸易协会

NIST（National Institute of Standards and Technology）美国国家标准与技术学会

NLEA（Nutrition Labeling and Education Act）营养标签与教育法

NMC（National Mastitis Council）国家乳腺炎委员会

NSDA（National Soft Drink Association）美国软饮料产业协会

OMA（Official Methods of Analysis）官方分析方法

OSHA（Occupational Safety and Health Administration）职业安全和健康管理

OTC（Over – the – Counter）非处方药

P（Pasteurized）巴氏杀菌

PA（Product Assessment）产品评估

P/A（Presence/Absence）阳性/阴性

PAC（Petrifilm Aerobic Count）细菌总数测试片

PAM（Pesticide Analytical Manual）农药分析手册

PC（Pressure Controller）压力控制器

PCC（Petrifilm Coliform Count）大肠菌群测试片

PDD（Position Detection Device）状态检测装置

pH（Potential Hydrogen – acid/alkaline balance of a solution）溶液的酸碱度

PHF（Potentially Hazardous Food）有潜在危害的食物

PHS/FDA（Public Health Service/Food and Drug Administration）公共卫生/食品药品管理局

PMO（Pasteurized Milk Ordinance）巴氏杀菌乳条例

PI（Pressure Indicator）压力计

PLC（Plate Loop Count or Programmable Logic Controller）平板环计数/可编程序逻辑控制器

PLI（Pressure Limit Instrument）压力限制仪器

PMO（Pasteurized Milk Ordinance）巴氏杀菌乳条例

PP（Prerequisite Program）前提方案

PPAC（Peel Plate Aerobic Count）需氧菌平板计数

PPEC（Peel Plate E. coli and Coliform）大肠杆菌和大肠菌群平板计数

PPECHVS（Peel E. coli and Coliform High Volume Sensitivity）大肠杆菌和大肠菌群高灵敏度检测

ppm（Parts per Million）百万分比浓度

Procedures（Procedures Governing the Cooperative State – Public Health Service/Food and Drug Administration Program of the National Conference on Interstate Milk Shipments）全国州际乳品贸易协会（确立的）公共卫生部及食品药品管理局合作管理规程

psi（Pounds per Square Inch）磅每平方英尺

psig（Pounds per Square Inch Gauge）磅每平方英寸

PT（Pressure Transmitter）压力变送器

PVC（Polyvinyl Chloride）聚氯乙烯

R（Raw）生鲜乳

RAM（Random Access Memory）随机存取存储器

RBPC（Regenerator Back Pressure Controller）回热器背压控制器

RC（Ratio Controller）流量比控制器

RDPS（Regenerator Differential Pressure Sensor）回热器压差传感器

RO（Reverse Osmosis）反渗透器

ROM（Read – Only Memory）只读存储器

RPPS（Retort Processed after Packaging System）包装后灭菌

RTD（Resistance Temperature Detector）电阻温度检测器

Rx（Prescription）处方药

SAE（Society of Automotive Engineers）美国汽车工程师协会

SCC（Somatic Cell Count）体细胞计数

sec.（Second）秒

skim（Nonfat）脱脂

SMEDP（Standard Methods for the Examination of Dairy Products）乳制品检验标准方法

SMEWW（Standard Methods for the Evaluation of Water and Wastewater）水和废水的标准检查方法

SOP（Standard Operating Procedure）标准操作程序

SPC（Standard Plate Count）标准平板计数

SPLC（Spiral Plate Count）螺旋平板计数

SRO（Sanitation Rating Officer）卫生评定官员

SSC（Single – Service Consultant）一次性（工艺）顾问

SSCC（Single – Service Containers and/or Closures）一次性容器或封盖

SSO（Sampling Surveillance Officer）取样监督管理官员

SSOP（Sanitary Standard Operating Procedure）卫生标准操作程序

STLR（Safety Thermal Limit Recorder – Controller）安全热限记录控制器

t（Time）时间

T（Temperature）温度

TAC（TEMPO Aerobic Count）全自动微生物定量（计数）检测分析系统有氧计数

TB（Tuberculosis）结核病

TC（Temperature Controller）温度控制器

TCC（TEMPO Coliform Count）全自动微生物定量（计数）检测分析系统大肠菌群计数

TCS（Time/Temperature Control for Safety）对时间/温度的安全控制

TKN（Total Kjeldahl Nitrogen）总克氏氮

TNTC（Too Numerous To Count）不可胜数

TPC（Third Party Certifier）第三方认证机构

TV（Throttling Valve）节流阀

UF（Ultra – Filtration）超过滤器

UP（Ultra – Pasteurization）超级巴氏杀菌

UPS（Uninterruptible Power Supply）不间断电源

USDA（United States Department of Agriculture）美国农业部

USP（United States Pharmacopeia）美国药典

USPHS（United States Public Health Service）美国公共卫生署

USPHS/FDA（United States Public Health Service/Food and Drug Administration）美国公共卫生署/食品药品管理局

UV（Ultraviolet Light）紫外光

UVT（Ultraviolet Light Transmissivity）紫外透光率

Vat（Batch Pasteurizer/Pasteurization）间歇式巴氏杀菌

W（Width）宽

WHO（World Health Organization）世界卫生组织

WORM（Write Once，Read Many）单次写入，多次读取

"A"级巴氏杀菌乳条例
("A"级 PMO) 2015 修订版

一部定义"乳"及某些"乳制品""乳品生产商""巴氏杀菌法"等概念；禁止销售劣质及假冒品牌的乳和/或乳制品；对乳和/或乳制品的销售许可证作出规定；对乳牛场及乳加工厂的检查工作进行管控；乳和/或乳制品的检查、标示、巴氏杀菌工艺、超巴氏杀菌、无菌加工包装、包装后蒸汽灭菌处理、配送和销售；对未来的乳牛场及乳加工厂的建设作出规定；本《条例》的实施工作；以及处罚措施的认定工作进行管理的条例。

_____的_____[1] 对此作出的具体规定如下：

第一章　定义

本文档中所使用的术语，除非在本文档中特别声明，均为《美国联邦法规》(CFR) 第 21 篇和/或《联邦食品、药品和化妆品法》(FFD&CA) 修订版本中所用的术语。

在本《条例》的解释与实施过程当中须使用下列新增的术语：

A. 乳品异常情形：下列类型的乳状分泌物不适合于作为"A"级乳品进行销售。

A－1. 异常乳：其颜色、气味和/或质地有明显变化的乳。

A－2. 不良乳：在对牲畜进行挤奶之前，预计会不适合销售的乳品，如含有初乳的乳。

A－3. 受污染乳：在使用抗生素等不符合要求的兽药产品、或未经食品药物管理局（FDA）或环境保护局（EPA）批准用于产乳牲畜的药物或杀虫剂对牲畜进行治疗后，不可出售的或不适合人食用的乳。

B. 无菌加工和包装：在用于描述某种乳和/或乳制品时，术语"无菌加工和包装"是指对乳和/或乳制品进行充分的加热处理并盛装在密封的容器内，以确保符合《美国联邦法规》第 21 篇第 108、110 及 113 部分的适用要求，并保持乳和/或乳制品在正常的非冷藏条件下的商业无菌。

C. 无菌加工和包装系统（APPS）：在本《条例》中，乳加工厂的"无菌加工和包装系统"由用于加工和包装无菌型"A"级低酸乳和/或乳制品的加工工艺和设备共同组成。无菌加工和包装系统（APPS）须依照《美国联邦法规》第 21 章第 108、110 及 113 部分的适用要求加以管制。无菌加工和包装系统（APPS）须从恒液位槽开始，至包装机的出料口结束，但规定加工单位可能要提供明确定义保持产品的商业无菌所必需的加工工艺或设备的书面证明文件。

1

D. 自动挤乳设备（AMI）：术语"自动挤乳设备（AMI）"包括由一个或多个自动挤乳装置所组成的整套设备，其中包括在单个自动挤乳装置的操作过程中所使用的硬件和软件、自动挤乳机、乳冷却系统、自动挤乳装置的清洁与消毒系统、乳头清洁系统，以及与挤乳、冷却、清洁和消毒过程有关的警报系统。

E. 散装乳搬运工/取样员散乳搬运工/取样员是搜集正式样本并且可以将生鲜乳从农场运出以及/或将生鲜乳产品运入/运出乳加工厂、收购站或中转站的任何人，他们持有任何监管机构颁发的对此等产品进行取样的许可证。

F. 散装乳散装乳运送车是由散装乳搬运工/取样员用于将散装原料乳从乳牛场运送至乳加工厂、接收站或中转站进行巴氏杀菌、超巴氏杀菌、无菌加工和包装、包装后蒸汽灭菌处理的一种运输工具，包括卡车、罐车及其必要的附属设备。

G. 酪乳：酪乳是用乳或奶油制成黄油的过程中的产生物。它含有不低于8.25%的非脂类乳固状物。

G－1. "A"级酪乳粉："A"级酪乳粉是指符合本《条例》相应规定的酪乳粉。

G－2. "A"级酪乳粉制品："A"级酪乳粉制品是指符合本《条例》相应规定的酪乳粉制品。

G－3. 浓缩酪乳：浓缩酪乳是将酪乳除去相当一部分水后得到的制品。

G－4. "A"级浓缩酪乳制品、酪乳粉制品与酪乳制品："A"级浓缩酪乳制品、酪乳粉制品与酪乳制品是指符合本《条例》相应规定的浓缩酪乳制品、酪乳粉制品和酪乳制品。术语"炼乳和乳粉制品"在词义上须包括浓缩酪乳制品、酪乳粉制品和酪乳制品。

H. 骆驼乳：骆驼乳是通过对一只或多只健康骆驼挤乳而获得的正常乳状分泌物，通常不含初乳。骆驼乳须依照本《条例》中的卫生标准进行生产。术语"乳"语义上须包括骆驼乳。（参见第27页**"注意"**）

I. 清洁：有效和彻底地清除掉（设备与）产品直接接触面上的产品和/或污染物。

J. 就地清洗（CIP）：通过循环、喷淋、流动的化学溶液或水对产品接触面进行冲洗从而清除掉污物的过程。其设计初衷不适用于就地清洗（CIP）的设备部件将从设备上取下来，以便在他处进行清洗（COP）或手工清洗。产品接触面须能够加以检查，除非就地清洗工作（CIP）的清洁度已经记录并被监管机构所接受。在经认可的设备中（即永久性安装的管道和储乳罐），所有产品及溶液的接触面均不必随时接受检查。

K. 通用名称：为家畜所广为使用的普通术语，即牛、山羊、绵羊、马、水牛、骆驼等。（参见第27页**"注意"**）

L. 炼乳：炼乳是将乳品除去大部分水分后得到的一种未经消毒和未加糖的流体制品，在依照容器标签上印刷的说明与饮用水混合后，所产生的一种与本章所定义的乳的乳脂和非脂性乳固状物相符的产品。

L－1. 炼乳制品：炼乳制品是指且包括均质炼乳、脱脂炼乳、低脂炼乳在内的由炼乳或脱脂炼乳制成的浓缩制品，在依照容器标签上印刷的说明与饮用水混合后，与本章所给出的相应乳制品的定义相符的产品。

L－2. "A"级脱脂炼乳："A"级脱脂炼乳是指符合本《条例》相应规定的脱脂炼乳。

M. 冷却池： 冷却池是一种专门用于给奶牛降温的人工建筑物。

N. 乳牛场： 乳牛场是指喂养一种或多种泌乳动物（奶牛、山羊、绵羊、水牛、骆驼或其他蹄类哺乳动物）专供挤乳的场地或经营场所，所挤出的乳将全部或部分供应、出售给乳加工厂、接收站或中转站或由其代售。（参见第27页**"注意"**）

O. 乳加工厂取样员： 出于本《条例》第六章中规定的监管之目的而负责采集官方样本的人员。该人员为监管机构的雇员，并由取样监督官员或经正当授权的取样监督管理人员每2年对其进行一次考核。取样监督官员或经正当授权的取样监督管理人员不需接受取样程序的考核。

P. 蛋酒或煮沸的蛋奶冻： 蛋酒或煮沸的蛋奶冻是指《美国联邦法规》第21篇131.170款所定义的产品。

Q. 食品过敏原： 是指食物中包含的、能够在某些人身上诱发过敏反应的蛋白质。

食品过敏源定义参考：2004版《食品过敏原标示与消费者保护法案》（《公共法》108－280）和《联邦食品、药品和化妆品法案》章节201（qq）。食品过敏原的相关信息见：

http：//www.fda.gov/Food/IngredientsPackagingLabeling/FoodAllergens/default.htm.

Q－1 过敏源交叉污染 过敏源交叉污染即非蓄意导致的食品中混入过敏源。

R. 冻乳浓缩物： 冻乳浓缩物是一种含有乳脂和乳固形物的冻乳制品，其含量可确保当一定体积的该浓缩物与一定体积的水混合后，重新生成的产品与全脂乳中的非脂类乳脂和乳固体相符。在生产过程中，可以用水来将最初浓缩物调整为所需的最终浓缩物。被调整的最初浓缩物进行巴氏杀菌、包装并随即进行冷冻。该产品在冷冻状态下储存、运输和销售。

S. 山羊乳： 山羊乳是通过对一只或多只健康山羊挤乳而获得的正常乳状分泌物，通常不含初乳。采用零售包装的山羊乳须含有不少于2.5%的乳脂和不少于7.5%的非脂类乳固形物。山羊乳须依照本《条例》中的卫生标准进行生产。术语"乳"语义上须包括山羊乳。

T. 危害分析与关键控制点（HACCP）的定义：（与本《条例》附录K结合使用）

T－1. 审核： 对照国家州际乳品贸易协会（NCIMS）的危害分析与关键控制点（HACCP）系统对整个乳加工厂、接收站或中转站的设施所进行的评估，以确保其与国家州际乳品贸易协会的危害分析与关键控制点（NICIMS HACCP）系统及国家州际乳品贸易协会（NCIMS）的其他管理要求相符，其中不包括乳加工厂用于无菌加工和包装系统（APPS）以及包装后蒸汽灭菌的包装后蒸汽灭菌系统（RPPS）。

T－2. 集中式偏差日志： 一种对关键限定值的任何偏差以及按本《条例》附录K要求采取的矫正措施进行详细说明的数据进行确认的集中式日志或文件。

T－3. 控制：

a. 对一项操作的条件进行管理以确保与制定的标准相符。

b. 遵循正确的程序并符合各项标准的状态。

T－4. 控制措施： 能够被用来防止、消除或降低在关键控制点（CCP）处受控制的重大风险的任何措施或活动。

T-5. 矫正措施：在发生偏差时所遵循的程序。

T-6. 关键控制点（CCP）：能够在其位置上采取控制措施且对于防止或消除乳和/或乳制品安全危害或将其降至可接受水平而至关重要的一道步骤。

T-7. 关键限定值（CL）：必须将处在关键控制点（CCP）上的生物、化学或物理参数控制在该范围内的最大值和/或最小值，从而防止或消除乳和/或乳制品安全危害或将其降至可接受水平。

T-8. 关键列表元素（CLE）：食品药品管理局2359M表格"乳加工厂、接收站或中转站国家州际乳品贸易协会的危害分析和关键控制点（NICIMS HACCP）系统审核报告"上标有双星号（＊＊）的项目。由乳品卫生评级官员或食品药品管理局（FDA）审核人员标出的关键列表元素（CLE）表示一种包含有可能危及乳和/或乳制品安全的重大功能紊乱的状况，或是一种违反国家州际乳品贸易协会（NCIMS）有关药品残留测试和/或追溯或生鲜乳来源的要求的状况，从而可能导致清单被拒签或驳回。

T-9. 乳品危害分析和关键控制点（HACCP）核心课程：该核心课程包括：

a. 基本危害分析和关键控制点（HACCP）的培训；及

b. 对国家州际乳品贸易协会（NICIMS）自愿性危害分析和关键控制点（HACCP）的各项要求的情况介绍。

T-10. 缺陷：不完全符合或不具备危害分析和关键控制点（HACCP）系统或本《条例》附录K中的要求的某一要素。

T-11. 偏差：一种不符合关键限值的情况。

T-12. 危害分析关键控制点（HACCP）：对乳和/或乳制品的重大安全危害进行认定、评估和控制的系统性方法。

T-13. HACCP计划：以危害分析和关键控制点（HACCP）原则为基础，对所要遵循的程序加以说明的书面文件。

T-14. HACCP系统：所实施的危害分析和关键控制点（HACCP）计划及其前提方案，包括其他适用的国家州际乳品贸易协会（NCIMS）要求。

T-15. HACCP小组：负责建立、实施和维护危害分析和关键控制点（HACCP）系统的人员所组成的团队。

T-16. 危害：在缺乏有效控制的情况下有可能导致疾病或伤害的生物、化学或物理因素。

T-17. 危害分析：与考虑中的乳和/或乳制品有关的危害的信息收集与评估过程，从中确定哪些危害有可能发生且必须在危害分析和关键控制点（HACCP）计划中加以解决。

T-18. 监控：进行一系列既定的观测或测定工作以评估某个关键控制点是否处于控制之下或是评估所有必需的前提方案的状况和实施情况。

T-19. 不符合：一种不符合本《条例》附录K中所述的危害分析和关键控制点（HACCP）系统指定要求的状况。

T-20. 潜在危害：任何有待于通过危害分析加以评估的危害。

T-21. 前提方案（PPs）：包括《生产质量管理规范》（GMPs）在内的为危害分析和关键控制点（HACCP）系统的运作提供前提条件的各种程序。本《条例》附录K中所指定的必需的前提方案（PPs）以其他危害分析和关键控制点（HACCP）系统中有时也被称之为卫生标准操作程序（SSOPs）。

T－22. 验证：集中于收集和评估科学与技术信息以确定危害分析和关键控制点（HACCP）计划在得到正确实施时能否有效控制危害的检验要素。

T－23. 核查：确定危害分析和关键控制点（HACCP）计划的有效性以及危害分析和关键控制点（HACCP）系统是否正在依照该计划运作的、除监控以外的活动。

U. 蹄类哺乳动物乳：蹄类哺乳动物乳是通过对一只或多只健康的蹄类哺乳动物挤乳而获得的正常乳状分泌物，通常不含初乳。本《条例》中所指的蹄类哺乳动物包括但不限于偶蹄目成员，如牛科（牛、水牛、绵羊、山羊、牦牛等）、骆驼科（美洲驼、羊驼、骆驼等）、鹿科（鹿、驯鹿、驼鹿等）和马科（马、驴等）。蹄类哺乳动物乳须依照本《条例》中的卫生标准进行生产。（参见第 27 页**"注意"**）

V. 加工厂取样员：出于本《条例》附录 N 中规定的监管之目的而在乳加工厂、接收站或中转站负责采集官方样本的人员。该人员为乳加工厂、接收站或中转站的雇员，并由取样监督官员或经正当授权的取样监督管理人员每 2 年对其进行一次考核。

W. 检查/审计报告：用于记录在检查/审计过程中所发现问题的手写或电子版的官方监督报告。

X. 国际认证组织（ICP）：国际认证组织（ICP）是指国家州际乳品贸易协会（NCIMS）自愿性组织，旨在利用国家州际乳品贸易协会（NCIMS）执行委员会授权的第三方认证机构（TPCs），对位于国家州际乳品贸易协会（NCIMS）成员国地理范围之外拟向美国出口其生产加工"A"级乳和/或乳制品的乳品公司（MCs）应用国家州际乳品贸易协会（NCIMS）"A"级乳安全计划需求。

Y. 意向书（LOI）：由已被国际认证组织（ICP）授权的第三方认证机构（TPC）和意欲获得认证并批准列入国家州际乳品贸易协会（NCIMS）自愿性国际认证组织（ICP）州际乳品供应商准入名录（IMS）的乳品公司双方之间签署的正式书面协议，每份书面签署的协议副本应在第三方认证机构（TPC）和乳品公司（MC）签署后立即提交给国际认证组织（ICP）委员会。

Z. 担保书（LOU）：由第三方认证机构（TPC）和承认国家州际乳品贸易协会（NCIMS）自愿性国际认证组织（ICP）下国家州际乳品贸易协会（NCIMS）授权的第三方认证机构（TPC）的国家州际乳品贸易协会（NCIMS）执行理事会之间签署的正式书面协议。它规定了国家州际乳品贸易协会（NCIMS）自愿性国际认证组织（ICP）下的第三方认证机构（TPC）的责任，双方协议行为应参照执行，双方违约行为担保也参照执行。其中，担保书（LOU）应包括但不限于国家州际乳品贸易协会（NCIMS）自愿性国际认证组织（ICP）涉及的所有文件中涉及的问题和关注点。

AA. 低酸性无菌乳、灭菌乳和/或乳制品：《美国联邦法规》第 21 篇第 108、110 及 113 部分所规定的水分活性（A_w）高于 0.85，且成品均衡 pH 高于 4.6 的乳和/或乳制品。采用无菌加工和包装的低酸性乳和/或乳制品、包装后蒸汽灭菌的低酸性乳和/或乳制品在正常的非冷藏条件下储存。除本定义以外的其他低酸性乳和/或乳制品则标示为在冷藏条件下储存。

BB. 协议备忘录（MOA）：规定各方〔第三方认证机构（TPC）和乳品公司（MC）〕参与和执行国家州际乳品贸易协会（NCIMS）自愿性国际认证组织（ICP）要求和职

责的正式书面签署的备忘录。协议备忘录（MOA）应包括但不限于国家州际乳品贸易协会（NCIMS）自愿性国际认证组织（ICP）涉及的所有文件中涉及的问题和关注点。该协议应被视为乳品公司（MC）在国家州际乳品贸易协会（NCIMS）"A"级乳品安全计划范围内运营的许可，并应每年更新（签名和注明日期）。

CC. 乳品公司（MC）： 指经第三方认证机构认证的已列入州际乳品供应商名单（IMS）的私营企业，包括所有乳牛场、散装乳搬运工/取样员、乳罐车、乳运输公司、乳加工厂、接收站、中转站、乳加工厂取样员、加工设备取样员、乳品经销商等，及其他在《"A"级巴氏杀菌乳条例》中定义的、不在国家州际乳品贸易协会（NCIMS）成员国地理边界内配备的相应乳品或水检测实验室。

DD. 乳品经销商： 乳品经销商是指代销或将任何乳和/或乳制品销售给其他经销商的任何个体。

EE. 乳加工厂： 乳加工厂是指收集、处理、加工、储存乳和/或乳制品并进行巴氏杀菌或超巴氏杀菌，然后进行无菌加工和包装、包装后蒸汽灭菌、浓缩、干燥或进行配送准备工作的任何场地、经营场所或机构。

FF. 乳生产商： 乳生产商是指经营乳牛场并为乳加工厂、接收站或中转站供应、销售或由其代售乳品的个体。

GG. 乳制品： "A"级乳和乳制品包括：

1. 符合《美国联邦法规》第21篇131部分规定的认定标准的所有乳和乳制品，不包括《美国联邦法规》第21篇131.120款规定的甜炼乳。

2. 农家干酪（《美国联邦法规》第21篇133.128款）及干凝乳农家干酪（美国联邦法规》第21篇131.129款)[2]。

3. 《美国联邦法规》第21篇184.1979、184.1979a、184.1979b、184.1979c所定义的乳清及乳清制品，及本《条例》第1节中所定义的乳清制品。

4. 上述第1和第2项下所列举的食品依照《美国联邦法规》第21篇130.10款对采用营养含量声明和标准化术语来命名的食品的规定而经过改进的品种。

5. 上述第1、2、3和4项下所定义的，与本项定义中未包括的食品混合包装、并标有成分表来说明最终包装形式中所含食品的乳和乳制品，如"带有菠萝的农家干酪"和"植物甾醇脱脂乳"等。

6. 上述第1～5项中未包括的，乳蛋白质含量（总凯氏氮X6.38）不低于2.0%的"A"级乳制品，质量分数不低于65%的乳和乳制品或各种乳制品混合物。

安全且合适的［依照《美国联邦法规》第21篇130.3（d）的定义］非"A"级乳成分在以一定水平添加后可实现功能性或技术性作用的情况下，可用于第1～6项中所定义的产品中，并由《生产质量管理规范》加以限制，且：

a. 由食品药品管理局（FDA）事先认可或另行批准；或

b. 属于公认安全食品（GRAS）；或

c. 《美国联邦法规》（CFR）中列出的经认可的食品添加剂。

除对于符合联邦认定标准的乳制品外，其他乳制品只能使用该标准中所规定的成分。

注意： 如经监管机构咨询协商食品药品管理局（FDA）审核相关证明材料并认证通过非"A"级乳成分在最终乳和/或乳制品成品中起到功能性或技术性的作用，则可添加使用该非"A"级乳成分。乳加工厂或配料制造商应在加工和销售最终乳和/或乳制品成品前向监管机构和食品药品管理局（FDA）提交相关证明材料进行审批认证。经监管机构协商食品药品管理局（FDA）审核通过添加使用该非"A"级乳成分在最终乳和/或乳制品成品中起到功能性或技术性的作用后，任何该非"A"级乳成分相关的配方或加工工艺发生改变都应立即上报监管机构。如经监管机构协商食品药品管理局（FDA），认为该变化可能有影响其在最终乳和/或乳制品成品中功能性或技术性作用的潜在风险，则需重新提交相关证明材料。

证明材料应包括但不限于：

a. 拟使用添加某非"A"级乳成分的申请书，包括该非"A"级乳成分在最终乳和/或乳制品成品中预期能够实现的功能性或技术性作用，以及该作用不能由当前可用"A"级乳成分实现的原因说明；

b. 非"A"级乳成分说明，组成及需使用量；

c. 包括现有的（如适用）最终乳和/或乳制品成品说明，包括现有的（如适用）拟使用的配方或工艺说明，以及拟定标签信息（比如产品种类、配料声称）；

d. 公认适用的分析检测、感官检验和评估报告。该材料能够客观证明在配制应用相似浓度，以及蛋白质、脂肪、灰分、乳糖、水分等参数相似的情况下，该非"A"级乳成分能够实现的某种特定功能性或技术性的作用不能通过使用当前可用的"A"级乳成分实现。

如使用非"A"级乳成分来增加乳和/或乳制品的质量或体积，或替代"A"级乳成分，则该使用情况不属于合适的功能性或技术性作用。

本定义应包括上述规定的乳和乳制品中在经过无菌加工之后包装的产品。

本定义不包括：

1. 其乳脂已部分或全部被任何其他动物性脂肪或植物性脂肪所替代的乳和/或乳制品；如果其他脂肪源出于当前公认之用途而在任何其他"A"级乳和/或乳制品中被使用，则也可包括在内，如在乳化剂和稳定剂中某种可作为维生素载体的成分；

2. 依照其成分说明，其主要成分为咖啡或水的以咖啡为原料的产品；

3. 依照其成分说明，其主要成分为茶或水的以茶为原料的产品；

4. 膳食类产品（除本定义中规定的外）；

5. 婴儿配方食品；

6. 冰淇淋或其他冷冻类甜点；

7. 黄油；

8. 干酪（标准干酪，不包括农家干酪（《美国联邦法规》第21篇133.128）和干凝乳农家干酪（美国联邦法规》第21篇133.129）[2]，或非标准奶酪）；或

9. 布丁。

经过蒸汽灭菌处理后再包装的乳和乳制品，或是经过浓缩或干燥过的乳和乳制品，且作为一种添加成分用于生产以上定义的任何乳和/或乳制品，或是依照本《条例》第四章所述被标示为"A"级，才能包括在本定义中。

乳粉混合物可以标示为"A"级并可作为添加成分在"A"级乳和乳制品中使用，如涂抹用农家干酪或用于生产各种"A"级发酵乳和乳制品，前提是符合本《条例》的

各项要求。在作为"A"级乳和乳制品中的一种成分使用时，乳粉混合物应在符合所有"A"级乳粉混合物的适用要求的情况下进行混合。"A"级乳粉混合物应用"A"级乳粉及乳制品来生产，除了少量不属于"A"级乳品的功能性成分（所有此类成分的总量不得超过成品混合物质量的10％）允许在"A"级乳粉混合物中使用外。这些功能性成分并不为"A"级，但允许存在于"A"级混合物中存在，虽然这些成分在终产品中不以"A"级的形式存在，如酪蛋白酸钠。这与目前的食品药品管理局的规定相似，小罐装的冷冻类干燥发酵剂中的乳成分不必为"A"级。

GG－1. 乳粉制品：乳粉制品是指将乳和乳制品干燥后得到的产品或将乳粉制品与其他有益健康的干性成分混合后得到的产品。

GG－2. "A"级乳粉制品："A"级乳粉制品是指符合本《条例》相应规定的乳粉制品。

HH. 乳罐车：乳罐车是指描述包括散装乳收集车和乳品转运罐的术语。

II. 乳罐车清洁设施：乳加工厂、接收站或中转站之外用于对乳罐车进行清洁和消毒的任何场地、经营场所或设施。

JJ. 乳罐车驾驶员：乳罐车驾驶员是往返于乳加工厂、接收站或中转站之间运送生鲜乳或巴氏杀菌乳和/或乳制品的人员。如果是直接从农场收取，则需要乳罐车司机在运输时负责携带正式样本。

KK. 乳品罐装车：乳品罐装车可包括卡车和罐车，是散装乳搬运工/取样员用于将乳和乳制品散装货件从乳加工厂、接收站或中转站运送到其他乳加工厂、接收站或中转站的运输工具。

LL. 乳品运输公司：乳品运输公司是负责乳罐车的个体。

MM. 官方实验室：官方实验室是指在监管机构直接监督之下的生物、化学或物理实验室。

NN. 官方指定实验室：官方指定实验室是由监管机构授权进行官方工作的商业实验室，或由监管机构为"A"级生鲜乳的生产商样品化验、巴氏杀菌法、超巴氏杀菌、无菌加工和包装、包装后蒸汽灭菌处理及乳罐车检查或生鲜乳的药物残留物及细菌限定值的样品检验而官方指定的乳业实验室。

间歇式巴氏杀菌	
温度	时间
63℃（145℉）*	30min
恒流［高温短时（HTST）和高热短时（HHST）］巴氏杀菌	
温度	时间
72℃（161℉）*	15s
89℃（191℉）	1.0s
90℃（194℉）	0.5s
94℃（201℉）	0.1s
96℃（204℉）	0.05s
100℃（212℉）	0.01s
* 如果乳制品的脂含量为10％或者更多，或其固形物总含量达到18％或更多，或者乳制品含有添加的甜味剂，那么指定温度就须升高3℃（5℉）。	

OO. 巴氏杀菌法：术语"巴氏杀菌法""巴氏杀菌"或类似术语是指在正确设计和操作的设备内对每一小份乳和/或乳制品进行加热处理的过程，对于下表中指定的某一温度，保持在该温度下或高于该温度并至少达到相应的规定时间。

但是，蛋奶酒要被至少加热到下表所示温度并保持指定的时间。

间歇式巴氏杀菌	
温度	时间
69℃（155℉）	30min
恒流〔高温短时（HTST）和高热短时（HHST）〕巴氏杀菌	
温度	时间
80℃（175℉）	25s
83℃（180℉）	15s

此外，并不排除任何已被食品药品管理局认可并在《联邦食品、药品和化妆品法》第403章（h）（3）中规定的，与乳和乳制品的巴氏杀菌法等效的其他相关工艺。

PP. 个体："个体"一词包括任何个人、乳加工厂运营商、合伙企业、股份有限公司、公司、商行、信托公司、协会或机构。

QQ. 评级机构：评级机构是指对已满足州际乳品货运商（IMS）准入目录卫生规范和评级标准要求的州际乳品货运商（散装乳罐车、接收站、中转站和乳加工厂）进行评定认证能否加入准入目录的国家机构。等级评定工作均由食品药品管理局（FDA）授权的乳品卫生评级官员（SROs）依照《"A"级巴氏杀菌乳条例》和《乳品货运商卫生等级评定方法》（MMSR）中规定的程序来进行。乳和/或乳制品一次性容器和封盖的加工制造商是否能加入州际乳品货运商（IMS）准入目录也由评级机构评定认证，评定认证工作均依照《"A"级巴氏杀菌乳条例》和《乳品货运商卫生等级评定方法》（MMSR）中规定的程序来进行。对不在国家州际乳品贸易协会（NCIMS）成员国地理边界内、加工/包装的"A"级乳和/或乳制品拟向美国出口的乳品公司进行评定认证的第三方认证机构（TPC）也属于评级机构范畴。

RR. 接收站：接收站是指接收、收集、处理、储存或冷却生鲜乳并对其进行预加工以便进一步运输的场地、经营场所或设施。

SS. 复原乳或再制乳和/或乳制品：复原乳或再制乳和/或乳制品是指本章所定义的通过将乳成分与饮用水进行适当的重新配制和组合而得到的乳和/或乳制品[4]。

TT. 监管机构：监管机构是指_____的_____[1]或其授权代表。在本《条例》中出现的术语"监管机构"是指对本《条例》中所涵盖的事务拥有管辖权和管理权的，包括由国家州际乳品贸易协会（NCIMS）自愿性国际认证组织（ICP）授权的第三方认证机构在内的相应机构。

UU. 包装后蒸汽灭菌处理：在用于描述某种乳和/或乳制品时，术语"包装后蒸汽灭菌处理"是指乳和/或乳制品盛装在密封容器后，对其进行充分的蒸汽灭菌处理，以确保符合《美国联邦法规》第21篇第108、110及113部分的适用要求，并保持产品在正常的非冷藏条件下的商业无菌性。

VV. 包装后蒸汽灭菌处理系统（RPPS）：在本《条例》中，乳加工厂的"包装后蒸汽灭菌处理系统"由用于对"A"级低酸乳和/或乳制品进行包装后蒸汽灭菌处理的加工工艺和设备共同组成。包装后蒸汽灭菌处理系统（RPPS）须依照《美国联邦法规》第21章第108、110及113部分的适用要求加以管制。包装后蒸汽灭菌处理系统（RPPS）须从包装容器填料开始，至码垛机结束，规定加工单位需提供明确定义保持乳和/或乳制品的商业无菌性所必需的加工工艺或设备的书面证明文件。

WW. 清洁卫生：是指采用任何有效方法或物质进行正确的表面清洁从而切实可行地杀灭病原体及其他微生物的过程。该处理不得对设备、乳和/或乳制品或消费者的健康造成不良影响，并须为监管机构所接受。

XX. 绵羊乳：绵羊乳是通过对一只或多只健康绵羊挤乳而获得的正常乳状分泌物，通常不含初乳。绵羊乳须依照本《条例》中的卫生标准进行生产。术语"乳"在语义上须包括绵羊乳。

YY. 第三方认证机构（TPC）：第三方认证机构（TPC）是由国家州际乳品贸易协会（NCIMS）自愿性国际认证组织（ICP）授权的非政府个体或组织，具有对参与国家州际乳品贸易协会（NCIMS）自愿性国际认证组织（ICP）的包括乳加工厂、接收站、中转站、协作乳牛场、散装乳搬运工/取样员、乳罐车、乳运输公司、乳加工厂取样员、加工设备取样员、乳品经销商等个体单位实施日常监管职能和执行《"A"级巴氏杀菌乳条例》相关要求的资质。第三方认证机构（TPC）可提供对乳加工厂、接收站、中转站和相关生乳原料供应商进行评级和目录准入的方法，也可实施对相关乳品或水检测实验室、一次性容器和封盖加工制造商的认证以及登记州际乳品货运商（IMS）准入目录的评定工作。拟被国家州际乳品贸易协会（NCIMS）自愿性国际认证组织（ICP）授权的第三方认证机构（TCP）和国家州际乳品贸易协会（NCIMS）执行委员会双方需签署依法有效的担保书（LOU）。

ZZ. 对乳和/或乳制品安全性的时间/温度控制：需要时间/温度控制安全性（TCS）从而限制病原微生物的生长或毒素形成的乳和/或乳制品包括：

1. 生鲜、热处理过的、采用巴氏杀菌或超巴氏杀菌过的乳和/或乳制品；或者

2. 除本定义以下第3点中规定的外，因A_w和pH的相互作用而在如下所示的表A或表B中按要求而被指定进行产品评估（PA）的乳和/或乳制品。

表A　用于控制采用巴氏杀菌杀灭致病性营养细胞并随后包装的乳和乳制品中芽胞生长的pH和A_w值的相互作用[*]

A_w值	pH		
	4.6或更低	>4.6～5.6	>5.6
0.92或更低	非TCS[**]	非TCS	非TCS
>0.92～0.95	非TCS	非TCS	PA[***]
>0.95	非TCS	PA	PA

[*] 参见本《条例》附录R以了解有关表A的使用说明。

[**] TCS是指时间/温度控制安全性的乳和乳制品。

[***] PA是指产品需要时间/温度控制或是需要进一步的产品评估来确定乳和/或乳制品是否为"非TCS"。

表 B 用于控制未经巴氏杀菌或经巴氏杀菌但尚未包装的乳和乳制品中的
致病性营养细胞和芽胞的 pH 和 A_w 值的相互作用*

A_w 值	pH			
	＜4.2	4.2～4.6	＞4.6～5.0	＞5.0
＜0.88	非 TCS	非 TCS	非 TCS	非 TCS
0.88～0.90	非 TCS	非 TCS	非 TCS	PA
＞0.90～0.92	非 TCS	非 TCS	PA	PA
＞0.92	非 TCS	PA	PA	PA

*　参见本《条例》附录 R 以了解有关表 B 的使用说明。本定义不包括：

1. 因其 pH 或 A_w 值或两者的相互作用，而在本定义上述第 2 点中指定的表 A 或表 B 中被认定为"非 TCS"的乳和/或乳制品；

2. 在未开启的密封容器内的、经过商业加工以达到并在非冷藏储存与配送条件下保持无菌状态的乳和/或乳制品；

3. 有证据（得到食品药品管理局（FDA）认可）表明不需要进行本定义下所规定的时间/温度控制安全性的乳和/或乳制品（例如，含有可抑制病原微生物的已知防腐剂或可阻止病原微生物生长的其他成分或多种成分的混合物）；或者

4. 即使有可能含有病原微生物或其含量足以导致疾病或伤害的化学或物理污染物，但按照本定义并不支持病原微生物生长的乳和/或乳制品。

AAA. 中转站：中转站是指将乳和/或乳制品直接从一辆乳罐车转移到另一辆车上的任何场地、经营场所或设施。

BBB. 超巴氏杀菌法（UP）：术语"超巴氏杀菌法"用于描述某种乳和/或乳制品时，是指该乳和/或乳制品须于包装前或包装后在 138℃（280℉）或更高温度下进行至少 2 秒钟的热处理，从而生产出在冷藏条件下保质期更长久的乳和/或乳制品。（参见《美国联邦法规》第 21 篇 131.3 款。）

CCC. 水牛乳：水牛乳是通过对一只或多只健康的水牛挤乳而获得的正常乳状分泌物，通常不含初乳。水牛乳须依照本《条例》中的卫生标准进行生产。术语"乳"在语义上须包括水牛乳。（参见第 27 页**"注意"**）

DDD. 乳清制品：乳清制品是指从乳清中提取出来的任何液体产品；或是从乳清中去除任意成分后所制成的产品；或是向乳清或乳清成分中添加任何有益健康的物质后所制成的产品。

DDD－1. "A"级乳清制品："A"级乳清制品是指依照本《条例》规定从乳清中提取出来的任何液体产品；或是从乳清中去除任何成分后所制成的产品；或是生产出的乳清或乳清成分中添加任何有益健康的物质后所制成的产品。

DDD－2. 乳清粉制品：乳清粉制品是指将乳清或乳清制品干燥后得到的产品，或将乳清制品与其他有益健康的干性成分混合后得到的产品。

DDD－3. "A"级浓缩乳清、乳清粉及乳清制品："A"级浓缩乳清、乳清粉及乳清制品是指符合本《条例》相应规定的"A"级浓缩乳清、乳清粉及乳清制品。术语"炼乳和乳粉制品"在词义上须包括"A"级浓缩乳清、乳清粉及乳清制品。

第二章　劣质或假冒品牌的乳和/或乳制品

在_____的_____[1]范围内或其管辖范围内的任何个体不得生产、提供、出售、代售或图谋出售任何劣质或假冒品牌的乳和/或乳制品。但是，在紧急情况下，监管机构可以批准不完全符合本《条例》要求的巴氏杀菌乳和/或乳制品的销售活动。

注意：上述在紧急情况下销售巴氏杀菌乳和/或乳制品，不适用于国家州际乳品贸易协会（NCIMS）自愿性国际认证组织（ICP）下登记在州际乳品货运商（IMS）准入目录的乳品公司。

监管机构可以对任何造假及假冒品牌的乳和/或乳制品予以扣留，并根据适用的法律法规进行处置。

注意：来自自愿性国际认证组织（ICP）下登记在州际乳品货运商（IMS）准入目录的乳品公司的造假和/或假冒品牌的乳和/或乳制品的将不能获准进入美国。

乳品工厂应建立并维持书面的召回计划，以便在适用时，启动和实施召回工作从市场召回掺假乳和/或乳制品以保护公众健康。

行政程序

在对乳和/或乳制品予以扣留或对从事造假和/或假冒品牌的人、或者擅自在乳和/或乳制品的标签上标注未经监管机构（本《条例》术语定义）批准的等级名称，或者售卖或运输劣质乳和/或乳制品（在紧急情况下得到本规章规定许可的除外）的个体提出控告时，须采用《条例》中的本章内容。紧急情况是指为普遍性的乳品严重缺乏，并非仅仅一家经销商的供应缺乏。

注意：上述中提到的巴氏杀菌的乳和/或乳制品的紧急销售，不包括国际认证组织（ICP）下名单中乳业公司、州际货运商。

召回计划：乳品工厂应建立书面的召回计划，应包括《美国联邦法规》第 21 章第 7 部分（A 和 C 子部分）中描述的过程。

注意：关于食品药品管理局（FDA）产品召回的更多信息和指南，乳品加工厂可参考现行的《FDA 企业指南：产品召回》（包括撤市和整改），参见网址：http://www.fda.gov/Satety/Recalls/industyGuidance/ucm129259.htm.

第三章　许可证

出现在本《条例》中的词"许可证"，应当指的是在国际认证组织（ICP）下运营的乳品公司，与第三方认证机构之间的有效协议备忘录。

任何个体在未取得_____的_____[1]监管机构颁发的许可证，对本《条例》规定的乳和/或乳制品进行运送、发送、或接收至_____的_____[1]或其辖区，进行待售，销售或提供销售或者储藏的任何行为都是非法的。但是，食品杂货店、饭店、冷饮小卖部以及为乳和/或乳制品提供或零售的，但不进行加工的类似企业不在本章的管辖范围内。此外，中间商、代理商以及代理分销商从一个已获许可证的乳品工厂进货或者销售炼乳或者乳粉制品不需要再获取许可证。

只有符合本《条例》要求的个体才有权利被授予并持有该许可证。依照国家州际乳品贸易协会（NCIMS）的自愿性的危害分析和关键控制点（HACCP）计划而批准的乳品工厂、接收站以及中转站，应符合包括本《条例》附录K在内的适用条款。不得在个体之间和/或地区之间对许可证进行转让。

炼乳或乳粉制品的生产加工不符合本《条例》中"A"级炼乳或乳粉制品相关要求，但产品拟作他用时，如果该类产品是经单独加工、包装和存储，且有明确标识，该情况不属于违反本《条例》条款。

任何个体持有"A"级炼乳或乳粉制品的乳品工厂生产许可，在_____的_____[1]或其辖区范围内进行不符合本《条例》"A"级炼乳或乳粉制品的炼乳及乳粉制品生产的，如生产并未获得监管机构的许可（监管机构需要该个体将这些炼乳或乳粉制品与"A"级炼乳或乳粉制品分开加工、包装及存储，并且这些产品的每一个容器需要采取明确的标识方式，以便防止与"A"级炼乳或乳粉制品相混淆），是违法的。

当监管机构有理由认为存在影响公众健康的风险时，或者许可证的持有者违反了本《条例》的要求时，或者许可证持有者干扰监管机构履行职责时，可暂扣许可证。此外，在除了所涉及的乳和/或乳制品已经或可能即将对公众健康产生危害的情况以外的所有情况下，或者对许可证授予的检查/审核故意拒绝，监管机构须向许可证持有者送交打算暂扣许可证的书面通知，该通知须对违规行为加以具体的详述，并且经各方同意的情况下，为许可证持有者提供纠正违规行为的机会；或者，在没有协议的情况下，由监管机构进行修订，随后再宣布暂扣许可证的命令生效。许可证暂扣期应当持续到所有的违规行为的整改满足监管机构的要求为止。

监管机构在收到其许可证被扣的持证人的通知后、或是收到已对其下达扣证通知书的持有人的申请后的48小时内（在后一种情况下，监管机构须在暂扣许可证之前的72小时内举行听证会，并根据听证会上呈交的证据来确定当事人违规或干扰公务行为的事实），须确定、更改或撤销上述暂扣令或暂扣许可证的意向。

在一再违规的情况下，监管机构可以在向持证人下达相应的通知书并举行听证会后吊销其许可证。本章规定不会对本《条例》第五章、第六章中所规定的法庭诉讼制度构成妨碍。

行政程序

许可证的颁发： 任何乳品生产商，乳品经销商、散装乳品承运商/取样者、乳品罐车[5]、乳品运输公司以及每一个乳品工厂，接收站、中转站、乳品罐车清洗设施运营商均应持有有效的许可证。乳品罐车的许可证可以由乳品运输公司颁发。仅从自有的乳品牧场运输乳或乳制品的乳品生产者；持有有效许可证的乳品经销商或者乳品工厂运营商的雇员；持有有效许可证的并从乳品工厂接收站或者中转站的乳品运输公司的雇员，不需持有牛奶承运商/取样者的许可证。食品杂货店、饭店、冷饮小卖铺，以及类似的企业提供或零售乳制品如并不加工，则不需满足本章的要求。

尽管要获得并持有"A"级炼乳及乳粉产品的许可证必须符合"A"级炼乳及乳粉产品，但是本《条例》的本意并非限制乳品工厂只能生产炼乳和/或乳粉制品。

依照本《条例》第七章的规定，持有"A"级炼乳及乳粉产品的许可证的乳品工厂允许生产用于其他用途的达不到"A"级标准的产品，此类产品必须单独加工、包装并储存。在此种情况下，则需要办理第二种许可证，这种许可证在颁发时须明确，此类未分级产品的处理方式必须避免与"A"及产品相混淆。

上述许可证的任何一种或两种的许可证都有可能由于违反本《条例》适用规章而被暂扣，或者由于严重违规或一再违规而被吊销。违反第七章卫生条款而受到暂扣许可证处理的有关事项在第五章进行了规定。此外，监管机构可以在任何时候依据第六章条款提取法庭诉讼。对于颁发许可证的时间频率并没有具体规定。应根据监管机构的政策，并与本《条例》中对许可证的签发要求相一致。

许可证的扣留：如许可证持有者违反了本《条例》的任何一项要求，那么他们的许可证将被扣留。

如果违规的乳和/或乳制品并未当做"A"级乳和/或乳制品来销售或代售，监管机构也可以不对许可证实施扣留。如果违规的乳和/或乳制品并未当做"A"级乳和/或乳制品来销售或代售，监管机构可以征收罚款替代许可证的暂扣。在下列情况下，可以对乳品生产者实施罚款以替代扣留许可证：

1. 由于罚款是违反了细菌或冷却温度标准，监管机构须对其设施和操作方法进行调查，并确认导致违规的情况得以纠正。然后，在连续 3 周期间，每周取样不超过 2 次，每 2 次取样应间隔数日，以确定是否符合本《条例》第六章的规定而确定的相应标准。

2. 如果罚款是由于违反了体细胞计数标准，监管机构应确认其供应的乳品在本《条例》第七章所规定的可寄售范围内。然后，在连续 3 周期间，每周取样不超过 2 次，每 2 次取样应间隔数日，以确定是否符合本《条例》第六章的规定而确定的相应标准。

注意：国际认证组织（ICP）下的第三方认证机构（TPC）不适用上述提到的以实施罚款替代许可证的扣留的选项。

听证会：如果有可用的州行政程序法案（APA）能够为行政听证会和行政裁决的司法审查提供程序，则应将该行政程序法案应用于本《条例》中所规定的那个听证会以作参考。如果没有可用的行政程序法案，则应由相应的机构制定适当的程序，包括通知、听证官员以及职权、听证记录、证据条例及法庭审核的各项规定。

注意：国际认证组织（ICP）授权的第三方认证机构（TPC）应根据本《条例》对听证会程序和步骤的规定进行。

许可证的恢复：任何许可证持证人在其许可证被扣留后都可以提交书面申请恢复该许可证。

如果该许可证的扣留是由于违反了细菌、大肠杆菌或者冷却温度的标准，则监管机构需要在收到请求恢复许可证的申请后 1 周内办法一个临时许可证，前提是已经通过对其设施和操作方法的检查，确定导致违规情况发生的状况已经得到纠正。如果该许可证的扣留是由于违反了体细胞计数标准，监管机构可以对畜乳重新取样，以表明其乳品是在本《条例》第七章所规定的可接受范围内，随后可以办理临时许可证。取样须在连续 3 周期间，每周取样不超过 2 次，每 2 次取样应间隔数日。该连续取样的程序适用于细菌、大肠杆菌、体细胞计数与温度检验。监管机构须在确认其符合依照本《条例》第六章所确定的相应标准的基础上恢复其许可证。

当许可证的扣留时由于违反了除细菌、大肠杆菌、体细胞计数、药物残留检验或冷却温度的标准之外的原因，则申请应说明其违规行为已经得到纠正。监管机构在收到上述申请1周以内的时间，应对申请人的设施进行检查/审核，并在此以后进行必要的额外检查/审核，以确定申请人的设施符合相关要求。如检查结果符合要求，应恢复其许可证。

当许可证的扣留时由于药物残留阳性，则应根据本《条例》附录N条款的规定恢复其许可证。

第四章　标示

所有盛装本条款第一章定义的乳或乳制品的瓶子、容器及包装物须依照《联邦食品、药品和化妆品法》、1990年版的《应以昂标签和教育法案》和据此制定的其他法规以及《美国联邦法案》的适用要求加贴标签，此外还需符合本章的下列适用要求：

除个人乳牛场的乳罐车、生鲜乳存储罐、存储车以外，所有盛装乳或乳制品的瓶子、容器和包装物均须以醒目方式标有：

1. 进行巴氏杀菌、超级巴氏杀菌、无菌加工和包装、浓缩和/或干燥作业的乳加工厂的身份。

2. 如系无菌加工和包装的低酸乳和/或乳制品，以及包装后杀菌加工的低酸乳和/或乳制品，则须标有"开启后保持冷藏"的字样。

3. 如果乳制品或所用生鲜乳为除牛乳外的其他乳品，则须在该乳或乳制品名称之前冠以该生鲜乳所属蹄类哺乳动物的通用名称。例如，"山羊""绵羊""水牛""骆驼"或"其他蹄类哺乳动物"乳或乳制品等。（参见第27页**注意**）

4. 在外表面标有"'A'级"字样。允许标示的位置应包括主要展示面、第二或信息展示面或是瓶盖/盒盖。

5. 如产品是采用复原或再制方式生产，则应标有"复原乳"或"再制乳"字样。

6. 如系炼乳或乳粉制品，则同时还适用于下列规定：

a. 浓缩或干燥乳制品的乳品工厂的身份；如系他方配送，则应标有该配送机构的名称和地址，如"配送单位：×××"。

b. 采用具体的日期、有效期、产品批次以及容器容量等对内容物加以说明的代码或批号。

盛装乳或乳制品的所有运输工具和乳罐车须清晰地标明该产品所属乳加工厂或承运商的名称和地址。

往返于各乳加工厂、接收站或中转站之间负责运送生鲜乳、热处理乳和巴氏杀菌乳和乳制品的乳罐车应标有其乳加工厂或承运商的名称和地址，并应完全密封。此外，对于每批货物，还须提供有货运声明并至少包含以下信息：

1. 托运人的姓名、地址和许可证号。乳罐车的每一车货物上均须在牧场货运单或装货单上标有以乳加工厂名义登记的乳品公司的州际乳品运输商的散装罐体单元（BTU）标识号或州际乳品运输商的乳加工厂登记号；

2. 搬运工的许可证识别号（如果不是托运人的雇员）；

3. 发货地点；

4. 乳罐车识别号；

5. 产品的名称；

6. 产品质量；

7. 装货时的产品温度；

8. 运输日期；

9. 在发货地点进行监督的监管机构的名称；

10. 包括生鲜乳、巴氏杀菌乳，如果是奶油，包括是低脂乳或脱脂乳，无论是否经过了热处理；

11. 入口、出口、冲洗连接和通风管上的封条号；以及

12. 产品的等级。

从各个乳牛场运出的生鲜乳的储乳罐须采用各自的乳品生产商的名称或编号来标识。

每个盛装乳品的乳罐车应随车附有证明文件、装货单或货运单，其中对于以乳加工厂名义登记的乳品公司，应包含州际乳品运输商的散装罐体单元标识号或州际乳品运输商乳加工厂登记号。

行政程序

本章的目的是对标识要求加以说明，以方便对乳和/或乳制品及其产地加以区分。乳和/或乳制品要求采用其通用名称或习惯名称来命名。

紧急供应品的标示：依照本《条例》第二章的条款规定在紧急时期批准出售的未分级乳和/或乳制品，其标签必须标注"未分级"字样。如未标注上述标签，则监管机构须立即采取措施告知公众该特供品为"未分级"产品，且经销商一旦获得所规定的标签后即刻对其进行正确标示。

注意：上述中提到的出售"未分级"乳和/或乳制品，不适用于国际认证组织（ICP）下名单中乳业公司、州际货运商。

身份标识：本章所使用的"身份"一词是指从事巴氏杀菌、超级巴氏杀菌、无菌加工和包装、包装后蒸汽灭菌处理，以及浓缩与/或干燥处理的乳加工厂的名称、地址或许可证编号。推荐采用非强制性全国统一编码系统来标识进行乳和/或乳制品包装的乳加工厂，以便在全国范围内提供统一的代码系统。

如果几家乳加工厂同时由一家乳品公司来运营，则可在其乳品包装瓶、容器和包装物上采用同一公司名称。此外，从事巴氏杀菌、超级巴氏杀菌、无菌加工和包装、包装后蒸汽灭菌处理、以及浓缩与/或干燥处理的乳加工厂的地点也应直接标明或采用代码标出。这一要求是为了便于监管机构对采用巴氏杀菌、超级巴氏杀菌、无菌加工和包装、包装后蒸汽灭菌处理以及浓缩与/或干燥处理的炼乳和/或乳粉或乳制品的来源加以确认。如果在该市范围内仅有一家使用指定名称的乳加工厂，则该工厂的街道

地址不需标出。

身份标识要求可以理解为允许乳加工厂和个体使用其各自的标签来采购和分销由其他乳加工厂加工和包装的乳和乳制品，其前提是其标签上须标有"加工地：×××（名称及地址）"的字样，或采用相应的代码来标示乳品加工厂或包装厂。

误导性标识：监管机构不得允许在标识上使用任何具有误导性的标记、文字或声明。监管机构可以允许在瓶盖或标签上使用注册的商业设计或类似术语，其本意不得具有误导性，且在使用方式上不得模糊化本《条例》中所规定的标识要求。对于乳粉制品，其外包装袋上在灌装前必须印有"'A'级"字样。不允许使用特级型等级名称。但是，这一规定并不意味着禁止使用由美国农业部（USDA）批准乳粉制品使用的官方等级名称。诸如""AA"级巴氏杀菌乳""精选'A'级巴氏杀菌乳""特'A'级巴氏杀菌乳"等等级名称，会让消费者认为该等级会比""A"级"产品更加安全。这种暗示具有欺骗性，因为本《条例》在正确实施过程中，其对于"A"级巴氏杀菌、超级巴氏杀菌或无菌加工和包装的低酸乳和/或乳制品，或者包装后蒸汽灭菌处理的低酸乳和/或乳制品的要求会确保该等级的乳和/或乳制品的安全性与其实际功用相一致。描述性的标示术语不得与"A"级名称或乳和/或乳制品的名称连用，并不得具有欺骗性或误导性。

第五章　乳牛场和乳加工厂的检查

其乳和/或乳制品打算在_____的_____[1]地区或其辖区内消费的每个乳牛场、乳加工厂、接收站、中转站、乳罐车清洁设施，以及往返于乳加工厂、接收站或中转站之间为进行巴氏杀菌、超级巴氏杀菌、无菌加工及包装、包装后蒸汽灭菌处理的化学标准或温度标准检验而收集样品的散装乳搬运工/取样员，以及每一辆乳罐车及其附属设备均须由监管机构事先检查/审查后方可颁发许可证。在颁发许可证后，监管机构须：

1. 对往返于乳牛场和乳加工厂、接收站或中转站之间为巴氏杀菌、超级巴氏杀菌、无菌加工及包装、包装后蒸汽灭菌处理的化学标准或温度标准检验而收集样品的散装乳搬运工/取样员，所使用的每一辆乳罐车及其附属设备至少每24个月检查一次。

2. 对每名散装乳搬运工/取样员、乳加工厂取样员以及加工厂取样员的收集程序和取样程序至少每24个月检查一次。

3. 对每家乳加工厂和接收站至少每3个月检查一次，此外，对于拥有危害分析和关键控制点（HACCP）体系从而依照非强制的国家州际乳品贸易协会（NCIMS）自愿性危害分析和关键控制点（HACCP）进行管理的乳加工厂和接收站，应当用常规审查来代替本章所述的监管性检查。上述常规审查的要求和最低频率在本《条例》附录K中作了规定。此外，对州际乳品货运商（IMS）列出的、生产无菌加工和包装的低酸乳和/或乳制品的乳品加工厂，和/或包装后蒸汽灭菌处理的低酸乳和/或乳制品的整体或部分所做的监管性检查须由州监管机构依照本《条例》至少每6个月进行一次（参见"附录S"）。乳加工厂的无菌加工和包装系统（APPS）以及包装后蒸汽灭菌处理系统

（RPPS）应分别由食品药品管理局（FDA）或食品药品管理局（FDA）低酸罐头食品项目（LACF）下指定的国家监管机构根据《美国联邦法规》第21篇第108、110和113部分适用的要求以食品药品管理局（FDA）确定的频率进行检查。

4. 对每家乳罐车清洁设施和中转站至少每6个月检查一次，此外，对于拥有自愿性危害分析和关键控制点（HACCP）体系从而依照非强制性国家州际乳品贸易协会（NCIMS）的危害分析和关键控制点（HACCP）计划进行管理的中转站，应当用常规审查来代替本章所述的监管性检查。上述常规审查的要求和最低频率在本《条例》附录K中作了规定。

5. 对每个乳牛场至少每6个月检查一次[6]。

如果在检查/审查当中发现违反了第七章中规定中的任何要求、或是第六章及附录B中有关散装乳搬运工/取样员、加工厂取样员或乳罐车的要求，则须在纠正该违规行为所必需的时间之后进行第二次检查/审查，但不得在之后的3d。进行上述第二次检查/审查的目的是为了确定是否符合第七章中规定的要求、或是第六章及附录B中有关散装乳搬运工/取样员、加工厂取样员或乳罐车的要求。在第二次检查/审查中，如发现再次违反了第七章中所规定的同样要求、或是第六章及附录B中有关散装乳搬运工/取样员、加工厂取样员或乳罐车的要求，则须依照第三章的规定对其暂扣许可证和/或进行法院诉讼，或者，加工厂取样员违规的情况下，须停止官方监管样本的采集工作，直至由监管机构进行再培训并重新评估后合格为止。此外，当监管机构发现涉及以下情形的关键加工要素违规行为时：

1. 确保每一份乳或乳制品可能未在合理设计和操作的设备内被加热到合适的温度并保持至规定时间的正确的巴氏杀菌法；

2. 存在导致巴氏杀菌乳或乳制品直接受到污染的交叉连接；或者

3. 存在导致巴氏杀菌乳或乳制品直接受到污染的条件。

监管机构须立即采取措施以防止上述乳或乳制品进一步流通直至该关键性加工要素违规行为得到纠正。如果上述关键性加工要素的纠正工作未立即完成，则监管机构须迅速采取措施依照本《条例》第三章的规定暂扣其许可证。

应当将通过电子生成或者手工书写的检查/审查报告的一份副本递交给经营者或其他负责人，或张贴在该设施内墙上的显眼位置。上述检查/审查报告不得损毁，并须在需要时随时可供监管机构使用。应将上述检查/审查报告的一份相同副本与监管机构的记录一同存档。

监管机构还须为本《条例》的实施而进行其他必要的检查/审查工作。

每个持证人须应监管机构的要求应当允许官方指定的人员进入其工厂或设施的任何部位以确定符合本《条例》的规定。经销商或乳加工厂经营者须应监管机构要求并仅为官方使用之目的为供提供所采购和售出的每种等级的乳和乳制品的实际数量的实情报告、上述乳和乳制品的所有来源的清单、各种检查、测试的记录以及巴氏杀菌处理的时间和温度记录。

任何以官方身份依照本《条例》的规定获得必须作为商业机密加以保护的任何信息（包括乳或乳制品的数量、质量、乳源或处理情况或对其检查/审查、测试的结果等）的个体如将此类信息用于谋求私人利益或将其泄露给任何非授权个体的，均视为非法。

行政程序

检查频率：为确定对乳牛场、中转站、乳加工厂或进行州际乳品运输商（IMS）登记，从而生产无菌加工和包装的低酸乳和/或乳制品，和/或包装后蒸汽灭菌处理的低酸的乳和/或乳制品的乳加工厂的部分设施进行检查的频率，其检查的间隔时间须包括指定的 6 个月再加上检查工作进行当月的剩余天数。

为确定对所有其他乳加工厂和接收站的检查频率，则其检查间隔须包括指定的 3 个月再加上检查工作进行当月的剩余天数。

为确定散装乳搬运工/取样员、工业工厂取样员以及乳品工厂取样员的检查频率，其检查间隔须包括指定的 24 个月再加上检查工作进行当月的剩余天数。

为确定乳罐车的检查频率，其检查间隔须包括指定的 24 个月再加上检查工作进行当月的剩余天数。

每 24 个月对乳罐车检查一次；或每 24 个月对散装乳搬运工/取样员或工业工厂取样员的收集及取样程序检查一次；或每 6 个月对乳牛场、中转站、乳加工厂或进行州际乳品运输商（IMS）登记，从而生产无菌加工和包装的低酸乳和/或乳制品，和/或包装后蒸汽灭菌处理的低酸乳和/或乳制品的乳加工厂的部分设施，或乳罐车清洁设施检查一次；或每 3 个月对生产巴氏杀菌、超级巴氏杀菌的炼乳或乳粉和/或乳制品的乳加工厂，或接收站检查一次，如非理想的频率，则为法定的最低频率。对于达到要求存在困难的散装乳搬运工/取样员、工业工厂取样员、乳罐车、乳罐车清洁设施、乳牛场、乳加工厂、接收站及中转站，应当更为频繁地进行走访。短期运营或间歇性运营的生产炼乳和/或乳粉和/或乳制品的乳加工厂也应当更为频繁地加以检查。对乳牛场的检查应当在挤乳时间进行，且次数应尽可能多；而对于乳加工厂的检查则应当在一天当中的不同时段进行，以便确定其设备装配、消毒、巴氏杀菌、超级巴氏杀菌、清洁过程及其他程序是否符合本《条例》的各项要求。

为了确定依照非强制性的国家州际乳品贸易协会（NCIMS）危害分析和关键控制点（HACCP）计划对乳加工厂、接收站和中转站进行审查的最小频率，其检查间隔须包括审查工作进行当月的剩余天数。

实施程序：本章规定，对于乳牛场、散装乳搬运工/取样员、乳罐车、乳罐车清洁设施、乳加工厂、接收站、中转站或经销商，如连续 2 次检查均发现违反了同一要求，则将扣留其许可证和/或提请法庭诉讼。

经验证明，严格实施本《条例》比实施政策更有助于增强监管机构与乳品行业之间的友好关系，而后者总是力求对违规行为宽大处理，处罚措施也较为迟缓。公共卫生官员对符合要求的合规标准既不能过于宽松，也不能太过严格。在发现违规行为时，公共卫生官员应当向乳生产商、散装乳搬运工/取样员、工业工厂取样员、乳罐车负责人、乳罐车清洁设施、乳加工厂、接收站、中转站或经销商指出其所违反的规定，商讨改进的办法，并确定纠正违规状况的期限。

可以对违规行为采取扣留或吊销许可证和/或者提请法庭诉讼的处罚，以防止一再违反本《条例》的规定，但是也可通过成文规定来保护乳品行业免受不合理或专横的行为。在发现可构成立即健康危害的情况时，必须迅速采取措施以保护公众健康；因此，在本《条例》第三章中，监管机构有权立即扣留许可证。然而，除前述紧急情况下，对于违反本《条例》第七章所规定的卫生要求的初犯行为，不会对乳品生产商、散装乳搬运工/取样员、乳罐车负责人、乳罐车清洁设施、乳加工厂、接收站、中转站或经销商等作出处罚。在发现乳品生产商、散装乳搬运工/取样员、乳罐车负责人、乳罐车清洁设施、乳加工厂、接收站、中转站或经销商违反任何规定后，必须以书面形式对其发出通知，并给予合理的时间来纠正其违规行为，随后再进行第二次检查，但整改期限不得短于3日。一旦按本章的要求将书面通知电子生成或递交给经营者或将本章要求的检查报告邮寄出去后，即可认为下达书面通知的要求已得到履行。在收到违规通知之后并在指定的整改期限到期之前，乳品生产商、散装乳搬运工/取样员、乳罐车负责人、乳罐车清洁设施、乳加工厂、接收站、中转站或经销商有权要求将公共卫生官员的意见提交给监管机构或请求对指定的整改期限予以延期。

实施程序——无菌加工和包装和/或包装后蒸汽灭菌处理的乳加工厂： 监管机构须采取适当的监管措施，必要时与食品药品管理局（FDA）进行协调，以确保"A"级无菌乳加工厂和/或"A"级杀菌乳加工厂和"A"级无菌低酸乳和/或乳制品，和/或蒸汽灭菌处理的"A"级低酸乳和/或乳制品，各自符合本《条例》的适用要求。

认证式工厂检查： 监管机构可以对工厂人员进行认证考核，在其同意的情况下，共同执行本《条例》中对乳牛场、散装乳搬运工/取样员的收集与取样程序和/或乳罐车进行监督的各项规定。采用认证式行业检查的各个州应当制定一份书面方案，说明如何实施本《条例》及相关文件的各项规定，并存档备案。对散装乳搬运工/取样员的收集与取样程序进行检查和评估的授权工作须由取样监督官员（SSO）依照国家州际乳品贸易协会（NCIMS）（确立的）公共卫生署及食品药品管理局合作管理规程（Procedures）来进行。

由上述人员进行的用于确定是否符合本《条例》各项规定的所有检查工作的报告须由各乳品行业机构来编制和保存，其存放地点须得到监管机构的认可。持有认证的乳品行业检查员可以执行所有惩罚性措施以及围绕许可证颁发与恢复的所有检查工作。监管机构应当会同获得认证的乳品行业检查员进行初期检查和对市场检查工作进行改进。

当生产商转移市场后，此前24个月的生产记录应当通过监管机构随该生产商一同转移，并仍旧作为该生产商生产记录的一部分。

乳品行业人员应当由监管机构每3年认证考核一次。

获得认证的乳品行业检查员至少应每年参加一次由监管机构举办的教育研讨班，或由监管机构认可的具有同等水平的培训。

监管机构应至少每6个月对各行业机构保存的已经认证的工厂检查方案的记录进行一次检查，并赴牧场现场检查确保该方案符合监管机构书面计划的规定以及本《条例》和相关文件的各项要求。

由监管机构进行的初次认证不得在官方的检查过程中进行。由监管机构进行的再次认证可以在官方的检查过程中进行。

认证的目的： 认证的目的是为了让申请人正式地展示他们的检查能力以正确应用本《条例》、相关文件以及监管机构的工作程序。

待认证人员的选派：认证申请人须向监管机构提交认证申请。认证申请人须具有乳品卫生行业的相关经验，并且是乳品加工厂、乳品生产商协会或官方指定实验室的员工，或是以咨询顾问的形式受聘于上述机构。

资质数据的记录：在进行认证程序之前，申请人的相关背景资料应当予以保密。这些资料包括学术培训、乳品卫生及相关行业的工作经验、在职期间参加过的课程等等。上述资料将作为申请人的档案的一部分，连同申请人在认证考核过程中的适当记录等，一并由监管机构保存。

现场程序：一次只能对一名申请人员进行认证考核。在认证考核进行过程中，监管机构不得以任何方式给予提示或对检查结果进行比较，直至整个认证程序完成为止。初次认证不得在由监管机构实施的官方检查过程中进行。

应至少检查 25 家随机选择的乳牛场和/或 5 辆乳罐车。在必要的检查工作完成之后，监管机构须将其结果与申请人得到的结果进行比较。用结果吻合项的数目除以检查过的乳牛场和/或乳罐车的总数，即可得到每个卫生检查项目吻合情况的百分比。

认证标准：为了获得认证，乳品行业检查员必须与监管机构在卫生检查项目的吻合情况的比率上达到 80%，并且还须同意遵守由监管机构为乳牛场和/或乳罐车监督工作所制定的行政程序。监管机构应当给予足够的时间来与申请人对检查的结果进行讨论。

认证持续的时间：乳品行业检查人员的认证工作自正式认证或认证续期起不得超过 3 年，认证被吊销的除外。

认证续期：监管机构须在原证书到期前的至少 60d 告知已获认证的行业检查员需要办理认证续期。如希望对认证进行续期，则该检查员应当为续期程序做好相应的安排。认证续期可以在随后的 3 年内依照上述程序来进行，但须对至少 10 家随机选择的乳牛场和/或 2 台乳罐车进行检查，具体数量应根据认证续期的种类而定。此外，认证续期也可以在由监管机构实施的官方检查的过程中进行。为了办理认证续期，已获认证的乳品行业检查员必须与监管机构在卫生检查项目吻合情况的比率上达到 80%，并且还须同意遵守由监管机构为乳牛场和/或乳罐车监督工作所制定的行政程序。监管机构应当给予足够的时间来与申请人对检查的结果进行讨论。如果监管机构确定某名已获认证的乳品行业检查员未能在上述认证续期程序中证明其资质，则监管机构可以要求该已获认证的乳品行业检查员执行初次认证的考核程序。

报告和记录：顺利完成认证或认证续期程序后，须为已获认证的乳品行业检查员颁发证书或通知其认证续期考核合格。同时还须以证明函的方式来正式通知雇用该检查员的乳加工厂或官方指定的实验室。该证明函须说明该项认证的目的和保持该项认证的条件。监管机构须保存一份该证明函的副本、一份上述资质数据的副本以及各个卫生检查项目的吻合度百分比一览表。

认证的吊销：在发现检查员有下列情形之一时，可以由监管机构吊销其认证：

1. 在以上"现场程序"中所述的现场检查当中与监管机构的卫生检查项目吻合度未达到 80%；或

2. 未遵守监管机构为该计划所制定的行政程序；或

3. 在检查工作的过程中未能执行本《条例》的规定。

　　检查/审查报告：应当按照监管机构的指示将一份检查/审查报告的副本存档，并保留至少24个月。检查结果应输入到相应的总览表中。可以使用计算机或其他信息检索系统。本《条例》附录M中提供了现场检查/审查表的示例。

　　注意：国际认证组织（ICP）下授权的第三方认证机构（TPC）不适用本章引用的适用认证行业检查的选项。

第六章　乳和/或乳制品的检查

　　散装乳搬运工/取样员应负责从各散乳罐和/或储乳罐中，或从正确安装并操作的在线取样器或无菌采样器中采集代表性样品，在线取样器或无菌采样器需经监管机构和食品药品管理局（FDA）批准，用于在乳品运输前，或者将乳品从牧场的散装储乳罐和/或储乳罐、卡车或其他容器内转出之前无菌性采集代表性样品。所有样品须采集后发往乳品加工厂、接收站、中转站或经监管机构批准的其他地点。

　　加工厂取样员应负责为附录N检测采集代表性乳品样品：

　　1. 应在将乳品从乳罐车内转出之前，从经监管机构和食品药品管理局（FDA）批准使用的每一辆乳罐车或正确安装并操作的无菌取样器内收集代表性样品。

　　2. 应在将乳品从加工场所的牧场散装储乳罐/储乳仓、乳加工厂原乳罐/仓、及其他原乳存储容器等转出之前从经监管机构和食品药品管理局（FDA）批准使用的每一个未经装运至散乳罐车中的生鲜乳供应点或正确安装并操作的在线取样器或无菌取样器中收集代表性样品。

　　在任意连续6个月当中，须分别于至少4个单独的月份中（在3个月中，某一个月包括了相隔至少20d的2个取样日期的情况除外）从每家生产商处采集至少4份用于巴氏杀菌、超级巴氏杀菌、无菌加工和包装，或包装后蒸汽灭菌处理的生鲜乳样本。这些样本须在监管机构的指导下采集，或是在监管机构的指导下从每家生产商处获得，然后依照本章规定送出。

　　在任意连续6个月当中，须分别于至少4个单独的月份中（在3个月中，某一个月包括了相隔至少20d的2个取样日期的情况除外）采集至少4份用于巴氏杀菌、超级巴氏杀菌、或无菌加工和包装、包装后蒸汽灭菌处理的生鲜乳样本。这些样品须在各家乳加工厂收到乳品之后并在进行巴氏杀菌、超级巴氏杀菌、无菌加工和包装、包装后蒸汽灭菌处理之前由监管机构从乳加工厂获得。

　　在任意连续6个月当中，监管机构须分别于至少4个单独的月份中（在3个月中，某一个月包括了相隔至少20d的2个采样日期的情况除外）从每家乳加工厂处采集至少4份本《条例》中所定义的巴氏杀菌乳、超级巴氏杀菌乳、调味乳、调味减脂乳或低脂乳、调味脱脂乳、降脂乳或低脂乳及每种乳制品的每种脂含量的样品。所有要求的巴氏杀菌乳、超级巴氏杀菌乳和/或乳制品的取样和检测工作都只能采用由食品药品管理局（FDA）验证并经国家州际乳品贸易协会（NCIMS）认可的检测方法来进行。其检测方法未经验证和认可的乳和/或乳制品不需要进行检测［参阅M-a-98最新版本，对确定的乳和/或乳制品采用由食品药品管理局（FDA）验证并经国家州际乳品贸易协会（NCIMS）认可的检测方法来进行］。无菌加工和包装的低酸乳和/或乳制品以及包装后蒸汽灭菌处理的低酸乳和/或乳制品须排除在本条所规定的取样与检测要求之外。

注意：根据本《条例》规定的任何"A"级炼乳和乳粉产品如果不是全年生产，那至少应在连续的生产周期内取 5 个样品。

乳和/或乳制品的样本须在运送至商店或消费者之前，在生产商、乳加工厂或经销商手中时提取。

从乳品零售店、食品服务机构、食品杂货商店及其他出售乳和/或乳制品的场所提取的样品须按监管机构确定的频率和时间进行定期检查，其检查结果将用于确定是否符合本《条例》第二章、第四章及第十章的规定。上述食品服务机构的业主须应监管机构的要求为其提供该机构获得乳和/或乳制品的所有经销商的名称。

注意：在上述地点进行销售的乳和/或乳制品的样品的取样，不适用于国际认证组织（ICP）下授权的第三方认证机构（TPC）。

对采用巴氏杀菌、超级巴氏杀菌或无菌加工和包装、包装后蒸汽灭菌处理的生鲜乳，须进行规定的细菌计数、体细胞计数及冷却温度的检查。此外，对每家生产商的乳品所进行的 β－内酰胺药物检测须在任意连续 6 个月当中至少进行 4 次。

所有要求的巴氏杀菌乳、超级巴氏杀菌乳和/或乳制品的取样和检测工作都只能采用由食品药品管理局（FDA）验证并经国家州际乳品贸易协会（NCIM）认可的检测方法来进行，其他的并无取样要求。在本《条例》中定义的"A"级巴氏杀菌乳和超级巴氏杀菌乳和/或乳制品所规定的细菌计数、大肠杆菌计数、β－内酰胺药物检测、磷酸酶及冷却温度的检测工作只能采用经过验证和认可的检测方法来进行［参阅 M－a－98 最新版本，对确定的乳和/或乳制品采用由食品药品管理局（FDA）验证并经国家州际乳品贸易协会（NCIMS）认可的检测方法来进行］。

注意：在从同一家生产商或加工厂或是在同一天内从多只储乳罐或储乳仓中采集的除无菌加工和包装的低酸乳和/或乳制品以及包装后蒸汽灭菌处理的低酸乳和/或乳制品以外的同一种乳和/或乳制品的多份样本时，监管机构或官方或官方指定实验室乳品实验室管理机构批准人员应当采用实验室检测结果的算术平均值来作为当日的官方检测结果。该项规定仅适用于细菌计数（标准平板计数和大肠杆菌计数）、体细胞计数和温度的检测。

在单独的各天当中采集的最后连续 4 份细菌计数、体细胞计数和大肠杆菌计数或冷却温度的样本中有 2 份的检测结果超过了本《条例》中所规定的乳和/或乳制品的标准，则监管机构须向相关人员发布一份该情况的书面通知。该通知将在上述最后连续 4 份样本中的 2 份超标的持续期内一直有效。在发布该通知后的 21 日内［不得迟于 3 日］，须再采集一次样本。任何时候当最后 5 份细菌计数、体细胞计数和大肠杆菌或冷却温度检测结果中有 3 份超标，则应依照本《条例》第三章的规定和/或庭审裁定立即予以暂扣许可证。

磷酸酶检测不管何时为阳性时，应确定原因。如果其原因是不正确的巴氏杀菌方法，则对其予以纠正，且不得将所涉及的任何乳或乳制品公开出售。

任何时候当农药残留检测呈阳性时，应通过调查查明其原因，并对该原因加以纠正。应再次采集并对农药残留物须进行检测，且本《条例》中所定义的任何乳或乳制品均不得公开出售，直至随后的样本检测结果表明其不含农药残留物或低于为该残留物所规定的可执行水平。

任何时候某一药物残留物检测被确定为阳性，则须通过调查查明其原因，并依照附录 N 的规定对该原因加以纠正。

样本须在合适的官方实验室或官方指定的实验室进行检验。所有取样程序，包括乳罐车或牧场散乳罐/储乳仓中经认可的在线采样器和无菌采样器的使用，以及规定的实验室检验工作等均须严格遵照美国公共卫生协会颁布的最新版本的《乳制品检验标准方法》（SMEDP）以及美国官方分析化学家协会（AOAC）颁布的最新版本的《官方分析方法》（OMA）。上述程序，包括样本采集人员和检验方法的认证等，均须依照监管机构的行政程序来进行评估。

受国家州际乳品贸易协会（NCIMS）的自愿性危害分析和关键控制点（HACCP）计划监管的每家乳加工厂均须将其对于超出本《条例》第七章规定上限的每一次监管性样本检测的结果所作出的响应详细整理成文。监管机构将对该乳加工厂所采取的相应措施予以监督和核实。

检测农药等杂质的检验与检测工作须按监管机构的要求来进行。当食品药品管理局（FDA）负责人确定供应的乳品中存在兽药残留物或其他污染物等潜在问题时，则应当采用由食品药品管理局（FDA）确定的有效检测方法（能有效测定是否符合可执行性水平或规定的容许量）来对样本进行针对该污染物的化验。该检测工作应持续到食品药品管理局（FDA）负责人充分确定该问题已得到纠正后为止。潜在问题的确定应当基于相关科学信息。

本《条例》中所定义的、包括无菌加工和包装的低酸乳和/或乳制品，以及包装后杀菌加工的低酸乳和/或乳制品，为强化营养而添加了维生素 A 和/或维生素 D 应当至少每年进行一次检验，并且是在由食品药品管理局（FDA）认可并经监管机构批准的实验室中，采用经食品药品管理局（FDA）批准的检测方法或其他能够与食品药品管理局（FDA）的方法在统计学上提供相同结果的官方方法来进行〔参照 M－a－98 最新版本，对确定的乳和/或乳制品采用由食品药品管理局（FDA）验证有效并经国家州际乳品贸易协会（NCIMS）承认的检测方法来进行维他命检测〕。维生素检测实验室如果有一名或多名持证的化验师，且符合由食品药品管理局（FDA）制定计划的质量控制要求，则可获得认可。实验室资格认可与化验师认证的具体标准在《乳品实验室评估》（EML）手册中进行了详细说明。

此外，所有采用维生素对乳和/或乳制品进行强化的乳品工厂，必须做好容量控制的相关记录。该容量控制记录必须将所使用的维生素 D、维生素 A 和/或维生素 A 和维生素 D 的形态和用量与所生产的产品数量进行相互参照，并说明预计使用的百分比，用正号或负号表示。

行政程序

实施程序： 所有违反细菌计数、大肠杆菌计数、确定的体细胞计数和冷却温度标准的情况都应当立即予以检查，以确定其原因并加以纠正（参见本《条例》附录 E "五分之三合规实施程序示例"）。

实验室检验方法：取样程序，包括乳罐车或牧场散乳罐和/或储乳仓中经认可的在线取样器和无菌取样器的使用、样本的保存；仪器、培养基与试剂的选定和配制；以及化验程序、孵育、结果的读取与报告等，均须严格遵照食品药品管理局/国家州际乳品贸易协会（FDA/NCIMS）2400系列表单、《乳制品检验标准方法》（SMEDP）和《官方分析方法》（OMA）来进行。上述程序应当采用本《条例》中为下列项目所指定的程序来进行：

1. 32℃下的标准平板计数法〔标准平板计数法（SPC）或Petrifilm细菌总数测试片（PAC）法〕（参照M-a-98最新版本，对确定的乳和/或乳制品采用经批准的方法检测）。

2. 在32℃下的细菌计数所采用的替代方法，包括平板环路计数法（PLC）、螺旋板计数法（SPLC）和用于牛奶细菌总数的BactoScan FC法（BSC）、TEMPO菌落总数计数法（TAC）、Peel Plate菌落总数检测片计数法（PPAC）（参照M-a-98最新版本，对确定的乳和/或乳制品采用经批准的方法检测）。

3. 在32℃下〔采用大肠菌群平板计数法（CPC）或Petrifilm大肠菌群计数法（PCC）和/或高敏感度大肠菌群计数法（HSCC）、TEMPO大肠菌群计数法（TCC）、Peel Plate大肠杆菌和菌群（PPEC）和/或Peel Plate大肠杆菌和菌群高通量敏感法（PPECHVS）〕对大肠菌群计数（参照M-a-98最新版本，对确定的乳和/或乳制品采用经批准的方法检测）。

4. 对脱脂乳粉的活菌计数检测须依照《乳制品检验标准方法》（SMEDP）中乳粉标准平板计数法（SPC）或Petrifilm细菌总数测试片（PAC）法的程序来进行，但是琼脂平板则须孵育72小时。

5. 药物测试：在进行药物残留检测时，须采用已得到独立评估或由食品药品管理局（FDA）评估过的、被食品药品管理局（FDA）和国家州际乳品贸易协会（NCIMS）接受用于检测生鲜乳、巴氏杀菌乳或其他特种巴氏杀菌乳制品中的当前规定安全水平或容许水平的β-内酰胺药物残留，应当对每批的β-内酰胺药物进行检测。但是未经批准的β-内酰胺的检测方法不用应用到这些乳制品的检测中去（参照M-a-85最新版本，经批准的β-内酰胺检测方法以及M-a-98最新版本，对确定的乳和/或乳制品采用经批准的β-内酰胺方法检测）。所有已确认的阳性结果须采取相应的强制措施（参见本《条例》附录N）。如果某一检测结果是通过使用由食品药品管理局（FDA）评估和认可，并由国家州际乳品贸易协会（NCIMS）根据食品药品管理局（FDA）依照本《条例》附录N第Ⅳ节的要求，定期递交的备忘录中规定的水平上得到批准的方法而获得的，则该结果应当被视为阳性。

6. 检测异常乳的筛查与确认方法：筛查检测或确认检测的结果应当记录在乳牛场的官方记录中，并将该结果的一份副本发送给乳品生产商。

当由于体细胞计数过高而发布警告函时，应当由监管人员或持证的行业人员对该乳品进行官方检查。该检查应当在挤乳期间进行。

a. 乳（非山羊乳）：须使用下列确认检测程序或筛查检测程序中的任何一种：体细胞单带式直接显微镜计数法（DMSCC）或体细胞电子计数法（ESCC）。

b. 山羊乳：在筛查生鲜山羊乳样本时可以使用体细胞直接显微镜计数法（DM-

SCC）或体细胞电子计数法（ESCC），以指示体细胞水平的范围，山羊乳的体细胞标准须保持在1500000个/mL。出于官方目的而进行的筛查检测必须由获得该检验程序认证的化验师来进行。

持证化验师只能采用哌洛宁Y-甲基绿染色或改进"纽约"法（New York modification）的体细胞单带式直接显微镜计数法（DMSCC）检测程序来确定山羊乳中的体细胞水平。

c. 绵羊乳：须使用下列确认检测程序或筛查检测程序中的任何一种：体细胞单带式直接显微镜计数法（DMSCC）或体细胞电子计数法（ESCC）。如果体细胞单带式直接显微镜计数法（DMSCC）检测程序得到的结果超过了本《条例》规定的750000个/mL的标准，则该数量必定来源于哌洛宁Y-甲基绿染色或改进"纽约"法（New York modification），或是通过该方法来确认的。

d. 骆驼奶：须使用下列确认检测程序或筛查检测程序中的任何一种：体细胞单带式直接显微镜计数法（DMSCC）或体细胞电子计数法（ESCC）。如果体细胞单带式直接显微镜计数法（DMSCC）检测程序得到的结果超过了本《条例》7规定的750000个/mL的标准，则该数量必定来源于哌洛宁Y-甲基绿染色或改进"纽约"法（New York modification），或是通过该方法来确认的，并且需按照程序由认证的化验师来进行检验。（参见第27页**"注意"**）。

7. 磷酸酶电子测试：磷酸酶测试是巴氏杀菌工艺的一项效率指标。如果某一认可的实验室发现一份样本的磷酸酶测试呈阳性，则须对该巴氏杀菌工艺进行调查和纠正。如果实验室进行的磷酸酶测试被确认为呈阳性，或者对与本《条例》第七章第16p条中规定的设备、标准或方法的合规性存有疑问，则监管机构应当立即在该乳加工厂现场进行磷酸酶检测（参见本《条例》附录G。）

8. 维生素检测应当使用由食品药品管理局（FDA）批准的检测方法或其他能够与食品药品管理局（FDA）的方法在统计学上提供相同结果的官方方法来进行。

9. 经食品药品管理局（FDA）批准和认定为同样精确、严格和实用的任何其他测试。

10. 在为《"A"级巴氏杀菌乳条例》监督计划而设计的药物残留检测方法的开发与使用过程中所用到的所有标准将与《美国药典》（USP）中的可用标准相参照。如果《美国药典》（USP）中没有可用的标准，则原来的方法必须对要使用的标准加以规定。

11. 官方检测工作在程序上的修改或试剂的更换必须提交给食品药品管理局（FDA）批准后方可由经认可的国家州际乳品贸易协会（NCIMS）乳品实验室采用。

取样程序：《乳制品检验标准方法》（SMEDP）包含了乳和乳制品取样的指导说明。样本采集时间也可以使用军用时间（24h制）来确定（参见本《条例》附录G，以了解乳和/或乳制品中的药物残留的相关说明，以及在哪些条件下可能会在正确处理过的巴氏杀菌乳或奶油中遇到阳性磷酸酶反应。参见本《条例》附录B，以了解与取样程序的培训、授权/许可、常规检查及评估有关的牧场散装乳运送程序）。

当在乳加工厂于巴氏杀菌、超级巴氏杀菌、无菌加工和包装，以及包装后蒸汽灭菌处理之前提取生鲜乳的巴氏杀菌样本时，应当从随机抽选的储乳罐/仓中提取，且事先应进行充分的搅拌。所有检测数目和温度一经实验室报告后，都应当记录在乳品一览表上。可以使用计算机或其他信息检索系统。

注意：《"A"级巴氏杀菌乳条例》中当前未提及的动物乳可以标示为"A"级，并在食品药品管理局（FDA）对已验证的《"A"级巴氏杀菌乳条例》第六章和附录 N 中的新增动物检测方法加以认可后进行州际乳品货运商（IMS）登记。[参照 M－a－98 最新版本，对确定的乳和/或乳制品采用由食品药品管理局（FDA）验证并经国家州际乳品贸易协会（NCIMS）认可的检测方法来进行]。

第七章　"A"级乳和/或乳制品的标准

所有用于巴氏杀菌、超级巴氏杀菌、无菌加工和包装、包装后蒸汽灭菌处理的"A"级原料乳和/或乳制品、以及所有"A"级巴氏杀菌乳、超级巴氏杀菌乳或无菌加工和包装的乳和乳制品，在生产、加工、制造、巴氏杀菌、超级巴氏杀菌、无菌加工和包装的低酸乳和/或乳制品，以及包装后蒸汽灭菌处理的低酸乳和/或乳制品，工艺上均须符合下列化学、物理、细菌学和温度标准以及本章的卫生要求进行生产、处理、加工、巴氏杀菌、超级巴氏杀菌、无菌加工和包装、或者包装后杀菌处理。

只能采用巴氏杀菌、超级巴氏杀菌、无菌加工和包装、或包装后蒸汽灭菌处理，以及与之相关联的加工方法和相应的冷藏方法来清除乳和/或乳制品中的微生物或使微生物失去活性，此外，对乳和/或乳制品进行巴氏杀菌、超级巴氏杀菌或无菌加工和包装、或包装后蒸汽灭菌处理后乳加工厂还应当进行过滤和/或离心除菌。同时，在奶油、脱脂乳、减脂乳或低脂乳的散装运输中，如果将其生鲜乳一次性加热至 52℃（125℉）以上，但须低于 72℃（161℉），则出于隔离目的之考虑，允许在奶油、脱脂乳、减脂乳或低脂乳上贴有热处理的标签。在对奶油进行热处理的情况下，可以在连续加热过程中将其进一步加热至 75℃（166℉），然后立即冷却到 7℃（45℉），必要时还可以更低，以便出于功能性考虑而去除酶的活性（如去除脂肪酶）。

参与国家州际乳品贸易协会（NCIMS）自愿性危害分析和关键控制点（HACCP）计划的乳加工厂、接收站和中转站也须遵守本《条例》附录 K 的各项要求。

依照本《条例》的规定，乳清须从进行巴氏杀菌、超级巴氏杀菌、无菌加工和包装，或者包装后蒸汽灭菌处理的"A"级生鲜乳制成干酪的过程中提取。酪乳须从采用"A"级奶油制成黄油的过程中提取，且该黄油在使用前已依照本《条例》16p 项的规定进行了巴氏杀菌。同时，本要求不应理解为禁止使用已由食品药品管理局（FDA）认可为同样具有杀灭葡萄球菌效果且经监管机构批准采用的其他热处理工艺。

依照本《条例》的规定，在"A"级乳和乳制品的生产过程中所使用的酪乳和乳清须符合第 1p、2p、3p、4p、5p、6p、7p、8p、9p、10p、11p、12p、13p、14p、15p、17p、20p、21p 及 22p 条的乳/干酪工厂内生产。乳清应当提取自：

1. 由需进行巴氏杀菌的"A"级生鲜乳制成的干酪，在使用前已依照本《条例》第七章第 16p 条的规定进行了巴氏杀菌处理，或者是

2. 由需进行巴氏杀菌的"A"级生鲜乳制成的干酪，事先已在至少 64℃（147℉）下进行热处理并在该温度下持续至少 21s，或者加热到至少 68℃（153℉）并在该温度下持续至少 15s，其热处理设备符合本《条例》中规定的巴氏杀菌要求。同时，本要求

不应理解为禁止使用已由食品药品管理局（FDA）认可为同样具有杀灭葡萄球菌效果且经监管机构批准采用的其他热处理工艺。

表1　化学、物理、细菌学与温度标准［参照 M－a－98 最新版本，
经食品药品管理局（FDA）验证有效并经国家州际乳品贸易协会（NCIMS）接受的检测方法］

用于巴氏杀菌、超级巴氏杀菌、无菌加工和包装、或包装后杀菌处理的"A"级生鲜乳和乳制品	温度****	在第一次挤乳开始后的 4h 或更短时间内冷却至 10℃（50℉）或更低温度，然后在完成挤乳后的 2h 内冷却到 7℃（45℉）或更低温度。同时，在第一次挤乳以及此后的挤乳操作后乳的混合温度不应超过 10℃（50℉）。 **注意**：为检测工作而提交的乳品样本应冷却并保持在 0℃（32℉）～4.5℃（40℉），其中样本温度应＞4.5℃（40℉）但≤7.0℃（45℉），且在采集后的 3h 内其温度不得升高
	细菌限定值	一家生产商的乳品在与其他生产商的乳品混合前，其细菌计数不得超过 100000 个/mL。 混合后的乳品在进行巴氏杀菌处理之前其细菌计数不得超过 300000 个/mL。 **注意**：应与药物残留检测/抑制性物质检测同时进行
	药物*****	在使用本《条例》第六章"实验室检验技术"中所引用的药物残留检测方法时不得出现阳性结果
	体细胞计数*	单个生产商的乳品中不超过 750000 个/mL
"A"级巴氏杀菌乳和/或乳制品	温度	冷却至 7℃（45℉）或更低温度并保持在该温度下。 **注意**：为检测工作而提交的乳品样本应冷却并保持在 0℃（32℉）～4.5℃（40℉），其中样本温度应＞4.5℃（40℉）但≤7.0℃（45℉），且在采集后的 3h 内其温度不得升高
	细菌限定值**	不超过 20000/mL 或 20000/g。*** **注意**：应与药物残留检测/抑制性物质检测同时进行
	大肠菌群	不超过 10 个/mL。 另外，在采用散装乳品运输罐装运的情况下，不得超过 100 个/mL。 **注意**：应与药物残留检测/抑制性物质检测同时进行
	磷酸酶**	液态制品和经磷酸酶电子检测程序检验合格的其他乳制品应低于 350 百万单位/L
	药物****	在使用本《条例》第六章"实验室检验技术"中所引用的、已被证明符合巴氏杀菌乳和/或乳制品检测要求的药物残留检测方法时，不得出现阳性结果。（参照 M－a－98 最新版本）

"A"级超级巴氏杀菌乳和/或乳制品	温度	冷却至 7℃（45℉）或更低温度并保持在该温度下
	细菌限定值**	不超过 20000/mL 或 20000/g。*** **注意**：应与药物残留检测/抑制性物质检测同时进行
	大肠菌群	不超过 10 个/mL。 另外，在采用散装乳品运输罐装运的情况下，不得超过 100 个/mL
	药物**	在使用本《条例》第六章"实验室检验技术"中所引用的、已被证明符合超巴氏杀菌乳和/或乳制品检测要求的药物残留检测方法时，不得出现阳性结果。（参照 M－a－98 最新版本）。
"A"级巴氏杀菌炼乳和/或乳制品	温度	冷却至 7℃（45℉）或更低温度并保持在该温度下，除非在浓缩后立即开始干燥
"A"级脱脂乳粉和/或乳粉和/或制品	细菌预测 大肠菌群	不超过： 10000 个/g 10 个/g
用于浓缩和/或干燥加工的"A"级乳清	温度	保持在 7℃（45℉）或更低温度下，或者是 57℃（135℉）或更高温度下，其滴定酸度为 0.40% 或以上或 pH 为 4.6 或以下的酸型乳清除外
"A"级巴氏杀菌浓缩乳清和/或乳清制品	温度	在浓缩过程的 72h 内的结晶过程中冷却至 10℃（50℉）或更低温度
	大肠菌群限定值	不超过 10 个/g。同时，在采用散装乳品运输罐装运的情况下，不得超过 100 个/g
"A"级乳清粉、"A"级乳清粉制品、"A"级酪乳粉和"A"级酪乳粉制品	大肠菌群限定值	不超过 10 个/g

* 山羊乳为 1500000/mL。

** 不适用于酸化或发酵过的乳和/或乳制品、蛋酒、农家干酪和其他 M－a－98 最新版本中定义的乳和/或乳制品。

*** 称重后进行化验的乳和/或乳制品，其化验结果采用"××/g"来报告［参见当前版本的《乳制品检验标准方法（SMEDP）》］。

**** 不适用于酸化或发酵过的乳和/或乳制品、蛋酒、农家干酪、巴氏杀菌和超级巴氏杀菌的调味型（非巧克力）乳和/或乳制品，和其他 M－a－98 最新版本中定义的乳和/或乳制品。

***** 如果样本符合本《条例》附录 B 中引用的取样要求，可以对已经预冻的生鲜羊乳样本进行附录 N 中药物残留的检测。

注意：不得使用冷冻生鲜乳进行细菌或体细胞检测。

巴氏杀菌、超巴氏杀菌、无菌加工和包装、包装后蒸汽灭菌处理的"A"级生鲜乳标准

第1r条 异常乳

根据细菌学、化学或物理检验结果而在一个或多个季度内显示乳汁分泌异常迹象的泌乳动物，应当最后挤乳或使用单独的设备挤乳，且挤出的乳应当弃之不用。分泌的乳含有污染物的泌乳动物——即采用化学试剂、药物或放射性试剂对其进行治疗过的泌乳动物，其试剂能够随乳汁一同分泌出来，并可能对人体健康造成危害（据监管机构的判断）应当最后挤乳或使用单独的设备挤乳，且挤出的乳应依照监管机构的指示进行处理［要了解有关自动挤乳设备（AMIs）适用性的情况，请参见本《条例》附录Q］。

公共健康原因

泌乳动物的健康是一项非常重要的思考因素，因为大量的泌乳动物疾病，包括沙门氏菌病、葡萄球菌感染和链球菌传染等，都可以通过乳品这一媒质传播给人类。导致上述大多数疾病的有机体可以直接通过牲畜的乳房进入其乳汁，或是因为受感染的生物体的排放物有可能滴入、溅入或被吹入乳品中而间接进入乳品。

牛乳腺炎是牛的乳腺所患的一种炎症性、并通常具有高传染性的疾病。通常，引发感染的有机体是一种源于牛畜身上的链球菌（B型），但是一种葡萄球菌或其他传染性媒介物也经常会导致该疾病。有时，泌乳动物的乳房会感染源于人体的溶血性链球菌，它可以导致能通过乳制品传播的腥红热或链球菌性扁桃体炎。乳品中的葡萄球菌和可能存在的其他有机体的毒素还可能导致严重的肠胃炎。这些毒素有些无法通过巴氏杀菌过程来将其破坏。

行政程序

本条的规定在下列情形下应视为满足要求：

1. 使用药用试剂治疗的泌乳动物，其试剂能够随乳汁一同分泌出来，因此其乳品在其主治兽医所建议的期限内或是该药用试剂包装标签上所指示的期限内不得公开出售。

2. 使用未经环境保护局（EPA）批准用于奶畜的治疗或接触过该类农药的泌乳动物的乳品不得公开出售。

3. 监管机构可以在认为必要的时候，要求进行额外的测试以检测出现异常状况的乳品。

4. 有血腥味、呈纤维状、变色的乳品，或色泽气味异常的乳品应进行相应的处理以防止感染其他泌乳动物和对乳品器皿造成污染。

5. 分泌异常乳汁的泌乳动物应当最后挤乳或使用单独的设备挤乳，从而有效防止对符合卫生要求的供乳系统造成污染。对乳汁异常的奶畜所使用的挤乳设备应保持清洁，以降低对奶畜造成再次感染或交叉感染的可能性。

6. 用来处理异常乳的设备、器皿和容器不得用于处理公开出售的正常乳，除非事先被清洗并进行了有效消毒。

7. 处理过的奶畜粪便的衍生物，作为泌乳期奶畜饲料配给的组成部分的，必须：

a. 依照美国饲料管理协会官员制定的《动物粪便处理样板规范》中规定的要求来进行正确处理；并且

b. 不得含有各个级别的有害物质、有害的病原生物体或其他毒性物质，这些物质能够随乳汁一同分泌出来，其浓度水平不一，从而可能会对人体健康构成危害。

8. 未处理过的家禽垃圾和未处理过的回收的牲畜排泄物不得作为泌乳期内的奶畜的饲料。

第 2r 条　挤乳棚、牛棚或挤乳间——建造

所有乳牛场都应配备挤乳棚、牛棚或挤乳间，供奶畜在挤乳作业期间居住［要了解有关自动挤乳设备（AMIs）的适用性的相关资料，请参见本《条例》附录 Q］。挤乳所使用的场地须：

1. 采用混凝土或同等非渗透性材料的地面。此外，在柱式奶棚的挤乳区可以安装奶畜（孕产）所用的围栏，并应符合本《条例》附录 C 第Ⅲ部分中规定的要求。

2. 设有围墙和天花板，光滑且粉刷或按要求的方式表面处理；维修良好；天花板具有防尘性。

3. 为马、小牛和公牛配有单独的牛棚位，并不得过度拥挤。

4. 提供有自然光和/或人工照明，采光分布均匀，方便白天和/或夜间挤乳。

5. 提供有足够的空间和空气流通，以防止冷凝和气味过重。

公共健康原因

当在挤乳合适场所以外的其他地方挤乳时，乳可能会受到污染。采用混凝土或其他防渗透材料的地面比采用木板、泥土或类似材料的地面更容易保持干净；粉刷过或妥善处理过的围墙和天花板便于保持清洁。密封的天花板能够降低灰尘和外物进入乳中的可能性。充分的照明能够更加便于奶棚保持清洁，从而使奶畜在卫生的条件下产乳。

行政程序

本条的规定在下列情形下应视为满足要求：

1. 所有乳牛场均配备有挤乳棚，牛棚或挤乳间。

2. 水沟、地面及喂料槽均采用优质混凝土或同等非渗透性材料建造。地板应易于清洁，磨砂表面允许使用；进行分级排水，保持良好的维修状态，不应有可能会形成水洼的过度的破烂或破旧的地方。

3. 如果在挤乳棚内采用重力式排粪沟渠，则须依照本《条例》附录 C 第 II 部分的具体规定或监管机构允许的方式进行修建。

4. 畜棚在配备带排水沟格栅的储粪池时，则须依照本《条例》附录 C 第 IV 部分的具体规定或监管机构允许的方式进行修建。

5. 围墙和天花板应采用木板、瓷砖、表面光滑的混凝土、水泥灰泥、砖或其他表面为浅色的同等材料。围墙、隔断、门、架子、窗户及天花板等须保养良好；且所有表面一经发现有明显磨损或变色则须重新处理。

如饲料储存在高处，则天花板在建造时须防止谷壳和灰尘等散落到挤乳棚、牛棚或挤乳间内。如料草仓建在阁楼上，其仓口通向畜棚的挤乳间内，则该仓口须配备防尘门，并在挤乳作业过程中保持关闭。

6. 公牛围栏、孕产畜、小牛和牛棚应当与畜棚的挤乳间隔开。畜棚的各个挤乳间未采用密封性隔断隔开的，则须符合本小项下的所有要求。

7. 小牛、泌乳期的奶畜、走道上或喂料槽边的其他牧场牲畜不得造成过分拥挤。通风不畅和气味过重都有可能给畜棚造成过分拥挤之感。

8. 挤乳棚应提供自然采光和/或人工照明，以确保所有表面尤其是工作区域能够清晰可见。所有工作区域须提供相当于至少 10ft 烛光（110lx）的亮度。

9. 必须保证充分的空气流通，以最大限度减少气味并防止墙壁和天花板上发生冷凝。

10. 防尘隔断上的门平时应保持关闭，只在使用时才可打开，隔断应当将挤乳棚的挤乳区与所有喂料房、或者研磨、混合饲料或储存甜饲料的储料房相隔离。

在条件允许的情况下，监管机构可以允许挤乳棚四周不采用从地面延伸至天花板的围墙，或直通式畜棚，前提是须符合第 3r 条的要求，禁止其他牲畜和家禽进入挤乳棚。

第 3r 条　挤乳棚、牛棚或挤乳间——清洁

内部须保持清洁。地面、围墙、天花板、窗户、管道及设备等均不得沾有污垢或垃圾，并保持洁净。猪和家禽不得进入挤乳区。

饲料在储存过程中不得造成过多灰尘或影响地面卫生［要了解有关自动挤乳设备（AMIs）的适用性的相关资料，请参见本《条例》附录 Q］。

肚带、乳架和防踢器等须保持清洁并存放在地面以上的位置。

公共健康原因

内部的清洁可减少在挤乳过程中对乳品或乳桶造成污染的可能性。其他牲畜的存在会增大疾病传播的可能性。洁净的乳架和肚带可以减少挤乳员的手在不同乳畜之间

来回挤乳而产生污染的可能性。

行政程序

本条的规定在下列情形下应视为满足要求：

1. 挤乳棚、牛棚或挤乳间的内部保持了清洁。

2. 饲料槽内吃剩的饲料外观上很新鲜，且不潮湿。

3. 垫料（如使用）中只留有前次挤乳时累积的粪料。

4. 位于挤乳棚、牛棚或挤乳间内的管道系统的外表相当洁净。

5. 排水沟净化器相当洁净。

6. 未与挤乳棚、牛棚或挤乳间隔开的所有围栏、小牛栏和公牛围栏均洁净卫生。

7. 猪和家禽处在挤乳区之外。

8. 乳凳无衬垫且其制作结构便于清洁。挤乳棚、牛棚、挤乳间或乳处理间内的乳架、肚带和防踢器均保持洁净，并在不用时存放在地面以上的洁净位置。

9. 挤乳棚内的重力式排粪沟渠（如使用）须依照本《条例》附录 C 第 II 部分的规定加以维护。

10. 畜棚在配备带排水沟格栅的储粪池时，依照本《条例》附录 C 第 IV 部分的规定进行操作与维护。

当挤乳棚未配备有加压水时，应当用毛刷洗刷干地面并散上石灰。在使用石灰处理的情况下，应小心操作以防止石灰结块。在使用石灰或磷酸盐时，应均匀地粉刷以形成一层薄薄的涂层。如地面清洁并未使用该种方式，则监管机构应当要求使用水来进行清洁。

第 4r 条 奶牛棚

奶牛棚须呈一定坡度并方便排水，且不得有积水的坑洼或堆积有机废物。此外，在牲畜休息区或泌乳期牲畜的住舍内，泌乳牲畜的粪便和污染的草垫应及时清理干净，更定期更换干净的草垫，以防止对泌乳牲畜的乳房和侧腹造成污染。冷却池在修建和维护方式上应确保不会对离开冷却池的泌乳牲畜的腹翼、乳房、腹部和尾部造成污染。不允许废饲料造成堆积。粪便池应排水通畅，并提供坚实的地基。不得让猪进入奶牛棚。

公共健康原因

奶牛棚是指供泌乳期的奶畜聚集的靠近挤乳棚的封闭式或非封闭式区域，包括奶畜住宿区。因此，该区域特别容易被粪便弄脏，从而可能对泌乳奶畜的乳房和腹翼造成污染。奶牛棚地面应尽可能呈一定斜度或坡度，以方便排水，因为潮湿的环境会有利于苍蝇的繁殖，从而为清除粪便和保持泌乳牲畜的卫生增加了难度。如果允许粪便和畜棚内的垃圾堆积在奶牛棚内，就会为苍蝇的繁殖创造条件，而泌乳期奶畜则会由于其喜欢躺卧的习性而更容易使其乳房造成污染。泌乳期动物不得让其接触粪便堆，以避免乳房受污染和疾病在乳畜之间的传播。

行政程序

本条的规定在下列情形下应视为满足要求：

1. 奶牛棚是供泌乳期的奶畜聚集的、靠近挤乳棚的封闭式或非封闭式区域，并包含奶畜住舍和喂料栏，奶牛棚呈一定坡度并有排水设施，低洼部位和潮湿部位应铺草垫，而泌乳期奶畜的过道则保持干燥。

2. 通往畜棚门的走廊和储水区和饲料仓周围的结构物结实坚固，可方便牲畜行走。

3. 畜棚或乳处理间排出的废物不允许流入奶牛棚。因近期的降雨而导致泥泞的奶牛棚不应被视为违反了本条下的规定。

4. 粪便、弄脏的草垫和废饲料等在存放或堆放时未对奶牛的乳房和腹翼造成污染。无立柱支撑的牲畜住舍和牲畜棚，如散居棚、围栏棚、休息棚、集牧棚、放牧棚、游牧棚及无围栏的舍棚等，也应视为奶牛棚的一部分。粪便池应当结实坚固，以方便牲畜行走（参见本《条例》附录C）。

5. 奶牛棚内基本没有牲畜粪便。牲畜粪便不得积聚成堆并让牲畜接触到。

第5r条 乳处理间：建筑与设施

应配备具有足够空间的乳处理间，在其中可以进行乳品的冷却、处理和储存，以及乳品容器和器皿的清洗、消毒和储存，以及本章12r条下所规定的其他功能。

乳处理间须配备采用混凝土或同样的不透水材质的光滑地面，呈一定坡度便于排水，且维护良好。液体废物应当采用卫生的方式加以处理。地面应具有排水通道，且在与卫生下水道系统相连接时应配有存水弯管。

墙壁与天花板须采用光滑材料修建，维护良好，并采用适当方式粉刷或处理。

乳处理间须提供有充分的自然光和/或人工照明，且通风良好。

乳处理间不得用于除规定的作业之外的其他用途。任何畜棚、牛棚、挤奶间，或供生活使用的房间不得提供有直接的入口。此外，乳处理间与挤乳棚、牛棚或挤奶间之间可允许有直接的通道，但须配有尺寸紧密、自动关门、实心的铰链式单开或双开门。乳处理间墙上可提供装有过滤网的通风孔并通往风室，风室将乳处理间与挤乳棚隔开，但前提是牲畜不得居住在挤乳设施内。

应通过管道为乳处理间提供加压水。

乳处理间须配备一只带有2个隔槽的清洗池和合适的热水供暖设施。

乳牛场可以使用运输罐来冷却和/或储存乳品。运输罐须配有合适的遮棚用于接收乳品。该遮棚应靠近乳处理间并与之相互独立，且须符合乳处理间的相关建筑、照明、排水、防昆虫和鼠类及日常维护的要求。此外，还须满足以下最低标准：

1. 乳品输送线中的有效冷却装置［用于将乳品冷却至7℃（45℉）或以下］的下游应装有一台可方便操作的、精确的温度记录装置。也可以使用符合本《条例》附录H第Ⅳ部分与第Ⅴ部分第4、7、8、9、11、12条标准中的电子温度记录装置记录储存罐的温度（有无硬拷贝皆可）来代替该温度记录。（参见第39页**"注意"**）应当在尽可能靠近该记录装置的位置安装一只温度指示计指示记录温度，并核实记录温度。该温度指示计须符合本《条例》附录 H 的适用要求。该温度指示计须用于在监管性检查过程中对温度记录装置进行检查，并对记录在该记录装置中或输送到电子数据采集、存储和报告系统中的记录结果进行检查。

2. 作业现场应将温度记录图保留至少 6 个月，以供监管机构检查。此外，也可以采用电子方式来存储（有无硬拷贝皆可）所规定的温度记录，其前提是计算机及计算机生成的温度记录可供监管机构随时检查。

3. 应当由持证的乳品取样员在监管机构的指导下对乳品进行取样，且取样时应防止对乳罐车或样本造成污染。

4. 乳罐车应当对乳品进行充分搅拌，以便能采集到具有代表性的样品。

当监管机构确定存在着可以对乳罐车的直接灌装过程（通过牧场散乳罐和/或储乳仓的灌装支路）加以保护且取样时不会造成污染的条件时，如果可以满足下列最低标准，则可不必使用遮棚。

1. 乳品输送软管应当连接到乳处理间，并在乳处理间内进行连接。乳品输送软管与乳罐车的接口在任何时候都应当与外界环境完全相隔离。此外，根据监管机构的要求，可以依照第 5r 条行政程序第 15 项的要求使用特制的恰当保护软管接口或乳处理间围墙外的乳品输送管及相关的就地清洁管道来对乳罐车进行直接灌装。

2. 为确保对乳品进行持续的保护，在对乳罐车进行清洁和消毒后，必须将其检查孔密封。

3. 乳罐车须在获得许可的乳加工厂、接收站、接收乳品的中转站或是获得许可的乳罐车清洁设施处进行清洗和消毒。

4. 乳品输送线中的有效冷却装置［用于将乳品冷却至 7℃（45℉）或以下］的下游应装有一台可方便操作的、精确的温度记录装置。也可以使用符合本《条例》附录 H 第Ⅳ部分与Ⅴ部分第 4、7、8、9、11、12 条标准中的电子温度记录装置记录储存罐的温度（有无硬拷贝皆可）来代替该温度记录。（参见第 39 页**"注意"**）应当在尽可能靠近该记录装置的位置安装一只温度指示计指示记录温度，并核实记录温度。该温度指示计须符合本《条例》附录 H 的适用要求。该温度指示计须用于在监管性检查过程中对温度记录装置进行检查，并对记录在该记录装置中或输送到电子数据采集、存储和报告系统中的记录结果进行检查。

5. 作业现场应将温度记录数据保留至少 6 个月，以供监管机构检查。此外，也可以采用电子方式来存储（有无硬拷贝皆可）所规定的温度记录，其前提是计算机及计算机生成的温度记录可供监管机构随时检查。

6. 应当由持证的乳品取样员在监管机构的指导下对乳品进行取样，且取样时应防止对乳罐车或样本造成污染。乳罐车中的乳品应当进行充分搅拌，以便能采集到具有代表性的样本。

7. 乳罐车在灌装和储存过程中应当停放在可自行排水的混凝土或同等的非渗透材料的地面上。

8. 在依照第 5r 条"行政程序"第 15 项的要求使用前述软管接口或通过分支连接乳处理间围墙外的乳品输送管和相关的就地清洁管道来对乳罐车进行直接灌装时，应当为乳品输送软管与乳罐车连接处的上方位置提供保护措施。

公共健康原因

如果不提供合适的、单独的场所来进行乳品的冷却、处理和储藏以及进行乳品器皿的清洗、消毒和储存，则乳品或其盛装器皿可能会受到污染。能够方便地进行打扫的建筑物能有助于保持洁净。排水通畅的混凝土或其他不透水材质的地面有助于保持洁净。充足的照明有助于保持洁净，而良好的通风条件可降低气味和冷凝的可能性。与畜棚、牛棚或挤奶间及居住区隔开的乳处理间可使乳品、乳品设备及器皿等免受污染。

行政程序

本条的规定在下列情形下应视为满足要求：

1. 配备有单独且具有足够空间的乳处理间，在其中可以进行乳品的冷却、处理和储存，以及乳品容器和器皿的清洗、消毒和储存，以及本章第12r条下所规定的其他功能。

2. 所有乳处理间的地面均都采用优质混凝土（允许抹光），或具有同样的不透水的瓷砖、或采用不透水材料砌成的砖块、或具有不透水接合部的金属铺面材料或其他等同于混凝土的防裂、防凹陷及防剥落材料。

3. 地面沿排水管道呈一定倾斜，从而不会形成积水的洼地。地面与墙体的接合部须不透水。

4. 液体废物采用卫生的方式进行处理。所有地面的排水管道均便于维护，且在连接到卫生下水道的情况下配有存水弯管。

5. 墙体及天花板采用了光滑的刨光板或类似材料制作，并采用耐清洗的浅色油漆进行喷涂，且维护良好。表面及接合部光滑且紧密。可以使用金属板、瓷砖、水泥板、砖、混凝土、水泥灰泥或类似的浅色建材，且其接合部应光滑。

6. 所有工作区采用了自然光和/或人工照明方式并提供了至少20ft烛光（220lx）的亮度，从而方便乳处理间内的各种作业。

7. 乳处理间通风良好，以最大限度降低地面、墙体、天花板和卫生器皿表面的冷凝现象。

8. 通风孔（如安装）及照明灯在安装方式上避免了对散乳罐或卫生器皿储藏区造成污染。

9. 乳处理间未被用于除规定的作业之外的其他用途。

10. 任何畜棚、牛棚或牛舍，或供生活使用的房间未提供有直接的入口。除了乳处理间与挤乳棚、牛棚或牛舍之间可允许有直接的通道，但须配有尺寸紧密、自动关闭、实心材料的铰链式单开或双开门。另外，乳处理间墙上可提供装有过滤网的通风孔并通往风室，风室将乳处理间与挤乳棚隔开，但前提是牲畜不得居住在挤乳设施内。

11. 门廊（如配有）符合乳处理间的相关建筑要求。

12. 通过管道为乳处理间提供了加压水。

13. 每个乳处理间都配备了足够数量的加热水的设施，其供水温度能确保对所有设备和器皿进行有效清洁（参见本《条例》附录C）。

14. 乳处理间配备了一个浸洗池，且至少带有2个隔槽。每个隔槽应具有足够的尺寸可容纳所用的最大餐具或容器。也可使用竖直形的清洗池作为上述双隔槽浸洗池的一部分用于清洗乳品输送管和输乳机械。此外，浸洗池上或内部的固定式清洗架以及挤乳机的膨胀管及相关装置在对其他器皿和设备进行清洗、浸洗和/或消毒过程中要全部从清洗桶上取下。在采用就地清洁/再循环系统来代替设备的手工清洁的情况下，清洗池的第二个隔间则可作为选配件，具体应由监管机构根据个别牧场的情况来决定。

15. 将乳品从散乳罐转移到散乳罐车的过程是通过一根安装在乳处理间墙上的软管接口来进行的。软管接口应配备一个密封盖，且密封盖应维护良好。该软管接口在不使用时应保持关闭。该软管接口下方靠近外墙的表面应便于清洁，且其尺寸应足够大，以保护奶管免受污染。

此外，还可以通过分支连接乳处理间围墙外的乳品输送管和相关的就地清洗的管道来将乳品从散乳罐输送到散乳罐车中，同时须确保：

a. 分支连接的洁净乳管道和就地清洁管道下应配有足够尺寸的混凝土板来对输送软管加以保护。

b. 洁净乳管道及混凝土板所在的乳处理间外墙须进行妥善的保养和维护。

c. 从乳处理间外部进行分支连接的洁净乳管道应适当倾斜，以确保排放通畅，且位于外部的管道末端在未连接输送管时应用盖子盖住。

d. 在完成乳品输送后，输送管道及软管须妥善进行就地清洁。

e. 在完成就地清洁过程之后，须将输送软管断开、排干后存放于乳品储藏室中。输送软管应妥善存放，用盖子将其末端盖紧，整根管子应存放在远离地面的高度。乳处理间外的洁净乳管道在除了输送乳品和进行就地清洁之外，应始终用盖子盖紧。如未用盖子，则须在每次使用后将管道进行妥善清洁和消毒，并存放于乳处理间内，使其免受污染。采用永久性软管端头配件制作的输送软管，其配件与软管之间的连接方式为无缝连接，在进行就地清洁后，可存放于乳处理间外；分支连接的管道和软管应设计足够的长度，以确保在清洁和消毒后可将水排干；在未使用时，软管仍与分支管道保持连接。

f. 在将输送软管连接到散乳罐车之前，应使用专用工具来对输送软管、散乳罐车及其配件与乳品的接触面进行消毒。

g. 在环境条件允许的情况下，散乳罐车的人孔开口在除了取样和检查时的短暂过程中以外的其他任何时候，均须保持关闭。

16. 顶端装有或未装防护物的输送罐可用于乳牛场冷却和/或储存乳品。如果为用于冷却和/或储存乳品的卡车配备合适的遮棚，则该遮棚应靠近乳处理间但不与之相连，并须符合乳处理间的相关建筑、照明、排水、防昆虫和鼠类、及日常维护要求（参见本《条例》附录C以了解有关乳处理间的建议方案及尺寸、建筑、操作与维护的资料）。

此外，还须满足以下最低标准：

a. 乳品输送线中的有效冷却装置［用于将乳品冷却至7℃（45℉）或以下］的下游应装有一台可方便操作的、精确的温度记录装置。也可以使用符合本《条例》附录 H 第Ⅳ部分与第Ⅴ部分第4、第7、第8、第9、第11、第12条标准中的电子温度记录装置记录储存罐的温度（有无硬拷贝皆可）来代替该温度记录（参见第39页**"注意"**）。应当在尽可能靠近该记录装置的位置安装一只温度指示计指示记录温度，并核实记录温度。该温度指示计须符合本《条例》附录 H 的适用要求。该温度指示计须用于在监管性检查过程中对温度记录装置进行检查，并对记录在该记录装置中或输送到电子数据采集、存储和报告系统中的记录结果进行检查。

b. 应将温度记录数据保留至少 6 个月，以供监管机构检查。此外，也可以采用电子方式来存储（有无硬拷贝皆可）所规定的清洁记录，其前提是计算机及计算机生成的温度记录可供监管机构随时检查。

c. 应当由持证的乳品取样员在监管机构的指导下对乳品进行取样，且取样时应防止对乳罐车或样本造成污染。

d. 乳罐车应当对乳品进行充分搅拌，以便能采集到具有代表性的样品。

当监管机构确定存在着可以对乳罐车的直接灌装过程（通过牧场散乳罐和/或储乳罐的灌装支路）加以保护且取样时不会造成污染的条件时，如果可以满足下列最低标准，则可不必使用遮棚：

a. 乳品输送软管应当连接到乳处理间，并在乳处理间内进行连接。乳品输送软管与乳罐车的接口在任何时候都应当与外界环境完全相隔离。此外，根据监管机构的要求，可以依照第 5r 条行政程序第 15 项的要求，使用特制的软管接口或乳处理间围墙外的乳品输送管及相关的就地清洁管道来对乳罐车进行直接灌装。

b. 为确保对乳品进行持续的保护，在对乳罐车进行清洁和消毒后，应将其检查人孔密封。

c. 乳罐车须在获得许可的乳加工厂、接收站、接收乳品的中转站或是获得许可的乳罐车清洁设施处进行清洗和消毒。

d. 乳品输送线中的有效冷却装置〔用于将乳品冷却至 7℃（45℉）或以下〕的下游应装有一台可方便操作的、精确的温度记录装置。也可以使用符合本《条例》附录 H 第Ⅳ部分与第Ⅴ部分第 4、7、8、9、11、12 条标准中的电子温度记录装置记录储存罐的温度（有无硬拷贝皆可）来代替该温度记录。（参见第 39 页**"注意"**）应当在尽可能靠近该记录装置的位置安装一只温度指示计指示记录温度，并核实记录温度。该温度指示计须符合本《条例》附录 H 的适用要求。该温度指示计须用于在监管性检查过程中对温度记录装置进行检查，并对记录在该记录装置中或输送到电子数据采集、存储和报告系统中的记录结果进行检查。

e. 应将温度记录数据保留至少 6 个月，以供监管机构检查。此外，也可以采用电子方式来存储（有无硬拷贝皆可）所规定的清洁记录，其前提是计算机及计算机生成的温度记录可供监管机构随时检查。

f. 应当由持证的乳品取样员在监管机构的指导下对乳品进行取样，且取样时应防止对乳罐车或样本造成污染。乳罐车中的乳品应当进行充分搅拌，以便能采集到具有代表性的样本。

g. 乳罐车在灌装和储存过程中应当停放在可自行排水的混凝土或同等的非渗透材料的地面上。

h. 在依照第 5r 条行政程序第 15 项的要求使用前述软管接口或通过分支连接乳处理间围墙外的乳品输送管和相关的就地清洁管道来对乳罐车进行直接灌装时，应当为乳品输送软管与乳罐车连接处的上方位置提供保护措施。

注意：本《条例》附录 H 第Ⅴ部分第 4、第 7、第 8、第 9、第 11、第 12 条标准中列举的词条，用"牧场"来替代"乳品工厂"。

第 6r 条　乳处理间——清洁

地面、墙面、天花板、窗户、桌子、搁架、橱柜、清洗池、乳品容器的非乳品接触面、器皿及其他乳处理间设备等须保持清洁。乳处理间内只允许放置与其作业有直接关系的物品。乳处理间内不得有垃圾、牲畜和家禽。

公共健康原因

乳处理间的清洁卫生可降低乳品受污染的几率。

行政程序

本条的规定在下列情形下应视为满足要求：

1. 乳处理间的结构、设备与其他操作或维护设施等始终保持着洁净。

2. 附属物品如桌子、冰箱和储藏柜等可以放置在乳处理间内，但前提是须保持洁净，并提供足够的空间来进行乳处理间内的日常操作，且不会对乳品造成污染。

3. 门厅（如配有）保持干净。

4. 牲畜和家禽不得进入乳处理间。

第 7r 条　卫生间

每个乳牛场须配备一个或多个卫生间，其位置应方便使用，妥善修建，并以卫生的方式加以使用和维护。排泄物不得让虫类接触到，且不得对土表或水资源造成污染。

公共健康原因

患有伤寒、痢疾和肠胃失调症的人员，其身体排泄物中可能存在相应的病原体。对于伤寒病，即使是健康人（携带者）的身体排泄物中也可能含有病原体。如果卫生间不能防止苍蝇飞入，且在建筑结构上不能防止废物外溢，则传染性病原体有可能通过苍蝇或泌乳牲畜接触到的地表水或水资源的污染而由排泄物传播至乳品。

行政程序

本条的规定在下列情形下应视为满足要求：

1. 至少有一个抽水马桶连接到公共污水管道系统、或是单独的污水处理系统，或是使用化学剂处理的卫生间、坑厕或其他类型的厕所。上述污水系统应依照本《条例》附录 C 中所述标准进行修建和使用，或者，如果监管机构已为该地区专门制定了更为有效的标准，则也可依照该标准进行，但前提是牲畜和人的排泄物不得混合。

注意：上述第 1 条"或者，如果监管机构已为该地区专门制定了更为有效的标准，则也依照该标准进行"的文字不适用于国际认证组织（ICP）授权的第三方认证（TPC）。

2. 卫生间或厕所能够为挤乳棚和乳处理间提供方便。在作业现场周围不得有任何的人体粪便。

3. 厕所的出口未直接通向乳处理间。

4. 卫生间及其所有固定装置及设施都保持了洁净，且无任何昆虫和异味。

5. 在使用抽水马桶的场合，卫生间的门结合严密并能自动关上。卫生间内的所有通向外部的开口都须装有过滤网或其他防护物，以防止昆虫进入。

6. 土坑的通风口装有过滤网。

第 8r 条 供水

乳处理间及挤乳操作所使用的供水系统的位置应合理，并加以适当保护，且方便操作和配有充分的安全与卫生设施。

公共健康原因

乳场的供水系统应使用方便，以保证清洗作业当中的大量用水；其供水应充分，以确保清洁和冲洗工作能干净彻底；且应当安全卫生，以防止对容器、器皿和设备造成污染。在乳品器皿和容器的清洗过程中使用受到污染的供水系统比受污染的饮用水供水系统更具危险性。细菌在乳品中的生长速度比在水中更快，某一疾病的攻击性主要取决于进入乳品供应系统的病原体的数量。因此，一杯受污染的井水中的极少量病原体可能并不会构成危害，但是，如果是放入用该井水清洗过的乳品器皿中，则该病原体在经过数小时的繁殖之后，其增长的倍数足以导致疾病。

行政程序

本条的规定在下列情形下应视为满足要求：

1. 乳处理间和挤乳操作所使用的供水系统被适用的政府水资源管理机构认定为安全，且在使用单独的供水系统的情况下，符合本《条例》附录 D 中所述的各项规格以及本《条例》附录 G 中所述的细菌学标准。

2. 安全的供水系统未与任何不安全或有问题的供水系统或任何其他污染源交叉连接。

3. 未使用任何可能导致安全供水系统受到污染的水下输入口。

4. 井水或其他水源的位置和修建方式确保了污水处理系统、厕所或其他污染源中的地下或地表污染物不会进入该供水系统。

5. 新建的独立供水设施、或是修理过或受污染的供水系统在投入使用前进行了彻底消毒（参见本《条例》附录 D）。在对供水系统采集细菌检测样本之前，须使用水泵将消毒剂彻底排空。

6. 在生产用水的输送过程中所使用的所有容器和罐应密封和防止可能受到的污染。这些容器和罐在灌装供乳牛场使用的饮用水之前，应当进行彻底的清洁和细菌处理。为了最大程度降低水从饮用水罐输送到乳牛场的地面水塔或地下蓄水池的过程中受污染的可能性，应配备合适的水泵、水管及配件。在水泵、水管及配件不使用的情况下，其出水口应当用盖子盖紧并保存在合适的防尘防护罩内，以防止受到污染。乳牛场的蓄水池应采用不透水材料修建，配备防尘防水的盖板，且还须配有经认可的通风孔和顶部出入孔。所有新建的蓄水池或已清洁过的蓄水池均在投入使用前进行消毒（参见本《条例》附录D）。

7. 在对供水系统进行维修或改建后，应当依照本《条例》的要求至少每3年对获得初步批准的物理结构提取一次细菌检测样本。此外，对于采用本章规定之前已安装预埋式井封的供水系统，应当至少每6个月对其进行一次检查。如果样本化验表明存在大肠杆菌或者井管、水泵或井封需要更换或维修，则须将该井管和井封送回地面并依照本章的适用建筑标准进行更换或维修。此外，如果将水运送至乳牛场使用，则应当在连续6个月内在用水点对其提取至少4次细菌检测样本并送交实验室化验，且4次采样应在不同月份中进行。应当在经监管机构认可的实验室中进行细菌检测。为了确定水样是否按本章所规定的频率进行采集，其采样间隔须包括指定的期限再加上样本提取当月的剩余天数。

8. 水质检测结果的当前记录应当由监管机构保留并存档，或按监管机构的指示由乳牛场保存。

第9r条　器皿与设备——构造

在乳品的处理、储存或运输过程中所使用的所有可重复使用的容器、器皿和设备应当采用光滑、非吸附性的防腐蚀和无毒材料，并在制作上须方便清洁。所有容器、器皿和设备须维护良好。在对乳品进行过滤当中不得使用可重复使用的织物类材料。所有一次性物品均应采用卫生的方式进行制作、包装、运输和搬运，并须符合本章第11p条下的适用要求。供一次性使用的物品不得重复使用。

牧场中的保温罐/冷却罐、焊接式卫生管道和输送罐须符合本章第10p和11p条下的适用要求。

公共健康原因

其接头、接缝不平整、表面不光滑、不易清洗和触及、以及采用非耐用材料和易腐蚀材料制作的乳品容器及其他器皿容易藏污纳垢，从而容易滋生细菌。未采用卫生方式生产和处理的一次性物品可能会对乳品造成污染。

行政程序

本条的规定在下列情形下应视为满足要求：

1. 所有接触乳或乳制品、或其中的液体可能滴入、流入或浸入乳或乳制品的可重复使用的容器、器皿和设备等都采用了下列类型的光滑、不透水、非吸附性的安全材料：

　　a. 符合美国钢铁协会（AISI）标准的300系列不锈钢；或

　　b. 同等质量的防腐蚀无毒金属；或

c. 耐热玻璃；或

d. 在正常使用条件下相对惰性的、防划伤、防磨损、耐腐蚀、防破裂、防碎及防变形的塑料或橡胶及橡胶类材料；无毒、抗油脂、相对不吸水和相对不可溶材料；不会释放化学成分且不会对乳制品产生异味或气味的材料；以及在重复使用情况下可保持其原本属性的材料。

2. 一次性物品均采用卫生的方式进行制作、包装、运输和搬运，并符合本章第11p条下的适用要求。

3. 供一次性使用的物品未被重复使用。

4. 所有容器、器皿及设备等均无破损和锈蚀。

5. 上述容器、器皿及设备中的所有接合部均光滑、无凹坑、裂纹或不含有杂质。

6. 就地清洁（CIP）型乳品管道和溶液回流管道可自动排水。在使用垫片时，垫片应当能自动定位并采用符合前述1.d规定的材料，且其设计并经涂装和打磨后的内表面应光滑平整。如果不使用垫片，则所有配件均带有自动定位的接合面，且在设计上应确定内表面光滑和平整。管道内的所有焊缝的内表面须光滑，且不得有凹坑、裂纹或含有杂质。

7. 在安装就地清洁管道系统之前，其详细计划被提交给监管机构进行书面批复。未经监管机构书面批准，不得对任何乳品管道系统进行任何改建或扩建。

8. 滤网（如使用）采用的是穿孔金属板，或其结构允许使用一次性滤网介质。

9. 所有挤乳机，包括机头、乳爪、乳管和其他与乳品相接触的表面都能便于清洁和检查。需要使用螺丝刀或专用工具的管道、挤乳设备及其附属装置应当考虑到能够方便检查，同时确保乳处理间能够提供必要的工具。溶液回流管道内不得包含有挤乳系统的任何部件，这在设计上不符合乳品接触面的标准。这些情况的一些示例有：

a. 球型塑料阀；

b. 带有倒钩状脊纹以方便连接塑料管或橡胶管的塑料三通；以及

c. 用于溶液回流管道的聚氯乙烯（PVC）水管。

10. 乳罐应配备伞状的罐盖。

11. 牧场中的保温罐/冷却罐、焊接式卫生管道和输送罐须符合本章第10p和11p条下的适用要求。

12. 在灌装过程中，必要时，罐底部与顶部灌装的散装储乳罐的灌装阀之间可以使用软塑料/橡胶软管。上述软管应当能够排水，并尽可能短，配有卫生配件，并能保持统一的倾斜度和对准。软管末端的配件应当永久性地固定，且其固定方式应确保软管与配件之间的接合处没有缝隙，并能通过机械方式进行清洁。软管应作为就地清洁系统的一部分被包括在内。

13. 在与乳品中转站连接时所使用透明软塑料管（长度不超过150ft）应考虑到能否符合"作为乳品设备的产品接触面使用的多用塑料材料的3-A卫生标准，编号20-＃＃"并充分确定其内表面能否妥善进行检查。长度较短的软塑料管（8ft或更短）可以采用肉眼或使用"探棒"进行清洁度检查。在该情况下，塑料管的透明度不能作为其清洁度的一项判断因素。

14. 自动挤乳设备须符合《"A"级巴氏杀菌乳条例》的所有适用要求和/或3-A

标准。

注意： 乳品设备的 3－A 卫生标准和通用准则是由 3A 卫生标准有限责任公司（3－A SSI）制定的。3A 卫生标准有限责任公司（3－A SSI）由设备制造商，加工商和卫生监管组织组成，其中包括：国家乳品监管官员，美国农业部乳业（农业）市场服务组织，美国公共卫生署/食品药品管理局，食品安全和应用营养中心（CFSAN）乳品安全组（MST），学术代表等。

依照 3－A 卫生标准和通用准则所生产的设备符合本《条例》的卫生设计和建造标准。对于未标示 3－A 标记的设备，监管机构可以使用 3－A 卫生标准和通用准则作为确定本章节遵守情况的指导。

第 10r 条 器皿与设备——清洁

在乳品的搬运、储存或运输过程中所使用的所有可重复使用的容器、设备及器皿的乳品接触面必须在每次使用后进行清洁。

公共健康原因

乳品如与不洁净的容器、器皿或设备相接触，则不可能保持干净或不受污染。

行政程序

本条的规定在下列情形下应视为满足要求：

1. 应当为所有新建或大幅度改建设施中的所有就地清洁型乳品管道提供单独的清洗管路。

2. 在乳品的搬运、储存或运输过程中所使用的所有可重复使用的容器、设备及器皿的乳品接触面在每次挤乳后或连续使用 24h 后进行一次清洁。

3. 散装乳搬运工/取样员不得只从乳品储存罐、装运罐中取出一部分乳品，除非该乳品储存罐、保温罐依照本《条例》附录 H 第Ⅳ部分温度计规格储存槽中使用的温度记录装置的规定配备有可保存 7d 记录的记录装置或由监管机构认可的其他记录装置，且该乳品储存罐、保温罐在排空后须进行清洁和消毒，并须至少每 72h 排空一次。符合本《条例》附录 H 第Ⅳ部分温度计规格储存槽中使用的温度记录装置和第Ⅴ部分第 4、7、8、9、11 和 12 条的电子数据（有无硬拷贝皆可），都可用来代替温度装置的记录。在未配备温度记录装置的情况下，如果乳品储存罐、保温罐在下次挤乳前完全排空、清洁并消毒，则可以允许进行部分灌装。在紧急情况下，如恶劣天气、自然灾害等，监管机构可酌情进行变通处理。

注意： 根据本《条例》附录 H. 第五章的上述标准，凡出现"乳厂"的地方，应将"乳牛场"改为"乳厂"。上述第 3 条引用的"发生紧急情况"的文字不适用于国际认证组织（ICP）授权的第三方认证组织（TPC）。

第 11r 条 器皿与设备——消毒

在乳品的搬运、储存或运输过程中所使用的所有可重复使用的容器、设备及器皿的乳品接触面应当在每次使用前进行消毒。

公共健康原因

仅仅对容器、设备和器皿进行清洗并不能确保清除或杀灭所有存在的病原体。即使是极少量残留的病原体也可能繁殖并增至极具危险性的规模，因为很多种病菌在乳品中能够迅速繁殖。因此，所有乳品容器、设备及器皿必须在每次使用前用有效的消毒剂进行处理。

行政程序

本条的规定在下列情形下应视为满足要求：

在乳品的搬运、储存或运输过程中所使用的所有可重复使用的容器、设备及器皿的乳品接触面在每次使用前，采用以下任一种方法或是已被证明具有同等效果的任何其他方法进行了消毒：

1. 完全浸泡在温度至少为77℃（170℉）的热水中保持至少5min；或者放置在温度至少为77℃（170℉）的流动热水中保持至少5min，其水温应由热水出口处的精确温度计来确定。

2. 某些化学物对于乳品器容器、设备及器皿的卫生处理很有效。这些化学物在《美国联邦法规》第40篇180.940款中进行了说明，并须依照其标签上的使用说明来使用，或者，在进行现场生产的情况下依照本《条例》附录F第Ⅱ部分的规定，也可依照电化学活化（ECA）设备制造商的指示来使用（参见本《条例》附录F以查看对经认可消毒程序的进一步探讨）。

第12r条　器皿与设备——储存

在乳品的搬运、储存或运输过程中所使用的所有容器、设备及器皿（除非存放在消毒溶液中）在储存时须确保完全排干水分，并在使用前防止受到污染。此外，管式挤乳设备如乳爪、膨胀管、称重广口瓶、测量计、乳管、接器器、管式冷却器、盘式冷却器及乳泵等为就地清洁设备所设计的设备，以及由美国食品药品管理局（FDA）所批准使用的满足相应标准的其他设备，可以储存在挤乳棚或挤乳间内，且此类设备在设计、安装和使用上应防止产品和溶液的接触表面在任何时候受到污染。

公共健康原因

对之前已正确处理过的乳品容器、器皿和设备存放时疏忽大意很容易对其造成再次污染，从而使其不安全。

行政程序

本条的规定在下列情形下应视为满足要求：

1. 所有乳品容器、器皿和设备，包括挤乳机真空管等，在不使用时，均储存在乳处理间内的消毒溶液中，或是搁架上。管式挤乳设备如乳爪、膨胀管、称重广口瓶、乳管、接乳器、管式冷却器、盘式冷却器及乳泵等为就地清洁设备所设计的设备以及由美国食品药品管理局（FDA）所批准使用的满足相应标准的其他设备，可进行就地清洁、消毒并储存在挤乳棚或挤乳章内，且此类设备在设计、安装和使用上应防止产品及溶液的接触表面在任何时候受到污染。在确定保护措施时应当考虑的一些因素有：

　　a. 设备放在正确的位置；

　　b. 对设备进行正确排水；以及

　　c. 充分且位置正确的照明和通风设施。

　　2. 挤乳棚或挤乳间应当仅用于挤乳。在挤乳棚内的挤乳过程中可以灌装浓缩物，但挤乳棚不得用于供牲畜居住。在需要对产品接触面进行手工清洁时，应当在乳处理间内进行。此外，如果挤乳间的入口通过有顶的等候区直通密闭的牲畜住舍区内，该等候区在下列情况下应按季节封闭：

　　a. 挤乳间、等候区或住舍区内没有距离很近而对挤乳间造成影响的粪坑口。

　　b. 牲畜等候区和住舍区维护良好并保持了相当的洁净。

　　c. 在灰尘、气味和昆虫和鼠类方面，整个区域均符合挤乳间的标准，且挤乳间内无鸟类出没。此外，前述有关建筑和清洁的规定项目应当在本《条例》的相应章节加以评估。

　　3. 对于无法在储存过程中自行排水的设备，提供有合适的工具将其中的积水排净。

　　4. 洁净的乳桶或其他容器在运送到乳牛场后的一段时间内储存到了乳处理间中。

　　5. 滤网垫、羊皮纸、垫片和类似的一次性物品储存在合适的容器或橱柜内，其位置方便使用，并可防止其受到污染。

第 13r 条　挤乳：腹翼、乳房及乳头

　　挤乳作业应当在挤乳棚或挤乳间内进行。所有挤乳的泌乳期牲畜的腹翼、乳房、腹部及尾部不得沾有明显的灰尘。在挤乳前应完成所有擦拭工作。所有挤乳的泌乳期牲畜的乳房及乳头在挤乳前应保持洁净和干燥。在挤乳之前应当用消毒液对乳头进行处理，并在挤乳前保持其干燥。禁止用湿手挤乳。

公共健康原因

　　在规定的挤乳场地以外的其他地方挤乳时，乳可能会受到污染。泌乳期牲畜的清洁是影响乳品中的细菌数量最重要的因素之一。在正常的牧场条件下，泌乳期牲畜站在被污染的水中或躺卧在草地或牧场上都会对其乳房造成污染。如果其乳房和乳头在挤乳前不保持洁净和干燥，污垢颗粒或受污染的水就容易滴入或混入乳内。因为粪便中可能含有布鲁氏菌病和结核病的病原体，而受污染的水中则可能含有伤寒及其他肠道疾病的病原体，因此乳品在受到上述污染后就会尤为危害。在挤乳之前，将牲畜乳头彻底擦干，然后涂抹消毒液，可以针对上述疾病的病原体而提高安全性，因为这些病原体无法通过普通的清洁工作来清除，并有助于控制乳腺炎的发生。

行政程序

本条的规定在下列情形下应视为满足要求：

1. 挤乳作业在挤乳棚或挤乳间内进行。

2. 在挤乳之前完成了拭擦/刷理工作。

3. 牲畜腹翼、腹部、尾部及乳房等部位经常进行修剪，以方便对这些部位进行清洁，同时避免了沾染灰尘。乳房上的毛的长度应确保其不会在挤乳过程中与乳头一同混入膨胀管内。

4. 所有挤乳的泌乳期牲畜的乳房及乳头在挤乳前保持了洁净和干燥。在挤乳开始之前，应当用消毒液对乳头进行清洁和消毒。此外，如果在挤乳前乳房很干燥且乳头已彻底进行了清洁（非干擦）并很干燥，则不需对乳头进行消毒。对乳房及乳头的清洁与干燥要求进行确认的工作应当由监管机构来进行。

注意： 在经食品药品管理局评估和批准的情况下，也可以采用其他的乳房预处理方法。

5. 禁止用湿手挤乳。

第 14r 条　防止污染

在进行挤乳和乳处理间的各项作业时，以及各种设备和设施的放置上，应防止对乳品、容器、器皿及设备造成污染。应当在确保乳品不致受到污染的情况下才能对乳品进行过滤、灌装、运输或储藏。所有容器、器皿和设备在消毒之后的拿取过程中应防止对任何乳品接触面造成污染。用于往返于乳牛场、乳加工厂、接收站或中转站之间运输乳品的车辆，其构造与作业方式须确保其运送的乳品不受日晒、冰冻天气及污染的影响。上述车辆须内外均保持洁净，确保车上无任何物质能够对乳品造成污染。

公共健康原因

由于乳品的天然特性和易受病原体及其他污染物污染的脆弱性，因此必须尽一切可能自始至终为乳品提供充分的保护措施。这些措施包括设备的正确放置，从而确保挤乳棚和乳处理间内的工作区不致过于拥挤。用于搅拌或带动乳品或乳品接触面产生的气流的质量应当确保不会对乳品造成污染。如果设备在消毒后不加以防护，则对该设备消毒的作用等于无效。为了在运输过程中对乳品进行保护，车辆应当具有合适的构造并正确进行操作。

行政程序

本条的规定在下列情形下应视为满足要求：

1. 挤乳棚和乳处理间中的设备和操作在定位和布置上能够避免清洁和消毒后的容器、器皿和设备的摆放不致过分拥挤，且不会因液体溅洒、冷凝或人工接触而受到污染。

2. 在挤乳和乳处理间操作期间，用于盛装或输送乳的管道和设备与装有清洁液和/

或消毒液的罐体/导管等应当进行有效隔离。这一要求可以通过以下方式来实现

a. 从物理上将装有清洁液和/或消毒液的罐/导管和/或管道之间的所有连接点从用来盛装或输送乳的管道和设备上断开；或

b. 使用至少2个自动控制阀门（2个阀门之间有一通向外界的排放口）来将上述管道之间的所有连接点隔离；或者，在下列情况下，采用单体双座式防混合阀门（2个座体之间有一通向外界的排放口）：

（1）通向外界的排放口等于与该防混合阀门相连接的最大管道，或者下列例外情况：

如果排放孔开口处的横截面积小于该双座式阀门的最大管径，则该双座式阀门的2个座体之间的空间内的最大压力应等于或小于2个自动控制的压缩式阀门〔1个三通排水阀和1个将产品输送管道与清洁液和消毒液管道隔开的两通阀门〕的2个塞座之间的空间内的最大压力。

（2）在采用单体双座式阀门时，阀门和阀座均可进行状态检测，并能够在未正确切换到关闭位置时发出电子信号（参见本《条例》附录H第Ⅰ部分"状态检测装置"）。

（3）阀门排放口（包括阻塞阀之间的管道）在乳被排出或隔离后才会被清洁，但在系统已经被正确设计和操作的情况下除外。当乳被一个阻塞阀隔离的时候，可以清洁这个通向外界的排水口。一个正确设计和操作的系统应包括以下内容：

ⅰ）在就地清洁（CIP）期间，只要在隔离乳的阀门外部不会对清洁溶液施加等于或超过被隔离的乳的压力，清洁/消毒溶液阻塞阀的阀门驱动可以用于清洁阀门排放口（包括阻塞阀之间的管道）；或

ⅱ）在利用阀门驱动来清洁阀门排放口（包括阻塞阀之间的管道）的就地清洁（CIP）期间，隔离乳与阀门排放口（包括阻塞阀之间的管道）的阀门的状态检测装置，以及通向外界的排放口的状态检测装置，应当被监控并与泵或液压源互锁，以便如果确定它们没有正确定位，泵或液压源能立即断电。

（4）在采用单体双座式阀门时，阀门和阀座将作为自动防故障系统的一部分而防止清洁液和/或消毒液对乳造成污染。自动防故障系统对每个特定的设置而言都必须是唯一的，但是通常基于以下前提：即在就地清洁（CIP）系统被激活而对包含该阀门装置的管道进行清洁之前，两个阻塞阀座均已正确切换到关闭位置，但以下（7）条规定的情况除外。

（5）除了测试和检查外，该系统不得具有任何手动忽略装置。

（6）按照监管机构的指示，对自动防故障系统控制装置进行测试和保护，以防止未经授权的更改。

（7）排放口（包括阻塞阀之间的管道）要在乳已经排出或隔离后才进行清洁，但在使用正确设计和操作的单体双座式阀门的情况下则除外，在该情况下，排放口（包括阻塞阀之间的管道）可以在其中一个阀体中存在乳时进行清洁。正确设计和操作的单体双座式阀门将包含以下特性：

ⅰ）清洗液不得在阀座升高过程中对对面的阀座垫片产生任何影响，即使是在垫片受损或缺失的情况下；以及

ⅱ）即使是在垫片受损或缺失的情况下，阀门排放口腔体的关键阀座区内的压力

也须在任何时间等于或低于大气压；以及

ⅲ）在阀座升高过程中，与升高的阀座相对的阀座的状态须通过与清洁泵或就地清洁（CIP）清洁液压力源进行联锁的状态检测装置来进行监控，以便在确定对面的阀座未完全关闭的情况下，清洁泵或就地清洁（CIP）液压力源会立即断开；以及

ⅳ）单体双座式阀门单体双座式阀门的清洁选配件须具有自动防故障控制系统，且该控制系统须符合本《条例》附录 H "巴氏杀菌设备与程序"第 Ⅵ 部分"用于"A"级公共健康控制的计算机系统评价标准"的适用规定。

（8）在防护级别未被降低的前提下，也可对上述规定加以变通。

3. 所有溢出、泄漏、泼洒或搬运不当的乳品均被弃之不用。

4. 容器、器皿和设备的所有乳品接触面均加以遮盖或采取了其他防护措施，以防止虫类或灰尘进入或发生冷凝及其他污染。所有开口，包括与储乳罐和乳罐车相连的阀门和管道，以及各种泵或清洗池等，都应当用盖子盖住或采用方式加以保护。乳处理间中使用的重力式过滤器不必加以遮盖。用来将生乳从预冷却器中转移到散乳罐的生乳输送管应当配备有效的滴液挡板。

5. 接收容器升高至地面以上，放置在手推车上，或放置在与泌乳牲畜相隔一定距离的位置，使生乳在挤乳棚或挤乳间内倒入和/或过滤时避免被粪便污染。上述容器应配有密封型盖板，并在未倾倒生乳时应保持关闭。

6. 从挤乳棚或挤乳间内提出的每一桶乳品都被立即送往乳处理间。

7. 盛装生乳的桶、罐或其他容器在运送和储藏生乳的的过程中是盖紧的。

8. 在使用正压空气对生乳搅拌进行或带动时，或沿乳品接触面流动时，空气中不含有油污、灰尘、锈蚀、过多的湿气、异物和异味，并须符合本《条例》附录 H 中的适用标准。

9. 对消毒后的乳品接触面，包括散乳罐的开口和出口等采取了防护措施，以避免与未消毒的器皿、设备、手、衣物、飞溅物、冷凝物和其他污染源相接触。

10. 接触到污染物的任何乳品接触面在使用前均被再次清洁和消毒。

11. 用于往返于乳牛场、乳加工厂、接收站或中转站之间运输乳品的车辆，其构造与作业方式能确保其送的乳品不受日晒、冰冻天气及污染的影响。

12. 车辆的车体配有坚实的外壳和紧密而结实的车门。

13. 车辆保持了内外洁净。

14. 任何能够对乳品造成污染的物质未与乳品混运（参见本章第 10p 和 11p 条以及本《条例》附录 B 以了解乳罐车构造的资料）。

第 15r 条　药物与化学品控制

清洁剂和消毒剂应储藏在正确标识的专用容器内。兽药及药物施用设备在储存时应确保乳品、挤乳设备、清洗池和洗手池等不会受到污染。兽药须正确贴附标签并按泌乳牲畜和非泌乳牲畜的使用范围加以隔离。不得使用未经批准的药物。

为了本条的目的，用于干乳期奶畜的药物应与"非泌乳药物"一起储存。因此，用于乳牛犊、小母乳牛、公乳牛和干乳期母牛的药物应与目前正在挤乳的乳牛的药物

隔离开来。对于要用于山羊，绵羊和其他奶畜的药物，也应遵守规定的储存体系要求。药物标签上或兽医标签上特别指出的用于特定类别/种类的泌乳期奶畜的特殊药物是唯一可与"泌乳药物"一起存储的药物。为了符合本条的目的，"泌乳期奶畜"是指目前正在产乳的乳品动物。

公共健康原因

如不小心而对清洁剂或消毒剂使用不当，则有可能对乳品造成污染。兽药可能会在对其残留物过敏的人体中产生不良反应，并可能诱发人体内的病原体产生抗药性。

行政程序

本条的规定在下列情形下应视为满足要求：

1. 乳牛场所使用的清洁剂和消毒剂是从其制造商或经销商处以盒装形式采购，且包装上正确标有药物成分，或者，如果是从其制造商或经销商的容器中输送的散装清洁剂和消毒剂，则是输送到依照制造商的产品规格而专门设计和保存的专用最终容器内。专用最终容器上的标签应包括产品名称、化学特性描述、使用说明、预防与警示说明、急救措施说明、容器储藏与保存说明以及制造商或经销商的名称和地址。

2. 用于给药的设备未在清洗池内清洗，且在储存时未对乳品或设备的乳品接触而造成污染。

3. 用于治疗非泌乳期奶畜的的药物与治疗泌乳期奶畜的药物相隔离。橱柜、冰箱或其他储存设施中彼此隔离的搁架可以满足该项要求。

4. 药物应当正确地贴附标签，且包含非处方药物（OTC）的制造商或经销商的名称和地址，或是配发处方药物（Rx）和标签外应用药物的兽医从业人员的名称和地址。如果药物是由药房根据兽医的处方配发的，则其标签应包含开具处方的兽医的名称以及配药的药房名称和地址，还应包含开具处方的兽医的地址。

5. 药物的标签还应包含：

a. 使用说明以及规定的保存期限；

b. 警示说明（如有必要）；以及

c. 药物产品中的活性成分。

6. 未经批准和/或未正确标示的药物不得用来治疗奶畜且不得储存在乳处理间、挤乳棚或挤乳间内。

7. 药物在储存时不得对乳品或其容器、器皿或设备的乳品接触面造成污染。

注意：常用的外用类抗菌药物和创伤绷带、疫苗和其他生物制剂等，以及维生素和/或矿物类产品等不在上述标示与储存要求的范围之内，除非确定此类药物和产品的储存方式可能会对乳品或其容器、器皿或设备的乳品接触面造成污染。

第16r条　人员——洗手设施

应当配备足够的洗手设施，包括配有冷热自来水或温水的盥洗洁具、肥皂或清洁剂、以及单独的洁净毛巾或其他认可的干手设备等适合供乳处理间、挤乳棚、挤乳间或抽水马桶卫生间使用的卫生用品。

公共健康原因

足够的洗手设施对于个人卫生和降低乳品污染的机率必不可少。配备足够的洗手设施可以更为有效地确保挤乳员和散装乳搬运工/取样员的手部清洁。

行政程序

本条的规定在下列情形下应视为满足要求：

1. 洗手设施安装在乳处理间、挤乳棚、挤乳间或抽水马桶卫生间内方便使用的位置。

2. 洗手设施包括配冷热自来水或温水、肥皂或清洁剂、以及单独的卫生毛巾或其他认可的干手设备和卫生洁具等。器皿清洗池和冲洗池不能被看作是洗手设施。

第17r条　人员——清洁

在即将挤乳之前、进行任何乳处理间作业之前以及在刚刚中断此类作业之后，应当对手部进行清洁并用单独的洁净毛巾或其他认可的干手设备擦干。挤乳员和散装乳搬运工/取样员在挤乳或搬运乳品、乳品容器、器皿或设备时应穿著干净的工作服。

公共健康原因

要求人员在挤乳时清洁手部的原因与要求清洁泌乳期牲畜的乳房的原因相类似。挤乳员的双手可能会在牧场的日常工作和挤乳过程中接触到污染物。由于所有工人的双手会频繁地与其衣物相接触，因此在挤乳和搬运乳品的过程中所穿著的衣服必须要保持干净。

行政程序

本条的规定在下列情形下应视为满足要求：

1. 在即将挤乳及进行任何乳处理间作业之前，或在刚刚中断此类作业之后，对手部进行了清洁并用单独的洁净毛巾或其他认可的干手设备擦干。

2. 挤乳员和散装乳搬运工/取样员在挤乳或搬运乳品、容器、器皿或设备时穿著干净的工作服。

第18r条　生鲜乳冷却

用于巴氏杀菌、超巴氏杀菌、无菌加工和包装或包装后蒸煮处理的生鲜乳在第一次挤乳开始后的4h或更短时间内应冷却至10℃（50℉）或更低温度，然后在完成挤乳后的2h内冷却到7℃（45℉）或更低温度。同时，在第一次挤乳以及此后的挤乳操作后的混合温度不应超过10℃（50℉）。

公共健康原因

由未患疾病的泌乳期牲畜在洁净条件下所产的乳在刚挤完奶后通常含有相对很少的细菌。如果不对生乳进行冷却，则其中的细菌会在几小时内繁殖成庞大的数量。但是，当生乳被迅速冷却到7℃（45℉）或更低温度时，细菌数量的增长会非常缓慢。

通常，生乳中的细菌是无害的，如果这一状况能够永远保持下去的话，那么就不必对生乳进行冷却了，除非是为了延缓酸化过程。但是，即使严格遵照本《条例》中的其他各项规定能够极大地降低细菌大量繁殖的可能性，乳品操作人员或监管人员也不可能绝对确保不会有任何病菌进入生乳当中。当生乳含有大量病菌时，传播疾病的可能性就会大为增加。因此，对生乳迅速进行冷却极其重要，这样可以确保可能进入生乳中的少量细菌不会大量繁殖。

行政程序

本条的规定在下列情形下应视为满足要求：

1. 用于巴氏杀菌、超巴氏杀菌、无菌加工和包装或包装后蒸煮处理的生鲜乳在第一次挤奶开始后的4h或更短时间内应冷却至10℃（50℉）或更低温度，然后在完成挤乳后的2h内冷却到7℃（45℉）或更低温度。同时，在第一次挤乳以及此后的挤乳操作后的混合温度不应超过10℃（50℉）。

2. 在包括使用抗凝剂的那些盘式或管式冷却器和/或热交换器中循环使用的冷却水来自于安全的水源并采取了防止污染的保护措施。上述冷却水应当每半年检测一次，并须符合本《条例》附录 G 中的细菌学标准。采样应在监管机构的指导下进行，检验应在监管机构认可的实验室进行。经过修理或其他方式污染的再循环冷却水系统，应在使用前进行妥善处理和测试。抗凝剂和其他化学添加剂用于循环系统时，应在无毒的条件下使用。丙二醇和所有添加剂应为美国药典（USP）级，食品级或一般公认安全食品（GRAS）。为了确定循环冷却水样本是否按本条所规定的频率进行采集，其采样间隔须包括指定的 6 个月期间再加上样本提取当月的剩余天数。

3. 在 2000 年 1 月 1 日以后生产的所有牧场散乳罐须配备经批准的温度记录装置。

a. 该温度记录装置应当连续不断地工作，并采用适当的方式加以维护。圆形记录图表不得彼此重叠。也可以使用符合本《条例》附录 H 第 Ⅳ 部分温度计规格储存槽中使用的温度记录装置和第 Ⅴ 部分第 4、7、8、9、11 及第 12 条的电子记录（有无硬拷贝皆可）来代替该温度记录。

注意：根据上述本《条例》附录第 Ⅴ 部分的标准，凡出现"乳牛场"的地方，均应将"乳牛场"改为"乳加工厂"。

b. 该温度记录装置须每 6 个月检验一次，并采用经监管机构认可的方式存档，所使用的高精度［±1℃（±2℉）］温度计应当在最近 6 个月内用标准的可追溯性温度计进行过校准，并对其结果和日期进行记录，或者使用在过去一年当中已经校准过的可追溯性标准温度计。

c. 作业现场应将温度记录数据保留至少 6 个月，以供监管机构检查。此外，也可以采用电子方式来存储（有无硬拷贝皆可）所规定的温度记录，其前提是计算机及计算机生成的温度记录可供监管机构随时检查。

d. 该温度记录装置应当安装在方便储乳罐使用的位置，并得到监管机构的认可。

e. 该温度记录装置应装有感应器，以便当储乳罐内的生乳只剩其标定刻度的20％时可以记录下其内部温度。

f. 该温度记录装置须符合储存罐记录温度计的现行技术规格。

g. 温度记录装置和/或任何其他符合这些行政程序的要求且其技术规格得到监管机构认可的的装置可以用来监测/记录散乳罐的温度。

h. 温度记录装置应当正确地标明生产商、安装日期、罐体标识（如有一只以上的储罐）以及该装置安装人员的签名或首字母缩写。

第19r条　昆虫和鼠类控制

应当采用有效措施来防止生乳、容器和设备受到昆虫和鼠类以及用于控制该类虫害的化学药品的污染。乳处理间不得有昆虫和鼠类。周围环境应保持洁净，不得存在任何滋生或有利于昆虫和鼠繁殖的条件。饲料在储存时应防止鸟类、昆虫或鼠的侵扰。

公共健康原因

对粪便进行妥善处理可减少苍蝇的繁殖，一般认为，苍蝇可以通过物理接触或排泄物将病原体传播到乳品、乳品容器、器皿或设备上。昆虫会光顾不卫生的场所，并可能在其身上携带病原体，其体内还可能携带活的细菌并存活长达4周，从而有可能感染其所产的卵而将细菌其传给下一代。有效的屏蔽措施有助于防止苍蝇等威胁公共卫生的虫害的产生。苍蝇可以使乳品受到微生物的污染，而微生物可以繁殖并增加到庞大的数量而危害公共健康。乳品的周围环境应保持整洁和干净，以便减少昆虫和鼠的滋生。

行政程序

本条的规定在下列情形下应视为满足要求：

1. 周围环境保持了洁净，不存在任何滋生或有利于昆虫和鼠类繁殖的条件。在苍蝇繁殖季节，粪便应当直接运往野外；或在地表堆放不超过4d的时间后再运往野外；或在不透水的垃圾箱/平台内储存不超过7d的时间后再运往野外；或储存在严格过滤且有存水弯管的粪棚内；或用杀蛆剂进行有效处理；或采用任何其他可控制昆虫繁殖的方式进行处理。

2. 放牧区、无立柱的牲畜棚、围栏、休息棚、牧放棚和无畜栏的住舍内的粪池配有合适的草垫并进行了妥善管理以防止昆虫的繁殖。

3. 乳处理间内无任何昆虫和鼠类。

4. 乳处理间进行了有效的屏蔽措施以防止害虫进入。

5. 乳处理间的外门为密封式且能够自行关闭。纱门应当向外打开。

6. 采用了有效措施以防止生乳、容器和设备受到昆虫和鼠类，以及用于控制该类虫害的化学药品的污染。未批准在乳品储藏室内使用的杀虫剂和灭鼠剂等不得储存在乳处理间。

7. 只有经监管机构批准使用的和/或由环境保护局（EPA）登记过的杀虫剂和灭鼠剂才用于昆虫和鼠类的控制（参见本《条例》附录 C 以了解有关昆虫和鼠类控制的更多信息）。

8. 杀虫剂和灭鼠剂严格依照制造商的标签说明来使用，以防止乳品、乳品容器、器皿、设备、饲料和水等受到污染。

9. 配备有盖子的盒子、箱子或单独的储藏设施来存放研磨、切碎和浓缩后的饲料。

10. 饲料可以存放在牲畜棚的挤乳区内，但应避免受到鸟类、昆虫或鼠类的侵扰。敞开式的饲料手推车等可以用来分发饲料，但不得用于在挤乳棚内储存饲料。饲料手推车、全自动喂料系统或其他饲料容器可排除在使用盖板的要求之外，但前提是应避免受到鸟类、昆虫或鼠类的侵扰。

注意：参见本《条例》附录 M 以查看生产商乳加工厂检查表，该表中对相关的卫生要求进行了概括。

"A"级巴氏杀菌乳、超巴氏杀菌乳、无菌加工与包装的低酸性乳和/或乳制品、包装后蒸汽灭菌处理的低酸性乳和/或乳制品的标准

乳加工厂须遵照本章的各项规定。乳加工厂的食品安全计划应按照《美国联邦法规》第21章117.126部分规定的"A"级"A"项目管理办法，以及本文所要求的配套乳加工厂特定程序构成，程序涉及适用于该乳加工厂明确的所有风险。乳加工厂应对每种每组加工的乳和/或乳制品进行书面危害分析。在乳加工厂或乳加工厂的部分区域经州际乳品货运商（IMS）登记生产无菌加工和包装的低酸乳和/或乳制品和/或包装后蒸煮处理的低酸乳和/或乳制品的情况下，本《条例》所定义的无菌加工和包装系统或包装后蒸煮处理的系统分别应当不受本《条例》第7p、10p、11p、12p、13p、15p、16p、17p、18p和19p条规定的限制，而须遵照《美国联邦法规》第21篇108、110和113部分的相关规定。无菌加工和包装系统或包装后蒸煮处理的系统中所包含的上述各项应当由食品药品管理局或由其指定的州监管机构来进行检查。接收站应符合第1p到15p条（A）和（B），以及第17p、20p和22p条的要求，但不适用于第5p条的隔断要求。中转站应符合第1p、4p、6p、7p、8p、9p、10p、11p、12p、14p、15p（A）和（B）、17p、20p和22p条的要求，而其气候条件和操作条件则应符合第2p和3p条的适用规定。此外，在任何一种情况下，都应当提供高空保护措施。乳罐车的清洁消毒设施应符合第1p、4p、6p、7p、8p、9p、10p、11p、12p、14p、15p（A）和（B）、20p和22p条的要求，而其气候条件和操作条件则应符合2p和3p条的适用规定。此外，在任何一种情况下，都应当提供高空保护措施。

在乳加工厂、接收站和中转站配备有受本《条例》附录K监管的危害分析和关键控制点（HACCP）系统的情况下，该危害分析和关键控制点（HACCP）系统应注重本章描述的公共卫生问题，并提供与本章要求具有同等标准的保护措施。

配备有国家州际乳品贸易协会（NCIMS）推荐性危害分析和关键控制点（HACCP）计划监管下的危害分析和关键控制点（HACCP）系统的乳加工厂须符合第16p条下的所有要求。本《条例》的巴氏杀菌、无菌加工和包装和包装后蒸煮处理的工艺须作为附录H第Ⅷ部分——"乳和乳制品恒流高温短时（HTST）和高热短时（HHST）巴氏杀菌—关键控制点（CCP）模式危害分析和关键控制点（HACCP）计划概述"以及"乳和乳制品间歇式巴氏杀菌—关键控制点（CCP）模式危害分析和关键控制点（HACCP）计划概述"中所述的关键控制点（CCP）来进行管理。

第1p条 地面——建筑

对乳或乳制品进行搬运、加工、包装或储存、或是对乳品容器、器皿和/或设备进行清洗的所有房间的地面都须采用混凝土或其他同等不透水且易清洁材质,并须光滑、呈一定斜度,并配有排水沟及存水弯管,且维护良好。此外,用于储存乳和乳制品的冷藏室,其地面如有一定坡度将水排往一个或多个排水口中,则不必配备地面排水沟。同时,用于储存干性配料、包装后的干性配料、包装后的乳粉或乳粉制品和/或者包装材料的储藏室不必配备排水沟,地面可采用贴合紧密的木板。

公共健康原因

采用混凝土或其他同等不透水材质的地面比采用木板或其他透水性材料或易分解材料的地面更便于保持洁净。上述不透水地面不会吸附有机物,因此更容易保持清洁且不生异味。呈一定斜度的地面可方便冲洗并有助于消除不良状况。排水沟的存水弯管可防止下水道气体进入乳加工厂。

行政程序

本条的规定在下列情形下应视为满足要求:

1. 对乳或乳制品进行搬运、加工、包装或储存、或是对乳品容器、器皿和/或设备进行清洗的所有房间的地面均采用优质混凝土或其他同等不透水瓷砖或砖块用不透水黏合材料紧密铺设、或是接合部不透水的金属铺面材料、或与优质混凝土具有同等效果的其他材料。用于储存干性配料和/或包装材料的储藏室的地面可采用贴合紧密的木板。

2. 地面光滑且呈一定斜度,以便在冲洗之后不会有洼地形成积水,地面与墙体的接合处不透水。

3. 地面配备带有存水弯管的排水沟。用于储存乳和/或乳制品的冷藏室,其地面如有一定坡度将水排往一个或多个排水口中,则不必配备地面排水沟。用于储存干性配料、包装后的乳粉和/或乳粉制品、无菌加工和包装的乳或乳制品和/或包装材料无菌加工和包装的低酸乳和/或乳制品和/或包装材料,和包装后蒸煮处理的低酸乳和/或乳制品和/或包装材料的储藏室不必配备排水沟。

注意:参见第11p条以了解有关干燥室地面的要求。

第2p条 墙壁与天花板——建筑

对乳或乳制品进行搬运、加工、包装或储存、或是对乳品容器、器皿和/或设备进行清洗的房间的墙壁和天花板应光滑、便于清洗,且表面为浅色,并维护良好。

公共健康原因

粉刷完好的墙壁和天花板更便于保持洁净,因此更容易保持清洁。浅色涂层有助于光线的均匀分布并便于发现未清洁物。

行政程序

本条的规定在下列情形下应视为满足要求：

1. 墙壁及天花板采用光滑、便于清洗和浅色的不透水材料来粉刷。

2. 墙壁、隔断、天花板和窗户维护良好。

注意：参见第11p条以了解有关干燥室墙壁的要求。用于储存包装后的乳粉和/或乳粉制品，无菌加工和包装的低酸乳和/或乳制品，和包装后蒸煮处理的低酸乳和/或乳制品的储藏室不在本条的天花板要求的范围之内。

第3p条 门和窗

应提供有效方式防止昆虫和鼠类进入。所有通向外界的开口处都应安装有实木门或玻璃窗，并在多灰尘季节保持关闭。

公共健康原因

杜绝乳加工厂内的虫害可以降低乳或乳制品受污染的可能性（参见第7r条中有关苍蝇传播疾病的相关信息的公共健康原因）。

行政程序

本条的规定在下列情形下应视为满足要求：

1. 所有与外界相通的开口处配备有：

a. 过滤网；或

b. 有效的电子屏蔽板；或

c. 能提供足够的风量从而防止昆虫进入的风扇或气帘；或

d. 在不适合采用自动门或气帘的场合，可使用合理修建的风门；或

e. a、b、c或d项的有效组合，或是能够防止昆虫进入的任何其他方法。

2. 所有外门为密封式且能够自行关闭。纱门应当向外打开。

3. 所有通向外界的开口采用了防鼠设计以有效防止鼠类进入。

注意：乳加工厂内的昆虫和/或鼠类控制要求应依照第9p条的规定。

第4p条 照明和通风

对乳或乳制品进行搬运、加工、包装或储存、或是对乳品容器、器皿和/或设备进行清洗的所有房间须照明充足和通风良好。

公共健康原因

充足的照明有助于保持清洁。充分的通风可减少气味并防止内表面结露。

行政程序

本条的规定在下列情形下应视为满足要求：

1. 所有工作区配有充足的光源（自然光源或人工光源或两者结合）并提供了至少20ft烛光（220lx）的亮度。这一规定适用于对乳或乳制品进行搬运、加工、包装或储存、或是对乳品容器、器皿和/或设备进行清洗的所有房间。干燥的储藏室和冷藏室应提供至少5ft烛光（55lx）的照明亮度。

2. 所有房间内均提供了足够的通风，以尽可能消除异味和设备、墙壁及天花板上过多的结露情况。

3. 加压式通风系统（如使用）配备装有滤网的进气口。

4. 对于生产炼乳和/或乳粉或乳粉制品的乳加工厂，包装室内的通风系统（如使用）尽可能地采用了独立式系统，且其风道应呈垂直状。

第5p条　单独的房间

应当提供单独的房间用于：

1. 乳和乳制品的巴氏杀菌、加工、冷却、重组、冷凝、干燥和包装；

2. 乳粉或乳粉制品的包装；

3. 乳罐、容器、瓶子、箱子及乳粉或乳粉制品容器的清洁；

4. 乳和乳制品容器和包装物的制作，无菌加工和包装（APPS）的低酸乳和/或乳制品和/或包装后蒸煮处理（RPPS）的低酸乳和/或乳制品除外（其容器和包装物分别在无菌加工和包装系统或包装后蒸煮处理的系统中制作）；

5. 乳加工厂接收乳品或乳清的乳罐车的清洁消毒设施；

6. 乳加工厂的乳和乳制品接收罐；

对乳或乳制品进行搬运、加工、包装或储存或是对乳品容器、器皿和/或设备进行清洗或储存的房间不得直接通向牲畜棚或任何生活用房。所有房间应有足够的空间以满足其既定功能。应当为退回的包装乳和乳制品的接收、搬运和储存提供指定的区域或房间。

公共健康原因

如果容器的清洗和消毒与乳品的巴氏杀菌、加工、冷却、冷凝或包装在同一个房间内进行，则会存在巴氏杀菌后的产品受到污染的可能性。因此，需要按规定配备单独的房间。将卸下的生鲜乳罐直接放入巴氏杀菌室会增加滋生虫害的可能性，并会使其蔓延。

行政程序[7]

本条的规定在下列情形下应视为满足要求：

1. 乳和乳制品的巴氏杀菌、加工、重组、冷却、冷凝、干燥和包装都在单独的房间内进行，但未与清洁乳品罐、便携式储存箱和瓶盒等的房间共用、或是与乳罐车卸货和/或清洁和消毒所用的房间共用，同时，这些房间可以采用保持关闭的实木分隔门来隔开。此外，盘式或管式冷却可以在对乳罐车进行卸载和/或清洁和消毒的房间内进行。生鲜乳的分离/澄清可以在对乳罐车进行卸载和/或清洁和消毒的密封房间内进行。

注意：乳粉或乳粉制品的包装应在单独的房间内进行。

2. 所有返回的、之前已运离乳加工厂生产现场的包装过的乳和乳制品应当在单独的区域或与"A"级乳品作业区分开的房间内接收、搬运和储存。上述单独区域或房间应当为上述用途加以明确规定并标明。

3. 所有散装乳和乳制品储存罐都有孔通用于巴氏杀菌、加工、冷却或包装作业的房间或排入储存罐陈列室。此外，装在其他位置的通风孔应按照要求配备有空气过滤器从而避免乳或乳制品受到污染。。

4. 乳罐车的清洁与消毒设施配备有合适的设备以便于手工作业和/或就地清洁作业。如果乳加工厂现场未配备上述设施，则此类作业应当在接收站、中转站或单独的乳罐车清洁站进行。与乳罐车清洁消毒设施有关的项目已在本章开头列出。

5. 对乳或乳制品进行搬运、加工或储存、或是对乳品容器、器皿和/或设备进行清洗或储存的房间不能直接通向牲畜棚或任何生活用房。

6. 所有房间应有足够的空间以满足其既定功能。

第6p条　卫生间——污水处理设施

每家乳加工厂都应当配备符合_____的_____[1]的规程的卫生间设施。卫生间未直接通向任何对乳和或乳制品进行加工的房间。卫生间应当完全密封并配有配合紧密且可自行关闭的门。更衣室、卫生间及其相关器具应保持洁净、维护良好，且照明充分和通风良好。污水及其他液体废物应当采用卫生的方式进行处理。

公共健康原因

人的排泄物具有潜在的危险性，因此应当采用卫生方式进行处理。发病者或病菌携带者的身体排泄物中可能存在导致伤寒病、伤寒并发症和痢疾等疾病的病原体。采用卫生的洁具和盥洗设施可以保护乳或乳制品、容器、器皿和设备免受粪便污染，这些污染物可以通过昆虫、手或衣物进行传播。盥洗设施符合要求、保持洁净且维护良好时，通过上述方式传播污染物的机会就会降到最低限度。在卫生间与进行乳或乳制品加工、浓缩或干燥的任何工作室之间配有房间或过道时，可以降低携带污染物的蚊虫进入上述工作室的可能性。同时还可以最大限度减少异味的蔓延。

清洁和冲洗容器、器皿和设备及地面所产生的污水、抽水马桶内排出的污水、以及清洗设施排出的污水等应当妥善进行处理，以避免对乳品容器、器皿或设备造成污染，或者为公共健康埋下隐患。

行政程序

本条的规定在下列情形下应视为满足要求：

1. 乳加工厂配备有符合_____的_____[1]的规程的卫生间设施。

2. 卫生间未直接通向任何对乳和/或乳制品进行加工、浓缩或干燥的房间。

3. 卫生间完全密封并配有配合紧密且可自行关闭的门。

4. 更衣室、卫生间及其相关器具保持洁净、维护良好，照明充分且通风良好。

5. 卫生间内提供有卫生纸和便于清洁的有盖垃圾桶。

6. 所有安装的卫生管道都符合州或地方卫生管道法规的适用规定。

7. 污水及其他液体废物采用卫生的方式进行了处理。

8. 未使用非输水式污水处理设施。

第 7p 条　供水

供乳加工厂所使用的供水系统的位置应合理，并加以适当保护，且方便操作和配有充分的安全与卫生设施。

公共健康原因

供水系统应当方便随时使用，从而有助于在清洁作业中进行使用；其供水应充分，以确保清洁和冲洗工作干净彻底；且应当安全卫生，以防止对容器、器皿和设备造成污染。

行政程序[8]

本条的规定在下列情形下应视为满足要求：

1. 供乳加工厂所使用的供水系统供水充足、位置合理、保护适当、操作正确。该系统便于使用，且水质安全卫生。

2. 该供水系统被相应的政府水资源管理机构认定为安全，且在使用单独的供水系统的情况下，符合本《条例》附录 D 中所述的各项规定以及本《条例》附录 G 中所述的细菌学标准。

3. 安全的供水系统未与任何不安全或有问题的供水系统或任何其他污染源交叉连接，从而避免对安全的供水系统可能造成的污染。供水管道与补充罐之间的连接管（例如用于冷却或冷凝的管道等），如未采用气隙或有效的防回流装置加以保护，则仍为违反了规定。经认可的气隙是指可提供 2 倍于进水管或是达到容器溢水位旋塞的最大直径的自由空气流通量的无障碍垂直距离。气隙的距离是从饮用水进水管或旋塞的底部至有效溢出面（即容器的溢水位或内部溢出面）之间的距离。该有效气隙在任何情况下都不得小于 2.54cm（1in）。

4. 在生产用水的输送过程中所使用的所有容器和罐应密封和防止受到污染的可能性。这些容器和罐在灌装供乳加工厂使用的饮用水之前，应当进行彻底的清洁和细菌处理。为了最大程度降低水从饮用水罐输送到乳加工厂的地面水塔或地下蓄水池的过程中受污染的可能性，应配备合适的水泵、水管及配件。在水泵、水管及配件不使用的情况下，其出水口应当用盖子盖紧并保存在合适的防尘防护罩内，以防止受到污染。乳牛场的蓄水池应采用不透水材料修建，配备防尘防水的盖板，且还须配有经认可的通风孔和顶部出入孔。所有新建的蓄水池或已清洁过的蓄水池均在投入使用前进行消毒（参见本《条例》附录 D）。

5. 乳或乳制品蒸发器的冷凝水，以及用于产生真空和/或在真空热加工设备中冷凝蒸汽的水来自于符合上述第 2 条规定的水源。此外，如果蒸发器或真空加热设备在结构上和操作上能够避免冷凝水，或制造真空用水对设备本身或其中的加工物造成污染，则在经监管机构批准后，也可以使用不符合上述第 2 条规定的水源。避免上述污染的方法有：

a. 使用表面型冷凝器，其中的冷凝水会与蒸汽及冷凝物在物理上保持隔离；或

b. 采用可靠的防护装置来防止冷凝水从冷凝器中溢出而进入蒸发器。上述防护装置包括气压真空柱，从靠近真空柱排水的自由水位的冷凝水排水管处反向延伸至少 35ft，其位置处于冷凝器的进水管处，由控制装置实现自动控制，当水位超过冷凝器中的预设点时将会关闭入水。该阀门可以采用水、空气或电力来驱动，在设计上应确保在主动力电源断电时将自动关闭流入冷凝器中的水流。

6. 在采取所有必要的防护措施且符合本《条例》附录 D 第 V 项规定的各项程序的情况下，可以重复使用符合上述 2 条规定的乳或乳制品蒸发器的冷凝水以及从乳或乳制品中回收的水。

7. 新建的独立供水设施，或是修理过或受污染的供水系统在投入使用前进行了消毒（参见本《条例》附录 D）。在对供水系统采集细菌检测样本之前，须使用水泵将消毒剂彻底排空。

8. 对单独的供水系统进行细菌学检验的样本，应在其物理结构得到初步认可后进行，随后每 6 个月采集一次；还应在对该供水系统进行维修或改建后进行。如果水经运输至乳加工厂，则应在使用时对水采样进行细菌检查，并且在连续的 6 个月内在不同的月份至少提交 4 次至官方实验室。样本须由监管机构来采集，检验工作则在官方实验室中进行。为了确定水样是否按本章所规定的频率进行采集，其采样间隔须包括指定的 6 个月期限再加上样本提取当月的剩余天数。

9. 水质检测结果的当前记录由监管机构保留并存档，或按监管机构的指示保存。

10. 如果在供水系统的连接位置上采用了经认可的防回流装置对其进行了保护，则可以将符合本章标准的饮用水供应系统连接到蒸汽真空蒸发器的产品输入管道中。

11. 与生鲜乳或巴氏杀菌乳或乳制品的管道，或容器相连的供水系统管道须采用有效的防回流装置加以保护。

注意：参见第 15p（A）条"行政程序"以了解有关乳和乳制品保护措施的更多要求。

第 8p 条 洗手设施

应配备方便的洗手设施，包括冷热自来水和/或温水、肥皂和单独的洁净毛巾或其他经认可的干手装置。洗手设施应保持洁净且维护良好。

公共健康原因

正确使用洗手设施对于保持个人卫生、降低乳和乳制品受污染的可能性必不可少。

行政程序

本条的规定在下列情形下应视为满足要求：

1. 配备有方便的洗手设施，包括冷热自来水和/或温水、肥皂和单独的洁净毛巾或其他经认可的干手装置。

2. 洗手设施可方便所有卫生间及进行乳品生产作业的所有工作室使用。

3. 洗手设施保持洁净且维护良好。

4. 用于清洗瓶子、盒罐及类似物品的水和蒸汽混合阀及清洗池未作为洗手设施使用。

第9p条 乳加工厂清洁

对乳或乳制品进行搬运、加工或储存，或是对乳品容器、器皿和/或设备进行清洗或储存的所有房间须保持干净、整洁，并不得有任何昆虫和鼠类。在巴氏杀菌室、加工室、冷却室、冷凝室、干燥室、包装室和散装乳或乳制品储藏室中只允许摆放与加工操作或容器、器皿和设备的处理直接相关的设备。

公共健康原因

地面、墙壁、天花板及乳加工厂的所有其他区域保持洁净而无任何垃圾有助于确保乳和乳制品搬运作业的洁净与卫生。保持清洁、杜绝昆虫和鼠类，可降低乳或乳制品受污染的可能性。多余或未使用的设备，或与乳加工厂作业无直接关系的设备可能会对乳加工厂的卫生情况不利。

行政程序

本条的规定在下列情形下应视为满足要求：

1. 在巴氏杀菌室、加工室、冷却室、冷凝室、干燥室、包装室和散装乳或乳制品储藏室中只摆放与加工操作或容器、器皿和设备的处理直接相关的设备。

2. 所有管道、地面、墙壁、天花板、排气扇、桌子及其他设备和设施的非产品接触面均干净卫生。

3. 乳加工厂不得堆放任何垃圾、固体废物或废弃的干性产品，除非其存储在密闭容器中。包装机或洗瓶机中的废物容器在设备的运行过程中可以将其盖子打开。

4. 对乳或乳制品进行搬运、加工或储存，或是对乳品容器、器皿和/或设备进行清洗或储存的所有房间，均保持干净、整洁且无任何昆虫和鼠类。

5. 应使用为厂内灰尘控制而专门设计的排气系统和吸尘系统来对过多的产品尘埃进行有效控制。排气系统和吸尘系统所收集的尾渣和废料不得供人食用。

第10p条 卫生管道

与乳和乳制品相接触的，或者其中的液体有可能滴入、排入或混入乳和乳制品中的所有卫生管道、配件及接头须采用光滑、不透水、防腐蚀、无毒和便于清洗的材料，并符合乳品接触面的相应规定。所有管道须维护良好。巴氏杀菌乳和乳制品只能通过卫生管道从一台设备输送到另一设备。[9]

公共健康原因

乳品管道及配件有时在设计上不便于清洁，或其采用的金属材料容易生锈。在此情况下，乳品管道及配件很难保持清洁。卫生乳品管道的规定适用于正确设计和建造的管道（本句的目的是防止巴氏杀菌乳或乳制品暴露于污染物。）

行政程序

本条的规定在下列情形下应视为满足要求：

1. 与乳和乳制品相接触的，或者其中的液体有可能滴入、排入或混入乳和乳制品中的所有卫生管道、配件及接头均采用光滑、不透水、防腐蚀、无毒和便于清洗的材料。

2. 所有卫生管道、接头及配件采用的是：

a. 美国钢铁协会（AISI）300 系列不锈钢；或

b. 无毒和无吸收性的同等防腐蚀金属；或

c. 耐热玻璃；或

d. 在正常使用条件下相对惰性的、防划伤、防磨损、耐腐蚀、防破裂、防碎及防变形的塑料或橡胶及橡胶类材料；无毒、抗油脂、相对无吸收性的材料；不会使得乳或乳制品产生异味或气味的材料；以及在重复使用情况下可保持其原本属性的材料，可以用于垫片、密封物质、可拆卸式挠性短转接头或出于基本功能性原因而要求具有一定弹性的接头。

3. 卫生管道、配件及接头在设计上便于清洁；维护良好；无破损或腐蚀；管道中无任何可能积聚乳或乳制品的死角。

4. 包括阀门、配件和接头在内的可拆卸式管道的所有内表面在设计上、结构上和安装方式上便于检查和排水。

5. 所有就地清洁（CIP）的乳品管道和溶液回流管道均为刚性管、可自行排水，且在固定方式上保持了统一的斜度和整齐。溶液回流管道须采用符合上述第 2 条规定的材料。在使用垫片时，垫片应当能自动定位并采用符合前述第 2 条所规定的材料，且其设计并经涂装和打磨后的内表面应光滑平整。如果不使用垫片，则所有配件均带有自动定位的接合面，且在设计上应确定内表面光滑和平整。管道内的所有焊缝的内表面须光滑，且不得有凹坑、裂纹或含有杂质。在管道采用焊接的情况下，所有焊点在焊接时都须进行检查，并经监管机构认可。每段清洁管道除了入口和出口外，还须配备接入点以方便检查。上述接入点可以是阀门、可拆卸式管件、配件或是方便对管道内部进行检查的其他方式或是上述多种方式的组合。上述接入点在定位上须保持一定的间隔，从而可以确定管道内表面的综合情况。在安装焊接管道系统之前，其详细计划须提交给监管机构进行书面批复。未经监管机构书面批准，不得对任何焊接式乳品管道系统进行任何改建或扩建。

6. 巴氏杀菌乳和乳制品只能通过卫生乳管道从一台设备输送到另一设备。

7. 对于生产乳粉或乳粉制品的乳加工厂，由于需要加压的方式将干燥室内的产品吹散，因此高压泵与干燥机喷嘴之间的管道可以采用耐压密闭式螺纹管件来连接，或者采用焊接。

第 11p 条　容器和设备的构造与维修

所有与乳和乳制品相接触的、可重复使用的容器和设备须采用光滑、不透水、防腐蚀和无毒材料；在构造上便于清洁；并须维护良好。所有与乳和乳制品相接触的一次性容器、封口、垫片及其他物品等须采用无毒材料，并采用卫生的方式进行制造、包装、运输和搬运。供一次性使用的物品不得重复使用。

公共健康原因

如果设备在构造上和安装方式上不便于清洁，且保养不良，则不可能对其进行妥善清洁。未采用卫生方式生产和处理的一次性物品可能会对乳或乳品造成污染。

行政程序

本条的规定在下列情形下应视为满足要求：

1. 所有与乳和乳制品相接触的、可重复使用的容器和设备采用光滑、不透水、防腐蚀和无毒材料。

2. 可重复使用的的容器和设备的乳和乳制品接触面均采用：

a. 美国钢铁协会（AISI）300 系列不锈钢；或

b. 无毒和无吸收性的同等防腐蚀金属；或

c. 耐热玻璃；或

d. 在正常使用条件下相对惰性的、防划伤、防磨损、耐腐蚀、防破裂、防碎及防变形的塑料或橡胶及橡胶类材料；无毒、抗油脂、相对无吸收性的材料；不会使得乳或乳制品产生异味或气味的材料；以及在重复使用情况下可保持其原本属性的材料。

3. 所有容器、器皿和设备的所有接合处均平整并打磨光滑，或者，如其表面为玻璃，则应当呈连续状分布。干燥机内的地面不得采用瓷砖。只与乳粉或乳粉制品相接触的设备，或是用于高温空气管道的设备，其接头可以采用其他经认可的方式进行密封。在与乳或乳制品相接触的表面插入旋转轴的场合，活动面与固定面之间的接合部须采用紧密配合。齿轮、轴承及钢缆上的润滑脂或润滑油等不得接触到乳和乳制品。在与乳或乳制品相接触的表面插入温度计或温度感应元件的场合，所有螺纹和缝隙处须配有耐压密闭型密封件。

4. 罐体、清洁池、分离器等设备上所有带有盖板的开口采用凸状边缘或其他方式加以保护，以防止表面渗漏。在未配备防水接头的情况下，所有管道、温度计或温度感应元件及其他深入罐体、池体或类似设备内的其他装置上应配备冷凝水导流板，并尽可能靠近罐体或池体。

5. 与乳或乳制品相接触的所有表面（气动管道和旋风器或空气分离器除外）方便

接触或可以拆卸，从而便于手工清洁，或在设计上便于进行就地清洁。此外，在备有相应的螺丝刀或其他专用拆卸工具的情况下，罐车上带有螺钉式管夹的软塑料输入管和输出管也可视为符合要求。所有乳品接触面应方便随时检查，并可以自行排水。

6. 螺纹部件不得与乳或乳制品相接触，除非出于功能性或安全性考虑而必须这样做，比如澄清器、泵和分离器中的螺纹部件。此类螺纹部件应采用卫生式设计，高压泵与干燥机喷嘴之间的高压管道中所使用的螺纹部件除外。

7. 所有可重复使用的的容器及其他设备的角部为圆形；维护良好；且无破损、裂缝和锈蚀；乳品盒罐应配有伞状的盖子。

8. 滤网（如使用）采用的是穿孔金属板，且其结构可允许使用一次性滤网介质。在对乳品进行过滤当中不得使用可重复使用的织物类材料。此外，出于某些乳制品的内在功能性考虑，如酪乳、乳清、乳清粉及乳粉制品等，在不适合使用穿孔金属板的情况下，也可以使用编织材料。但是，采用编织材料的部件应当可以就地清洁，且在对编织材料进行彻底清洁的同时不会对产品造成污染。

9. 乳粉制品所用的筛具在构造上可以允许使用一次性或可重复使用的滤网，并采用：

a. 上述第2.d条中规定的塑料材料；或

b. 符合上述第2.a条规定的编织过的不锈钢丝；或

c. 无毒、相对不可溶、便于清洁且不会使得产品产生异味的棉纤维、亚麻纤维或合成纤维。

筛出的残渣须通过防尘接头从筛具中连续排出到密封容器内，且不得供人食用。

10. 所有与乳或乳制品相接触的一次性容器、封口、垫片及其他物品等均无毒。

11. 一次性容器、封口、盖子、垫片和类似物品的制造、包装、运输和搬运等均符合本《条例》附录J标准中的各项要求。此外，所有纸张、塑料、金属箔、粘合剂及其他在已浓缩和/或干燥过的乳和/或乳制品包装过程中所用的容器材料不得含有有害物质，并须符合《美国食品、药品和化妆品法》（FFD&CA）的各项要求。检查及检验工作须由监管机构或由其授权的其他机构来进行。

注意：上述11所述的"检查和检验"工作只能由国际认证组织（ICP）授权的第三方认证机构（TPC）进行。

12. 此外，在经过无菌加工和包装后或包装后蒸煮处理的乳和/或乳制品的包装过程中所使用的所有纸张、塑料、金属箔等容器部件和包装材料，应当符合《美国联邦法规》（CFR）第21篇110和113部分的适用规定，而不必依照本条的要求。

注意：乳品设备的3－A卫生标准和通用准则是由3A卫生标准有限责任公司（3－A SSI）制定的。3A卫生标准有限责任公司（3－A SSI）由设备制造商，加工商和卫生监管组织组成，其中包括：国家牛奶监管官员，美国农业部农业营销服务乳制品计划，美国公共卫生署（USPHS）/食品药品管理局，食品安全和应用营养中心（FDA CFSAN）/乳品安全组（MST），学术代表等。

依照3－A卫生标准和通用准则所生产的设备符合本《条例》的卫生设计和建造标准。对于未标示3－A标记的设备，监管机构可以使用3－A卫生标准和通用准则作为确定本章节遵守情况的指导。

第 12p 条　容器和设备的清洁与消毒

在乳或乳制品的运输、加工、浓缩、干燥、包装、搬运和储藏过程中所用的所有可重复使用的容器、器皿和设备的产品接触面须进行有效清洁，并在每次使用前进行消毒。此外，在干燥机上使用的布袋除尘系统应当按制造商推荐的间隔时间和方法来进行清洁和消毒或清洗，并经监管机构认可。

公共健康原因

乳和乳制品如与未经正确清洁和消毒的容器、器皿和设备接触，则不可能保持清洁与安全。

行政程序

本条的规定在下列情形下应视为满足要求：

1. 所有可重复使用的容器和器皿在每次使用后都进行了彻底清洁，且所有设备至少每天使用后都彻底清洁一次，除非经监管机构与食品药品管理局协商，对支持可重复使用的容器和器皿的清洁间隔时间可超过 1d 或 72h（对于连续运行的储乳罐）或 44h（对于连续运行的蒸发器）的资料进行了审核并予以认可。上述支持资料须在合格期开始前（如需要）提交给监管机构并由其批准。在延长的运行期内生产的成品应当符合本《条例》第七章的所有适用要求。对设备或加工工艺所作的任何重大变更必须通报给监管机构，如果经确定，此变更可能会对最终乳和/或乳制品的安全性产生潜在影响，则可能会对延长运行期的提议重新进行验证。

上述支持资料可包括但不限于：

a. 提议声明，包括所需的清洁频率；

b. 产品与设备描述；

c. 既定用途和消费群体；

d. 产品的配送温度和储藏温度；

e. 重大工艺的工艺流程图；

f. 工艺参数，包括温度和时间；

g. 危害评估和安全评估；

h. 对设备的卫生设计进行的审核。

i. 在获得危害评估和安全评估后，应制定一份初步合格的方案以提出经确认的重大工艺参数。

另外，储乳罐在排空后应当进行清洁，且应至少每 72h 排空一次。应当提供相关记录以证明上述乳罐中的乳品储存期未超过 72h。应当保留至少最近 3 个月内的所有记录，或从上一次监管检查日期之后的所有记录（以两者中更长的日期为准）。如果是至少每隔 72h 就地清洁一次的巴氏杀菌乳的储存罐，则应认定本章第 2.b 条下规定的就地清洁（CIP）记录充分。用来储存生鲜乳和/或乳制品或储存期超过 24h 的热处理后的乳制品的储乳罐，以及用于储存生鲜乳和/或热处理后的乳制品的储乳罐，应当依照本《条例》附录 H 第Ⅳ部分的规定配备可保存 7d 记录的温度记录装置。也可以使用符合本《条例》附录 H 第Ⅳ与第Ⅴ部分适用规定的电子记录（有无硬拷贝皆可）来代替上述保存 7d 记录的温度记录。此外，在连续运行不超过 44h 后，应对蒸发器清洁一次，且应当提供记录以证明其运行时间未超过 44h。

干燥设备、布袋除尘系统、包装设备和可重复使用的乳粉制品和乳清粉储存容器应按照制造商推荐的间隔时间和方法来进行清洁和消毒或清洗，并经监管机构认可。上述方法可包括采用真空净化器、刷子或刮刀进行的无水清洁（干清洁）方法。产品接触表面应在使用前立即进行有效的消毒处理，除非允许进行干清洁。布袋除尘系统和从干燥机开始的下游设备的所有干制品接触面须按照制造商推荐的间隔时间和方法来进行清洁和消毒或清洗，并经监管机构认可。用于运输乳粉或乳粉制品的储存箱在每次使用后须进行干性清洁并定期进行清洗和消毒。

注意：本《条例》附录 F 包括了有关干燥设备、包装设备和乳粉制品与乳清粉储存容器的的干性清洁法的其他资料。

运输"A"级乳和/或乳制品的所有乳罐车须在获得许可的乳加工厂、接收站、中转站或乳罐车清洁站进行清洗消毒。在首次使用前应对乳罐车进行清洁和消毒。如果清洁和消毒后至首次使用之前的间隔期超过了 96h，应当重新消毒。

注意：本《条例》附录 B 中包含了有关乳罐车清洁与消毒要求的其他资料。

每当按照监管机构的要求对乳罐车进行清洁和消毒，都需要对乳罐车加贴标签或作好记录，应体现出消毒日期、时间、地点、员工或操作人员的签名或首字母缩写。除非乳罐车仅送货至一个接收设备，其清洁消毒的责任无需标注或记录即可确定。上述标签在乳罐车下一次清洗和消毒时应当取掉，并按监管机构的指示保留存档至少 15d。

2. 为就地清洁作业而设计的管道和/或设备应满足以下要求：

a. 应当遵照为每个单独的清洁管道而制定的有效清洁与消毒制度。

b. 溶液回流管道中应安装符合本《条例》附录 H 第Ⅳ部分规定的温度记录装置，或能提供足够信息来充分评估其清洁与消毒制度及经监管机构认可的记录装置，以便记录该管道或设备输入清洁液和消毒液的温度与时间。另外，样本采集时间也可以使用军用时间（24h 制）来确定。也可以使用符合本《条例》附录 H 第Ⅳ与第Ⅴ部分适用规定的电子记录（有无硬拷贝皆可）来代替上述清洁记录。在本章中，在下列情形下，生成记录的不符合本《条例》附录 H 第Ⅳ部分规定的记录装置也可以接受：

(i) 该温度记录装置提供了对每一次的清洁周期的持续时间和温度、清洁液流量或清洁泵运行时间以及是否使用化学清洁剂或其强度等进行监测的连续记录。

(ii) 该记录显示了每条清洁管道的典型模式，从而可以检测到对该清洁制度所做的任何变更。

(iii) 也可以使用电子方式（有无硬拷贝皆可）来存储规定的清洁记录，其前提是以电子方式生成的记录可随时供监管机构审核。电子记录必须符合本章的标准和本《条例》附录 H 第Ⅴ部分的规定。此外，也可以采用电子方式来存储（有无硬拷贝皆可）所规定的清洁记录，其前提是计算机及计算机生成的温度记录可供监管机构随时检查，并符合本章及美国联邦法规》（CFR）第 21 篇第 11 部分的标准。

c. 本章所规定的清洁统计表和以电子方式存储的记录须经确认、注明日期并保存3个月，或直到下一次监管性检查时止，以两者中较长日期为准。

d. 在每次官方检查过程中，监管机构应当对清洁统计表和记录进行检查，以核实其清洁制度。

3. 对容器进行手工清洗的乳加工厂应专门配备有双格清洗池。此类乳加工厂还须配备蒸汽柜或带有外罩的、单独的蒸汽喷射板用来对已清洁过的容器进行消毒，或者，如采用化学药品消毒，则应再配备一个处理池。

4. 在采用自动洗瓶机的乳加工厂，应当采用蒸汽、热水或化学药品杀菌处理洗瓶机。浸洗式洗瓶机的杀菌处理（效果）取决于清洗液的碱性，制定浸洗时间和温度下的碱浓度须依照表2中的规定，该表列出了具有等效杀菌效果的各种碱性、时间和温度的配对组合，供浸洗式洗瓶机的浸洗池采用。

表2 具有相同杀菌作用的浸洗式洗瓶机浸洗池专用清洗液碱性、时间及温度组合表
[依照美国软饮料产业协会（NSDA）的饮料瓶规范]

温度	℃	77	71	66	60	54	49	43
	℉	170	160	150	140	130	120	110
时间/min					NaOH 浓度/%			
3		0.57	0.86	1.28	1.91	2.86	4.27	6.39
5		0.43	0.64	0.96	1.43	2.16	3.22	4.80
7		0.36	0.53	0.80	1.19	1.78	2.66	3.98

注意：可以采用美国软饮料产业协会（NSDA，Washington，D.C. 20036）碱性检测、其他适当的检测来确定浸洗溶液的碱性强度。碱性强度应当由监管机构每月进行一次测试。

在按上述规定使用碱性溶剂后，须最后用水对瓶子进行冲洗，所用的水应预先经过热处理或化学药品处理，以确保杀灭了所有活性病原体或其他有害微生物，从而防止在冲洗过程中对处理后的瓶子造成再次污染。

5. 所有可重复使用的容器、器皿和设备在使用前采用第11r条下规定的某一种方法或其任意组合方式进行消毒。此外，对于生产炼乳或乳粉及其乳制品的乳加工厂，也可以采用以下方法，或已被证明等效的任何其他方法：

a. 放置于密封的蒸汽喷射装置中不少于1min；

b. 放置于温度至少为83℃（180℉）的热水中保持至少20min，其温度由安装在最低温度区域的经认可的温度计来测量；

所安装的设备应当在每天运行之前进行消毒，除非食品药品管理局及监管机构已对按超过1d的频率对可重复使用的容器、器皿和设备进行消毒的支持资料进行了审核并予以认可。确定卫生处理有效性的检查工作应当由监管机构按一定的间隔时间来进行，以确保其卫生处理过程有效。

对于生产乳粉或乳粉制品的乳加工厂，对高压管道进行卫生处理可能需要更高的处理温度和更长的处理时间。实践表明，使用碱性清洗剂加热到72℃（160℉）并持续30min，然后再使用酸性清洗剂加热到同样温度并持续30min，即可收到满意的杀菌效果。研究表明，可以采用下列程序来对干燥机进行有效的消毒处理：

    a. 采用至少与干燥作业期间所使用的相同温度和流量的水来对喷嘴进行消毒；

    b. 调节气流向干燥室内施加至少 0.5in 水压的压力；

    c. 继续该操作并保持 20min，且干燥机排气口处的温度不低于 85℃（185℉）；干燥系统中未受到上述处理的部分、或者不适合采用上述程序的干燥机应当采用前述的任何一种方法或其有效性得到证明的其他方法来进行处理。

    6. a. 可重复使用的的容器和封口上的残留细菌数量应按本《条例》附录 J 的规定进行检测。用来盛装巴氏杀菌乳和/或乳制品的可重复使用的容器的产品接触面上的残留细菌的数量，在冲洗测试时，不得超过每毫升 1 个菌落（1/mL）；在擦洗测试时，不得超过每 50mL 50 个菌落（每平方厘米 1 个菌落）；测试时从指定日采集到的 4 个随机样本中抽取 3 个。在所有可重复使用的容器上不得检测到大肠杆菌微生物。

    b. 用来包装巴氏杀菌乳和/或乳制品的一次性容器和封口的产品接触面上的残留细菌的数量，每个容器不得超过 50 个菌落；乳粉包装如使用浸洗测试，每毫升不得超过 1 个菌落，如容器容量小于 100mL，则不得超过 10 个菌落，或者产品接触面上每 $50cm^2$ 不得超过 50 个菌落（每平方厘米 1 个菌落），如使用涂抹测试，应在制定日从采集到的 4 个样本中随机抽取 3 个。在所有一次性容器和/或封盖上不得检测到大肠杆菌微生物。

    c. 当一次性容器和/或封盖是在另一家工厂依照本《条例》附录 J 中的标准进行生产时，且监管机构已确定该工厂的生产符合要求，则监管机构可以认可该容器和/或封盖符合要求而无需再进行检测。如果有理由相信该容器和/或封盖不符合细菌学标准，则可以要求再进行检测。如果容器和/或封盖是由乳加工厂自行生产，则监管机构应当依照本《条例》附录 J 的规定，在任意的连续 6 个月当中的至少 4 个单独的月份内，从每个生产线上至少采集 4 组加封盖的容器样本（在 3 个月中，某一个月包括了相隔至少 20d 的两个采样日期的情况除外），并在由乳品实验室控制机构为本《条例》附录 J 中所规定的检验工作而专门批准的官方实验室、商业实验室或工业实验室中对样本进行化验。

    7. 采用可重复使用的塑料容器来盛装巴氏杀菌乳和/或乳制品的乳加工厂须遵照以下标准：

    a. 所有容器均须标明生产厂家、生产日期和所用的塑性材料的种类和等级。以上信息可以采用代码表示。此外，还须将该代码通报给监管机构。

    b. 灌装线上须安装一台检测设备，用于容器灌装前检测对公众健康产生影响的易挥发性有机污染物。为防止检测设备灵敏度被修改，设备应具有允许监管机构对其密封处理的构造。使用喷气系统并配有测试装置的上述检测设备不必进行密封。为确保该系统正常发挥功用，操作人员应当能够调节其灵敏度。但是，采用外部测试装置的检测设备必须加以密封。任何被该设备检测为不合格的容器应当被自动废弃不用，以防止再次灌装。此外，该设备应当与系统进行互连，以确保系统只有在该检测设备正常工作的情况下才会运行。

    此外，在设计上和操作上同样可确保避免污染并由食品药品管理局认可有效的其他系统也可能被监管机构接受。当使用其他系统来代替易挥发性有机污染物检测设备时，已制定下列标准用于确定该设备具有同等的可靠性：

（1）应使用浸渍式清洗器来对容器进行清洁和消毒，并须符合以下标准：

ⅰ）如果使用苛性碱，则其在指定清洗时间和温度下的碱性性强度须符合本项表2中指定的要求；或

ⅱ）如果使用除苛性碱以外的清洁类化合物，则该化合物须为轻度或中度碱、由磷酸钠和阴离子合成洗涤剂所混合而成的颗粒状结构，并符合以下要求：

A）所使用的溶液其浓度应至少为3％，pH至少为11.9，其碱性至少相当于2.5％的氧化钠；

B）浸渍剂清洗池中至少应当维持2min的浸渍时间；

C）浸渍剂清洗池的温度应至少为69℃（155℉）；以及

D）在清洗池中浸泡后，应使用消毒液来进行最后的冲洗。

ⅲ）浸渍式清洗系统在设计上和操作上须确保：除非符合该浸渍剂溶液指定的浸渍时间、温度和浓度，否则容器无法从清洗器中输出。所用溶液的时间、温度和浓度的控制机制应当为密封型。

（2）应当采用一套严密的检查程序来剔除任何有裂痕、破损、凹痕、变色、起斑或沾有不可清除的污物的容器。该检查程序应当在充足的灯光下进行，且比通常为玻璃瓶所做的粗略检查更为严密和彻底。

c. 应当制定一套标准供监管机构测试检测设备的灵敏度水平。

d. 容器须符合本《条例》第11p条下的适用构造要求。容器的封盖应当为一次性的。不得使用螺钉型封盖。

e. 容器不得将含量超过《美国食品、药品和化妆品法》及依其颁布的其他条例规定的农药残留物或其他化学污染物传递到产品中。

f. 所有容器上都应贴附"仅供食品使用"的字样。

8. 下列要求适用于国家州际乳品贸易协会（NCIMS）登记的、选择使用一次性玻璃瓶来包装"A"级乳和/或乳制品的乳加工厂：

a. 一次性玻璃容器应采用无毒材料制造，且在包装和运输方式上须确保其不受污染，即采用收缩膜或经监管机构认可的其他方式来包装。所有容器都应当具有其制造厂家的标识（代码亦可）。容器的封口应采用一次性材料，其设计上应对容器的灌注口起到保护作用，并由州际乳品货运商（IMS）登记的制造商制造。

b. 这些容器在灌装前应进行检查，以确定其总体状况、有无损坏、异物、玻璃破损或其他污染物等。

c. 一次性玻璃容器应当在即将灌装之前进行消毒。在灌装之前应当将容器上的消毒液清除干净。倒流、无菌排气或其他经监管机构认可的有效方法可以达到这一目的。

d. 监管机构规定，加工厂收到的处于未清洁和/或未保护状态的一次性玻璃容器应当在即将灌装之前对其进行清洁和消毒。清洁/消毒操作须在与包装箱清洗操作和对乳和乳制品进行巴氏杀菌、加工、冷却和包装的工作室相隔离的房间内进行。用于对一次性玻璃瓶进行清洁的设备和程序须符合本条下的所有要求，包括由监管机构推荐的卫生处理效率测试。

e. 一次性玻璃容器应标识并指明"仅供一次使用"。

第 13p 条　清洁后的容器和设备的存放

在清洁之后，应当将所有可重复使用的乳或乳制品容器、器皿和设备存放起来，以确保将其中的水排干，并防止其在使用前受到污染。

公共健康原因

如果容器和设备未予以保护以致受到污染，则消毒处理的价值就会因此而部分甚至完全失效。

行政程序

本条的规定在下列情形下应视为满足要求：

所有可重复使用的容器、器皿和设备在清洁之后，均被搬运和/或存放在采用不透水的食品级材料的搁架上，或离地面一定高度的清洁箱内。容器应当倒立着（如可行）存放在采用相对无吸附性、不透水、防腐蚀和无毒的食品级材料的搁架上或箱子内，或采用其他方式使其免受污染。

第 14p 条　一次性容器、器皿和材料的存放

一次性盖子、纸板盖、仿羊皮纸、容器、垫片、衬里、袋子及其他与乳和乳制品相接触的一次性物品都须采购并存放在卫生容器、包装物或纸板箱内；在使用前应一直存放于清洁、干燥处；并须采用卫生的方式进行搬运。

公共健康原因

弄脏或被污染的盖子、仿羊皮纸、垫片和一次性容器会使本《条例》中所有前述的卫生防护措施全部失效。将盖子包在卫生的管筒、包装箱或纸箱内，直到将其放到装瓶机中之前一直保持密封状态，这是确保盖子清洁的最佳方法。

行政程序

本条的规定在下列情形下应视为满足要求：

1. 一次性盖子、纸板盖、仿羊皮纸、容器、垫片、衬里、袋子及其他与乳和/或乳制品相接触的一次性物品都采购并存放在卫生管筒、包装物或纸板箱内；在使用前应一直存放于清洁、干燥处；并须采用卫生的方式进行搬运。

2. 用于包装塑料袋或未灌装容器的纸板货运箱只使用一次，除非采用其他方法来保护货运箱免受污染。

3. 管筒或纸板箱未再次盛装掉出的盖子、垫片或仿羊皮纸。

4. 打开后取出部分物品的纸板箱或箱子保持密封。

5. 配备有合适的橱柜来存放从大型外包装箱中取出后的管筒，以及存放开封后的纸板箱，除非采用其他符合要求的方法来对盖子、封盖或容器加以保护。

第15p条　防止污染

乳加工厂的各种作业、设备和设施，其位置和运作方式应避免对乳或乳制品、配料、容器、器皿和设备造成任何污染。所有洒出、溢出或泄漏的乳或乳制品或其配料都应当废弃不用。在乳加工厂内加工或搬运除"A"级乳或乳制品以外的其他产品时，须避免对"A"级乳或乳制品造成污染。在储存、搬运和使用有毒材料时须避免对乳和乳制品或其配料，或是所有容器、器皿和设备的产品接触面造成污染。牛奶厂处理非乳制食品过敏原的操作，应当有书面的食物过敏原控制方案来避免与乳和/或乳制品过敏源交叉接触，包括储存和使用过程中，并确保产品标签过敏原声明正确。

公共健康原因

由于乳及乳制品的天然特性和易受细菌、化学物和其他杂质污染的脆弱性，与某些设备中过敏原交叉接触的可能性，必须尽一切可能自始至终为乳品提供充分的保护措施。公共卫生官员早就认识到，生牛奶中含有公共健康关注的微生物，如果不采取措施减少微生物污染的风险，乳工厂的环境中将发现这些微生物，理解这一点很重要。被环境污染的乳会导致乳源性疾病。滥用杀虫剂和其他有害化学药品可能会因此而对乳和/或乳制品或与之相接触的设备产生污染；这种污染可能会造成不良的健康后果。食物过敏原可引起轻微到严重的不良反应，有时可能导致危及生命的反应。因此，重要的是不仅要在乳和乳制品标签上声明所有食物过敏原，而且要防止乳和乳制品的交叉接触，防止其含有未声明的食物过敏原。

行政程序

本条的规定在下列情形下应视为满足要求：

15p.（A）

1. 乳加工厂内的设备和操作在定位和布置上能够避免清洁和消毒后的容器、器皿和设备的摆放不致过分拥挤，且不会因液体溅洒、冷凝或人工接触而受到污染。

2. 已运离生产现场或乳品加工厂的已包装乳和/或乳制品不会重新进行巴氏杀菌而用作"A"级乳。监管机构可以应个别厂家的具体要求，批准对已包装的乳和/或乳制品进行再加工，但前提是应符合本条的所有其他规定，包括正确的储藏温度和容器的完好性。此外，还允许对采用乳罐车运输的、已在其他"A"级巴氏乳加工厂进行过巴氏杀菌、并以卫生方式搬运和保存在7℃（45℉）或以下的乳和/或乳制品重新进行巴氏杀菌。对返回的已包装乳和/或乳制品进行搬运、加工和储藏的专用设备和工作区或工作室在维护、使用、清洁和消毒过程中应确保不对"A"级乳品和设备以及"A"级操作过程造成污染。

注意： 如上述第2条所述，在个人要求下对包装乳和乳制品进行再加工的选择权不适用于根据国际认证组织（ICP）授权的第三方认证机构（TPC）。

3. 容器、器皿和设备的所有乳品接触面均加以遮盖或采取了其他防护措施，以防止虫类、灰尘进入、或发生冷凝及其他污染。所有开口，包括与储乳罐和乳罐车相连的阀门和管道，以及各种泵或清洗池等，都应当用盖子盖住或采用适当方式加以保护。在乳加工厂、接收站或中转站卸货时，应当满足下列要求之一：

　　a. 如该场地为完全封闭式，在卸货过程中墙壁、天花板及门窗全部关闭，且防尘顶蓬或屋顶及人孔盖板略微打开并用金属夹固定，则不需要使用过滤器。但是，如果防尘顶蓬和/或人孔盖板打开度超过了金属夹的允许范围，或是盖板被拿掉，则需要为人孔安装合适的过滤器。

　　b. 如果该场地未完全封闭，或卸货区的门窗在卸货过程中是打开的，则需要为人孔或空气入口安装合适的过滤器，并且必须为过滤材料提供适当的保护措施，如设计过滤器固定装置或在该场地上方设一顶蓬或天花板。在天气和环境条件允许的情况下，乳罐车的人孔开口及盖板可以在室外短时间内敞开，以便采集兽药残留物的检验样本。乳罐车进出管道的直接连接必须采用阀门到阀门式的连接，或通过人孔盖板。此外，所有接头采用的是套管对套管式的连接，并为通风孔提供了充分的保护措施。

　　进料口和排料口在除清洗和消毒以及倾倒乳品以外的其他时候应当完全盖紧。在使用滤网的情况下，开口处的盖板在设计上应当确保盖紧开口时能够保证滤网在正确的位置上。

　　4. 添加到乳和乳制品中的配料在搬运时避免了污染。

　　5. 在使用正压空气对生乳进行搅拌或带动时，或沿乳品接触面流动时，空气中不应含有油污、灰尘、锈蚀、过多的湿气、异物和异味，并须符合本《条例》附录 H 中的适用标准。干燥设备的空气入口在其定位上须最大限度降低来自大气污染物的量，并须配备合适的一次性过滤网、可重复使用的过滤网或连续性空气过滤系统。（参见本《条例》附录 H。）严禁使用含有有毒物质的水蒸气。与乳或乳制品相接触的水蒸气须为食用级质量，并符合本《条例》附录 H 的适用标准。

　　6. 干燥机的排气口在干燥机未运行时保持关闭。

　　7. 禁止采用非"A"级巴氏杀菌乳和乳制品的标准来进行"A"级巴氏杀菌乳和乳制品的加工。本《条例》允许乳加工厂使用标准化程序来调整乳品中乳脂含量，添加或去除奶油或脱脂乳。

　　8. 用于封装已包装的乳和乳制品容器的所有可重复使用的箱盒在使用前进行了清洁。

　　9. 在对乳和乳制品进行预加工或包装过程中所使用的所有配料和非产品接触类材料储存在干净的场所并在搬运时避免污染。

　　10. 巴氏杀菌乳和乳制品只通过穿孔金属过滤网进行过滤。此外，在薄膜加工系统中进行浓缩的巴氏杀菌乳和乳制品可以进行过滤加工，前提是需使用薄膜加工系统中自带的一次性过滤网，且在装好后必须对其进行消毒。

　　11. 乳加工厂内只存在乳加工厂维护工作所必需的有毒材料，包括但不限于：杀虫剂、灭鼠剂、清洁剂、消毒剂、腐蚀剂、酸以及相关清洁型化合物和医学试剂等。

　　12. 必须的有毒材料未存放于进行乳或乳制品的接收、加工、巴氏杀菌、浓缩、干燥或储藏的房间内；或是清洗容器、器皿或设备的房间内；或是储存一次性容器、封盖、包装袋或盖子的房间内。

13. 必需的有毒材料存放于乳加工厂的单独区域内，且容器上的明显位置贴有醒目标签。此外，在需要对容器、器皿和设备进行清洗和消毒时，上述存放方式未对去污剂或消毒剂的方便使用造成任何妨碍。

14. 只有经监管机构批准使用的和/或由环境保护局登记过的杀虫剂和灭鼠剂才能用于昆虫和鼠类的控制。上述杀虫剂和灭鼠剂只能依照制造商的标签说明来使用，并应当避免对乳和乳制品、容器、器皿和设备造成污染。

15. 在将非"A"级和"A"级乳或乳制品分开进行加工的情况下，在加工完非"A"级品之后且在加工"A"级品之前，应当用水进行充分地分开清洗；即使两种都作为"A"级品进行加工，生鲜乳和巴氏杀菌乳或乳制品也应当进行物理隔离存放。

16. "A"级生鲜乳或乳制品与非"A"级生鲜制品、乳品或非乳品应当通过一个阀门来进行隔离。

17. "A"级巴氏杀菌乳或乳制品与非"A"级巴氏杀菌制品、乳品或非乳品应当通过一个阀门来进行隔离。

18. 此外，在实际生活当中对生鲜乳或乳制品生产线管道及容器进行冲洗的过程中，水管与非巴氏杀菌乳或乳制品生产管道或用于输送非巴氏杀菌乳或乳制品的管道之间须提供充分的隔离措施，以防止无意中添加水。

19. 水管与生鲜乳和乳制品管道和容器可以通过一只自动防故障阀来隔离，该阀在断气或断电的情况下可以切换到关闭位置或阻断通向乳和乳制品管道或容器的水管。能够实施等效于 15p.（B）2 中所述巴氏杀菌过程的输水管道输水，并且巴氏杀菌乳和乳制品管道或容器也可以通过一个自动防故障阀门来进行隔离。此外，还须在自动防故障阀与乳制品管道和/或容器之间安装一台洁净的止回阀或者等效的洁净阀装置。在洁净的止回阀下游位置应当使用洁净管道。应当制定洁净管道的清洁规定。

注意：请参见第 7p 条"行政程序"以了解有关供水系统保护措施的其他要求。

20. 当同一家乳加工厂采用复式接收设备接收 2 种等级的乳或乳制品时，不允许使用摇摆式倒料架。当同一家乳加工厂采用乳罐车接收 2 种等级的乳或乳制品时，可以使用下列选配设备：

a. 应配备单独的接收设备和卸料泵；或

b. 接收设备和卸料泵在输送"A"级乳或乳制品之前，应当依照上述"行政程序"第 15 项的规定用水进行冲洗。或

c. 非"A"级乳或乳制品应当最后接收，且设备在接收"A"级乳或乳制品之前应进行清洗和消毒。

15p.（B）

1. 在加工过程中，用于盛装或导入乳和乳制品的管道和设备与装有清洁液和/或消毒液的罐体或导管等应当进行有效隔离。这一要求可以通过以下方式来实现：

a. 从物理上将装有清洁液和/或消毒液的罐体或导管之间的所有连接点从用来盛装或输送乳和/或乳制品的管道和设备上断开；或

b. 使用至少 2 个自动控制阀门（2 个阀门之间有一通向外界的排水口）来将上述管道之间的所有连接点隔离；或者，在下列情况下，采用单体双座式防混合阀门（2 个

座体之间有一通向外界的排水口）：

（1）通向外界的排水口等于与该防混合阀门相连接的最大管道，或者下列例外情况之一：

ⅰ）如果排放孔开口处的横截面积小于该双座式阀门的最大管径，则该双座式阀门的2个座体之间的空间内的最大压力应等于或小于2个自动控制的压缩式阀门（一个三通排水阀和一个将产品输送管道与清洁液和消毒液管道隔开的两通阀门）的2个塞座之间的空间内的最大压力；或

ⅱ）在低压重力式排水应用环境中，即，从乳酪产品容器中引出的乳酪凝乳输送管道尺寸应等于或大于清洁液和（或）消毒液管道的尺寸，排水孔可以与洗液管道的尺寸相同，而阀门或阀座则不要求具有位置检测功能。为了接受这一变动，阀门必须在断气或断电的情况下自动切换到关闭位置，且任何泵均不得将乳或乳制品、清洁液或消毒液排入该阀门装置内。

（2）在采用单体双座式阀门时，阀门和阀座均可进行位置检测，并能够在未正确切换到关闭位置时发出电子信号（参见本《条例》附录H第Ⅰ部分"状态检测装置"）。

（3）在采用单体双座式阀门时，阀门和阀座将作为自动防故障系统的一部分而防止清洁液和（或）消毒液对乳和（或）乳产品造成污染。自动防故障系统对每个特定的设置而言都必须是唯一的，但是通常需要有一大前提：即在就地清洁（CIP）系统被激活而对包含该阀门装置的管道进行清洁之前，两个阻塞阀座均已正确切换到关闭位置，但以下（6）条规定的情况除外。

（4）该系统不得具有任何手动撤销装置。

（5）自动防故障系统控制装置按照监管机构的指示提供安全保护，以防止对其随意更改。

（6）排放口要在将乳和/或乳制品排出或隔离后进行清洁，如能正确设计并操作单体双座式阀，则可以在其中一个阀体中有乳和/或乳制品的情况下进行清洁。正确设计并操作的单体双座式阀门应包含以下特性：

ⅰ）清洗液不得在阀座升高过程中对对面的阀座垫片产生任何影响，即使是在垫片受损或缺失的情况下；

ⅱ）即使是在垫片受损或缺失的情况下，阀门排放口腔体的关键阀座区内的压力也须在任何时间等于或低于大气压；

ⅲ）在阀座升高过程中，与升高的阀座相对的阀座的位置须通过与清洁泵或就地清洁液压力源进行联锁的位置检测装置来进行监控，以便在确定对面的阀座未完全关闭的情况下，清洁泵或就地清洁液压力源会立即断开；以及

ⅳ）单体双座式阀门的清洁配件的选择须具有自动防故障控制系统，且该控制系统须符合本《条例》附录H"巴氏杀菌设备与程序"第Ⅵ部分"用于"A"级公共健康控制的计算机系统评价标准"的适用规定。

（7）在防护级别未被降低的前提下，也可对上述规定加以变通。

c. 如果在加工高热短时（HHST）巴氏杀菌乳和乳制品时，在高于乳或乳制品或清洁液和/或消毒液的大气沸点温度下进行乳制品加工、设备清洁和/或化学消毒，则用来盛装或输送乳和乳制品的管道和设备与盛装清洗液和/或化学消毒液的罐体或导管

之间所要求的隔离，可以通过使用安装在乳和乳制品与清洗液和/或化学消毒液之间的报警蒸汽阻塞块来实现，并同时须满足以下条件：

（1）该蒸汽阻塞块配备有可视化的加热蒸汽管道从其底部伸出；

（2）该加热蒸汽管道配备有温度传感器，能够对表明加热蒸汽管道排出的蒸汽未接触到蒸汽阻塞块内液体的温度和表明蒸汽阻塞块内存在液体的温度加以区分；

（3）该加热蒸汽管道须在物理上与其他蒸汽管道相隔离，以便该温度传感器只测量该加热蒸汽管道的蒸汽温度；

（4）该温度传感器与自动控制装置相集成，以便当蒸汽阻塞块的一侧存在乳或乳制品，而在其另一侧存在清洁液和/或消毒液时，且加热蒸汽管道内的温度传感器检测到的温度表明在该加热蒸汽管道内存在液体而非蒸汽时，清洁泵就会断电，以便在必要的时候防止洗液对蒸汽阻塞块造成压力，清洁液和/或消毒液会自动从蒸汽阻塞块中排出。此外，在清洁液和/或消毒液通过调速泵来进行循环的系统中，调速泵可以在报警情况下继续运行，同时使用分流装置（FDD）来将从蒸汽阻塞块中流出的清洁液和/或消毒液进行分流。

（5）在如本章所述使用蒸汽阻塞块来将用于盛装或输送乳和乳制品的管道和设备，与盛装清洗液和/或化学消毒液的罐体或导管进行隔离时，不得出现任何时间延迟或其他会对流出蒸汽阻塞块的液体即时自动响应产生延迟的机制；以及

（6）尽管该自动控制系统不需要符合本《条例》附录H第Ⅵ部分的要求，但还是应当提供相应的手段来测试和检验该传感器的精度和该控制系统的运行情况。

为了方便进行检测，应当为实现该目的所使用的每个蒸汽阻塞块而确定激活本章所述的自动控制系统的温度设定点。应当提供相应的手段来检验：在使用本章所述的蒸汽阻塞块的情况下，将温度降低到该设定点以下时可以激活控制系统，从而将用于盛装或输送乳和乳制品的管道和设备，与盛装清洗液和/或化学消毒液的罐体或导管进行隔离。

注意：本章所述的阀门装置不得用于将生鲜产品、乳品、非乳品或水与巴氏杀菌乳或乳制品相隔离。此外，本章所作的任何规定并不意味着不允许使用任何其他方法来将系统中的乳和乳制品与清洗液/消毒液相隔离，但前提是该方法必须经食品药品管理局认可为具有同等作用并得到监管机构批准。

2. 除本16p条规定的情况外，在非巴氏杀菌的产品、乳品、非乳品或水与巴氏杀菌乳或乳制品之间不得有任何物理连接设备。经过巴氏杀菌的、未完全与巴氏杀菌乳和乳制品进行隔离的非乳制品应当在专门设计和操作的设备内进行巴氏杀菌，其处理时间和温度至少应满足巴氏杀菌定义中所规定的最短时间和最低温度标准。

在使用水的情况下，须：

a. 在不符合第16p条要求的设备中，满足巴氏杀菌定义中规定的最短时间和最低温度标准；或

b. 满足本《条例》附录H第Ⅸ部分规定的要求；或

c. 经历了得到食品药品管理局和监管机构认可的等效处理过程；或

d. 已对具体的供水系统和相关的应用环境进行了危害评估和安全评估，并进行了其他经监管机构和食品药品管理局认可的杀灭或消除细菌的处理，以确保所供应的水

不会降低乳或乳制品的安全性。应当将支持资料提交给监管机构审批。上述支持资料可包括但不限于以下内容：

（1）提议声明；

（2）既定用途；

（3）对工艺中要使用的设备进行的评定；

（4）工艺流程图的益处；

（5）证明水源符合或优于环境保护局颁布的《安全饮用水细菌学标准》的证明文件；工厂用水源、巴氏杀菌用水及推荐的等效用水中采集样本的安全评估比较结果。应当在批准初步安装后的2周时间里连续采取水样，在此之后，每6个月采集一次；以及

（6）对标准和程序进行持续监测的协议。但是，对该系统进行任何维修或更改之后的1周内每天都要进行采样。

如果供水管理机构颁布《沸水条令》（Boil Water Order）或其他使供水系统成为公共健康关注焦点的紧急情况，则应当对已制定并得到认可的同等协议加以评估，以确定其是否能继续生产与巴氏杀菌用水具有同等标准的用水。此外，应当对用水可能不符合巴氏杀菌用水要求期间可能受到影响的乳和乳制品进行安全性评估。

本章不要求采用独立式生鲜乳及巴氏杀菌乳就地清洁系统。

3. 与恒液位罐体相连接的巴氏杀菌再循环管道、分流管道，以及泄漏检测管道应当在设计上能确保在上述管道末端与生鲜乳或乳制品外溢液位之间存在空气间隙。该空气间隙必须等于上述管道的最大直径的至少2倍。在本章中，外溢液位是指恒液位罐或低于恒液位罐溢出缘以下的、其尺寸等于上述管道最大直径的至少2倍的任何非限制性开口的溢出缘。

4. 所有溢出、泄漏、泼洒或搬运不当的乳和/或乳制品均被弃之不用。从加工设备中最后排出的乳和/或乳制品、从脱泡系统中收集的乳和/或乳制品，以及从设备、容器或管道中冲洗出来的固态乳或乳制品，如果是采用卫生方式搬运并保存在7℃（45℉）或以下的温度，则应当重新进行巴氏杀菌。如果上述乳和/或乳制品的搬运和/或冷却过程不符合上述要求，则应当被废弃。已损坏、破损或因其他方式被污染的容器内的乳和乳制品、或是不合规定的容器内的乳和/或乳制品不得作为"A"级乳品而重新进行巴氏杀菌。

5. 提供有效方式以防止因液体从高处管道、平台或夹层中滴落、溢出、溅出而对乳和/或乳制品、容器、器皿和设备造成污染。

6. 对除"A"级乳和乳制品以外的食品和/或饮料进行加工时应避免对上述乳和乳制品造成污染。

7. 乳加工厂不得处理可能产生公共健康危害的产品。对处理除本《条例》第一章中规定的产品以外的其他产品或在非专用设备或工作室内进行作业的许可应当为临时性许可，并在发现不合要求时可予以取缔。

8. 有任何情况下都不得使用非巴氏杀菌乳或乳制品的标准来对巴氏杀菌乳或乳制品进行处理，除非按该标准进行处理后的乳或乳制品随后进行巴氏杀菌。

9. 复原乳或再制乳和乳制品应当在对所有配料进行重构或重组之后再进行巴氏杀菌。

10. 采用生鲜乳或乳制品—水—巴氏杀菌的乳或乳制品加工模式的板式或双/三管式热交换器可以用于除规定的巴氏杀菌工艺以外的其他工艺，且应按以下要求进行制造、安装和操作：

a. 上述板式或双/三管式热交换器在构造、安装和操作方式上应当确保其中的巴氏杀菌乳或乳制品在任何时候都能自动受到比该板式或双/三管式热交换器中的导热水更大的压力。

b. 板式或双/三管式热交换器最后的导流装置出口与其入口之间的巴氏杀菌乳或乳制品应当升高到超过从供水罐流出的导热水的最高水位30.5cm（12in）的垂直高度，然后在该高度或更高位置上被送出。

c. 处于板式或双/三管式热交换器的出口与下游位置最近的外部出口之间的巴氏杀菌乳或乳制品应当升高到超过从供水罐流出的导热水的最高水位30.5cm（12in）的垂直高度，然后在该高度或更高位置上上接触到外界空气。

d. 供水罐顶缘的溢出口应始终低于板式或双/三管式热交换器中导热水的最低水位。

e. 能够影响板式或双/三管式热交换器内部的正常压力关系的水泵或输送设备不得装在板式或双/三管式热交换器的巴氏杀菌乳或乳制品出料口与下游位置最近的外部出口之间。

f. 任何泵都不得安装在板式或双/三管式热交换器的导热水进水口与供水罐之间，除非该泵在设计和安装方式上可确保仅当巴氏杀菌乳或乳制品流过板式或双/三管式热交换器的巴氏杀菌乳或乳制品一侧时，并且巴氏杀菌乳或乳制品的压力高于该泵所产生的最大压力时才会运行。要实现这一要求，可将导热水输送泵进行相应的线路连接，以确保该泵只在下列条件下才会运行：

(1) 巴氏杀菌乳或乳制品正流过板式或双/三管式热交换器的巴氏杀菌乳或乳制品一侧；以及

(2) 巴氏杀菌乳或乳制品的压力高出导热水输送泵所产生的最大压力至少6.9kPa（1 psi）。板式或双/三管式热交换器的导热水进水口与其巴氏杀菌乳或乳制品出料口位置应当安装一只带有传感器的压差控制器。该压差控制器的压差设定点应当由监管机构在安装时进行测试；在此后至少每3个月测试一次；在监管部门的封条被取掉后测试一次；并且在进行任何维修或更换后测试一次。应当采用本《条例》附录Ⅰ中测试9.2.1中所述的检测程序来确定其精确度，以确保该压差控制器的探头已被精确校准。同时，还应当采用本《条例》附录Ⅰ中测试9.2.2中所述的适用程序来确定该压差控制器已被精确校准，并在达到规定的压差设定点时能够断开导热水输送泵的电源。

g. 当导热水输送泵被关闭且板式或双/三管式热交换器上的导热水连接管被断开时，板式或双/三管式热交换器中的所有导热水会自动并自由地排回到供水罐中或排到地面。

15p. （C）

1. 食品过敏原控制：

一个牛奶厂处理非乳制食品过敏原的操作包括程序、实践和过程控制食品过敏原书面的食品过敏原控制方案。食品过敏原的控制应包括所采用的程序、方法和过程：

a. 确保食物免受过敏原交叉接触，包括储存和使用期间。

b. 食品成品的标注，包括确保成品食物不虚假标示《联邦食品、药品和化妆品法》（FFD&CA）第403（W）章的未申报的食品过敏原。

c. 食物过敏原的原料和成分，以及含有食物过敏原的返工品，应以防止交叉接触的方式识别和保存。

2. 环境监测：

牛奶工厂应有一个书面的环境监测计划，当乳和/或乳制品暴露在外界环境中，而随后没有接受能显著减少病原体的处理时，该计划的实施应当有记录。环境监测计划应至少：

a. 得到科学信息的支持；

b. 包括书面程序和记录；

c. 在常规环境监测中确定环境监测地点和取样地点的数量；

d. 确定收集和测试样品的时间和频率；

e. 鉴别环境病原体或适当的指示微生物进行检测；

f. 确定所进行的测试，包括所使用的分析方法和测试结果；

g. 确定进行测试的实验室；以及

h. 包括环境监测试验结果的纠正行动程序。

3. 供应商控制计划：

牛奶工厂对原料和配料应该有一个通过记录进行实施和支持的供应商控制程序，以控制食品安全危害。供应商控制程序至少应：

a. 在牛奶厂的"A"级乳和/或乳制品中使用的所有乳和/或乳制品成分都是从州际乳品货运商（IMS）列出的来源获得，或者当供应商不在州际乳品货运商（IMS）列表中，则其至少应有一个适当的风险分析程序能显著降低乳和/或乳制品中所有来自非州际乳品货运商（non－IMS）列表的成分危害的文件。

b. 在牛奶厂的"A"级乳和/或乳制品中使用的非乳和/或乳制品原料的供应商应有一个功能性的包含过敏原管理的书面食品安全计划的文件。

第16p条　巴氏杀菌，无菌加工和包装与包装后灭菌处理

巴氏杀菌工艺应当依照本《条例》第一章的巴氏杀菌工艺和本《条例》第16p条的规定来进行。无菌加工和包装工艺和包装后蒸煮须依照《美国联邦法规》第21篇108、110及113部分的适用要求来进行（参见本《条例》附录L）。

在除了行政程序第3项中规定的特定免责情形以外的所有情况下，生鲜乳或乳制品的巴氏杀菌过程应当在生鲜乳或乳制品进入反渗透器（RO）、超过滤器（UF）、蒸发器或冷凝设备之前，由进行上述处理过程的乳加工厂来进行。运送到乳加工厂进行干燥处理的所有炼乳及炼乳制品应当在对其进行干燥处理的乳加工厂内重新进行巴氏杀菌处理。如果含有至少40%总固形物的浓缩乳清已通过冷却方式被部分结晶，则可以运送到另外的乳加工厂进行干燥而无需再次进行巴氏杀菌，同时应符合以下条件：

1. 浓缩和部分结晶过的乳清被冷却和保存在 7℃（45℉）或更低温度下。

2. 应当使用专门用于运送巴氏杀菌乳品的乳罐车来运送浓缩和部分结晶过的乳清，并在灌装之前应进行清洗和消毒，并在灌装之后加以密封直至卸货。

3. 应当配备单独的卸料泵和卸料管道，并专门用来排出浓缩和部分结晶过的乳清。上述卸料泵和卸料管道应当作为单独的清洁管道进行清洗和消毒。

公共健康原因

所有健康机构官员对巴氏杀菌法的公共健康价值表示了一致认可。长期的实践经验最终表明了巴氏杀菌法在预防可通过乳品传播的疾病方面的价值。巴氏杀菌法是惟一可行的商业措施，在正确应用于所有乳品的情况下，可杀灭所有可通过乳制品传播的病原体。

即使是在必要时，对泌乳牲畜和乳品搬运工进行的检查工作也只能每隔一段时间来进行，因此，在发现疾病状况之前，病菌可能早已进入乳品当中。病菌还可以通过其他传播源而无意中进入乳品，比如苍蝇、受污染的水、器皿等。有证据表明，本《条例》中规定的时间—温度标准，如被应用于每一份乳或乳制品，则能杀灭所有可通过乳制品传播的病原体。由美国公共卫生署和食品药品管理局多年来汇集的通过乳制品传播的疾病爆发事件表明，通过生鲜乳感染疾病的风险约为通过巴氏杀菌染病的风险的 50 倍。

因此，需要小心谨慎。虽然巴氏杀菌法可以杀灭有机生物，但如果乳和/或乳制品通过奶畜乳房而传染了某些葡萄球菌，而该乳和/或乳制品在进行巴氏杀菌之前未正确冷冻，则巴氏杀菌法无法分解其中可能形成的毒素。而这些毒素有可能导致严重的疾病。无菌加工和包装工艺也同样被证明为在预防乳制品传播疾病的流行方面具有效果。无数研究和观察表明，乳品的食用价值不会因巴氏杀菌法而受到较大影响。

行政程序

本条的巴氏杀菌部分在下列情形下应视为满足要求：

1. 每份乳或乳制品都在正确设计和操作并符合本条及本《条例》附录 H 各项要求的设备内加热至表 3a 中所规定的温度，并在该温度或更高温度下至少保持了规定了时间。

表 3a　巴氏杀菌温度与时间（一）

间歇式巴氏杀菌	
温度	时间
63℃（145℉）*	30min
恒流（HTSH 和 HHST）巴氏杀菌	
温度	时间
72℃（161℉）	15s
89℃（191℉）	1.0s
90℃（194℉）	0.5s

恒流（HTSH和HHST）巴氏杀菌	
温度	时间
94℃（201℉）	0.1s
96℃（204℉）	0.05s
100℃（212℉）	0.01s

* 如果乳制品的脂含量10%或者更多，或其固形物总含量达到18%或更多，或者乳制品含有添加的甜味剂，那么指定温度就须升高3℃（5℉）。

如果是蛋奶酒，则要被至少加热到下列温度并保持指定的时间（表3b）。

表3b 巴氏杀菌温度与时间（二）

间歇式巴氏杀菌	
温度	时间
69℃（155℉）	30min
恒流（HTSH和HHST）巴氏杀菌	
温度	时间
80℃（175℉）	25s
83℃（180℉）	15s

如果有任何与乳和乳制品巴氏杀菌等效的其他工艺，且这些工艺已经被食品药品管理局（FDA）认可［见《联邦食品、药品和化妆品法案》（FFD&CA）第403（h）（3）部分］。

2. 所有乳和乳制品，即乳固形物、乳清、脱脂乳粉、炼乳、奶油、脱脂乳、蛋类、蛋类制品、可可粉、可可粉制品、乳化剂、稳定剂、维生素及液体甜味剂等，应当在巴氏杀菌过程之前添加。此外，调味性配料和公认为安全和适宜的配料可以在巴氏杀菌过程之后添加，包括：

a. 经《美国联邦法规》认定标准允许可在标准化的乳或乳制品的浓缩过程中添加的配料；

b. 添加到酸乳及酸乳产品中的新鲜水果和蔬菜，且其最终产品能够达到生成物均衡pH［在24℃（75℉）温度下测量的pH为4.6或以下］而不会出现不应有的延迟，且该pH在产品保质期内能够保持；

c. 已被食品药品管理局（FDA）证明为可有效杀灭或清除病原微生物且需事先进行加热或其他技术处理的配料；

d. 其 A_w 值为0.85或以下的配料；

e. 具有高酸性［在24℃（75℉）温度下测量的pH为4.6或以下］或高碱性［在24℃（75℉）温度下测量的pH大于11］；

f. 焙烤过的干果类；

g. 干性的糖类和食盐；

h. 具有高酒精含量的调味性萃取物；

i. 安全而适宜的细菌培养基和酵素；以及

j. 由食品药品管理局认定为安全且适宜的配料。

上述所有添加剂应采用卫生的方式进行生产，防止对添加的配料或乳或乳制品造成污染。

3. 所有乳和乳制品在进入反渗透器、超过滤器、蒸发器或冷凝设备之前，应由进行上述处理过程的乳加工厂来进行巴氏杀菌处理，除了：

a. 如果该产品为乳清，则不需进行巴氏杀菌处理，但前提是：

（1）该产品为酸性乳清（pH 低于 4.7）；或

（2）在反渗透器（RO）或超过滤设备（UF）中以 7℃（45℉）或以下的温度进行处理。

b. 如果产品为用于巴氏杀菌的生鲜乳，则该产品可以使用反渗透器（RO）或超过滤设备（UF）来进行浓缩而无需事先进行巴氏杀菌，但须满足下列取样、检测、设计、安装和操作标准：

（1）在加工之前，所有生鲜乳供应品应依照本《条例》附录 N 的各项规定进行抗生素残留物的取样和检测；

（2）反渗透（RO）或超过滤（UF）系统在设计上和操作上应确保乳或乳制品在整个过程中都保持在 18.3℃（65℉）或以下。此外，产品的温度可以升高到 18.3℃（65℉）以上并保持时间不超过 15min，且其前提是，如果产品温度升高到 21.1℃（70℉）以上，则产品应当立即转移到系统的平衡罐中直到产品重新回到 18.3℃（65℉）以下或完全从该系统中转移出来。从该系统中被转移出来的产品应当被废弃，立即冷却到 7℃（45℉）以下，或立即进行巴氏杀菌处理；

（3）反渗透（RO）或超过滤（UF）系统必须配备符合本《条例》附录 H 中各项适用规定的温度监测和记录装置。至少，乳或乳制品的温度应当在进入该系统之前、进入包含冷却过程和剩余蒸汽的各个阶段前、进入最终冷却器和排出系统之前进行监测和记录；以及

（4）如果该反渗透（RO）或超过滤（UF）系统未依照上述标准进行设计、安装和操作，则生鲜乳或乳制品必须在进入该反渗透或超过滤系统之前进行巴氏杀菌处理。

4. 用于进行巴氏杀菌的乳和/或乳制品可以在巴氏杀菌处理前用微过滤（MF）系统进行处理，以专门清除微生物，其前提条件是：

a. 在加工之前，所有生鲜乳供应品应依照本《条例》附录 N 的各项规定进行抗生素残留物的取样和检测；以及

b. 如果配备有带进料和出料系统的连续性、循环性渗余物回路，则须符合下列设计、安装和操作标准：

（1）微过滤（MF）系统在设计上和操作上应确保该循环性渗余物回路中的乳或乳制品温度在整个过程中都保持在 18.3℃（65℉）或以下，或者保持在 51.7℃（125℉）或以上。此外，产品的温度可以升高到 18.3℃（65℉）以上并降到 51.7℃（125℉）以下且保持时间不超过 15min，且其前提是，如果产品温度升高到 21.1℃（70℉）以上或降到 48.9℃（120℉）以下，则产品应当立即转移到系统的平衡罐中直到产品重新

回到 18.3℃（65℉）以下或 51.7℃（125℉）以上，或者完全从该系统中转移出来。从该系统中被转移出来的产品应当被废弃，立即冷却到 7℃（45℉）以下，或立即进行巴氏杀菌处理；

（2）该微过滤（MF）系统应该配备符合本《条例》附录 H 中各项适用规定的温度监测和记录装置。至少，乳或乳制品的温度应当在进入该微过滤（MF）系统之前、以及处在紧靠循环泵之前的每个模块的循环性渗余物回路中时进行监测和记录；以及

（3）从该微过滤（MF）系统中渗透出来的产品应立即冷却到 7℃（45℉）以下或立即进行巴氏杀菌处理。

5. 运送到乳加工厂进行干燥处理的所有炼乳及炼乳制品应当在对其进行干燥处理的乳加工厂内重新进行巴氏杀菌处理。

6. 如果含有至少 40％总固形物的浓缩乳清已通过冷却方式被部分结晶，则可以运送到另外的乳加工厂进行干燥而无需再次进行巴氏杀菌，同时应符合以下条件：

a. 浓缩和部分结晶过的乳清被冷却和保存在 7℃（45℉）或更低温度下。

b. 用于运送浓缩并部分微晶过的乳清的乳罐车应当在即将灌装之前进行清洗和消毒，并在灌装后密封直至卸货。

c. 应当配备单独的卸料泵和卸料管道，并专门用来排出浓缩和部分结晶过的乳清。上述卸料泵和卸料管道应当作为单独的清洁管道进行清洗和消毒。

7. 巴氏杀菌设备及其所有附属设备的设计和运行情况须符合第 16p 条（A）、（B）、（C）和（D）分项中的适用规定和操作程序。

第 16p 条（A） 间歇式巴氏杀菌

在乳或乳制品的间歇式巴氏杀菌过程中所使用的所有指示型和记录型温度计都须符合本《条例》附录 H 中的各项适用规定。有关检测温度计和其他检测设备的规定在本《条例》附录 I 中。

公共健康原因

如果在巴氏杀菌设备上所使用的温度控制器和装置的精确度不符合规定，则无法确保所采用的巴氏杀菌温度是否正确。巴氏杀菌处理必须在正确设计和操作的设备中进行，以确保每一份乳或乳制品都能持续保持在正确的温度下并达到规定的时间。

记录温度计是惟一公认的为监管机构提供巴氏杀菌的处理时间和温度的记录结果的工具。经验表明，由于其机械复杂性，记录温度计并不完全可靠。因此，必须提供更为可靠的指示型水银温度计或同等测量装置，来对记录温度计进行核实以确保所采用的温度正确无误。记录温度计显示的是紧贴在其感温泡周围的乳或乳制品的温度，而无法指示出间歇式巴氏杀菌器的其他部位的乳或乳制品的温度。同样，它显示的只是手动排放槽中的保温时间，而不是自动排放系统中的保温时间。因此，该巴氏杀菌器必须在设计上和操作方式上通过其配备的自动控制装置来确保每一份乳或乳制品都能在正确的温度下进行处理并达到规定的时间。

如果处理槽的排出阀和连接管道设计和操作不当，则冷却后的乳或乳制品可能会滞留在排出阀或管道中，另外生鲜乳或巴氏杀菌处理不完全的乳或乳制品可能在灌装、

加热或保温过程中泄漏到排出管中。

测试表明，当罐内的乳或乳制品在巴氏杀菌过程中产生泡沫时，泡沫的温度可能会大大低于巴氏杀菌的处理温度。在此情况下，泡沫中可能存在的病原微生物就不会被杀灭。经验表明，所有处理槽内在某些时候都会存在泡沫，尤其是在某些特定的季节。此外，在灌装槽中，乳或乳制品会经常溅落到乳或乳制品液面以上的表面和器具上，以及槽盖的下部。这些溅落的液滴可能会落回乳或乳制品当中去，而这些液滴可能未能经历巴氏杀菌温度并达到所需的时间，因此可能含有病原体。将乳或乳制品上方的空气加热到巴氏杀菌温度以上可以修正这一状况。如果不进行空气加热，则必须经常在保温期结束时擦拭槽壁上方和盖板下方的乳或乳制品并对擦拭样本进行磷酸酶检测。

许多乳加工厂运营商在报告中称，使用空气加热器，尤其是在配备非隔热式盖板的部分灌装的处理槽中使用时，更容易使乳或乳制品保持在恒定且足够高的温度之下。它还有助于防止嗜热型微生物的生长并方便清洁。

显然，如果巴氏杀菌槽和包盖的设计和构造不能防止泄漏、冷凝和水与灰尘的进入，则乳或乳制品可能受到含有病菌的物质的污染。在操作过程中使盖板保持关闭可降低灰尘、蚊虫、液滴等污染物进入乳或乳制品的可能性。

行政程序

本条的规定在下列情形下应视为满足要求：

1. 间歇式巴氏杀菌器的时间和温度控制

a. 温差： 巴氏杀菌器在设计上应确保处理槽中温度最低的乳或乳制品的中心温度与其他位置的乳或乳制品的温差在保温期的任何时刻都不会超过 0.5℃（1℉）。在整个保温期内，应当对处理槽进行充分的搅拌。在对任何一批乳或乳制品进行巴氏杀菌时都必须使其扩散到搅拌器上足够大的区域内，以确保充分搅拌。

b. 指示温度计和记录温度计的位置和要求的读数： 每台间歇式巴氏杀菌器均应配备一只指示温度计和一只记录温度计。在整个规定的保温期内，温度计所指示的读数不得低于规定的巴氏杀菌温度值。乳加工厂运营商应当在保温期开始时将记录温度计显示的温度与指示温度计显示的温度进行核对。核对结果应当在记录温度计记录图上标明。记录温度计的读数不得高于指示温度计的读数。在对每一批乳或乳制品进行巴氏杀菌时都必须确保其充分覆盖指示和记录温度计的感温泡。

c. 最短保温期的保证： 间歇式巴氏杀菌器在操作上须确保每一份乳或乳制品都能在最低巴氏杀菌温度下连续保持至少 30min。当处理槽中的乳或乳制品温度升高并逐渐接近巴氏杀菌温度，并在排出阀打开前和打开的情况下处理槽中开始冷却过程时，记录图应当显示出其温度不低于最低巴氏杀菌温度并保持至少 30min。当乳或乳制品在进入处理槽之前被预先加热到巴氏杀菌温度时，记录图应当显示在温度不低于最低巴氏杀菌温度的情况下，至少 30min 的保温期外加从记录温度计感温泡液面开始浸入的时间。当间歇式巴氏杀菌器中在打开排出阀之后开始冷却过程时，或者完全在间歇式巴氏杀菌器外部进行冷却时，记录图应当显示在温度不低于最低巴氏杀菌温度的情况下，至少 30min 的保持期外加排空并回到记录温度计感温泡液面的时间。

如果记录图上的巴氏杀菌温度的记录时间间隔包括浸入时间和排空时间，则运营商应当在记录图上将该时间间隔标明，或者将记录温度计从乳或乳制品中取出一段时间使其液面下降，或者在保温期结束时向处理槽夹层中注入冷水，或将该保温时间在记录图上标明。每个进行上述操作的间歇式巴氏杀菌器的浸入时间和排空时间应当由监管机构首次确定，并在可能影响该时间的任何改装之后再行确定。

在保温期开始之后不得向间歇式巴氏杀菌器内添加任何乳或乳制品。

2. 无菌加热

a. 在间歇式巴氏杀菌器中应当提供和使用适当的手段，在保温期内将乳或乳制品上部的空气保持在比规定的最低巴氏杀菌温度高出 3℃（5℉）的温度或更高的温度上（参见本《条例》附录 H）。

b. 每台间歇式巴氏杀菌器都应当配备一只气温计。当处理槽处在运行中时，乳或乳制品的表面应当低于该温度计感温泡底部至少 25mm（1in）。

c. 应当将保温期开始时以及结束时该气温计指示的温度按记录温度计的记录图上标出的指定时间或参照点记录在该图上。

3. 入口及出口阀门与接头

入口及出口阀门与接头应当采用下列定义：

a. "阀门止动器" 是指可将阀塞转到（但不超过）全关位置的挡板。

b. "全开位置" 是指实现巴氏杀菌器的最大注入量或最大排出量的阀座位置。

c. "关闭位置" 是指可使乳品停止注入或排出巴氏杀菌器的阀座位置。

d. "全关位置" 是指需要阀门产生最大位移才能到达全开位置的阀座关闭位置。

e. "恰好关闭位" 是指插入式阀门的关闭位置，在该类阀门中，从保温器中流入或流出的液体刚好停在阀座的最大圆周上 2mm（0.078in）内的位置上。

f. "泄漏" 是指尚未进行巴氏杀菌的乳或乳制品在保持期或排空期内进入间歇式巴氏杀菌器，或是尚未进行巴氏杀菌的乳或乳制品在任何时候进入了任何巴氏杀菌乳或乳制品的管道内。

g. "泄漏保护阀" 是指配备有一种泄漏转移装置的阀门，当该阀门处于任何关闭位置时，该装置会防止乳或乳制品通过该阀门泄漏出去。

h. "紧密耦合阀" 是指其阀座与巴氏杀菌器的内壁保持平齐或紧密耦合的阀门，从而确保阀门中的乳或乳制品在保温期内的任何时刻都比巴氏杀菌器中心处的乳或乳制品的温度低 0.5℃（1℉）以上。

在下列情形下，并非完全平齐的紧密耦合阀也应视为满足要求：

（1）处理槽出口向外伸展，从而使该外伸部位的较大端的最小直径不小于出口管的直径加上该外伸部位的深度；以及

（2）从阀座到该外伸部位的较小端的最大距离不大于出口管的直径；以及

（3）在使用间歇式巴氏杀菌器的情况下，出口及搅拌器的位置可确保乳或乳制品的液流能够被送入该出口。

4. 阀门与接头的设计和安装

所有阀门及接头均须符合下列要求：

a. 阀门及管道接头须满足第 10p 条的要求。

b. 所有管道及其配件在构造及定位上须确保不发生泄漏。

c. 为防止堵塞和促进排水，插入式排出阀内的所有防泄漏凹槽宽度须至少为 5mm（0.187in），其中心位置的深度须至少为 2.3mm（0.094in）。无论何时阀门处于或大概处于全关位置，配合凹槽在其整个配合圆周上都须符合上述尺寸。所有单一防泄漏凹槽和所有配合型防泄漏凹槽（在配合时）均须沿阀座的所有深度方向延伸，以便可以转移沿阀座整个深度方向的所有点上出现的泄漏，从而防止气堵塞现象。垫圈或其他部件不得对防泄漏凹槽造成妨碍。

d. 所有插入式排出阀上均须配备止动器，以便引导操作人员关闭阀门，从而确保不会无意中让未经巴氏杀菌的乳或乳制品进入排出管道。该止动器须在设计上确保阀塞在配有凹槽或其他相同结构时不可翻转，除非重复操作，同时也可以配备其直径位置相反的凹槽。止动器在设计上须确保操作人员无法通过升高空塞或任何其他方式将阀门转过停止位。

e. 除上述要求外，排出阀还须在设计上能有效防止未经巴氏杀菌的乳或乳制品在阀门处于任何关闭位置时积聚在阀门内的乳或乳制品通道内。

f. 槽式巴氏杀菌器的所有排出口均须配备紧密耦合式防漏阀，或在注入期、保温期和排空期内能起到类似作用的防护装置。

g. 所有防泄漏凹槽式排出阀均应安装到位，以确保防泄漏凹槽正确发挥作用和防漏阀的正常排流。

h. 所有排出阀在注入期、保温期和排空期内均须保持完全关闭。

i. 紧密耦合型槽式巴氏杀菌器排出阀的阀体和阀塞应采用不锈钢材料或其导热特性至少与不锈钢相当的其他材料。

j. 所有进料管道在保温期和排空期内应全部断开，所有出料管道在注入期和保温期内也应全部断开。

5. 记录图

所有记录温度计的记录图均须符合第 16p 条下（D）1. a 中的各项适用要求。

第 16p 条（B）　高温短时（HTST）恒流巴氏杀菌法

公共健康原因

〔参见第 16p 及 16p（A）条下的"公共健康原因"。〕

行政程序

本条的规定在下列情形下应视为满足要求：

1. 指示温度计与记录器/控制器

乳或乳制品高温短时（HTST）恒流巴氏杀菌过程中所用到的所有指示温度计和记录器/控制器及装置均须符合本《条例》附录 H 中规定的各项适用规格。

2. 乳品自动控制器

每个高温短时（HTST）恒流巴氏杀菌系统均须配备分流型乳品自动控制装置，且须符合下列定义、规格和性能要求：

a. 乳或乳制品流量自动控制装置：术语"乳或乳制品流量自动控制装置"是指可控制乳或乳制品流量并与乳或乳制品温度或加热介质和/或压力、真空装置或其他附属设备有关的安全装置。乳或乳制品流量控制装置不应被视为温度控制装置的一部分。乳或乳制品流量控制装置应采用分流型，可根据亚标定巴氏杀菌温度自动实现乳或乳制品的分流。在亚标定温度下，分流装置（FDD）会不断将乳或乳制品回送到加热系统的生鲜乳或乳制品一侧，直至达到标定的温度，此时，该装置会恢复通过巴氏杀菌器的顺流状态。

b. 分流装置（FDD）：在连续型巴氏杀菌器中使用的所有分流装置（FDD）都应符合下列要求或同等合格的条件：

（1）在乳或乳制品低于最低巴氏杀菌温度的情况下，该装置会切断传动泵的电源，且阀门未处在完全转向位置，从而防止在低于最低巴氏杀菌温度时乳或乳制品的顺流，或通过其他具有同等效果的方式来实现上述过程。对于分流装置（FDD）和阀座状态的检测，参见本《条例》附录H第Ⅰ部分"状态检测装置"。

（2）在使用衬垫压盖来防止驱动阀杆周围出现泄漏时，应当不可能通过将阀杆的压盖螺母拧紧来防止阀门打开到完全转向位置。

（3）阀座的顺流侧应装有泄流装置。但是，当在阀座的顺流侧施加反压力时，乳或乳制品流量在被分流的同时，该泄流装置应当位于两个阀座之间或同一阀座的两个位置之间，一个在泄流装置的上游，另一个在其下游。该泄流装置在设计和安装方式上应当确保将所有的泄漏液排放到外部，或通过与分流管道分开的另一条管道排入恒液位罐。此外，在将泄漏液排入恒液位罐的情况下，该泄流管道上应装有观察孔，以便对泄流情况进行检查。

（4）顺流阀座的外壳应当足够紧密，以便流经该阀座的泄漏液不会超过泄流装置的承压能力，在将顺流管断开时即可证实这一点；同时，还可确保不会妨碍阀座的正常就位，连接杆的长度不可由用户进行调整。

（5）该分流装置（FDD）在设计和安装方式上须确保在主传动电源断电时会自动将乳或乳制品进行分流。

（6）该分流装置（FDD）应当安装在保温器的下游位置。流量控制感应器应当装在乳或乳制品管道内距离该分流装置（FDD）不超过46cm（18in）的上游位置。

（7）该分流装置（FDD）可以装在回热器和/或冷却器段的下游位置，其前提条件是，当该分流装置（FDD）装在回热器和/或冷却器区段的下游位置时，应能自动防止其切换到顺流位置，直到保温管与分流装置（FDD）之间的所有产品接触面都处于所要求的巴氏杀菌温度或更高温度下并同时至少保持到本《条例》"巴氏杀菌法定义"中所规定的巴氏杀菌时间。

（8）从该分流装置（FDD）的分流口所接出的管道应当为自动排放式，且其排放不受任何限制或阀门的控制；除非该限制条件有必要且阀门在设计上可确保不会发生分流管道堵塞。在采用恒流巴氏杀菌系统的情况下，其分流装置（FDD）位于回热器和/或冷却器的下游位置，且该系统为内部布线式或采用计算机控制对系统进行彻底清洁，包括重新启动生产前的转向管道，冷却段为非自动排放式，并可以位于该转向管道内。

（9）在使用该分流装置时，从该分流装置（FDD）的分流口所接出的管道应当为自动排放式，且其排放不受任何限制或阀门的控制。

（10）对于调速泵，可允许最大 1/2 的"关闭"延时以便在分流装置（FDD）的行程时间内将输送设备保持在"打开"位置上。

（11）如果分流装置（FDD）处于分流位置时，分流阀座与泄漏检测阀座之间的区域不能自动排放，则当分流装置（FDD）切换到顺流位置时，分流阀座与泄漏检测阀座之间的移动需要至少 1s 和不超过 5s 的延迟。此外，在下列情况下，该延迟可以超过 5s：其调速系统为基于电磁流量计的调速系统；或者，通过不受限制的换向阀管道的分流物的保温时间长于本《条例》"巴氏杀菌法定义"中所规定的巴氏杀菌时间；以及，如果巴氏杀菌系统中的分流装置（FDD）装在巴氏杀菌器回热器的下游且该分流装置（FDD）的所有顺流产品接触面在正常启动过程中都进行了消毒或杀菌处理，则该巴氏杀菌系统中不需要时间延迟。

（12）在采用温度和保温时间都符合本《条例》的"超巴氏杀菌过程"（UP）定义的高热短时（HHST）巴氏杀菌系统中，分流装置（FDD）可以装在回热器和/或冷却器段的下游位置。上述分流系统也可以作为本《条例》附录 H 中所述的"蒸汽阻塞式"系统。该分流系统应当考虑到在杀菌过程中通过相应的阀门和冷却器流入恒液位罐中的被分流的水和/或乳或乳制品。

c. 乳或乳制品流量控制器：乳或乳制品流量控制器器须符合下列要求：

（1）应当对热力式限位控制器进行设定并加以密封，以便只有当控制器的传感器上的温度超过本《条例》"巴氏杀菌乳定义"中规定的乳或乳制品的巴氏杀菌温度时，乳和/或乳制品才能开始顺流，而当温度低于所规定的巴氏杀菌温度时，在温度下降过程中会停止继续流动。密封条应当由监管机构在检查后贴上，且在未事先通知监管机构的情况下不得将其取下。该系统在设计上还须确保乳或乳制品无法绕过该控制器的传感器，该传感器在巴氏杀菌过程中不得从其规定位置上取下。指示型温度计所显示的接入点与断流点的乳或乳制品温度应当在每天的作业开始时由乳加工厂运营商来确定并每天都标注到记录图上。

（2）当巴氏杀菌系统中的分流装置（FDD）装在回热器和/或冷却器段的下游位置时，其他温度控制器和定时器应当与热力式限位控制器进行内部线路连接，且应当对该控制系统进行设定并密封，从而确保只有当保温管与分流装置（FDD）之间的所有产品接触面已达到或高于所要求的巴氏杀菌温度并同时至少连续保持到本《条例》"巴氏杀菌法定义"中规定的所需巴氏杀菌时间后，乳或乳制品才能开始向前流动。同时还应对该控制系统进行设定和密封，以确保当保温管内的乳或乳制品的温度低于所需的巴氏杀菌温度时，乳或乳制品无法继续顺流。此外，对于加工超巴氏杀菌乳或乳制品所使用的系统，不必将该热力式限位控制器设定到 138℃（280℉）或以上并加以密封。另外，这些系统应满足高热短时（HHST）系统的所有公共卫生控制要求，且记录器-控制器的记录图显示，超巴氏杀菌乳或乳制品已经在 138℃（280℉）的最低温度下进行了处理，并已由监管机构验证其计算得出的保温时间至少为 2s。密封条（如需要）应当由监管机构在设备检测后贴上，且在未事先通知监管机构的情况下不得将其取下。该系统在设计上还须确保乳或乳制品无法绕过该控制器的传感器，该传感器在巴氏杀菌过程中不得从其规定位置上取下。对于上述巴氏杀菌系统，其运营商不需要每天对接通和断流温度进行测量。

（3）泵类、均质机或其他通过保温器的顺流设备的手动控制开关，在连线方式上应确保仅当乳或乳制品高于本《条例》"巴氏杀菌乳定义"中为该乳或乳制品及其采用的工艺所规定的巴氏杀菌温度时，或者分流装置（FDD）处于完全转向位置时，电路才会接通。

d. 保温管：

（1）保温管在设计上应当为每份乳或乳制品提供本《条例》"巴氏杀菌法定义"中为该乳或乳制品及其采用的工艺所规定的保温时间。

（2）保温管在设计上应确保在保温期内流经管道的任何横截面上的最热与最冷乳或乳制品之间同一时刻的温差始终不高于 0.5℃（1℉）。在直径为 17.8cm（7in）或以下的管状保温器中没有任何附属配件，乳或乳制品不能从其内部完全排净，因此可以假定其能够满足上述要求而无需检测。

（3）任何装置都不允许绕过保温管的某一部分而为乳或乳制品的流量变化进行补偿。保温管在安装方式上应确保管道的任何截面都不会被遗漏而缩短保温时间。

（4）保温管在布设时应当在流动方向上保持不断向上的斜度，斜率不小于 2.1cm/m（0.25in/ft）。

（5）应当为保温管提供支撑物以便将其所有部位保持固定，不得发生任何横向或纵向移动。

（6）保温管在设计上应确保入口与记录器/控制器的温度传感器之间的部位不得加热。

下列各项规定适用于高热短时（HHST）系统：

（7）由于保温管较短，高热短时（HHST）系统的保温时间必须根据泵送率而非盐传导率测试来决定。保温管的长度必须确保任何乳或乳制品的流动最快的一小部分不会在少于所需保温时间的时间内即可穿过该保温管。在对高黏度的乳或乳制品进行巴氏杀菌的过程中，保温管可能会出现层流现象（即流动最快的一小部分的行进速度会比以普通速度流动的部分快 2 倍），因此保温管的长度应当为在平均流速下满足规定的时间标准所需长度的 2 倍。

（8）在采用直接蒸汽加热工艺的情况下，由于水蒸气在加热过程中会在喷射器内凝结成水，从而使乳或乳制品的体积有所增加，因此保温时间会减少。由于巴氏杀菌乳或乳制品会在真空室内被冷却，因此多余的水被会蒸发掉。例如，喷出的蒸汽每升高 66℃（120℉）（这一温度可能是能够使用的最高温升），保温管内的液体体积就会增大 12%。巴氏杀菌器排放口的平均流量的测量值不会反映出保温管内的体积增长。但是，在计算过程中必须考虑这一体积增长量，即保温时间的缩短量。

（9）对于能够在保温管内低于 518kPa（75 psi）的压力下运行的高热短时（HHST）系统，必须将压力范围指示器/压力开关进行内部线路连接，以便在乳或乳制品的压力低于规定值时分流装置（FDD）会切换到转向位置。当运行温度在 89℃（191℉）和 100℃（212℉）之间时，必须将该仪器设定在 69kPa（10 psi）。为防止保温管内发生汽化现象（这可能会极大地缩短滞留时间），当高热短时（HHST）系统的运行温度超过 100℃（212℉）时，必须将该仪器设定为比产品在保温管内最高温度下的沸腾压力高出 69kPa（10 psi）。

（10）在采用蒸汽喷射工艺的情况下，需要在喷射器内安装一只压差范围指示器以便将加热的乳或乳制品保持为液态，从而确保对喷射室的充分隔离。该仪器必须配有压差开关，以便在喷射器内的压力降低于 69kPa（10 psi）时，分流装置（FDD）会切换到转向位置。

e. 指示温度计和记录温度计：

（1）指示型温度计的安装位置应尽量靠近记录器/控制器的温度传感器，但可以位于后者的上游处与之较近的位置，从而确保在两个温度计所测得的乳或乳制品温度不会有明显差别。

（2）乳加工厂运营商应当每天将记录器/控制器显示的温度与指示温度计显示的温度进行核对。并将读数记录在温度图上。应当对记录器/控制器进行调节以使其读数不高于指示温度计的读数。

（3）记录器/控制器温度图应符合第 16p 条（D）1. 的适用规定。

f. 促流设备：

（1）可通过保温管促流的泵或其他设备应当安装在保温管的上游位置，此外，如果提供了相应的装置来消除保温管与该输送设备入口之间的负压，则此类泵或输送设备也可以安装在保温管的下游位置。当真空设备装在保温管的下游位置时，可以使用有效的真空断路器，外加防止分流装置（FDD）与真空室之间的管道内产生负压的自动装置。

（2）对保温管的进料流量进行控制的泵及其他促流设备的速度应当加以控制，以确保为每份乳或乳制品提供本《条例》"巴氏杀菌乳定义"中为该乳或乳制品及其采用的工艺所规定的保温时间。在任何情况下，电机都应当通过一根共用的驱动轴来与调速泵相连接，或是通过齿轮、滑轮、变速传动装置相连接，且应当对变速箱、滑轮箱或变速传动装置加以防护，以确保保温时间在未被监管机构检测的情况下不会被缩短。要实现这一要求，可由监管机构在对其进行检查后加贴合适的封条，且在未事先通知监管机构的情况下不得将其取下。本规定同时适用于作为调速泵使用的所有均质机。与调速泵相连接的变速传动装置在其构造上应确保其传动带在磨损或拉长后只会造成调速泵减速而非加速。

调速泵应当采用容积式，或符合本《条例》附录 H 中为基于电磁流量计调速系统所规定的各种规格。调速泵和作为调速泵使用时的调速均化设备，在其系统内装有其他输送设备或真空设备的情况下，不得在加工过程中采用任何旁路管道将其出料管与其进料管相连接。

在将某一均化设备与调速泵结合使用，且两者都安装在保温管的上游位置时，该均化设备：

ⅰ）具有比该调速泵更大的功率：在此情况下，应当采用自由式开放型再循环管道将该均化设备的出料管与其进料管相连。该再循环管道的直径必须等于或大于向该均化设备中输送乳或乳制品的进料管的直径。可以在该再循环管道中使用止回阀，允许物料从出料管流向进料管，该止回阀的类型应确保其横截面积至少与该再循环管道的横截面积相同。

ⅱ）具有比该调速泵更小的功率：在此情况下，则应当使用减压管和减压阀。

该减压管应当安装在调速泵之后和均化设备的进料口之前的位置，并应当将乳或乳制品送回恒液位罐中或恒液位罐的出料口，即任何增压泵或其他输送设备的上游。

注意：对于不对乳或乳制品进行均匀化处理，以及希望在处理该类乳或乳制品时采用旁路管道来绕过均化设备的系统，其旁路管道必须接有阀门，且阀门在设计方式上应确保两条管道不能同时打开。要实现这一要求，可以采用三通旋塞阀，并配有正确设计和操做的阀栓，或采用其他自动防故障阀来实现同样的目的。

（3）保温时间应当理解为乳或乳制品的流速最快的一少部分在处于或高于本《条例》"巴氏杀菌乳定义"中为该类乳或乳制品及其所采用的工艺所规定的巴氏杀菌温度时在整个保温管道内的流动时间；即该系统中不受加热介质影响的那一部分会沿下游方向不断向上倾斜（升高）并处在分流装置（FDD）的上游位置。对保温时间的检测工作应当在所有设备和装置都在运行中并调整到其最大流量时来进行。当某一均化设备装在保温管的上游位置时，其保温时间应当由该均化设备在其阀门内无任何压力的情况下运行时的状况来决定。

对于前面 f.（2）ⅰ）项中所述的，不对乳或乳制品进行均匀化处理和采用旁路管道的系统，其保温时间应当在其同时使用其流型和最快时间的情况下进行检测。在顺流和分流的过程中的保温时间都应当进行检测。如果必须缩短分流过程中的保温时间，则可在分流管道的垂直部分安装可以进行确认的限制装置。当真空设备位于保温管的下游位置时，应当在调速泵以最大流量运行且该真空设备被调整到最大真空度的情况下来对保温时间进行检测。保温时间的首次检测工作应当由监管机构在顺流和分流两种情况下进行；此后每半年进行一次；在做了任何可能影响保温时间的部件改动或更换之后也须进行检测；在速度设定装置的封条被打开后也需进行检测。

g. 直接加入蒸汽进行的加热：蒸汽喷射工艺其本身是一个不稳定的过程，因此，在将蒸汽喷入液体时，蒸汽的冷凝过程可能不会在喷射器内完成，除非采用正确的设计标准。喷射器内缺少完整的冷凝过程会使保温管内的温度发生变化，从而有可能导致某些乳或乳制品的处理温度低于巴氏杀菌温度。当烹调蒸汽直接喷入乳或乳制品中时，作为达到巴氏杀菌温度的终端加热设备，蒸汽喷射器在设计、安装和操作方式上应符合下列规范或符合要求的同等规范：

（1）乳和/或乳制品及蒸汽流必须与喷射室内的压力波动相隔离。其隔离方式是在每台喷射器的乳或乳制品进料口和加热过的乳或乳制品出料口插入有孔的附加板。这 2 块附加板在尺寸上必须确保喷射器在正常运行条件的模块过程中使乳或乳制品达到至少 69kPa（10 psi）的压力下降。过大的振动、压力波动或不稳定的噪声级都说明该蒸汽喷射系统不稳定，需要对喷射室的隔离状况进行检查。

（2）该过程中应当尽可能避免由产品挥发出来的或是蒸汽供应系统中混入的非冷凝性气体。由非冷凝性气体所导致的二相流会排斥保温管内的产品，从而导致滞留时间减少。此外，蒸汽供应系统混入的这些气体还可能显著改变喷射点上的冷凝机制。因此，蒸汽锅炉应配备除气器。该除气器会有助于为保温管内的产品尽可能地滤除掉非冷凝性气体。

h. 防止乳或乳制品混入添加水：

（1）当烹调蒸汽从分流装置（FDD）下游被直接引入到乳或乳制品中时，应当提供相应的方法来防止水蒸气被添加到乳或乳制品内，除非该分流装置（FDD）处于顺流位置。要实现这一要求，可以使用一只配有温度传感器的自动蒸汽控制阀安装在蒸汽入口的下游位置，或者采用一只自动电磁阀安装在蒸汽管道中，并通过分流装置（FDD）的控制电路进行线路连接，从而确保在分流装置（FDD）未处于顺流位置时蒸汽不会流动。

（2）当烹调蒸汽被直接引入到乳或乳制品中时，应当提供自动化手段，如独立式和/或基于可编程逻辑控制器（PLC）的比率控制系统来保持输入的乳或乳制品与输出的乳或乳制品之间的正确温差，从而避免被水分稀释。

（3）在供水管道与真空冷凝器相连且该真空冷凝器未通过物理屏障与真空室相隔离的情况下，应当提供相应的手段来防止真空冷凝器中的水堵塞或溢入真空室。要实现这一要求，可以使用一只安全截流阀安装在真空冷凝器的供水管道上，由控制装置自动控制，当冷凝泵停止而水位超过真空冷凝器中的预设点时，会自动关闭入水。该截流阀可以采用水、空气或电力来驱动，在设计上应确保在主动力电源断电时能够自动关闭流入冷凝器的水流。

第 16p 条（C）　采用回热加热方式的巴氏杀菌器

公共健康原因

为防止回热器中的巴氏杀菌乳和乳制品受到污染，生鲜乳或乳制品所受到的压力必须始终低于巴氏杀菌乳或乳制品或导热介质受到的压力。在采用乳或乳与乳之间或乳回热器时，上述要求必须得到满足，以确保当隔离生鲜乳与巴氏杀菌乳或乳制品的金属板或接合部出现裂纹时，巴氏杀菌乳或乳制品不会受到生鲜乳或乳制品的污染。

行政程序

本条的规定在下列情形下应视为满足要求：

乳或乳制品—乳或乳制品之间的回热式加热

采用乳或乳制品与乳或乳制品之间的回热式加热方式且两侧均与外界保持封闭的巴氏杀菌器，应当符合下列规范或符合要求的同等规范：

1. 回热器在构造、安装和操作方式上应能确保回热器内的巴氏杀菌乳或乳制品所受的压力始终高于回热器内生鲜乳或乳制品所受的压力。

2. 在回热器的出口和与空气相通的下游最近点之间的巴氏杀菌乳或乳制品应升起的垂直高度比恒液位槽下游的生鲜乳或乳制品最高点至少高出 30.5cm（12in）的高度，并且与大气相通。

3. 恒液位罐上缘的溢流口应当始终低于回热器内的乳或乳制品的最低液面。

4. 任何可影响到回热器内正常压力关系的泵或促流装置都不得装在回热器的巴氏杀菌乳或乳制品出料口与下游位置最近的与大气相通的出口之间。

5. 任何泵都不得安装在回热器的生鲜乳或乳制品进料口与恒液位罐之间，除非该输送泵在设计和安装方式上能确保仅当乳或乳制品流经回热器的巴氏杀菌乳或乳制品一侧且巴氏杀菌乳或乳制品的压力高于该泵所产生的最大压力时，该输送泵才会运行。要实现这一要求，可将增压泵进行相应的线路连接，以确保该泵只在下列条件下才会运行：

a. 调速泵正在运行；

b. 分流装置（FDD）处在顺流位置；以及

c. 巴氏杀菌乳或乳制品的压力高出增压泵所产生的最大压力至少 6.9kPa（1psi）。应当在回热器的生鲜乳或乳制品进料口和回热器的巴氏杀菌乳或乳制品出料口或冷却器的出口处安装压力表。监管机构应当在安装时对上述压力表的精度进行检验，此后每季度检验一次，以及在维修或调整之后再进行检验。

6. 增压泵的电动机、外壳和叶轮应当与仅装在巴氏杀菌产品一侧并采用压力开关控制的各个系统一一匹配并加以标识，且其标识的记录应依照监管机构的指示进行保存。

7. 增压泵的所有电气连接线路均应敷设在永久性导线管内，此外，橡胶护套电缆可以作为最终连接线使用，所有电气连接线路都应当与本《条例》中所有相关规定的既定目的相吻合。

8. 当生鲜乳或乳制品输送泵被关闭且回热器上的生鲜乳或乳制品连接管被切断时，回热器内的所有生鲜乳或乳制品应当自动且自由地排入恒液位罐内或排到地面。

9. 当真空装备装在分流装置（FDD）下游位置时，应当提供相应的措施来防止回热器在分流或关闭过程中其内部的巴氏杀菌乳或乳制品的液位下降。应当在真空室与回热器的巴氏杀菌乳或乳制品进料口之间的管道上安装一只有效的真空断路器，以及一种防止产生负压的自动装置。

10. 如果巴氏杀菌系统的分流装置（FDD）装在回热器和/或冷却器段的下游位置，则本条第 2、第 3、第 5、第 7 和第 8 项的要求可以忽略。此外，使用一只压差控制器来监测回热器的生鲜乳或乳制品一侧的最高压力以及回热器的巴氏杀菌产品一侧的最低压力，且该控制器与分流装置实现联锁并在设定好后加以密封，以便无论何时回热器内出现异常压力，都能自动防止乳或乳制品继续向前流动，且直到保温管与分流装置（FDD）之间的所有乳或乳制品接触面已达到或高于所要求的巴氏杀菌温度并同时至少连续保持到本《条例》"巴氏杀菌乳定义"中规定的所需巴氏杀菌时间后，乳或乳制品才能重新开始向前流动。

11. 如果巴氏杀菌系统的分流装置（FDD）装在回热器和/或冷却器段的下游位置，则本条第 2、第 3、第 5、第 7 和第 8 项的要求可以忽略。此外，使用一只压差控制器来监测回热器的生鲜乳或乳制品一侧的最高压力以及回热器的巴氏杀菌产品一侧的最低压力，且该控制器与分流装置（FDD）实现联锁并在设定好后加以密封，以便无论何时回热器内出现异常压力，都能自动防止乳或乳制品继续向前流动，且直到保温管与分流装置（FDD）之间的所有乳或乳制品接触面已达到或高于所要求的巴氏杀菌温度并同时至少连续保持到本《条例》"巴氏杀菌法定义"中规定的所需巴氏杀菌时间后，乳或乳制品才能重新开始向前流动。

12. 当烹调蒸汽被直接送入乳或乳制品中以达到所需的巴氏杀菌温度时，真空设备位于保温管的下游位置，则回热器的巴氏杀菌产品一侧的进料口需安装真空断路器的要求可以忽略。此外，安装并接好压差控制器以控制本条第10项中所述的分流装置（FDD）。

13. 当安装并接好压差控制器以控制本条第10项中所述的分流装置（FDD）后，可以允许生鲜乳或乳制品增压泵一直保持运行。同时，调速泵正在运行。

乳或乳制品—水—乳或乳制品之间的回热式加热

方案一：乳或乳制品—水—乳或乳制品之间的回热器（其乳或乳制品及导热水均处于生鲜乳或乳制品区段内，并与外界保持封闭）应当符合下列规范或符合要求的同等规范：

1. 该类型的回热器在设计、安装和操作方式上须确保回热器的生鲜乳或乳制品的导热介质一侧始终能够自动处在比生鲜乳或乳制品一侧更高的压力之下。

2. 其导热水应当采用安全的饮用水，并装在盖紧的水罐内，罐体上的外部出口的高度应当比恒液位罐下游的任何生鲜乳或乳制品的液位高出至少30.5cm（12in）。处于回热器的出口与下游位置最近的外部出口之间的导热水应当升高到超过系统中的任何生鲜乳或乳制品的液位至少30.5cm（12in）的垂直高度，然后在该高度或更高位置上与空气相通。

3. 导热水回路应当在运行开始时注满水，且只要回热器中存在生鲜乳或乳制品，该回路中一旦缺水时就应立即自动重新注满。

4. 恒液位罐上缘的溢流口应当始终低于回热器的生鲜乳或乳制品段内的乳或乳制品的最低液面。回热器在设计和安装方式上应确保当生鲜乳或乳制品输送泵被关闭且回热器上的生鲜乳或乳制品管道与回热器出料口分断时，所有生鲜乳或乳制品应当自由排回到上游的供料罐中。

5. 任何泵都不得安装在回热器的生鲜乳或乳制品进料口与恒液位罐之间，除非该输送泵在设计和安装方式上能确保仅当水流经回热器的导热段且导热水的压力高于生鲜乳或乳制品的压力时，该泵才会运行。要实现这一要求，可将增压泵进行相应的线路连接，以确保该泵只在下列条件下才会运行：

a. 导热水泵运行中；以及

b. 导热水压超过回热器中的鲜乳或乳制品压力的压差至少为6.9kPa（1psi）。回热器的生鲜乳或乳制品进料口与其导热水出口之间应安装一只压差控制器。必须连接鲜乳或乳制品增压泵，因此，只有在满足差压条件时才能运行。监管机构应当在安装时对上述压差控制器的精度进行检验，此后每季度检验一次，以及在维修或调整之后再进行检验。

方案二：乳或乳制品—水—乳或乳制品之间的回热器也可以在构造、安装和操作方式上确保回热器内的巴氏杀菌乳或乳制品所处的压力比回热器的巴氏杀菌乳或乳制品一侧的导热介质更高。

1. 应当使用不同的压差控制器来监测巴氏杀菌乳或乳制品和导热介质的压力。回热器的巴氏杀菌乳或乳制品出料口处应当安装一个压力传感器，而在该回热器的巴氏杀菌乳或乳制品一侧的导热介质入口处安装另一个压力传感器。该控制器或记录器-控制器应当在回热器内的巴氏杀菌乳或乳制品的最低压力未能超过该回热器的巴氏杀菌乳或乳制品一侧中的导热介质的最高压力至少 6.9kPa（1psi）时使分流装置（FDD）转向。应当自动防止乳或乳制品向前流动，直到保温管与分流装置（FDD）之间的所有乳或乳制品接触面已达到或高于所要求的巴氏杀菌温度并同时至少连续保持到规定的巴氏杀菌时间后，乳或乳制品才能重新开始向前流动。

2. 导热介质输送泵在接线方式上应确保其只在调速泵运行时才会运行。

注意：参见本《条例》附录 H 以了解实现回热器内部所需压力关系的相关方法的进一步论述。

第 16p 条（D）　巴氏杀菌记录、设备测试与检查

1. 巴氏杀菌过程记录：

所有温度图、流量图、巴氏杀菌记录图或经食品药品管理局认可的其他记录资料等均应保存 3 个月。上述图表的使用期限不得超过其设计期限。如覆盖已记录的数据，则应视为违反本项规定。下列信息应当记录在图表上或经食品药品管理局（FDA）认可的其他记录资料上：

a. 间歇式巴氏杀菌器：

（1）日期；

（2）记录温度计（使用多个时）的编号或位置；

（3）产品温度的连续记录；

（4）保温期的范围，包括所需的注入时间和排空时间（需要时）；

（5）气温计在保温期开始时和结束时在图表上指定的时刻或参照点上的读数；此外，如果该气温计为数字组合式（环境）气体/记录温度计，可提供连续的气温计记录并由州监管机构依照附录 I"测试 4"的规定进行了校准，则只需在图表上记录保温期开始时的空间温度；

（6）指示温度计在保温期开始时在图表上指定的时刻或参照点上的读数；

（7）依照监管机构的规定，每季度或是在乳加工厂依照国家州际乳品贸易协会（NCIMS）推荐性危害分析和关键控制点（HACCP）计划或由监管机构认可的合格专业人员进行调整后提供的记录温度计的时间精度；

（8）巴氏杀菌乳或乳制品的数量与名称，在图表上用批次或运行时间表示；

（9）异常情况的记录；

（10）操作人员的签名或首字母缩写；以及

（11）乳加工厂的名称。

b. 高温短时（HTST）和高热短时（HHST）巴氏杀菌器：记录温度计记录图应当包括前面 a. 条中除（4）、（5）以外的所有规定的信息，同时还应包括下列信息：

（1）分流装置（FDD）处在顺流位置期间的时间记录；

（2）依照监管机构的规定每季度、或是在乳加工厂依照国家州际乳品贸易协会

（NCIMS）推荐性危害分析和关键控制点（HACCP）计划或由监管机构认可的合格专业人员进行调整后由运营商每天在开始运行时［仅高温短时（HTST）］记录的接通点和断流点的乳或乳制品温度；以及

（3）前述 a. 条第（6）项中规定的信息还应当在每次对记录图进行修改后立即记录下来。

注意：应该用记录温度计图表上显示的温度来确定含有更高脂和/或甜味剂的乳或乳制品所规定的温度是否已经达到。

c. 带有基于电磁流量计调速系统的恒流巴氏杀菌系统：流量记录图应当能够连续记录流量报警设定点上的流量和比流量过高报警设定值高出至少 19L（5gal）/min 的流量。流量记录图应当包括前面 a. 条中除（3）、（5）以外的所有规定的信息，同时还应包括下列信息：

（1）高流量和低流量/流量损失信号警报状态的连续记录；以及

（2）流量的连续记录。

d. 电子数据的采集、存储和报告：规定的巴氏杀菌过程记录可以采用电子方式采集、存储和报告，无论是否可打印输出硬拷贝，其前提是以电子方式生成的温度记录可供监管机构随时检查，并符合本《条例》本章及附录 H 第 V 部分的各项标准。

2. 设备测试与检查：

监管机构应当对表 4 中的仪器和装置在安装时进行首次测试，并在此后至少每 3 个月测试一次，包括设备测试当月的剩余天数；并在可能影响仪器或装置正常运行的每次更改或更换后进行测试。或者当监管封条被打破的时候。此外，对巴氏杀菌保温时间的测试应至少每 6 个月进行一次，包括设备测试当月的剩余天数。

注意：国际认证组织（ICP）授权的第三方认证机构（TPC）可以进行适当的培训，并且第三方认证机构（TPC）授权的国家监管人员按照如上所述 2. 操作。

在紧急情况下，可以由乳加工厂对巴氏杀菌设备进行测试并临时加贴封条，且应满足以下条件：

a. 加贴该封条的人员是由当初取掉该封条的乳加工厂的员工。

b. 该人员已完成并通过了由监管机构认可的有关巴氏杀菌设备测试工作的培训。

c. 该人员在过去一年内已证明其具备圆满完成所有巴氏杀菌工艺控制装置的测试工作的资质，并有监管部门官员在场。

d. 该人员拥有由监管机构分发的授权证书来执行这些巴氏杀菌设备试验。

e. 该人员应立即向监管机构通报需要取掉监管部门封条的停机时间。必须为每一起具体的事件而获得对该设备进行测试并加贴封条的许可。该人员还应向监管机构通报受影响的巴氏杀菌控制装置的认定情况、设备故障的原因（如查明）、所做的维修以及巴氏杀菌设备测试的结果。巴氏杀菌设备测试的结果应记录在通用于所有乳厂的相似文件上（请参阅本《条例》附录 M 中的示例）。该人员应向监管机构提供在临时封条申请期间加工的乳和/或乳制品的身份和数量。

f. 如果监管巴氏杀菌设备测试表明巴氏杀菌设备或控制不符合本《条例》的规定，则在该期间加工的所有乳和/或乳制品应由监管机构召回。

g. 监管机构或一个训练有素的监管官员，受责任监管机构委托的每个参与的非国

家或政治分支机构，应将揭下临时封条，重新测试巴氏杀菌设备并在乳厂通知之日起十个工作日内申请监管封条；并且

h. 在乳品工厂通告 10 个工作日之后，如果受影响的设备未经由责任州委托的监管机构或受过正规培训的监管部门官员、受责任监管机构委托的每个参与的非国家或政治分支机构，检测并加贴封条，则不得加工任何 "A" 级乳和/或乳制品。

如果乳加工厂配备有国家州际乳品贸易协会（NCIMS）推荐性危害分析和关键控制点（HACCP）计划监管下的危害分析和关键控制点（HACCP）系统，则可由得到监管机构认可的行业人员对巴氏杀菌设备进行检测和密封，同时还应满足下列条件：

a. 应当将巴氏杀菌设备检测的结果记录在一份对所有乳加工厂通用的相似文件上（参考本《条例》附录 M 的参考资料作为范本）。

b. 进行巴氏杀菌设备检测工作的行业人员必须受到正规培训并能够向监管机构证明其具有进行巴氏杀菌设备检测工作的资质和能力。

（1）行业部门必须通过事实来向监管机构证明其了解并能够按照本《条例》的各项要求来进行所规定的设备检测工作。

（2）监管机构应当接受现场实地演练、书面考试、正式的课堂培训、在职培训或上述内容的任何组合，同时，如果行业人员未通过事实证明其具有进行巴氏杀菌设备检测工作的资质和能力并得到监管机构的认可，则不得进行巴氏杀菌设备测试工作。

（3）连续培训，如（但不限于）接受监督的在职培训或得到认可的巴氏杀菌器培训课程等，应当在其再次申请巴氏杀菌设备测试许可之前完成。

c. 巴氏杀菌设备的测试工作应当以不低于本《条例》所规定的频率来进行。行业部门应当负责实施所有规定的巴氏杀菌设备测试工作。监管机构应当至少每 6 个月对巴氏杀菌设备测试工作进行实质性监督。如果可行，由监管部门监督的巴氏杀菌设备测试工作应当包括半年一次的高温短时（HTST）巴氏杀菌测试和高热短时（HHST）巴氏杀菌设备测试。上述 6 个月一次的测试工作应当在各方都方便的时候进行。由于对巴氏杀菌设备测试工作作出规定的目的是为关键控制点（CCP）提供支持，因此，即使监管部门官员未到场，行业部门也应当负责进行上述测试。

d. 任何巴氏杀菌设备在首次安装完毕或进行大量更改后，巴氏杀菌设备应当由监管机构进行测试或在其监督下测试。

e. 由行业部门对巴氏杀菌设备进行密封工作的原则如下：

（1）本《条例》中规定要求密封的所有巴氏杀菌设备都应当依照危害分析和关键控制点（HACCP）系统的标准加以密封（贴封条）。密封工作应当由经过培训并得到乳加工厂和监管机构认可的合格人员来进行；以及

（2）监管机构可以对任何巴氏杀菌设备密封的情况进行检验，并对进行密封工作的人员的技能资质等进行评估。

f. 在审查期间，审查人员可以进行任何或所有巴氏杀菌设备的测试工作。审查人员应当通过对巴氏杀菌设备进行物理检查和对记录进行审核来确定巴氏杀菌设备的安装方式和操作程序符合要求。

表 4　设备测试——间歇式巴氏杀菌器及高温短时（HTST）与高热短时（HHST）巴氏杀菌系统
（参见本《条例》附录Ⅰ）

1	处理槽、HTST 与 HHST 的指示温度计和空间温度计	温度精确度
2	处理槽、HTST 与 HHST 的记录温度计	温度精确度
3	处理槽、HTST 与 HHST 的记录温度计	时间精确度
4	处理槽、HTST 与 HHST 的指示温度计与记录温度计	记录温度计与指示温度计对比
5.1	HTST 与 HHST 分流装置	泄漏分流装置
5.2	HTST 与 HHST 分流装置	分流装置移动的灵活性
5.3	HTST 与 HHST 分流装置	设备组件（单阀杆）
5.4	HTST 与 HHST 分流装置	设备组件（双阀杆）
5.5	HTST 分流装置	手动分流
5.6	HTST 与 HHST 分流装置	响应时间
5.7	HTST 与 HHST 分流装置	时间延迟（检查）
5.8	HTST 与 HHST 分流装置	时间延迟（CIP）
5.9	HTST 分流装置	时间延迟（泄漏检测冲洗）
6	处理槽防泄漏阀门	泄漏
7	HTST 指示温度计	响应时间
8	HTST 记录温度计	响应时间
9.1	HTST 压力开关	回热器压力
9.2.1	HTST 与 HHST 压差控制器	校准
9.2.2	HTST 压差控制器	回热器压力
9.2.3	HTST* 与 HHST 压差控制器	回热器压力
9.3.1	HTST 增压泵/分流装置	内部线路检查
9.3.2	HTST 增压泵/调速泵	内部线路检查
10.1	HTST 分流装置	温度接通点/断流点
10.2	HTST* 与 HHST 分流系统（间接加热）	温度接通点/断流点
10.3	HTST* 与 HHST 分流系统（直接加热）	温度接通点/断流点
11.1	HTST 保温管/调速泵［基于电磁流量计的调速系统（MFMBTS）除外］	保温时间
11.2a	HTST 保温管/MFMBTS	保温时间
11.2b	HTST 与 HHST 的 MFMBTS	流量警报
11.2c	HTST 与 HHST 的 MFMBTS	无信号/低流量
11.2d	HTST 的 MFMBTS	流量接通点/断流点
11.2e	HTST 的 MFMBTS	时间延迟
11.2f	所有 MFMBTS	高流量警报的响应时间
11.3	HHST 保温管间接加热	保温时间

11.4	HHST 保温管直接喷射加热	保温时间
11.5	HHST 保温管直接浸泡加热	保温时间
12.1	HTST* 与 HHST 的间接加热	顺序逻辑
12.2	HTST* 与 HHST 的直接加热	顺序逻辑
13	HHST	保温管内的压力
14	采用直接喷射加热的 HTST* 和 HHST	整个喷射器内的压差
15	HTST 与 HHST（所有电气控制装置）	电磁干扰
* 适用于其分流装置（FDD）位于回热器和/或冷却器段下游的高温短时（HTST）系统。		

第 17p 条　乳和/或乳制品的冷却

所有乳和乳制品在加工之前须一直保持在 7℃（45℉）或以下。所有用于浓缩和/或干燥的乳清及乳清制品在加工之前须一直保持在 7℃（45℉）以下或 57℃（135℉）以上，但滴定酸度为 0.40% 以上、pH 为 4.6 以下的酸型乳清除外。

对于含有乳和/或乳制品并在本《条例》附录 H 中所述的作为液态配料喷射系统一部分的高温短时（HTST）巴氏杀菌系统内不会被注入的乳或乳制品调味浆，用来混合该调味浆并对其保温的罐体和/或容器每运行 4h 或更短时间后须完全排空并进行清洗，除非该调味浆储藏在 7℃（45℉）以下，或 66℃（150℉）以上并维持在该温度。

所有巴氏杀菌乳和乳制品均须在即将灌装或包装之前在符合要求的设备中冷却到 7℃（45℉）或以下，除非产品浓缩之后立即开始干燥，但下列产品情况除外：

1. 需要进行发酵的产品；

2. 所有乳脂含量且 pH 等于或小于 4.70 的发酵酸奶油*；

3. 所有乳脂含量且 pH 等于或小于 4.60 的酸化酸奶油*；

4. 所有乳脂含量且灌装时 pH 等于或小于 4.80 的所有酸奶产品；

5. 所有乳脂含量且 pH 等于或小于 4.60 的发酵酪乳*；

6. 所有乳脂含量且 pH 等于或小于 5.2 的发酵农家干酪*以及：

a. 在 63℃（145℉）或更高温度*下灌装且容器等于或大于 4 盎司（118mL）的产品；或者

b. 在 69℃（155℉）或更高温度*下灌装且容器为 2.9 盎司（85.6mL）的产品，以及

c. 也可以采用如下所述的其他适用的温度关键因素*来确定在该温度下灌装的可接受性，或者

d. 添加浓度至少为 0.06% 的山梨酸钾并在 13℃（55℉）或更低温度*下灌装，或者

e. 添加其浓度如 M-a-97 中所述的一种指定的微生物抑制剂和/或防腐剂，并在 13℃（55℉）或更低温度*下灌装；以及

7. 所有浓缩乳清及乳清制品须在浓缩后的 72h（包括灌装时间和排空时间）内的

结晶过程中冷却到 10℃（50℉）或以下，除非在高于 57℃（135℉）的温度下灌装，在此情况下，上述 72h 的期限应从冷却过程开始时算起。

* 加工单位应当对各种关键因素进行监测并做好记录，以便监管机构核实，这些关键因素包括但不限于 pH、灌装温度、冷却时间和温度、山梨酸钾的浓度、或如 M－a－97 中所述的指定其浓度的微生物抑制剂和/或防腐剂等（如适用）。pH 限度会有＋0.05单位的变动，这会影响 pH 测量值的再现性和不准确性。影响关键因素的配方或加工工艺的变更等须通报给监管机构。

注意：微生物抑制剂和/或防腐剂和/或其所有的单一成分须为公认安全食品（GRAS）；且其对病原体的抑制作用应通过书面的研究结果加以证实并得到监管机构和食品药品管理局的认可。

所有巴氏杀菌乳和乳制品均须储藏在 7℃（45℉）或更低温度下，并一直维持在温度下直到灌装或进一步加工，但下列情况除外：

1. 全部乳脂含量水平且 pH 等于或小于 4.70*，并在灌装后 168h 内冷却到 7℃（45℉）或更低温度的发酵酸奶油**；

2. 全部乳脂含量水平且 pH 等于或小于 4.60*，并在灌装后 168h 内冷却到 7℃（45℉）或更低温度的酸化酸奶油**；

3. 全部乳脂含量水平且灌装时 pH 等于或低于 4.80*，在灌装后 24h 内 pH 等于或小于 4.60*，且在灌装后 96h 内冷却至 7℃（45℉）或更低温度的所有酸奶产品**；

4. 全部乳脂含量水平且 pH 等于或低于 4.60*，并在灌装后 24h 内冷却到 7℃（45℉）或更低温度的发酵酪乳**；

5. 全部乳脂含量水平且 pH 等于或低于 5.2 的发酵农家干酪* 以及：

a. 在 63℃（145℉）以上温度* 时灌装，容器大于或等于 4 盎司（118mL），在灌装后 10h 内冷却到 15℃（59℉）或更低温度**，并在灌装后 24h 内冷却至 7℃（45℉）或更低温度**，或者

b. 在 69℃（155℉）以上温度* 时灌装且容器为 2.9 盎司（85.6mL），在灌装后 10h 内冷却到 15℃（59℉）或更低温度**，并在灌装后 24h 内冷却至 7℃（45℉）或更低温度**，或者

c. 添加浓度至少为 0.06％的山梨酸钾并在 13℃（55℉）或更低温度* 下灌装，在灌装后 24h 内冷却到 10℃（50℉）或更低温度**，并在灌装后 72h 内冷却到 7℃（45℉）或更低温度**，或者

d. 添加其浓度如 M－a－97 中所述的一种指定的微生物抑制剂和/或防腐剂，并在 13℃（55℉）或更低温度* 下灌装、在灌装后 24h 内冷却到 10℃（50℉）或更低温度**，并在灌装后 72h 内冷却到 7℃（45℉）或更低温度**。

* 加工单位应当对各种关键因素进行监测并做好记录，以便监管机构核实，这些关键因素包括但不限于 pH、灌装温度、冷却时间和温度、山梨酸钾的浓度、或如 M－a－97 中所述的指定其浓度的微生物抑制剂和/或防腐剂等（如适用）。pH 限度会有＋0.05单位的变动，这会影响 pH 测量值的再现性和不准确性。影响关键因素的配方或加工工艺的变更等须通报给监管机构。

注意：微生物抑制剂和/或防腐剂和/或其所有的单一成分须为公认安全食品

（GRAS）；且其对病原体的抑制作用应通过书面的研究结果加以证实并得到监管机构和食品药品管理局的认可。

＊＊在冷却速度最慢的容器（即托架中央位置）中的冷却速度最慢的部分（即容器的中央位置）所监测到的冷却温度。

待浓缩和/或干燥的所有巴氏杀菌乳和乳制品均须储藏在10℃（50℉）或更低温度下，并保持在该温度下直到做进一步加工。

储藏乳或乳制品、乳清或乳清制品以及炼乳和炼乳制品的每个冷藏室都应当配备精确的指示温度计。

在运输车辆上，乳和乳制品的温度不得超过7℃（45℉）。包装在密封容器内的无菌处理和包装低酸乳和/或乳制品和蒸煮处理后包装低酸乳和/或乳制品不在本项冷却要求的限制范围之内。

电子数据的采集、存储和报告：规定的清洁记录和产品储存温度记录等可以采用电子方式存储，有无硬拷贝打印功能皆可，其前提是以电子方式生成的各种记录可供监管机构随时检查。也可以使用符合本《条例》附录 H 第Ⅳ和Ⅴ部分适用规定的电子格式记录（有无硬拷贝皆可）来代替上述清洁记录。

公共健康原因

当乳和乳制品到达乳加工厂后，如果未在合理的时间内冷却，其细菌含量会大大增加。这一推论也同样适用于进行巴氏杀菌后的乳和乳制品的冷却工艺，除非在浓缩后立即开始干燥。

行政程序

本条的规定在下列情形下应视为满足要求：

1. 所有乳和乳制品在加工之前须一直保持在7℃（45℉）或以下，但滴定酸度为0.40%以上、pH 为4.6以下的酸型乳清可不受该温度要求的限制。此外，用来储存生鲜乳或乳制品、巴氏杀菌乳和乳制品以及乳清和乳清制品的所有平衡罐或缓冲罐（连续液流的滞留时间不超过1h）可以保持在任意温度下长达24h。

2. 所有用于浓缩和/或干燥的乳清及乳清制品在加工之前须一直保持在7℃（45℉）以下或57℃（135℉）以上。装有7℃（45℉）以上和57℃（135℉）以下乳清及乳清制品的储存罐应当在最多使用不超过4h后进行排空、清洗和消毒。

3. 对于含有乳和/或乳制品并在本《条例》附录 H 中所述的作为液态配料喷射系统一部分的高温短时（HTST）巴氏杀菌系统内不会被注入的乳或乳制品调味浆，用来混合该调味浆并对其保温的罐体和/或容器每运行4h或更短时间后须完全排空并进行清洗，除非该调味浆储藏在7℃（45℉）以下，或66℃（150℉）以上并维持在该温度下。

4. 所有巴氏杀菌乳和乳制品在即将灌装或包装之前在符合要求的设备中冷却到7℃（45℉）或以下，除非在对下列产品浓缩之后立即开始干燥，但下列情况除外：

a. 需要进行发酵的产品；

b. 全部乳脂含量水平且 pH 等于或小于4.70的发酵酸奶油；＊

c. 全部乳脂含量水平且 pH 等于或小于 4.60 的酸化酸奶油；*

d. 全部乳脂含量水平且灌装时 pH 等于或小于 4.80 的所有酸奶产品；

e. 全部乳脂含量水平且 pH 等于或小于 4.60 的发酵酪乳；*

f. 全部乳脂含量水平且 pH 等于或小于 5.2 的发酵农家干酪*以及：

（1）在 63℃（145℉）或更高温度*下灌装且容器等于或大于 4 盎司（118mL）的产品；或者

（2）在 69℃（155℉）或更高温度*下灌装且容器为 2.9 盎司（85.6mL）的产品，以及

（3）也可以采用如下所述的其他适用的温度关键因素*来确定在该温度下灌装的可接受性，或者

（4）添加浓度至少为 0.06% 的山梨酸钾并在 13℃（55℉）或更低温度*下灌装，或者

（5）添加其浓度如 M－a－97 中所述的一种指定的微生物抑制剂和/或防腐剂，并在 13℃（55℉）或更低温度*下灌装；以及

g. 所有浓缩乳清及乳清制品须在浓缩后的 72h（包括灌装时间和排空时间）内的结晶过程中冷却到 10℃（50℉）或以下，除非在高于 57℃（135℉）的温度下灌装，在此情况下，上述 72h 的期限应从冷却过程开始时算起。***

*加工单位应当对各种关键因素进行监测并做好记录，以便监管机构核实，这些关键因素包括但不限于 pH、灌装温度、冷却时间和温度、山梨酸钾的浓度、或其浓度如 M－a－97 中所述的指定的微生物抑制剂和/或防腐剂等（如适用）。pH 限度会有 +0.05 单位的变动，这会影响 pH 测量值的重复性和不准确性。影响关键因素的配方或加工工艺的变更等须通报给监管机构。

注意：微生物抑制剂和/或防腐剂和/或其所有的单一成分须为公认安全食品（GRAS）；且其对病原体的抑制作用应通过书面的研究结果加以证实并得到监管机构和食品药品管理局的认可。

5. 所有巴氏杀菌乳和乳制品均须储藏并一直维持在 7℃（45℉）或更低温度下，直到灌装或进一步加工，但下列情况除外：

a. 全部乳脂含量水平且 pH 等于或小于 4.70*，并在灌装后 168h 内冷却到 7℃（45℉）或更低温度的发酵酸奶油；**

b. 全部乳脂含量水平且 pH 等于或小于 4.60*，并在灌装后 168h 内冷却到 7℃（45℉）或更低温度的酸化酸奶油；**

c. 全部乳脂含量水平且灌装开始时 pH 等于或小于 4.80*，在灌装后 24h 内 pH 等于或小于 4.60*，且在灌装后 96h 内冷却至 7℃（45℉）或更低温度的所有酸奶产品；**

d. 全部乳脂含量水平且 pH 等于或小于 4.60*，并在灌装后 24h 内冷却到 7℃（45℉）或更低温度的发酵酪乳；**以及

e. 全部乳脂含量水平且 pH 等于或小于 5.2 的发酵农家干酪*以及：

（1）在 63℃（145℉）以上温度*时灌装且容器大于或等于 4 盎司（118mL），在灌装后 10h 内冷却到 15℃（59℉）或更低温度**，并在灌装后 24h 内冷却至 7℃（45℉）

或更低温度,** 或者

（2）在69℃（155℉）以上温度*时灌装且容器为2.9盎司（85.6mL），在灌装后10h内冷却到15℃（59℉）或更低温度**，并在灌装后24h内冷却至7℃（45℉）或更低温度,** 或者

（3）添加浓度至少为0.06%的山梨酸钾并在13℃（55℉）或更低温度*下灌装，在灌装后24h内冷却到10℃（50℉）或更低温度,** 并在灌装后72h内冷却到7℃（45℉）或更低温度,** 或者

（4）添加其浓度如Ｍ－a－97中所述的一种指定的微生物抑制剂和/或防腐剂，并在13℃（55℉）或更低温度*下灌装、在灌装后24h内冷却到10℃（50℉）或更低温度,** 并在灌装后72h内冷却到7℃（45℉）或更低温度。**

*加工单位应当对各种关键因素进行监测并做好记录，以便监管机构核实，这些关键因素包括但不限于pH、灌装温度、冷却时间和温度、山梨酸钾的浓度、或如Ｍ－a－97中所述的指定其浓度的微生物抑制剂和/或防腐剂等（如适用）。pH限度会有＋0.05单位的变动，这会影响pH测量值的重复性和不准确性。影响关键因素的配方或加工工艺的变更等须通报给监管机构。

注意：微生物抑制剂和/或防腐剂和/或其所有的单一成分须为公认安全食品（GRAS）；且其对病原体的抑制作用应通过书面的研究结果加以证实并得到监管机构和食品药品管理局的认可。

**在冷却速度最慢的容器（即托架中央位置）中的冷却速度最慢的部分（即容器的中央位置）所监测到的冷却温度。

6. 待浓缩和/或干燥的所有巴氏杀菌乳和乳制品均须储藏在10℃（50℉）或更低温度下，并保持在该温度下直到做进一步加工。如果在冷凝器与干燥器之间使用储存罐，则在10℃（50℉）以上和57℃（135℉）以下盛装巴氏杀菌乳或乳制品的此类储存罐，每运行6h或更短时间后须完全排空并进行清洗。***

7. 储存巴氏杀菌乳和乳制品的每间冷藏室均配备有符合本《条例》附录H中适用规格的指示温度计。该温度计须装在冷藏室内温度最高的部位。

8. 每个储存罐须配备指示温度计，该温度计的传感器的安装位置须确保当罐内的储存物仅为其标定容量的20%时能够记录其储存物的温度。上述温度计须符合本《条例》附录H中的适用规格。

9. 在运输车辆上，乳和乳制品的温度不得超过7℃（45℉）。

10. 所有表面冷却器符合下列规格：

a. 开放式冷却器在安装方式上须确保其集流管截面之间留出至少6.4mm（0.25in）的间隙以方便清洁。

b. 在集流管末端未完全密封在冷却器外壳内的情况下，应当使露在外面的集流管端面高于或低于所有间隙，这样冷凝水可以从管中排走，或者在集流管的底部使用导向板，或缩短集流管底部的尺寸，或缩短底部的水槽，或采用其他可行的方法，以防止集流管中流出的冷凝水或泄漏水进入乳或乳制品。

c. 冷却器横截面的支撑物的位置须能防止冷凝水或泄漏水进入乳或乳制品。

d. 所有开放式冷却器都须配备结合紧密的防护板，以防止乳和乳制品受到昆虫、

灰尘、滴液、溅液或手部接触等造成的污染。

11. 在板式或管式冷却器和热交换器以及采用冰点抑制剂的系统内所使用的再循环冷却水是采用的安全水源并能防止受到污染。上述冷却水应当每半年检测一次，并须符合本《条例》附录 G 中的细菌学标准。其样本须由监管机构来采集，检测工作则在官方实验室中进行。因维修作业或其他原因而受到污染的再循环冷却水系统应当进行妥善处理和检测，然后才能恢复使用。冰点抑制剂和其他化学添加剂如用在再循环系统中，则应当在使用条件下不具有毒性。丙二醇和所有添加剂应为美国药典（USP）级、食品级或公认安全食品（GRAS）。为了确定再循环冷却水样本是否按本条所规定的频率进行采集，其采样间隔须包括指定的 6 个月期限再加上样本提取当月的剩余天数。

12. 盛装在无接头或焊点的连续性防腐蚀管道内的再循环冷却水，如果该管道不符合相应的美国机械工程师协会（ASME）标准或其他同等标准中有关非饮用水接触区域的规定，则在采用开放式蒸发型冷却塔内流经该管道外部的非饮用水冷却时，可考虑按上述标准的要求采取防污染措施。在上述系统中，应当对再循环冷却水管道进行妥善维护，并在安装时使其高出冷却塔的溢流边缘至少 2 倍于管径的高度。

13. 从开放式蒸发型冷却塔中流出的水可以用来冷却中间冷却介质回路内的水，随后该回路内的水可用来冷却产品，其前提是该中间冷却介质回路内的水应在任何时候有效防止其受到冷却塔内的水的渗透和污染。

如果采用盘式或双/三管式热交换器来交换开放式冷却塔流出的水与中间冷却介质回路内的水之间的热量，则必须采用隔离系统对其加以保护，以确保中间冷却介质回路内的水绝不会受到冷却塔内的水的污染。该隔离系统须包括：

a. 塔水热交换器在构造、安装和操作方式上须确保热交换器内的中间冷却介质水所受的压力在任何时候都会自动高于该热交换器内的开放式塔水的压力。

b. 塔水热交换器应当与塔水系统进行有效隔离，且热交换器的塔水侧在关闭情况下应当能够排水。

c. 该隔离系统应当采用设定为至少 6.9kPa（1psi）的压差控制器来控制。压力传感器应当安装在热交换器的塔水入口处和热交换器的中间冷却水出口处。该压差控制器与相关的供水阀门和/或供水泵进行联锁，以便在停机或断电情况下能够自动关闭该隔离系统中的所有供水泵，并将所有止回阀切换到失效安全位置，从而将热交换器与开放式塔水系统进行隔离。

d. 中间冷却水应当升高到高出塔水热交换器隔离系统内的最高塔水水位至少 30.5cm（12in）的垂直高度。在停机过程中，中间冷却水不得从塔水热交换器中排出。

e. 该隔离系统须满足下列条件之一：

（1）在隔离系统中，塔水直接从塔水分配管道中供应而不使用平衡罐，或平衡罐高于塔水热交换器内的最低水位（参见本《条例》附录 D 第Ⅶ部分的图 8、图 9 和图 10）。

在该类应用中，隔离系统应当从常闭的塔水供应截止阀处开始，至开放式冷却塔的回流管道中的止回阀处结束。

在实现隔离目的时应满足以下所有要求：

ⅰ）关闭塔水供应阀。塔水供应阀须为常闭阀门（弹簧弹向关闭位）。

ⅱ）打开塔水热交换器供水侧的全通径排气阀和位于塔水回流管中止回阀之前的全通径排水阀。该排水阀须为常开阀门（弹簧弹向打开位）；

ⅲ）该排水阀以及排水阀与热交换器之间的任何管道或水泵都必须低于热交换器内的最低液面；

ⅳ）切断塔水储水池与塔水热交换器之间的任何专用塔水供水泵（如存在）的电源；以及

ⅴ）如使用塔水抽气泵，则可以采用旁通管道为启动时处于无水状态的抽气泵注水。

（2）在隔离系统中，空气平衡罐的溢流位低于热交换器内的最低水位（参见本《条例》附录D第Ⅶ部分的图11和图12）。

在该类应用中，隔离系统应当从塔水平衡罐开始，至开放式冷却塔的回流管道中的止回阀处结束。

在实现隔离目的时应满足以下所有要求：

ⅰ）切断"本地塔水供给泵"（如存在）的电源（参见本《条例》附录D第Ⅶ部分的图11）。

ⅱ）打开塔水热交换器的供水侧的全通径排气阀；

ⅲ）打开塔水回流管中止回阀前面的全通径排水阀。该排水阀必须为常开阀门（弹簧弹向打开位）；以及

ⅳ）该排水阀以及排水阀与热交换器之间的任何管道或水泵都应低于热交换器内的最低液面。

（3）上述两种隔离系统的变型，如果其防护级别符合本"行政程序"的要求，则也可以经监管机构评估后批准使用。

测试：乳加工厂必须制定和提供对隔离系统的响应能力进行测试的方法。所需的压差控制器的准确度须由监管机构在安装时进行检查，此后每6个月检查一次，以及在进行维修或更换后测试一次。

***注意：**本章中的任何内容不应理解为禁止使用已由食品药品管理局确认为等效且经监管机构认可的其他时间与温度组合关系。

第18p条　装瓶、包装及容器灌装

乳和乳制品的装瓶、包装及容器灌装作业应当使用经过检验的机械设备采用卫生的方式在实施巴氏杀菌过程的现场来进行。[11]

对于生产乳粉制品的乳加工厂，其乳粉制品应当采用全新容器进行包装，且应防止其中的产品受到污染，并在包装后以卫生的方式加以储存。

对于生产炼乳和/或乳粉或乳粉制品的乳加工厂，其炼乳和乳粉制品应通过卫生的方式包装在密封容器内，再从一家乳加工厂运到另一家工厂以便进行进一步的加工和/或包装。

炼乳和乳粉制品的包装容器应当以卫生的方式储存。

公共健康原因

手工进行的装瓶、包装和容器灌装容易使乳和乳制品接触到污染物，从而会降低巴氏杀菌的效果。将乳和乳制品从巴氏杀菌的现场运送到另一家乳加工厂进行装瓶、包装和容器灌装可能会使巴氏杀菌乳或乳制品面临不必要的污染风险。回收使用乳粉制品的包装物很可能对其后的乳粉制品造成污染。

行政程序[12]

本条的规定在下列情形下应视为满足要求：

1. 所有乳和乳制品，包括浓缩乳（炼乳）及浓缩乳制品等，均在进行最终巴氏杀菌处理的乳加工厂进行装瓶的包装。上述装瓶和包装作业应当在完成最终巴氏杀菌处理后立即进行。

2. 所有装瓶和包装作业均应当在经过检验的机械设备上进行。术语"经过检验的机械设备"不应理解为排除手工操作的机械设备，而应理解为排除其装瓶和加盖设备未集成在同一系统内的作业方法。

3. 所有管道、接头、除泡装置和类似配件均须符合本章第10p和11p条的要求。从连续运行的除泡器中送出的乳和乳制品不直接返回到灌装机的供料箱内。

4. 装瓶或包装机的供料池和供料箱配备有盖板，其构造可防止污染物进入灌装机的供料池或供料箱内。所有盖板在运行期间均应放置到位。

5. 每个灌装机进料阀上都装有滴液挡板。滴液挡板在设计和调节方式上须确保将冷凝水转移到打开的容器中去。

6. 自动装瓶机或包装机的容器进料输送机的上方装有防护罩，以防止瓶子或包装物受到污染。上述防护罩应当从洗瓶机的出料口一直延伸到瓶子的进料口，或者，在采用一体化包装机的情况下，从成型机组的出料口一直延伸到灌装机组，再从灌装机组延伸到密封机组。如果包装盒罐在送入灌装机时无盒盖/罐盖，则盒罐进料输送机上方须配备防护罩。

7. 容器编码/日期标示装置在设计、安装和操作上须确保编码/日期标示操作在进行时不得使敞开的容器受到污染。防护罩应妥善设计和安装，以防止敞开的容器受到污染。

8. 容器制造材料，如纸浆、金属箔、蜡、塑料等，采用卫生方式进行搬运，并防止在包装物组装过程中的不当接触。

9. 装瓶机和包装机的浮动板在设计上应方便调整时无需取下盖板。

10. 所有装瓶机和包装机的灌装管均配有分流挡板或其他符合要求的装置，并尽量靠近灌装箱，以防止冷凝水进入灌装箱内部。

11. 采用上方加装防护罩来对包装机上的灌装筒加以保护，以防止其受污染。在灌装机活塞、机筒或其他乳或乳制品接触表面使用润滑剂时，该润滑剂须为可食用型润滑剂，并以卫生方式涂抹。

对于生产炼乳和/或乳粉或乳粉制品的乳加工厂，应符合以下要求：

1. 炼乳和/或乳粉或乳粉制品容器的灌装过程应由机械设备来完成。"机械设备"

一词在意义上不应当解读为不包括手工操作的设备。

2. 所有管道、接头和类似配件均须符合本章第10p和11p条的要求。

3. 灌装设备在构造上应能防止任何污染物接触到产品。灌装设备的盖板（如使用）在运行期间应放置到位。

4. 已包装的乳粉及乳粉制品在储存和放置方式上应方便检查时拿取和对储藏室进行打扫。

5. 所有炼乳和乳粉制品的容器应采用卫生方式灌装，且其灌装方法：

a. 应防止产品接触到空气中的污染物；

b. 应防止手部与炼乳和乳粉制品的接触面相接触；以及

c. 尽可能不用手接触产品。

6. 乳粉制品的所有最终容器须采用全新的一次性容器，并足够结实，以防止产品在正常的搬运、运输和储藏条件下因卫生、污染物和受潮等原因而影响质量。

7. 如使用便携式储存箱，则应符合第10p和11p条的适用规定。

8. 容器应当在灌装后立即密封。

第19p条　盖子、容器封盖和密封以及乳粉制品的储存

乳和乳制品容器的加盖、封口或密封须使用经过检验的机械式加盖设备、封口设备和/或密封设备以卫生的方式来进行。瓶盖或封盖在设计和封合方式上应确保对灌注口进行充分的保护，就液态产品容器而言，应使其在被撕开后可以被察觉。

公共健康原因

封口或密封不当或手工加盖容易使乳或乳制品接触到污染物。容器封盖在遮盖住容器灌注口的情况下，可以保护其在以后的搬运过程中不受污染，并防止容器盖上的任何被污染液体因受冷收缩而吸入瓶中，包括因受热膨胀而挤出并可能受到污染的乳或乳制品。瓶盖或封盖的粘合方式应确保其在被撕开后可以被察觉，从而有助于使消费者确信该乳或乳制品在包装后未受到污染。

行政程序[13]

本条的规定在下列情形下应视为满足要求：

1. 乳和乳制品容器的加盖、封口或密封使用经过检验的机械式加盖设备、封口设备和/或密封设备以卫生的方式来进行。"经过检验的机械式加盖设备、封口设备和/或密封设备"应包括手工操作的机械设备。禁止手工加盖。此外，如果没有合适的机械设备来进行容量超过12.8L（3gal）的容器的加盖或封口作业，则监管机构可以批准使用能有效避免所有污染可能性的其他方法。

2. 所有机械式加盖、封口或密封机械在设计上能够尽量做到无需在运行过程中进行调整。

3. 加盖或封口不合格的瓶子和包装物中的乳或乳制品被立即倒入经过检验的卫生容器内。上述乳或乳制品须防止受到污染，并保持在7℃（45℉）或更低温度下（乳粉

制品除外），并随后重新进行巴氏杀菌或废弃。

4. 所有容器盖及封口在设计和黏合方式上应确保对灌注口进行充分的保护，就液态产品容器而言，应使其在被撕开后可以被察觉。一次性容器在构造上应能保护产品及灌注口和开口处在搬运、储藏以及在容器第一次打开时不受污染。

5. 所有容器盖和封口均采用卫生的方式搬运。每根加盖管上的每一个容器盖、每卷外盖或外壳材料的第一圈以及第一张羊皮纸或外壳纸都应当弃之不用。在一次运行期结束时封口机内剩下的已散开的外盖材料从加盖管上取下后如继续使用，则应视为违反本项规定，此外，由制造商用塑料袋包装后运送过来的、已散开的塑料外盖和封口材料，如果在一次生产周期结束后立即从料斗或供料器上取下，则可以回收后存放在防护套内。料斗和加盖设备之间的斜槽中剩余的塑料外盖和封盖应当被废弃。

6. 所有乳粉制品均以卫生方式储藏。

第 20p 条　人员——清洁

在开始乳品作业之前，须彻底清洁双手，并做到随用随洗，以清除灰尘和污染物。任何员工不得在上卫生间后未彻底清洗双手而继续去进行作业。

所有人员在进行乳或乳制品、容器、器皿和设备的搬运、加工、巴氏杀菌、储存、运输或包装作业时，都须穿著干净的工作服。所有人员在进行乳或乳制品的加工作业时都须佩戴包头软帽并不得吸烟。

公共健康原因

洁净的着装和干净的双手，包括干净的指甲，都能降低乳或乳制品、容器、器皿和设备受污染的可能性。

行政程序

本条的规定在下列情形下应视为满足要求：

1. 在开始乳品作业之前，彻底清洁双手，并做到随用随洗，以清除灰尘和污染物。

2. 每个员工在上卫生间之后彻底清洗双手然后再继续进行作业。

3. 所有人员在进行乳或乳制品、容器、器皿和设备的搬运、加工、巴氏杀菌、储存、运输或包装作业时，都穿着干净的工作服。

4. 在所有搬运、加工或储存乳和乳制品的房间内或是清洗乳或乳制品容器、器皿和/或设备的工作间内均禁止吸烟。这些房间包括但不限于，接收间、加工间、包装间、乳和乳制品仓库、配料冷藏仓、一次性物品仓库及容器/器皿清洗区。所有进行乳或乳制品的加工作业的人员都戴有包头软帽。

5. 此外，在进入干燥室时，佩戴干净的橡皮手套、鞋套、干净的工作服、白色工作帽、使用干净的布或纸等。上述衣物等应妥善储存，以防止受到污染。鞋套在进入干燥室以外的其他场所后不应视为洁净。

第21p条　车辆

用于运输巴氏杀菌乳的所有车辆应当在构造和操作方式上确保乳和乳制品保持在7℃（45℉）或更低温度下，并保护其不受污染。乳罐车厢、乳罐车及便携式搬运箱等不得用于运输或盛装任何可能对人体有毒或有害的物质。

公共健康原因

乳和乳制品以及空容器等，应当在任何时候都保护其不受污染。

行政程序

本条的规定在下列情形下应视为满足要求：

1. 所有车辆均保持清洁。

2. 能够污染乳或乳制品的材料不与乳或乳制品一同运输。

3. 乳和乳制品（乳粉制品除外）保持在7℃（45℉）或更低温度下。

4. 乳罐车厢及货箱的操作符合下列规定：

a. 乳和乳制品只能通过卫生的输送设备输入乳罐车厢和货箱或从乳罐车厢和货箱内输出。上述输送设备在未使用时应当用盖子盖紧或用其他方式加以防护。

b. 货箱的进口和出口处应配备密封型防尘盖或防尘盖板。

c. 应当在所有采用货箱接收或运送乳或乳制品的乳加工厂配备相应的设施来对运送箱、管道及附属设备进行清洗和消毒。

d. 货箱在卸完货后应立即在收到货物的乳加工厂进行清洁。清洁后的货箱在装货前应当在送货的乳加工厂进行消毒。当一列乳罐车厢在卸货时，乳罐车需要往返多次来运货，因此不必在每次卸完货后都进行清洁和消毒。

e. 与货箱配合使用的管道接头和泵应当在每次使用之后进行清洁和消毒。

5. 乳罐车厢的厢门和货箱的盖板在装货后用金属封条密封。封条在货物交付给收货人之前须保持原封不动。乳罐车厢和货箱内的货物应采用贴附标签的形式标注本《条例》第四章中所规定的内容。

6. 车辆具有全密封式的车体，并配有关合严密的实心门。

第22p条　环境

乳加工厂环境应保持整洁、干净，不得有可能吸引或藏匿蚊蝇、昆虫和鼠类或者其他能够滋生此类公害的不良状况。

公共健康原因

乳加工厂的环境应保持干净整洁以防止滋生鼠类、蚊蝇和其他昆虫，从而可能污染乳或乳制品。不允许在乳加工厂内使用的杀虫剂和灭鼠剂或未依照标签说明使用的杀虫剂和灭鼠剂都有可能对乳加工厂内加工的乳或乳制品造成污染。

行政程序

本条的规定在下列情形下应视为满足要求：

1. 乳加工厂邻近区域内无任何垃圾、废料等类似废弃物。存放在合适的有盖容器内的废料应被视为符合规定。

2. 汽车道、马路及乳加工厂车辆交通区域呈一定斜度和配有下水道，且无任何积水的洼地。

3. 乳罐车卸货的室外场地采用光滑的混凝土材料或同等的不透水材料，并呈一定斜度以方便排水，且下水道配有尺寸合适的存水弯管。

4. 只有经监管机构批准使用的和/或由环境保护局登记过的杀虫剂和灭鼠剂才能用于昆虫和鼠类的控制。

5. 屋顶干净，无任何积聚的乳粉或乳粉制品。

注意：本《条例》附录 M 提供了乳加工厂、接收站和中转站检查表格的来源，这些表格对本章中相应的卫生要求进行了概括。

第八章　牲畜健康

1. 所有用于巴氏杀菌、超巴氏杀菌，无菌加工和包装或高温蒸汽灭菌处理的乳品所取自的奶畜应符合结核病免疫计划的要求，并满足下列任何一项条件：

a. 属于经整治和认可的重度结核病（TB）免疫地区或具有由美国农业部确认的更高级别；或

b. 未能保持该状态的地区：

（1）任何牲畜须已经过美国农业部认证；或

（2）须已通过结核病年检；或

（3）该地区须已制定牲畜结核病检查条令，确保该地区内的结核病预防并对乳品产业进行监督，并得到了食品药品管理局、美国农业部和监管机构的认可。

注意：依照美国农业部结核病免疫计划，只有奶牛、野牛和圈养的鹿类才在美国农业部对各个州的结核病状态确认的要求之列。因此，其他偶蹄类哺乳动物（山羊、绵羊、水牛、骆驼等）不在该计划的要求范围内，而应当符合以下第 3 项中所述的某一项要求。

2. 所有用于巴氏杀菌、超巴氏杀菌，无菌加工和包装或高温蒸汽灭菌处理的乳品所取自的奶畜应符合布鲁氏菌病免疫计划的要求，并满足下列任何一项条件：

a. 位于由美国农业部规定并经过认证的布鲁氏菌病免疫地区，并加入了该地区的布鲁氏菌病检验计划；或

b. 符合美国农业部对已认证的布鲁氏菌病免疫牲畜的要求；或

c. 每年至少参加 2 次乳汁环状检测计划，再次间隔时间约为 180d，且所有乳汁环状试验结果呈阳性的牲畜都在实验室的乳汁环状试验后的 30d 内进行了全部的牲畜血液检测；或

d. 对所有 6 个月以上的奶牛或野牛（阉牛和切除卵巢的小母牛除外）进行了个体

血液凝集试验，且每年的最长宽限期不超过2个月。

注意：依照美国农业部布鲁氏菌病免疫计划，只有奶牛和野牛才在美国农业部对各个州的布鲁氏菌病状态确认的要求之列。因此，奶牛是目前被美国农业部布鲁氏菌病和结核病计划覆盖的唯一奶畜。其他偶蹄类哺乳动物（山羊、绵羊、水牛、骆驼等）不在该计划的要求范围内，而应当符合以下第3项中所述的某一项要求。

3. 依照本《条例》规定用于巴氏杀菌、超巴氏杀菌、无菌加工和包装或高温蒸汽灭菌处理的山羊乳、绵羊乳、水牛乳、骆驼乳或任何其他偶蹄类哺乳动物乳须来自于一只或一群符合下列条件的牲畜：

a. 已通过了由州主管兽医或美国农业部地区主管兽医所提议的采用美国农业部动植物检疫局认可的特定疾病和物种检验方法（布鲁氏菌病血样检测和结核病尾褶结核菌素试验）的牲畜群整体布鲁氏菌病和/或结核病年度检验的牲畜群；或

b. 已通过了采用美国农业部动植物检疫局认可的特定疾病和物种检验方法（布鲁氏菌病血样检测和结核病尾根皱褶部结核菌素试验）的牲畜群布鲁氏菌病和/或结核病初步检测（随后仅对替代牲畜或任何新加入的奶畜或作为奶畜出售的牲畜进行检测）的牲畜群；或

c. 已通过了采用美国农业部动植物检疫局认可的特定疾病和物种检验方法（布鲁氏菌病血样检测和结核病尾根皱褶部结核菌素试验）的随机个体牲畜布鲁氏菌病和/或结核病年度检测计划（置信度99％，P值为0.05）的牲畜群。其中有一只或多只确认为阳性的任何牲畜群须进行100％的检测直到整个畜群的检测结果无一例阳性为止；或

d. 已通过了由美国农业部动植物检疫局认可的特定疾病和物种检验方法并按其提出的频率进行的散装乳检测，一旦美国农业部动植物检疫局通过了针对特定疾病和物种的试验，以散装奶的检测通过有效日作为实施日期（布氏杆菌乳汁环状凝集试验是美国农业部动植物检疫局认可的适用于牛的，大多数非牛种不适用）；或

e. 根据在州政府实施的布鲁氏菌病免疫和/或结核病免疫畜群认证计划的开展与实施当中提供的有关书面监督方案的记录（包括支持本章要求的检测结果的各种记录，以及由州级兽医出具的证明其布鲁氏菌病免疫和/或结核病免疫状况的官方书面年度证书）而被确认为布鲁氏菌病免疫和/或结核病免疫的牲畜群。该监督方案应提供相应的证明文件，而官方书面的年度布鲁氏菌病免疫和/或结核病免疫证书应由监管机构保留存档。该官方书面的年度布鲁氏菌病免疫和/或结核病免疫证书应包括"A"级非奶牛乳畜群和/或牧群（山羊、绵羊、水牛、骆驼等）的当前列表，附于上述监督方案内，同时也附于上述年度布鲁氏菌病免疫和/或结核病免疫证书内。

（参见第27页"注意"）

下表[14]提供了达到99％的置信度和P值为0.05的随机抽样量。

4. 对于除布鲁氏菌病和结核病以外的其他疾病，监管机构应当要求进行必要的物理学、化学或细菌学检测。对奶畜中其他疾病的诊断应当依据经认定的持证兽医或由官方机构聘用的经认定兽医的检查结果来作出。在上述检测当中发现的任何患病牲畜须依照监管机构的指示进行处理。

畜群/牧群数量	抽样量	畜群/牧群数量	抽样量
20	20	500	82
50	41	600	83
100	59	700	84
150	67	800	85
200	72	1000	86
250	75	1400	87
300	77	1800	88
350	79	4000	89
400	80	10000	89
450	81	100000	90

5. 支持本章所规定的各项检测的记录资料须提供给监管机构并经认定的持证兽医或由官方机构聘用的经认定兽医核实后签字。

注意：上述1~5条款涉及的美国农业部和/或国家州际国际认证组织（ICP），是指在该国家或该国家的地区负责动物疾病控制的政府机构。"经认定兽医"一词，指的是在上述国家或该国家的地区工作被授权的个体兽医。

公共健康原因

牲畜的健康是一项非常重要的考虑因素，因为大量的泌乳牲畜疾病，包括沙门氏菌病、葡萄球菌感染和链球菌传染等，都可以通过乳品这一媒质传播给人类。导致上述大多数疾病的有机体可以直接通过牲畜的乳房进入其乳汁，或是因为受感染的生物体的排放物有可能滴入、溅入或被吹入乳品中而间接进入乳品。

人群中的牛结核病发病率的大幅减少表明，畜牧业领域的良好卫生实践、对乳畜的检测和畜群中起反应对象的及时清除以及乳品的巴氏杀菌处理，都对疾病的控制起到了明显效果。但是，由于牛结核病的病原体依然存在，业界和各级监管部门必须继续对该疾病保持高度的警惕。

行政程序

牛结核病：对于反应对象，应当进行所有的结核菌素检测和重复检测，应依照由美国农业部颁布的当前版本的《牛结核病的根除：统一的方法和规定》（Uniform Methods and Rules：Bovine Tuberculosis Eradication）、《建立和维护经认可的结核病免疫乳牛群的统一方法和规定》（Uniform Methods and Rules for Establishment and Maintenance of Tuberculosis-Free Accredited Herds of Cattle）、《国内牛科动物牛结核病免疫整治认定地区》（Modified Accredited Areas and Areas Accredited Free of Bovine Tuberculosis in the Domestic Bovine）的相应规定进行处理。

在结核病检测中，畜群是指所有24个月及以上的成年牲畜，包括所有杂交的牛科牲畜。2岁以下且已经挤奶的乳畜也应包括在畜群检测之内。证明畜群所有地的认证状态的信函或其他官方通信资料，包括认证日期、已检测牲畜的确认证明、注射日期、由美国农业部认证兽医签字的化验单及结果的签收日期等，须作为符合上述各项要求的证据，并由监管机构存档（参见本《条例》附录 A）。

注意：对于国际认证组织（ICP），证明畜群所在地的认证状态的信函或其他官方通信资料，包括认证或再认证日期、已检测牲畜的确认证明、注射日期、由国家兽医服务机构签字的化验单及结果的签收日期等应按照第三方认证机构（TPC）的指令提供。

牛布鲁氏菌病：所有布鲁氏菌病的检测、重新检测、反应对象的处理，小牛的接种、畜群和免疫地区的认证等，都应符合由美国农业部颁布的当前版本的《布鲁氏菌病根除：推荐的统一方法和规定》（*Brucellosis Eradication，Recommended Uniform Methods and Rules*）的规定。在血液凝集试验中发现的所有反应对象须立即与挤乳奶畜进行隔离，且反应对象的乳品不得供人食用。

由兽医和进行检测工作的实验室所签发的每只牲畜的认定证书应当依照监管机构的规定存档。此外，在畜群接受乳汁环状试验的情况下，试验记录应当要求只显示试验日期和结果。在官方的乳汁环状试验计划到期后的 30d 内，或者，在畜群接受血液年检的情况下，上一次血液年检的 13 个月后，监管机构应当告知畜群所有者或运营商其遵照布鲁氏菌病检疫要求的必要性。如畜群所有者或运营商未在收到上述书面通知后的 30d 内遵照布鲁氏菌病的检疫要求，则应立即暂扣其许可证（参见本《条例》附录 A）。

注意：对于国际认证组织（ICP），由国家兽医服务机构和进行检测工作的实验室所签发的每只牲畜的认定证书，应按照第三方认证机构（TPC）的指令提供。

第九章　允许出售的乳和/或乳制品

自本《条例》被采用之日起 12 个月后，只允许将"A"级巴氏杀菌乳、超巴氏杀菌乳以及无菌加工和包装的低酸性乳和乳制品和/或高温蒸汽灭菌的低酸性乳和乳制品出售给最终消费者、餐饮、冷饮小卖部、食品店或类似商家。此外，只允许将"A"级乳和/或乳制品销售给乳加工厂用于对"A"级乳和乳制品进行商业性的预加工。另外，在紧急情况下，监管机构可以批准销售未分级或级别不明的巴氏杀菌乳、超巴氏杀菌乳以及无菌加工和包装的低酸性乳和乳制品和/或高温蒸汽灭菌的低酸性乳和乳制品，在此情况下，上述乳和/或乳制品应标示为"未分级"。

注意：可选择出售上述"未分级"的乳和/或乳制品，不适用于国际认证组织（ICP）所列的乳品公司（MC）州际乳品货运商（IMS）。

第十章　中转、转运容器和冷却

除本章允许的情况外，任何乳品生产商、散装乳搬运工/取样员或销售商不得在街道上、任何车辆、仓库内或除乳加工厂、接收站、中转站或专用乳品储藏室之外的任何场所将乳或乳制品从一个容器或乳罐车转移到另一容器或乳罐车中。严禁倾倒或用勺舀乳液或液体乳制品。

销售或公开发售未按本《条例》第七章规定的温度要求来保存的任何巴氏杀菌乳或乳制品，须被视为非法。

如果将巴氏杀菌乳或乳制品的容器储藏在冰中，则其储存容器应进行妥善排水。

行政程序

中转：严禁倾倒或用勺舀乳液或液体乳制品，除非随即进行烹饪。应当使用在乳加工厂内灌装乳和乳制品且密封后的容器来运送乳或乳制品。在运输过程中，不得将容器的外盖、封盖或标签取掉或更换。

散装乳自动售货机：经监管机构批准使用的散装乳自动售货机应符合下列卫生设计要求、制作要求和操作要求：

1. 所有自动售货机须符合本《条例》第七章的适用要求。

2. 产品接触面不允许能够用手接触、沾染液滴、灰尘或是昆虫，但出货孔可以不受该要求的限制。

3. 自动售货装置的所有可与乳或乳制品相接触的部位，包括任何计量装置等，均须在乳加工厂进行彻底清洁和消毒。此外，随后交付给零售商的、与自动售货机相连接的配送阀门也应在上述乳工厂进行清洁和消毒。

4. 自动售货机的容器应当在乳加工厂进行灌装和密封，并应确保乳品不会渗漏或确保任何物质在不撕开封口的情况下无法进入。

5. 乳或乳制品应当根据每一次的自动售货操作而彻底和自动混合，但均质乳或乳制品除外。

6. 所有盒罐须彻底清洁和消毒。乳和乳制品应始终保持在 7℃（45℉）或以下。自动售货机的管道应当与其容器连为一体，并加以保护，且在运输和储藏过程中进行合适的冷藏。

第十一章　其来源不受常规检查限制的乳和/或乳制品

其来源不受_____的_____[1] 或其辖区内的常规检查限制的乳和乳制品，应当在_____的_____[1] 或其辖区内出售，且前提是，该乳和乳制品在包装、浓缩或干燥后所进行的生产、巴氏杀菌、超巴氏杀菌、无菌加工和包装以及高温蒸汽灭菌处理所依据的规程与本《条例》具有经认可的同等乳品卫生合规等级与实施等级；或依照本《条例》附录 K 所规定的国家州际乳品贸易协会（NCIMS）推荐性危害分析和关键控制点（HACCP）计划进行了危害分析和关键控制点（HACCP）登记；或者，经美国公共卫生署/食品药品管理局（USPHS/FDA）与国家州际乳品贸易协会（NCIMS）协商后确认，其出口国的公共卫生监管计划以及其政府对该计划的监督工作对受监管的乳及/或乳制品的安全具有同等作用。

行政程序

监管机构应当批准由某个地区或某一独立的货运商供应的未经其常规检查的乳或

乳制品，而无需进行实际的物理检查。其前提是：

1. 乳和乳制品在抵达后须符合本《条例》第七章的各项细菌学标准、物理学标准、化学标准和温度标准。此外，受一家以上监管机构监督并由生产商直接发货的乳品可不受混合样本的细菌学要求的限制。但是，收货方所属监管机构应有权使用该单独生产商的样本来确定其是否符合细菌学标准。

2. 收到货物后，在包装、浓缩或干燥后所进行过巴氏杀菌、超巴氏杀菌、无菌加工和包装和高温蒸汽灭菌处理的乳和乳制品须符合本《条例》第二章、第四章和第十章的要求。

注意： 不受常规检查限制的生鲜、巴氏杀菌、超巴氏杀菌乳和/或乳制品须依照监管机构的要求进行取样。

3. 乳和/或乳制品须依照与本《条例》具有同等效力的的规程进行生产和加工。

4. 供应的货物受官方的例行监督；

5. 供应的货物由食品药品管理局（FDA）授权的乳品卫生评级官员授予了与本地商品相同或相当于90％或以上的乳品卫生合规等级；

6. 供应的货物由食品药品管理局（FDA）授权的乳品卫生评级官员授予了与本地商品相同或相当于90％或以上的实施等级，或者，如果该实施等级在等级评定中低于90％，则应当在本次评定后的6个月内重新评定等级。乳品卫生合规等级和实施等级都应当在等级的重新评定中达到90％或更高，否则该商品被认定为不符合本章要求；以及

7. 所有等级评定工作均依照《乳品货运商卫生等级评定方法》（MMSR）中规定的程序来进行。

注意： 由州属评级机构上报的州际乳品货运商的名称及其评定的等级应包含在由食品药品管理局（FDA）以电子方式发布的《州际乳品货运商经州际乳品货运商（IMS）登记的卫生合规等级与实施等级》当中。该登记表可从食品药品管理局（FDA）官网获得，网址：

http://www.fda.gov/Food/GuidanceRegulation/FederalStateFoodPrograms/ucm2007965.htm.

8. 该批商品已依照本《条例》附录K中规定的国家州际乳品贸易协会（NCIMS）推荐性危害分析和关键控制点（HACCP）计划由食品药品管理局（FDA）授权的卫生评级官员（SRO）授予符合要求的登记认证。

9. 该进口商品已依照国际认证组织（ICP），由食品药品管理局（FDA）授权并得到认定的第三方认证机构（TPC）的卫生评定官员（SRO）授予符合要求的登记认证。

10. 食品药品管理局（FDA）已确定，国外的公共卫生监管计划以及其政府对该计划的监督对受监管的乳及/或乳制品的安全具有同等作用。美国公共卫生署/食品药品管理局（USPHS/FDA）应当负责对上述同等性加以确定，并在对其同等性进行最终确定前与国家州际乳品贸易协会（NCIMS）进行协商。该外国政府必须充分确保由其乳品安全体系所提供的公共卫生防护等级与国家州际乳品贸易协会（NCIMS）计划提供的等级处于同一水平。

11. 本《条例》"定义乳制品"中所规定的无菌加工和包装的低酸性乳和乳制品应

当被视为"A"级乳和/或乳制品。用于生产无菌加工和包装低酸性乳和/或乳制品的乳和/或乳制品的来源应当由州际乳品货运商（IMS）进行登记。无菌加工和包装的低酸性乳和/或乳制品应当标示为"'A'级"并符合本《条例》第四章的标示要求。生产无菌加工和包装的低酸性乳和/或乳制品的乳加工厂或其下属单位须获得相当于本地商品至少90％的乳品卫生合规等级和与本地商品相同或至少相当于90％的实施等级，或者，如果该实施等级在等级评定中低于90％，则必须在本次评定后的6个月内重新评定。乳品卫生合规等级和实施等级都应在等级的重新评定中达到90％或更高，否则该商品被认定为不符合本章要求。可采用危害分析和关键控制点（HACCP）计划/无菌标准表的情况下，需要使用由卫生评定官员（SRO）提供的危害分析和关键控制点（HACCP）标准表。对于生产无菌加工和包装的"A"级低酸性乳和/或乳制品的乳加工厂，在其加入《国家州际乳品贸易协会（NCIMS）无菌加工和包装计划》或《无菌试行计划》之前，监管机构和评级机构人员应当完成由国家州际乳品贸易协会（NCIMS）和食品药品管理局（FDA）认可的有关依照《国家州际乳品贸易协会（NCIMS）无菌加工和包装计划》或《无菌试行计划》进行监管机构检查工作和等级评定工作的实施程序的培训课程。国家州际乳品贸易协会（NCIMS）的有关受《美国联邦法规》第21篇第108、110和/或114部分监管的无菌加工和包装的的发酵型高酸性乳和/或乳制品的《无菌试行计划》，如未经日后会议议定予以延期，其有效期将截止于2017年12月31日。

12. 本《条例》"定义乳制品"所规定的在包装后进行高温蒸汽灭菌处理的低酸性乳和/或乳制品，如果作为一种配料来生产本《条例》"定义乳制品"所规定的任何乳和/或乳制品，或者依照本《条例》第四章所述被标示为"A"级，则应当被视为"A"级乳和/或乳制品。在包装后进行高温蒸汽灭菌处理的低酸性乳和/或乳制品只要符合本《条例》"定义乳制品"中作出的规定，即应当被标示为"A"级并应符合本《条例》第四章的标示要求。用来生产经包装后进行高温蒸汽灭菌处理的"A"级低酸性乳和/或乳制品的乳和/或乳制品的来源应当由州际乳品货运商（IMS）进行登记。生产经包装后进行高温蒸汽灭菌处理的"A"级低酸性乳和/或乳制品的乳加工厂或其下属单位须获得相当于本地商品至少90％的乳品卫生合规等级和与本地商品相同或至少相当于90％的实施等级，或者，如果该实施等级在等级评定中低于90％，则应在本次评定后的6个月内重新评定。乳品卫生合规等级和实施等级都应在等级的重新评定中达到90％或更高，否则该商品被认定为不符合本章要求。可采用危害分析和关键控制点（HACCP）计划/高温蒸汽灭菌标准表的情况下，需要使用由卫生评定官员（SRO）提供的危害分析和关键控制点（HACCP）标准表。对于生产经包装后进行高温蒸汽灭菌处理的"A"级低酸性乳和/或乳制品的乳加工厂，在其加入国家州际乳品贸易协会（NCIMS）包装后进行高温蒸汽灭菌处理计划之前，监管机构和评级机构人员应当完成由国家州际乳品贸易协会（NCIMS）和食品药品管理局（FDA）认可的有关依照国家州际乳品贸易协会（NCIMS）包装后进行高温蒸汽灭菌处理计划进行监管机构检查工作和等级评定工作的实施程序的培训课程。

第十二章　建造方案与重建方案

为本《条例》监管下的所有乳品处理间、挤乳棚、挤乳间、乳罐车清洁设施、乳加工厂、接收站和中转站的日后建造、重建或扩建而妥善制定的建造方案须在工程启动前提交给监管机构审批。

第十三章　个人健康

任何感染了可通过食品污染传播给他人的疾病的个人不得在可使其直接接触到巴氏杀菌乳、超巴氏杀菌乳、无菌加工和包装的低酸性乳和/或乳制品、或高温蒸汽灭菌的低酸性乳和/或乳制品或使其直接触到相关乳和/或乳制品接触面的乳加工厂工作。

在乳加工厂、接收站和中转站配备有受国家州际乳品贸易协会（NCIMS）推荐性危害分析和关键控制点（HACCP）计划监管的危害分析和关键控制点（HACCP）系统的情况下，该危害分析和关键控制点（HACCP）系统应符合本章规定的公共卫生要求，并提供与本章要求具有同等标准的保护措施。

行政程序

乳加工厂运营商如得悉其感染了本章中上述疾病的员工已接触巴氏杀菌乳、超巴氏杀菌乳、无菌加工和包装的低酸性乳和/或乳制品、或高温蒸汽灭菌的低酸性乳和/或乳制品或相关乳和/或乳制品接触面，则须立即将该实情通报给相应的监管机构。

乳加工厂须告知其员工或已被有条件录取的应聘人员，所有员工和已被有条件录用的应聘人员在下列情形下，均有义务向乳加工厂管理部门如实报告，以便乳加工厂采取相应措施防止疾病传播的可能性：

1. 被诊断因感染甲肝病毒、伤寒杆菌、志贺氏杆菌类、诺瓦克和诺沃克类病毒、金黄色葡萄球菌、化脓性链球菌、大肠杆菌O157：H7、肠出血性大肠杆菌、肠毒素性大肠杆菌、空肠弯曲杆菌、痢疾阿米巴、蓝氏贾第鞭毛虫、非伤寒沙门氏菌、轮状病毒、猪肉绦虫、小肠结肠炎耶尔森菌、霍乱弧菌O1而患病或患有其他由卫生与公共服务部（HHS）宣布为可通过食物接触传播给他人、或根据可以证实的流行病数据已确定具有传染性或可传播性的疾病；或

2. 暴露于、或怀疑引起上述第1条中所述的某一食品传染性疾病的发作事件，包括在家中用餐、教堂晚餐或民族节日等活动中发生的疾病发作事件中，由于其员工或已被有条件录用的应聘人员实施以下活动：

　　a. 准备疾病发作中涉及的食品；或

　　b. 食用疾病发作中涉及的食品；或

　　c. 在事件中食用了由受感染或生病的某人所烹饪或调理的食品。

3. 与入托儿所或入学、或在托儿所/学校等类似单位工作的人员生活在一起，且该单位经历了一起上述第一条中所述的某一已确认的疾病发作事件。

同样，乳加工厂管理部门还须告知其员工，如有员工或已被有条件录取的应聘人

员出现下列情形之一，应立即通报工厂管理部门。

4. 出现与急性肠胃疾病有关的症状，如：腹部绞痛或不适、腹泻、发烧、连续 3d
或多日食欲不振、呕吐、黄疸；或

5. 出现脓疱病变，如以下部位的化脓或伤口感染：

a. 头部、手腕或手臂的外露部位，除非该病变处用耐用型防湿或紧密的隔离物进
行包裹；或

b. 身体其他部位的创口型或脓水型病变，除非该病变处用耐用型防湿或紧密的隔
离物进行包裹。

第十四章 发现感染或感染高风险时的处理程序

当可能已经接触到巴氏杀菌乳、超巴氏杀菌乳、无菌加工和包装的低酸性乳和/或
乳制品、或高温蒸汽灭菌的低酸性乳和/或乳制品或相关乳和/或乳制品接触面的人员
满足本《条例》第十三章"行政程序"中所规定的一项或多项条件时，应当批准监管
机构下令采取下列任何或全部措施：

1. 立即限制该人员从事需要接触巴氏杀菌乳、超巴氏杀菌乳或无菌加工和包装的
乳或乳制品或相关的乳或乳制品接触面的工作。在提供相应的医疗证明或其症状消失
后，或是两种情况都发生的情况下，可以依照表 5 的要求取消上述限制。

表 5　发现感染或感染高风险时取消限制的条件

健康状况	取消限制的条件
a. 被诊断因感染甲肝病毒、伤寒杆菌、志贺氏杆菌类、诺瓦克和诺沃克类病毒、金黄色葡萄球菌、化脓性链球菌、大肠杆菌 O157：H7、肠出血性大肠杆菌、肠毒素性大肠杆菌、空肠弯曲杆菌、痢疾阿米巴、蓝氏贾第鞭毛虫、非伤寒沙门氏菌、轮状病毒、猪肉绦虫、小肠结肠炎耶尔森菌、霍乱弧菌 O1 而患病或患有其他由卫生与公共服务部（HHS）宣布为可通过食物接触传播给他人、或根据可以证实的流行病数据已确定具有传染性或可传播性的疾病	根据医疗证明取消限制
b. 符合本《条例》第十三章（第 2 或 3 项）中所规定的高风险病情和/或出现第十三章（第 4 或 5 项）中的各种症状	当症状消失或提供医疗证明证实感染并不存在时，应取消限制
c. 无症状，但粪便伤寒杆菌、志贺氏杆菌或大肠杆菌 O157：H7 检测呈阳性	根据医疗证明取消限制
d. 有因感染伤寒杆菌、志贺氏杆菌、大肠杆菌 O157：H7 或其他已确认为可由人体携带的病原体而患病的病史	根据医疗证明取消限制
e. 在最近 7d 内被诊断为或怀疑感染甲型肝炎或黄疸发作	根据医疗证明取消限制
f. 在超过 7d 之前被诊断为或怀疑感染甲型肝炎或黄疸发作	根据医疗证明或当黄疸症状消失时取消限制

2. 当对事件所做的医学评估表明乳或乳制品可能已经受污染时，应立即停止受影响的乳或乳制品的销售和食用。

3. 立即要求对处于风险之中的人员进行体检和细菌学检查。

注意：处于风险之中的人员拒绝接受检查的，可以为其重新分配工作岗位，确保其不需要接触巴氏杀菌乳、超巴氏杀菌乳、无菌加工和包装的低酸性乳和/或乳制品、或高温蒸汽灭菌的低酸性乳和/或乳制品或相关乳和/或乳制品接触面。

在乳加工厂、接收站和中转站配备有受国家州际乳品贸易协会（NCIMS）推荐性危害分析和关键控制点（HACCP）计划监管的危害分析和关键控制点（HACCP）系统的情况下，该危害分析和关键控制点（HACCP）系统应符合本章规定的公共卫生要求，并提供与本章要求具有同等标准的保护措施。

第十五章 实施

本《条例》须由监管机构依照当前版本的《"A"级巴氏杀菌乳条例》行政程序的规定来实施。相应的监管机构办公室须保留本《条例》的一份经核准后的副本用于存档。在规定必须遵守各附录中的相关规定的情况下，此类规定须被视为本《条例》的规定内容的一部分。

第十六章 处罚

违反本《条例》的任何规定的任何人员将会被控以轻罪，并在对其定罪时会处以最高不超过_____美元的罚款，和/或者禁止该违反人员再次实施违法行为。上述违反行为每发生一天都将视为一次累犯。

第十七章 废除和生效日期

与本《条例》相抵触的所有条例及其任何内容均于本《条例》采用之日起12个月后废止，同时本《条例》将依照法律规定具有完全的效力。

第十八章 独立性条款

如本《条例》中的任何章、节、句、条款或词语因任何原因而被宣布违反宪法或无效，则本《条例》的其余部分不得受其影响。

脚 注

为确保表达的清晰和便于信息的理解，所有编号的脚注都已从本《条例》的正文中删除而汇集到了本章之中。文中标有数字的引用部分与本章中编号相同的脚注一一对应。

1. 在此处和本《条例》通篇中的类似位置均代表相应的执法机构。

2. 凡不希望依照本《条例》的条款对农家干酪和干凝乳农家干酪进行监管的监管机构应将下列内容从乳制品的定义中删除：

农家干酪（《美国联邦法规》第 21 篇 133.128 部分）。

干凝乳农家干酪（《美国联邦法规》第 21 篇 133.129 部分）。

3. 乳清、酪蛋白酸盐、乳清蛋白和其他乳品配料等应用"A"级生鲜乳为原料生产制得。

4. 在州法律不允许销售复原乳或再制乳和/或乳制品的情况下，本《条例》"定义复原乳或再制乳和/或乳制品"及其他相应的引用部分应当予以删除。

注意：上述 4. 引用的此选项不适用于国际认证组织（ICP）授权下的第三方认证机构（TPC）。

5. 可以将乳罐车运营许可证颁发给乳罐车的负责人员。

6. 希望依照基于性能的检查系统来对乳牛场进行检查的监管机构应当将参考 5 中的内容替换为下列内容：

"5. 依照本《条例》附录 P 基于性能的乳牛场检查系统"的规定对每家乳牛场进行检查。

7. 希望依照本《条例》的条款规定对农家干酪、干凝乳农家干酪和降脂或低脂农家干酪进行监管的监管机构应当将下列内容添加到第 5p 条的"行政程序"中去：

"农家干酪加工槽应当位于单独的房间内，不得有昆虫及其他虫害进入，并保持环境的洁净。此外，在现有的设施内，农家干酪加工槽可以安排在加工室内，但前提是不会导致环境过分拥挤、人员进出不畅、冷凝水或溅液过多等问题。位于加工室内的农家干酪加工槽须配备可重复使用或一次性的盖板，盖板在设定操作过程中应放置到位。"

8. 希望依照本《条例》的条款规定对农家干酪、干凝乳农家干酪和降脂或低脂农家干酪进行监管的监管机构应当将下列内容添加到第 7p 条的"行政程序"中去：

"供水系统的出口随时可供农家干酪加工槽使用。清洗农家干酪凝乳所用的输水软管在铺设方式上应避免其接触到地面或产品。"

9. 希望依照本《条例》的条款规定对农家干酪、干凝乳农家干酪和降脂或低脂农家干酪进行监管的监管机构应当添加下列内容：

"此外，农家干酪、干酪调味剂或干酪配料可以采用其他方法运输，并应保护产品不受污染。"

10. 希望依照本《条例》的条款规定对农家干酪、干凝乳农家干酪和降脂或低脂农家干酪进行监管的监管机构应当添加下列内容：

"此外，监管机构可以批准使用消毒和/或酸化后的饮用水来对农家干酪凝乳进行清洗。"

11. 希望依照本《条例》的条款规定对农家干酪、干凝乳农家干酪和降脂或低脂农家干酪的上市销售进行监管的监管机构应当添加下列内容：

"此外，农家干酪、干凝乳农家干酪及降脂或低脂农家干酪可以装在密封容器内采用加以保护和卫生的方式从一家乳加工厂运送到另一家乳加工厂添加奶油调味剂和/或包装。如果没有合适的设备用来包装干凝乳农家干酪，监管机构可以批准采用能避免污染的其他包装方法。"

12. 希望依照本《条例》的条款规定对农家干酪、干凝乳农家干酪和降脂或低脂农家干酪的上市销售进行监管的监管机构应当将下列内容添加到18p条的"行政程序"中去："如果采用卫生的方式对农家干酪和干凝乳农家干酪加以保护，则可将其装在密封容器内从一家乳加工厂运送到另一家乳加工厂添加奶油调味剂和/或包装。"

13. 希望依照本《条例》的条款规定对农家干酪、干凝乳农家干酪和降脂或低脂农家干酪的上市销售进行监管的监管机构应当将下列内容添加到19p条的"行政程序"中去：

"1. 此外，如果没有合适的设备用来为农家干酪、干凝乳农家干酪及降脂或低脂农家干酪容器加盖，监管机构可以批准采用能避免污染的其他加盖方法。"

"4. 农家干酪、干凝乳农家干酪及降脂或低脂农家干酪的容器的封盖应当延伸至容器的顶部边缘处，以保护产品在随后的搬运过程中不受到污染。"

"5. 此外，如果农家干酪、干凝乳农家干酪及降脂或低脂农家干酪的容器的封盖材料在交付时是装在完全密封的包装物内的，或进行了包裹以便对其加以保护，则本项要求不适用。"

14. 摘自，美国农业部动植物检疫局兽医服务处程序开发与应用办公室动物健康计划负责人维克多 C. 比尔 Jr.（Victor C. Beal，Jr.）的《监管统计学》（Regulatory Statistics）第五版（1975 年 6 月）中表 1。

15. 本章中的"认可"一词是指"经美国农业部动植物检疫局管理服务处认可"。

16. 本《条例》的经核准的副本可从食品药品管理局（Food and Drug Administration，HFS - 316，5100 Paint Branch Parkway，College Park，MD 20740 - 3835）获得。

注意： 对于国际认证组织（ICP），脚注中2，7，8、9、10、11、12 和 13 的农家干酪、干凝乳农家干酪和降脂或低脂农家干酪应为"A"级，且应依照本《条例》的条款监管。

附录 A 动物疫病预防控制

《牛结核病的根除：统一的方法和规定》（获取网址：http：//www. aphis. usda. gov/animal_health/animal_diseases/tuberculosis/downloads/tb–umr. pdf）以及《布氏杆菌的根除：统一的方法和规定》（获取网址：http：//www. aphis. usda. gov/animal_health/animal_diseases/brucellosis/downloads/umr_bovine_bruc. pdf）的副本，本《条例》所采用现行版的电子版文件可通过上面的超链接获取，或者可以从您所在州的兽医那里获取，或者从以下地方获取：

Veterinary Services

Animal and Plant Health Inspection Service（APHIS）

U. S. Department of Agriculture

4700 River Road，Unit 43

Riverdale，MD 20737

http：//www. aphis. usda. gov/animal_health/

或

美国农业部（USDA）

动植物卫生检验局（APHIS）

兽医服务部（VS）下辖的

联邦地方兽医局

您所在州的议会大厦

建议监管机构发起和/或倡议乳腺炎控制计划。一个精心策划和可扩展的教育阶段将会鼓励对生产者的支持，减少强制执法的问题。

全国乳腺炎委员会（421 S. Nine Mound Road，Verona，WI 53593，www. nmconline. org）研究了大量现有的控制方案，并列出了一个建议的灵活控制方案。此外，现有的乳腺炎知识的综述可在他们的出版物中找到：《牛乳腺炎的现代概念和牛乳腺炎的实验室手册》。

公共卫生专家会发现筛查检测是一种有效的检测异常乳的方法。筛选方法示例，以及体细胞诊断和简化方案可在上面的参考书籍及乳业实践委员会（Dairy Practices Council，319 Springhouse Road，Newtown，PA 18940（www. dairypractices. org）的出版物中找到：《Fieldperson 高体细胞计数问题解决方法指南》（The Fieldperson's Guide to Troubleshooting High Somatic Cell Counts），乳业实践委员会（DPC）指南第18 号。

监管措施不应以单独使用乳腺炎筛查为基础。筛查应作为完整的乳腺炎控制计划和挤乳时检查的辅助措施。

附录 B　乳的取样、搬运和运输

乳的取样、搬运和运输是现代乳品业的组成部分。搬运、取样和运输分为 3 个独立的职能：乳牛场或加工厂取样、散乳搬运和取样以及从一处取乳点到另一处的乳品运输。

I　乳的取样和搬运程序

乳加工厂取样员是负责为了本《条例》第 6 章中所列的监管目的而采集正式样本的人。这些人是监管机构的雇员，并且由取样监督管理官员（SSO）或经授权取样的监管机构官员（dSSO）进行评估，每两年至少一次。采用出自最新版本的《乳制品检验标准方法》（SMEDP）的食品药品管理局（FDA）2399 表格——乳品取样员评估报告（乳加工厂取样——生鲜乳和巴氏杀菌乳）对这些人员进行评估（参见本《条例》附录 M）。

注意： 为确定散装乳搬运工/取样员、加工厂取样员和乳加工厂取样员进行检验的频率，其检验的间隔时间须包括指定的 24 个月再加上检查工作进行当月的剩余天数。

散乳搬运工/取样员是搜集正式样本并且可以将生鲜乳从农场运出和/或将生鲜乳产品运入/运出乳加工厂、收购站或中转站的任何人，他们持有监管机构颁发的对此等产品进行取样的许可证。散乳搬运工/取样员占有特殊的位置，这使得他们在当前的乳品营销结构中成为了一个关键因素。作为过磅员或取样员，他们充当了官员的角色，他们常常是买卖乳品数量的惟一判定人。作为乳品收取人，操作习惯直接影响乳品的质量和安全，这取决于他们的注意程度。当职责包括了取样和交付样本用于实验室分析，散乳搬运工/取样员成了质量控制和影响厂家乳品的行政程序中的关键部分。本《条例》第三章要求监管机构建立为散乳搬运工/取样员颁发许可证的标准。采用食品药品管理局（FDA）2399a 表格《散乳搬运工/取样员官方报告》，对该类人员每两年至少进行一次评估（参见本《条例》附录 M）。

厂家取样员或散乳搬运工/取样员是为了监管目的在本《条例》附录 N 所列的乳加工厂、收购站或中转站采集正式样本的任何人。这些厂家取样员是乳加工厂、收购站或中转站的雇员，并且由取样监督管理官员（SSO）或经授权取样的监管机构官员（dSSO）进行评估，每两年至少一次。采用出自最新版本的《乳制品检验标准方法》（SMEDP）的食品药品管理局（FDA）2399——乳品取样员评估报告表（乳加工厂取样——生鲜乳和巴氏杀菌乳）对这些厂家取样员进行评估（参见本《条例》附录 M）。

乳罐车驾驶员是指将生鲜乳或巴氏杀菌乳或乳制品运入/运出乳加工厂、收购站或中转站的任何人。如果是直接从农场收取，则需要乳罐车驾驶员在运输时负责携带正式样本。

对这些人员颁发许可证的标准至少包括下列内容：

培训：为了了解散乳收取的重要性和取样的技术，包括用于乳罐车、农场散乳罐和/或储乳罐的核准的内置式取样器和核准的无菌取样器的使用，应告知和指导所有的散乳搬运工/取样员和厂家取样员收乳和取样的原理和正确程序。监管机构、农场工作人员、路线监督员以及技术和实践被视为符合要求的任何适合的人员可以提供此等培训。如果监管机构没有提供培训，则此等培训应经过监管机构的批准或在监管机构的监督之下进行培训。培训还常常采用课堂教学的形式，培训师说明收乳的实践、示范取样和样本的保存，并且给申请人提供在指导下实践这些技术的机会。在培训中讲授环境卫生和个人卫生方面的基本注意事项，它们对乳品质量来说是重要的。管理度量衡的官员可以参加这些课程，并且在计量乳品和保留规定的记录方面提供指导。

在培训课程结束时，经监管机构批准后将进行考试。考试分数低于70％的不及格的申请人在被指出的缺陷更正之前不能获得许可证或执照。这个考试足以确定散乳搬运工/取样员是否合格。该考试至少包含全部20个问题，这些问题分布在下列方面：

1. 与环境卫生和个人卫生有关的6个问题；

2. 与取样和称重程序有关的6个问题；

3. 与设备有关的4个问题，包括正确地使用、保存、清洁等；以及

4. 与正确地保存记录的要求有关的4个问题。

由监管机构和管理度量衡的官员定期举办的短期进修课程将有助于保持和提高散乳搬运工/取样员的效率。对于厂家取样员也提供定期的短期进修培训课程。

资质：

1. 经验：经验可能包括一段规定的观察期，即申请人跟随履行职责的散乳搬运工/取样员的期间。

2. 个人情况证明：许可证申请必须附带适宜的证明申请人性格和正直诚实（品格）的参考资料。

散乳搬运工/取样员的评估程序：对散乳搬运工/取样员程序的例行检查为监管机构提供了检查散乳搬运工/取样员的设备情况和符合规定的规范的合规程度的机会。

在监管机构能够在一个或多个农场观察散装乳搬运工/取样员的时候能够最好地确定散乳搬运工/取样员的技术。在颁发许可证之前，应对每名散乳搬运工/取样员进行检查，在颁发许可证之后也要进行检查，每24个月至少进行一次检查，参见本《条例》第5条。在进行正式样本采集之前，散乳搬运工/取样员必须持有有效许可证。监管机构可以通过任何监管机构进行检查的方式来维持记录要求和实施这些要求。

注意：上述提到的选择利用其他监管机构进行的散乳搬运工/取样员的检查，不适用于国际认证组织（ICP）授权下的第三方认证机构（TPC）。

取样和样本的保存程序应符合最新版本的《乳制品检验标准方法》（SMEDP）。

在确定此等合规性中评估的具体内容包括：

1. 人员仪表：散乳搬运工/取样员执行有效的卫生标准；外表保持整齐和干净；在乳处理间中禁止吸烟。

2. 设备要求：

a. 盛放全部采集样本的样本架和隔间。

b. 制冷剂，用来将乳样的温度保持在 0℃～4.5℃（32℉～40℉）。

c. 样本勺或其他核准的无菌取样装置，其卫生设计和材料经过了监管机构的批准；它们应清洁，保持良好的维修状态。

d. 一次性的样本容器；以正确方式保存。

e. 经校准的袖珍温度计；每 6 个月提供一次精准度证明；精准度±1℃（±2℉）。

f. 核准的消毒剂和样本勺容器。

g. 为乳品搅拌定时的表。

h. 适用的消毒剂试验仪器箱。

i. 散乳罐的测量杆应提供专用的卫生毛巾。

3. 乳品质量检查：

a. 通过外观和气味检查乳品是否存在异味或任何其他可以视为不合格的异常情况。如果必要，拒收。

b. 在对乳品进行计量和/或取样之前彻底洗手并使用清洁的专用卫生毛巾或核准的干手设备把手弄干。

c. 记录乳品温度、采集时间（可选，按 24h 制），在农场重量单上记录收取的日期、散乳搬运工/取样员的姓名、执照或许可证号；散乳搬运工/取样员应每月检查每个散乳罐上的温度计的精度和用作试验温度计时的记录结果的精度。每月应依据标准的温度计检查规定的记录温度计的精度并且进行记录。袖珍温度计在使用之前应进行消毒。

4. 乳品测量：

a. 在搅拌之前应测量乳品。如果到达乳处理间时搅拌器正在运行，应该在乳品的表面静止之后进行测量。

b. 用清洁的专用卫生毛巾擦干测量杆之后，小心地将测量杆插入罐中。重复这个程序直到进行了两次相同的测量。在农场重量单上记录测量值。

c. 在测量过程中不要使乳品受到污染。

5. 通用的取样系统： 当散乳搬运工/取样员采集生鲜乳样本时，应采用"通用的取样系统"，每次在农场取乳品时都采用这个系统进行取样。

这个系统可以让监管机构自行决定在不通知厂家的情况下在任何时间对散乳搬运工/取样员采集的样本进行分析。使用"通用的取样系统"提高了厂家工作人员采集的样本的有效性和可信性。取样程序如下所示：

a. 实施挤乳和搬运操作规范以防止污染乳品接触面。

b. 搅拌乳品的时间要充分，以便获得均匀的混合乳。遵守监管机构和/或生产商指南，或在使用核准的无菌取样装置时遵守适用该装置的规定协议和标准操作程序（SOP）。

c. 搅拌农场散乳罐和/或储乳罐时，在无菌状态下将样本容器、勺、勺容器和和出口阀消毒或专用的取样管带入无菌的乳处理间。去掉农场散乳罐和/或储乳罐出口阀上的盖子，检查乳品沉淀或杂质，如果必要，随后进行消毒。从传输软管去掉软管盖，并在储存过程中防止它受到污染。

d. 只有在适当地搅拌乳品之后或在使用核准的无菌取样装置时才可以取样，遵守该设备的规定协议和标准操作程序（SOP）。从消毒液或无菌容器中取出勺或取样装置，至少在乳品中润洗两次。

e. 使用样本勺或其他核准的无菌取样装置从农场散乳罐和/或储乳罐中采集一个或多个具有代表性的样本（参见本《条例》的附录 B 的 Ⅳ——针对农场散乳罐和/或储乳罐使用核准的无菌取样器的要求，它是对使用核准的无菌取样装置的具体规定）。当从取样设备中转运乳品时，应小心地确保乳品不会溢回农场散乳罐和/或储乳罐。取样容器中盛放的量不要超过容器的 3/4。关闭样本容器上的盖子。

f. 应将样本勺上的乳品冲洗干净并将样本勺放入携带容器中。

g. 关闭农场散乳罐上的盖子或盖。

h. 应在采集点在样本上标明生产者的编号。

i. 应在每次装运的第一站采集温度控制样本。应在这个样本上贴上采集时间（可选，以 24h 制）、日期、温度和生产者以及散乳搬运工/取样员的身份信息。

j. 立即将该样本放入样本储存箱中。

6. 抽出程序：

a. 一旦完成了测量和取样程序，在搅拌器仍然运转的状态下，打开出口阀并启动泵。当乳品的液位低于将造成搅拌过度的液位之下时，关闭搅拌器。

b. 从罐中抽出乳品之后，拆下来自出口阀的软管，并且给软管盖上盖。

c. 观察散乳罐的内部表面是否存在杂质或异物，在农场的重量单上记录观察到的异常情况。

d. 在出口阀打开的情况下，用温水彻底清洗罐的全部内部表面。

7. 取样责任：

a. 用来取样的全部样本容器和专用取样管应符合当前版本的《乳品检验标准方法》（SMDEP）的全部规定。在转运至实验室的过程中，应对样本进行冷却并将温度保持在 0℃（32℉）～4.5℃（40℉）。

b. 应采取措施适当地保护样本箱中的样本。将制冷剂保持在一个规定的水平上。

c. 必须提供支架以便使样本在冰浴器中适当冷却。

d. 为保证全年样品的适宜温度应对样品容器或冰盒进行充分隔离。

取样监督管理官（SSO）对取样程序进行定期评估。该程序将促进取样程序的统一性和合规性。

Ⅱ　使用核准的内置式取样器的要求

专用于那些使用核准的内置式取样器直接装入乳罐车（通过旁路使用农场散乳罐和/或储乳罐）的乳品生产者的协议应由监管机构与取样设备生产商、乳品买方、乳品生产者和食品药品管理局（FDA）合作制定。该协议至少包括下列内容：

1. 对于如何采集、识别、搬运和储存乳样的说明。

2. 在取样期间用来冷却取样装置和取样容器所采用的措施的说明。

3. 监控取样器装置温度和乳样温度以及乳品温度的措施。

4. 怎样和何时对取样器进行清洁和消毒的说明，如果不是一次性设计。

5. 接受过对取样装置的维护、操作、清洁和消毒以及对乳样进行收集、识别、搬运和储存方面培训的持有许可证的散乳搬运工/取样员的名单。

6. 用来确定乳罐车上的乳品重量的方法和方式的说明。

Ⅲ   批准乳罐车使用的无菌取样器的要求

专用于其厂家取样员使用核准的无菌取样器的每个乳加工厂的协议应由监管机构与取样设备生产商、乳加工厂和食品药品管理局（FDA）合作制定。该协议至少包括下列内容：

1. 对于如何采集、识别、搬运和储存乳样的说明。

a. 必须根据生产商的建议并且按照与设计用途相符的方式安装无菌取样器装置。

b. 必须按照生产商的说明安装无菌取样器的隔板。

c. 采用专用于无菌取样器的标准操作程序（SOP）来完成乳品的传递。

d. 必须使用适当的装置，即注射器，来传递乳品。

2. 怎样和何时对无菌取样器进行清洁和消毒的说明，如果不是一次性设计，根据生产商的说明。

3. 接受过对无菌取样器的维护、操作、清洁和消毒以及对乳样进行采集、识别、搬运和储存方面培训的厂家取样员的名单。

Ⅳ   批准农场散乳罐和/或储乳罐使用的无菌取样器的要求

专用于从自己的乳牛场运出乳品的乳品生产者或散乳搬运工/取样员使用核准的无菌取样器的每个乳品生产者的协议应由监管机构与取样设备生产商、乳品生产者和食品药品管理局（FDA）合作制定。该协议至少包括下列内容：

1. 对于如何采集、识别、搬运和储存乳样的说明。

a. 必须根据生产商的建议并且按照与设计用途相符的方式安装无菌取样器装置，不得产生封闭端。

b. 必须按照生产商的说明安装无菌取样器的隔板。

c. 采用专用于无菌取样器的标准操作程序（SOP）来完成乳品的传递。

2. 根据生产商的说明，介绍无菌取样器进行清洁和消毒的方法和时间（如非一次性使用）。

3. 仅从自己的乳牛场运输乳品的乳品生产者和/或接受过对无菌取样装置的维护、操作、清洁和消毒以及对乳样进行采集、识别、搬运和储存方面培训的持有许可证的散乳搬运工/取样员的名单。

Ⅴ   检验附录 N. 所列药物残留前已预先冷冻的绵羊乳的取样要求

预先冷藏的生绵羊乳样品可以进行本《条例》附录 N 药物残留检测，但该取样方案须经该奶牛场所在的监管机构批准。取样方案应符合下列项目：

1. 样品应由该奶牛场所在的监管机构批准的散乳搬运工/取样员抽取。

2. 取样方案应确保抽取样品的代表性。

3. 存储方案应确保生绵羊乳和样品依照食品药品管理局（FDA）/国家州际乳品贸易协会（NCIMS）2400 表格中对使用的检测试剂盒所规定的阴性对照操作，在取样后 24h 内冷藏。

4. 抽取的生绵羊乳和样品应依照食品药品管理局（FDA）/国家州际乳品贸易协会（NCIMS）2400 表格基本要求存储在正确维持和温度监控的冷藏箱内。

5. 生绵羊乳样品冷藏 60d 内送到检测实验室进行检测。

6. 应建立相应的样品监管链以确保样品的标识和操作。

7. 经批准的取样方案的副本应提交给监管机构，乳品场、收乳场和进行检测的实验室也应有取样方案的副本。如果在乳品场、收乳场和进行检测的实验室没有取样方案的副本，应在监管机构要求的 24h 内提供副本。

注意： 如果取样方案未获监管机构批准；或未遵守（取样方案）；或取样方案未经监管机构批准进行修改；或者乳品场、收乳场和进行检测的实验室在监管机构要求的 24h 内未能获取副本，将视为乳品场、收乳场违反附录 N。

Ⅵ 乳罐车许可和检验

采用食品药品管理局（FDA）2399b 表格——乳罐车检测报告，按照本《条例》第三章和第五章中确定的要求对乳罐车进行评估，每 24 个月再加上检查当月的剩余天数进行一次（参见本《条例》附录 M。）。

颁发许可： 每辆乳罐车应带有一张许可证，该许可证用于运输乳和/或乳制品的用途（参见本《条例》第三章）。该许可证应由授权的监管机构向每辆乳罐车的车主颁发。每辆乳罐车上应能够看到许可证识别信息和颁发许可证的监管机构的信息。建议在下面"检验"部分所列的检验符合要求的情况下每年更新该许可证。

互惠性： 其他的监管机构根据国家州际乳品贸易协会（NCIMS）的互惠性协议和本《条例》的支持性文件承认每份许可证。一辆乳罐车仅需持有一份由适当的监管机构颁发的许可证。该监管机构可以在其认为适合的任何时间检验乳罐车。由颁发许可证的机构之外的监管机构对该乳罐车进行检验时，如果没有当前的许可证和当前的检验证明，乳罐车的车主可能要缴纳检测费。要使一辆乳罐车仅用一张许可证便可以在几个地区收取和交付乳品，这是必要的。当乳和乳制品被运入或运出某个具体区域时，监管机构有权随时检验任何的乳罐车。乳罐车车主或驾驶员负责保存当前的检测证明，以避免重复缴纳检测费。监管机构之间就乳罐车检测的互惠性协议问题出现的纠纷应提交给国家州际乳品贸易协会（NCIMS）的主席或其指定人解决。

检验： 监管机构应检验每辆乳罐车，每 24 个月再加上检验当月的剩余天数至少一次（参见本《条例》第五章）。乳罐车应始终携带一份当前的检验报告的副本，或罐上应带有被贴上的标签，通过该标签可识别出监管机构以及检验的年月。贴标签的地点应接近出口阀或乳罐车隔板的左前侧。监管机构发现明显的缺陷或违规情况时，应将此报告的副本交给出具许可证的监管机构并且留在乳罐车上直至该违规情况得到纠正。

应在适合的地点，即乳加工厂、收购站、中转站或乳罐车清洁设施进行乳罐车检验。实施该检验不要求进入《职业安全和健康管理》（OSHA）标准中定义的密闭空间。当发现严重的清洁、建造或修理缺陷时，为了确定已经实施了所需的清洁或修理，应停止乳罐车的运营，直至符合适当的进入密闭空间的安全要求。符合资格的人员应按照监管机构的要求验证此等清洁或修理。

由出具许可证的机构之外的监管机构填写的检验报告应交给出具许可证的机构以便根据本《附录》的许可章节中的要求对检验情况进行核实。出具许可证的机构可以使用这些报告来满足许可证的要求。

乳罐车标准： 食品药品管理局（FDA）2399b——乳罐车检验报告表中的所有项目分成"符合""不符合"或"不适用"（NA）三类，该项目分类在检验过程中确定。下列项目与食品药品管理局（FDA）表2399b有关（参见本《条例》附录M）。

1. 样本和取样设备：（提供时）

a. 应按照能够防止污染的方式储存样本容器。

b. 样本箱应保持良好的维修状态并保持清洁。

c. 应对样本传递仪器进行清洁和消毒以确保采集到正确的样本。

d. 应配备样本传递容器，确保随时可获得足够的消毒液。

e. 应按照能够防止污染的方式储存样本。

f. 样本储存隔间应该清洁。

g. 将样本保持在规定温度0℃～4.5℃（32℉～40℉）之间，并且提供温度控制样本。

h. 应配有取样员使用的核准的温度计。每6个月检测一次温度计的精度，结果和日期应记录在携带箱上。

2. 产品温度7℃（45℉）或更低：

a. 产品温度应符合本《条例》的第7章第18r条——生乳冷却和第17p条——乳和乳品冷却中的全部要求。

b. 应不再使用置于温度超过7℃（45℉）的外部传递系统中的产品。这包括泵、软管、除气设备或计量系统。

3. 设备结构、清洁、消毒和维修： 应根据下列标准评估食品药品管理局（FDA）表2399b上的a～l项：

a. 建造和维修要求

（1）乳罐车和所有附属物应满足本《条例》的第七章第10p条——卫生的管道和第11p条——容器和设备的建造和维修中的适用要求。根据3－A卫生标准生产的设备应符合《条例》中的卫生设计和结构要求的规定。

（2）乳罐车的内部应采用光滑、非吸收性的、防腐的、无毒材料建造；应保持在良好的维修状态。

（3）乳罐车的附属物包括无菌取样器（如果适用）、软管、泵和装置，它们应采用光滑的、无毒的和可清洁的材料制成，应保持在良好的维修状态。如果需要弹性，液体输送系统应能够自由穿流，并且带有支撑，有利于保持一致的斜度和对齐。它们应方便拆卸，可进入检查。

（4）用来存放附属物和取样设备的罐的橱箱部分（如果适用）应按照能够防止灰尘、尘土污染的方式修建，并应保持清洁和良好的维修状态。

（5）乳罐车的汽包盖组件、通风管和防尘罩应按照能够防止罐和乳品受到污染的方式进行设计。

b. 清洁和消毒要求

（1）应根据本《条例》第 7 章第 12p 条——容器和设备的清洁和消毒的适用要求对乳罐车和其所有的附属物进行清洁和消毒。

（2）在首次使用之前应对乳罐车进行清洁和消毒。如果清洁和消毒后至首次使用之前的间隔期超过了 96h，必须重新消毒。

（3）在 24h 内可以连续进行多次的装载作业，但是，在每天使用完之后应清洗乳罐车。

4. 罐的外部条件： 应正确地建造乳罐车的外部，并且保持良好的维修状态。应在表 2399b——乳罐车检测报告中指出对乳罐车中的产品有负面影响的缺陷和损坏，并且说明矫正措施。评估乳罐车外部的清洁时应考虑当时的天气和环境条件。

5. 清洗和消毒记录：

a. 散乳搬运工/取样员负责确保在经过许可的乳加工厂、收购站、中转站或乳罐车清洁设施对乳罐车进行适当清洁和消毒。没有规定的清洁和消毒证明文件的乳罐车不能进行装卸作业，除非适当的清洁和消毒得到验证。

注意： 选择未列入州际乳品货运商（IMS）的上述 a. 引用的乳罐车清洁设施，不适用于国际认证组织（ICP）授权下的第三方认证机构（TPC）。

b. 在下一次对乳罐车进行清洁和消毒之前，清洁和消毒标签应始终贴在乳罐车的出口阀上。在对乳罐车进行清洗和消毒时，应去掉上一次的清洗和消毒标签并存放在清洗乳罐车的地方，存放的时间不少于 15d。

c. 下列信息应记录在清洁和消毒标签上：

（1）乳罐车的识别信息。

（2）对乳罐车进行清洁和消毒的日期和时间（可选，按 24h 制）。

（3）对乳罐车进行清洁和消毒的地点。

（4）对乳罐车进行清洁和消毒的人的签字或首字母缩写。

d. 散乳搬运工/取样员或乳罐车驾驶员负责保存清洁和消毒标签上的全部信息。

e. 州将向国家州际乳品贸易协会（NCIMS）执行秘书提交当前所有经过许可的所有未列入州际乳品货运商（IMS）的乳罐车清洁设施的最新清单。该清单将在国家州际乳品贸易协会（NCIMS）网站上公布。

6. 最后清洁/消毒的地点：

在任何乳罐车检验过程中最后的清洁和消毒地点由监管机构确定并且记录在乳罐车检验表中。

7. 标示： 散乳搬运工/取样员负责保存所有货运单、货运发票、提单或重量单上的所有相关信息。将生鲜乳、热处理乳或巴氏杀菌乳从一家乳加工厂运至另一家乳加工厂、收购站或中转站的乳罐车必须标上乳加工厂或搬运工的姓名和地址，乳罐车上应贴上适当的封条。所有的货运单应包含本《条例》第四章—标示中所列的下列信息：

a. 托运人的姓名、地址和许可证号。乳罐车的每次装运应包含州际乳品货运商（IMS）散装罐体单元（BTU）识别号或列入州际乳品货运商（IMS）的乳加工厂编号，对于农场集团，应在农场重量单或载货单上列上乳加工厂；

b. 搬运工的许可证识别号（如果不是托运人的雇员）；

c. 发货地点；

d. 乳罐车识别号；

e. 产品的名称；

f. 产品质量；

g. 装货时的产品温度；

h. 运输日期；

i. 在发货地点进行监督的监管机构的名称；

j. 包括生鲜乳、巴氏杀菌乳，如果是奶油，包括是低脂乳或脱脂乳，无论是否经过了热处理；

k. 入口、出口、冲洗连接和通风管上的封条号；以及

l. 产品的等级。

对于接受检验的任何乳罐车，监管机构应验证上述所列的文件中包含的全部信息，并且在适当的检验单上记录这些信息。

8. 正确标识的车辆和乳罐车：乳罐车车主或驾驶员负责确保他们持有乳罐车的规定和法定标识。

9. 之前的检验单或贴上的标签：当乳罐车从一个规定的地区向另一个地区运输乳和乳制品时，对所有抵达的乳罐车进行检验是不必要的。乳罐车车主或驾驶员应携带经认可的监管机构实施的年检的证据。

负责乳品供应事务的任何监管机构可随时或自行决定检验乳罐车。

10. 样本监管链：当任何人员运输用于正式的实验室分析的样本时，如果必须建立样本监管链，驾驶员必须携带有效的许可证，或对用于正式实验室分析的取样进行评估，每两年一次。本附录的第Ⅰ条—散乳搬运工/取样员评估程序，第7项—取样责任中的标准将用作评估依据。作为选择方案，也可以按照监管机构的要求对样本进行封存。

附录 C　乳牛场建造标准和乳品生产

Ⅰ　厕所和污水处理设施

抽水马桶

在乳牛场和乳加工厂中，抽水马桶要优于坑式马桶、撒土便桶或化学马桶。它们的安装应符合适用的政府的管道规定。马桶应位于照明和通风良好的房间内。应采取措施防止固定装置被冻坏。下列内容被视为抽水马桶装置的缺陷：

1. 水压或水量不足；
2. 管道泄漏；
3. 下水道被阻塞，出现抽水马桶溢流现象；
4. 砖线破裂或处理场阻塞；
5. 泌乳动物接触到下水道或处理场排水下面的污水；
6. 进入接收场地面的污水；
7. 卫生间的地面浸泡在尿或其他排泄物中；
8. 强烈的异味或存在其他不干净的迹象；或
9. 粪便管、化粪池、接收场或污水坑离供水源的距离短于本《条例》附录 D 中所列的限值标准。

化粪池

最好在污水排放系统中处理来自马桶的废物。如果对于乳牛场或乳加工厂来说，没有这样的系统，则至少应在化粪池中处理，污水应排放到土壤中，这是最低要求。如果土壤的可渗透性不符合规定，应根据适用的政府当局规定对污水进行处理。最好在单独的系统中处理进入地漏和来自冲洗器皿的废物等。当此等废物在化粪池系统中与马桶废物混合时，在化粪池和污水坑系统的设计中应特别考虑预期流量。

化粪池与水源之间应保持一个安全的距离，这个距离由本《条例》附录 D 中所列的标准来确定。应在施工之前由监管机构审批安装方案。化粪池应位于便于进入进行检查和清洁的地点。选择的地点应能够使处理场的可用面积达到最大。

化粪池的大小应基于污水的平均日流量，保存期约 24h，带有足够空间的污物储存空间。化粪池的最低液体容量应为 3000L（750gal）。出口应该安装挡板以防止浮渣被溢流带出。化粪池盖或厚板应是不漏水的，采用防虫和防鼠设计，能够承受可能置于其上的任何负载。采用实心板盖时，每个化粪池的每个隔间应带有一个维修孔。维修孔盖应是不漏水的。化粪池应采用能够耐受过度腐蚀或变质的材料制成。

化粪池的处理场地

每个场系统中可以设置一个分流盒。场地的设计应基于预计的污水流量、土壤的实际吸收质量和沟的底部总体面积。为此用途设计的直径不少于10mm（4in）瓦管或穿孔管建议用于场地支渠。支渠相隔的间距至少是沟槽宽度的3倍，最低为2m（6in）。

沟槽应填入碎石或经过筛选的砾石，深度从分流管以下至少15cm（6in）至线路顶部以上5cm（2in）。当使用了排水瓦管时，接口处的开口约5mm（0.25in），在顶部和侧面采用防水纸带对开口进行保护。采用未经处理的防潮纸或类似的材料做成的隔离带用来防止集料的松散回填。在任何情况下，对于任何单独的单位，不得提供其沟槽的有效吸收面积低于［46cm×30m（18in×100ft）］13.9m²（150ft²）的场地。个别管道的最大长度不得超过30m（100in）。场地的支线的斜率范围在每30m（100ft）内5cm（2in）至10cm（4in）之间，但是，每30m（100ft）不得超过15cm（6in）。46cm（18in）已修整坡度范围内最好设有瓷砖线路，但是，支线沟槽的总深度的平均值不得超过91cm（36in）。

在一些情况下，渗坑可能是污水处理的更令人满意的方式。坑壁应该具有渗透性，液体容积应该不低于化粪池。坑壁的全部面积与土壤的吸收质量和预计的污水流量成比例。

对于用来确定土壤吸收质量的渗透试验的方法信息，可以从适用的政府当局获得。从同样的渠道可以获得不同数量的用户所需的沟槽面积方面的建议信息，它与观察到的渗透率有关。鉴于他们非常熟悉当地条件，建议在修建吸收系统之前获得这些帮助。

土坑厕所

土坑厕所为无法提供水冲处理系统的乳牛场提供了最适合的粪便处理装置。尽管在使用方面存在着许多不同的设计，但是，基本的要素是一样的。

1. 一般要求：土坑应具备这样的能力，即可能使用几年而不需要移动厕所。粪便和厕纸直接保留了坑内。好氧细菌或多或少地将复杂的有机物分解成惰性物质，应防止昆虫、动物和地表水进入坑中。设计和建造出的厕所应具有防止苍蝇的功能，这一点很重要。

2. 位置：厕所的位置应考虑防止污染水源的需要。应适用本《条例》附录D的标准。如果是斜坡，它所在的地点的标高应低于水源。如果是平地，厕所和水源周围的地区应用土修成堤。

如果土坑厕所的安装将威胁到水源的安全，则必须采用其他的处理方法。所有可能的使用者应该能够进入这个场地。应考虑主导风向以便减少苍蝇和异味。为了便于适当地修建和维护，厕所坑与任何建筑线或栅栏之间的距离不得低于2m（6ft）。

3. 坑、基底和护堤：建议坑的最小容量为4.6m³（50ft³）。应该在土地表面以下1m或几英尺的深度对坑进行紧固封装，但是，封装的开口最好在这个深度之下。封装应在自然的地面之上延长25～50mm（1～2in），以便在基底和封装的上部之间留出距离，使得地板和建筑物不依靠在封装上。应修建钢筋混凝土的基底为地板和上部构造提供支撑。这个基底应置于结实的未扰动土之上。

应修建厚度至少等于混凝土基底的土护堤，它的平台区域在各个方向离基底的距离为 46mm（18in）。

4. 地板和竖板：不透水性材料，如混凝土，被视为是修建地板和竖板的最适合材料。因为厕所设施常常用做男用小便器，竖板采用不透水性材料有利于清洁。在气候寒冷的情况下，用像木馏油这样的防腐剂处理过的木材被视为具有耐久性特点，并且能够减少冷凝问题。因此，在美国的一些地区，如果经过了适用的政府当局的批准，可以使用木材。

5. 马桶座和盖：马桶座和盖应采用铰链连接以便抬起。施工中所用的材料应为轻质但耐久的材料。马桶座应该舒适。盖子应能够自动关闭。自动关闭的马桶盖存在两点问题：靠在使用者背部上部的盖，以及经常被污渍的或霜冻的盖的底面与使用者的衣服接触带来的不适。在设计马桶盖时应解决这些问题。从后面抬起盖子使得它抬升到垂直位置，这样盖子的顶部表面靠着使用者，而不是对着坑的方向暴露的底部表面。

6. 排气：由于气候条件不同，在美国许多地方排气装置的使用存在差异。在一些州，特别是南部，完全省略了排气装置，而这样的结果看起来是令人满意的。排气装置可以垂直从坑或竖板经过，穿过屋顶或直接穿过地面旁边的壁。从坑或竖板出来的垂直排气装置可以到达横向排气装置，直接穿过墙面或延对角线穿过建筑至斜对面角落。

在任何情况下，排气管上都应安装筛网。使用镀锌的浸漆钢丝筛网、铜筛网和青铜筛网。几乎在所有的设计中都采用1cm 6 个网眼的筛网（1in 16 个网眼）。细目镀锌钢丝网用来覆盖在通向排气管的外部入口上以防止大的物体阻塞排气管。

一些当局声明排气装置起不到什么作用，应该从土坑厕所中清除排气装置。只有在某些技术问题解决之后才能就排气装置问题提出满意的建议。这些问题中最重要的是坑和上部构造之间的温差带来的结露问题。已经有人建议使用冷壁凝结坑中的水分。鉴于排气价值存在不确定性，本《条例》不提出建议。

7. 上部构造：厕所结构在一定程度上已经标准化。在平面结构中，大部分厕所是 1.2m×1.2m（4ft×4ft）；前面高 2m（6.5ft），后面是 1.8m（5.5ft）。常常使用带有 1∶4斜率的屋顶。

该建筑采用实质性材料建造，刷的漆应能够耐受天气作用，并且牢固地固定在地板上。为了方便雨水从屋顶土丘排出去并且远离护堤，应修建适合的屋檐。屋顶应采用防水材料，如木材、复合木瓦或金属建造。省去屋顶下面的侧线是实现通风的一种常用方法，除非在寒冷的气候中对侧线进行打孔。在北纬地区常常使用窗户。最好能够安装衣服挂钩。

8. 土坑厕所的缺陷：下列内容被视为坑式厕所设施的缺陷：

a. 坑的边缘周围有坍落的迹象；

b. 溢出迹象，或坑已填满的其他迹象；

c. 坐垫裂开或无法自动关闭；

d. 排气管破裂、穿孔或未加设过滤装置；

e. 厕所建筑中任何类型的不清洁；

f. 厕所的开口直接朝向乳处理间；以及

g. 光进入坑内的迹象，除非在抬起坐垫时光通过马桶圈进入。

石造便坑厕所

石造便坑厕所是一种重要的坑式厕所，内部的坑采用不渗透的材料做衬，并且提供了去除粪便的准备措施。

1. 功能：石造便坑主要用在地下水位接近地面的地方或为了防止污染附近的水道、井和泉水而需要的地方。建议在石灰石岩地层中使用以防止污染石灰岩的溶洞中的水流。这种处理装置只有在能够保证充分维护和维修的情况下才是适合的。

2. 建造：石造便坑可以采用砖、石或混凝土（最好采用后者）来建造。便坑必须是不漏水的，可以阻止地下水的进入并防止便坑中物质渗漏。有必要配备可方便进入的清扫出入口。应能够防止昆虫、动物和地表水进入便坑。构成便坑部分覆盖物的上部构造的地板必须是不能渗透的。建议采用混凝土。

化学马桶

在一些地方，坑式厕所可能会威胁水源，或抽水马桶操作所需的水量不足，并且没有禁止性的法规或条例，可以采用化学马桶。只要它满足：

（1）采用耐酸材料制成的收集槽，带有方便进入清洁的开口；

（2）采用不吸水材料制成的马桶，与接收池之间保持足够的高度以防止溅到使用者的身上；

（3）收集槽和马桶的排气装置至少带有 7.6cm（3in）的筛网排气管，排气管最好采用铸铁材质制成，至少应高出屋顶线 60cm（2ft）；

（4）定期在收集槽中放入具有杀菌性质和一定浓度的化学物；

（5）安装在光线和通风良好的房间中，房间的开口不应直接面对乳处理间；以及

（6）拥有有效的最终处理方法，包括不会威胁任何水源的掩埋池或沥滤器或化粪池。

1. 种类：化学马桶与厕所不同，化学马桶通常在住所内，而厕所通常与住所分离。通常有两类化学马桶：

a. 便桶型，含有化学溶液的桶紧挨座便器的下方；以及

b. 槽型，盛有化学溶液的金属槽置于座便器正下方的土中。管道或导管将竖板与槽相连。通过排向地下的渗坑来清洁槽。

2. 功能：这类马桶在寒冷气候条件下比较盛行，这些地方适合将马桶设施修建在家里或紧挨家里，并且无法提供冲水马桶所需的流动水。

3. 化学物：便桶型或槽型化学马桶常常使用氢氧化钠来配制苛性碱溶液。将该化学物溶解在水中并且置于接收器中。化学溶剂的目的是乳化粪便和纸，并且溶解里面的物质。为了达到这个效果，化学溶剂应保持适当的浓度，每次使用马桶时应搅拌混合物。如果苛性碱溶液浓度变弱或没有进行搅拌混合时，就会产生异味，这种异味主要是因为氨气的释放而产生的。

当苛性碱溶液被稀释并且未乳化粪便时，便出现了问题。出现这种情况时，由于

吸收了空气中的二氧化碳，化学溶液发生分解，溶液不再具有腐蚀性。粪便的分解会产生恶臭。

4. 粪泥处理：生成的混合物的处理是一项麻烦的工作。对于小便桶型，通常的处理方法是在土中掩埋。通常修建的槽装置能够使槽中物质流入渗坑中。当乳化不彻底时，纸的颗粒阻塞了渗坑，在这种情况下需要采取矫正措施。由于在设计上存在的根本差异，化学马桶仅仅在座便器构造和排气方式上类似于其他类型的厕所。通常情况下，采用商业生产的竖板或便桶。

只有在能够保证经常维护和安全处理马桶内物质的情况下才能使用化学马桶。来自化学马桶槽中的粪泥和液体污水不得排向处理程序所涉及的污水下水道系统。否则，粪泥和液体污水的化学成分将严重影响此等处理程序所依赖的生物作用。

5. 缺陷：下列被认为是坑式厕所设施的缺陷：

a. 违反上述任何一项要求；

b. 气味说明注入化学物的频次不够，或注入的化学物的浓度不足；

c. 槽中物质处理不当的迹象；以及

d. 马桶隔间和房间内不够清洁。

施工平面图

符合适用的政府法规规定的化粪池、坑式厕所、石造便坑厕所和化学马桶的施工详图可以从适合的政府机构获得。

Ⅱ　指南♯45——挤乳棚中用于清除粪便的重力排水沟

乳品实践委员会出版

清除粪便的重力排水沟概念来自欧洲。粪便落入牛舍地板中的深沟中，然后通过重力流向横向水道或出口管进入储存区域。粪便流过这里一个低坝（8～20cm）（3～8in），这个低坝里面保留着一个润滑液层（见图 1），粪便从润滑液层上流过。对于新建的沟来说，在 1～3 周之后，粪便表面在坝上形成了 1％～3％ 的斜坡。然后，粪便持续地流过边缘。沟应足够深，以容纳具有小倾斜坡度的粪便。

由于粪便是依靠其本身的重量来移动的，因此，无需机械设备来清除牛舍中的粪便。通常情况下，沟和覆盖格栅的成本低于安装、运行和维护机械清洁装置的成本。

这个系统既不是冲洗式水沟，如果采用冲洗式水沟，每头牛需要 115～225L（30～60 加仑）的水来清除沟中的粪便，它也不是牛舍下的储存方式，牛舍下的储存的开口对着牛舍。这个系统是输送渠道，它将奶牛后面的粪便输送到外面的储存区域。记录泥浆顶部表面，每小时移动 3m（10ft）。

建造

1. 排水沟的深度：排水沟的深度取决于沟的长度和粪便表面的倾斜角。在这个指南中的设计中，假设粪便表面形成了 3％ 的倾斜角。大部分的饮食形成了更湿润的粪便，而没有基床，斜坡可以小于1%。底部应该是水平的，这样坝将盛下等深的液体层。

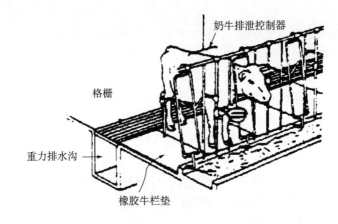

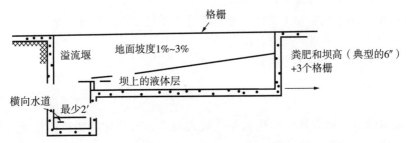

图 1　重力排水沟的侧截面图

在排出物另一端的沟的最大深度不超过 138cm（54in）。此外，出口应畅通无障碍。这个深度包括 15cm（6in）的坝和 8cm（3in）深的格栅的容差。

增加台阶可以减少粪便的最大深度。从每个坝至下一层之间的深度将根据台阶之间的距离的变化而变化（参见图2）。

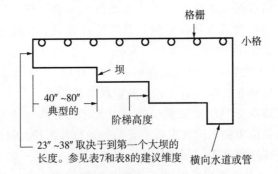

图 2　阶梯式重力排水沟

表 6　槽孔尺寸与牛的年龄

年龄/月	1～6	6～12	12～24	超过 24
槽孔大小/in	$1\sim1\frac{1}{8}$	$1\frac{1}{8}\sim1\frac{3}{8}$	$1\frac{3}{8}\sim1\frac{5}{8}$	$1\frac{1}{2}\sim1\frac{5}{8}$

2. 沟的宽度：沟底的宽度不得超过 91cm（36in）。建议使用 76cm（30in）宽的沟。为了减少格栅的尺寸和成本，沟的开口应渐渐变狭至 50～60cm（20～24in）。

3. 溢流坝：坝在渠道之上保留了一个润滑液层，它在保持流动方面是很重要的。典型的高度在 8～20cm（3～8in）。如果是可拆除的坝，则有利于在必要时彻底清洁。混凝土、钢板或厚木板可以用来建造坝。可能需要封堵缝隙使坝密封。

4. 长度：尽管已经使用的有 70m（226ft）长的沟，但是，典型的距离范围为 12～24m 之间（40～80ft）。渠道的长度越长，深度必须越深；因此，由于需要更多的混凝土和更坚固的结构，它们的成本可能更高。表 7 建议了槽的宽度。

表 7　用于泌乳动物粪便的重力排水沟的深度和长度

长度		深度	
m	ft	cm	in
12	40	58	12
18	60	78	18
24	80	96	24
30	100	114	30
36	120	132	36

5. 格栅：通常对于栓养式牛舍可以采用商用的钢制格栅，对于散养式牛舍，可以采用混凝土板。栓养式牛舍的格栅采用圆钢或扁钢制成。

表 8　阶梯式的重力排水沟的阶梯高度与长度

坝之间的长度/ft	阶梯高度/in	
	粪便的斜率 1.5%	粪便的斜率 3%
40	7	14
50	9	18
60	11	22
70	13	25
80	15	29

6. 横向水道：横向水道的构造与沟相似。为了防止粪便阻塞，建议从坝的顶部到横向水道的底部之间至少保持 60cm（2ft）的落差。渠道可以直接延伸到储存区域。为了防止储存区域的气体和冷空气向上流回渠道，泥浆应该进入底部。格栅以下的渠道应具有足够的深度以防止结冰。

通过混凝土、钢制或塑料管的重力流还可以来将粪便输送到外部储存区域的底部。小至 38cm（15in）直径的管子已经被成功使用。然而，建议采用 60cm（24in）直径的管子。

不要将渠道通入大储槽或槽，其开口也不得直接对着牛舍。这些储存物将产生气体和气味，它们将通过通风系统吸入牛舍中。

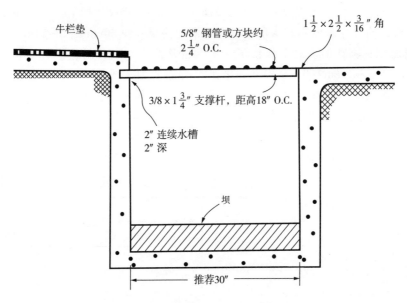

图 3 典型的排水沟和格栅截面图

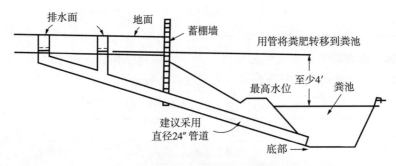

图 4 粪便传递到储存区域管理

1. 沟的注水： 在建筑物中载蓄之前，沟中注入 8～15cm（3～6in）深的水开始形成润滑层。

2. 草垫的使用： 使用的草垫的类型和数量对运行是否成功来说非常重要。每头泌乳动物每天最多可使用 5kg（1lb）的锯屑、细刨花或花生壳，它们能够让这个系统运转起来。有些采用长稻草垫草，但是，不建议采用这种方法。更多的草垫或长稻草会增加粪便的刚度并且可能阻塞沟。

使用泌乳动物垫可以将草垫的使用降至最低。有时，根据需要根据饲料转化率和使用的草垫的数量来添加水。

3. 废物和沉积物： 将饲料和干草与沟分离。从外面带来的牛舍石灰和土壤可以沉淀到底部。基于这个原因，一些沟上的溢流坝在进行清洁时是可以拆除的。如果一段时间没有使用需要对沟进行清洁，但是，在正常的管理之下，固体凝结物的形成不再是一个问题。留意固体凝结物的形状，特别是过度的草垫或饲料凝结物。将固体物切开不让它们形成阻塞，保持流动性。

4. 清洁格栅： 需要清洁格栅，每周至少一次，最好一天一次。采用与软管相连的扫帚能够更容易地完成这项工作。

5. 苍蝇和异味: 苍蝇几乎不会造成麻烦。可以将生物分解油,如矿物油,喷洒在粪便表面来控制它们。在通风良好的情况下,牛舍内不应存在异味,或异味不严重。不需要安装风机来通风。

Ⅲ 挤乳棚和挤乳间内恢复期使用的牛栏(产房)

对于美国的一些卫生和气候条件好的地区来说,在挤乳间和挤乳棚中采用混凝土地板是必要的,这便产生了一种需求,即在挤乳间和挤乳棚中建立恢复期牛栏(产房)。

因此,在挤乳间和挤乳棚中应该可以修建恢复期牛栏。但是,必须符合下列要求:

1. 除了恢复期牛栏之外,挤乳场地的所有地板应采用不渗透的表面,并且带有当前规定中所列的排水坡度。

2. 采用非不渗透地板的恢复期牛栏内动物的乳不应进入分销系统,也不应出售。

3. 恢复期牛栏内不得实施常规挤乳。

4. 牛栏必应位于一个不会污染乳品盛放输送设施或水源的地点。恢复期牛栏离井的距离不得低于 15m(50ft)。

5. 在牛栏的所有暴露面应提供至少 15cm(6in)的路缘石。

6. 恢复期牛栏中应该铺有舒适的草垫,并始终保持清洁和干燥。

7. 水龙头或自动饮水器不得设在有路缘的区域范围内。

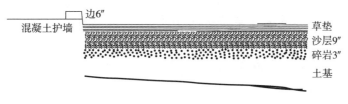

图 5 恢复期牛栏的侧截面图

8. 如果牛栏出现了卫生问题,州的卫生专家可以依据牛栏出现卫生问题的合理间隔期单方面要求定期清洁和/或改造此等牛栏。

9. 建议牛栏的数量应限制在每 50 只泌乳动物设置一个牛栏的水平。

Ⅳ 液态粪便储存区上带有排水沟格栅的常规牛舍指南

引言

采用位于挤乳棚下面的液态粪便储存区对于处理奶畜粪便而言是一种节省成本、人力和能源的方法。按照下列指南,这种系统有助于控制污染并且为牲畜和人提供了一个安全和健康的环境:

1. 在液态粪便储存区上设置排水沟格栅的常规牛舍的建造图纸在正式施工之前应

提交给监管机构审批。完工后，建筑方应向买方提供经签署的书面声明，证明该系统的建造完全符合这些指南。

2. 液态粪便槽的储存能力至少能达到 9 个月。

3. 应安装负压机械通风系统以满足下列要求（参见图 6 和图 7）：

a. 所占的区域的最大排气能力为每小时 40 次换气。其中的一半，即每小时 20 次的换气被视为是该系统的寒冷天气的部分，并且应通过粪便储存区域排放。其他的每小时 20 次的换气视为是该系统的温暖天气的部分，并且通过牛舍壁排放。

b. 通过粪便储存区域排放的 20 次的换气，每小时的连续换气排放次数至少有 4 次。额外的每小时约 16 次寒冷天气换气能力将采用恒温控制。从粪便储存区域进行排气的所有风机应安装在永久性的风机室内，风机室建在牛舍外墙的上面，与粪便储存区域直接相连。风机为单速风机，配备有合格保证的输出额定功率为 6mm（0.25in）的标准静态表压。一个坑风机应连续运行。气流应从所占的区域穿过排水沟。禁止使用变速风机。

c. 应安装提供额外的夏季冷却功能的风机以便直接通过牛舍墙壁排气。可以将它们安装在建筑物和在寒冷天气下有隔热板包裹的开口的外面，或者如果安装在墙上，应由内部隔热的盖子进行保护，以消除百叶窗和配件上的冷凝，并且防止结霜。与坑风机一样，热空气风机应安装在牛舍的同一侧。风机为单速风机，配备有合格保证的输出额定功率为 3mm（0.125in）的标准静态表压。

d. 除了那些提供最低连续排气量的风机外，所有的风机应由位置远离牛舍墙壁的恒温控制器来控制。所有的坑风机应在所有墙壁风机开动之前运行。应采用适当大小的电热超载装置来保护每台风机。

e. 计算方法：要计算具体牛舍的排风功率，用每分钟立方英尺（ft³/min）来表示，用长度乘以宽度再乘以平均室内净高从而得出体积，长度单位均采用英尺。用该体积除以 15 得到每小时 4 次（4×15＝60min）换气的最低连续功率，单位用 cfm 表示：

$$\frac{W \times L \times H}{15} = \text{cfm}$$

例如：牛舍宽 36ft，长 160ft，平均室内净高 8.5ft。对于 60 个畜栏和 2 个牛栏来说，这是合理的尺寸。对于这个例子来说，最低连续排风值的计算应为：

$$\frac{36 \times 160 \times 8.5}{15} = 3\ 264 \text{cfm}$$

每小时 20 次的总低温天气换气能力等于最低功率的 5 倍：3 264×5＝16 320cfm

共使用两部功率均为 3 264ft³/min 的风机和两部功率均为 4 896ft³/min 的风机。修建两个风机室。每个风机室中安装一部 3 264ft³/min 和一部 4 896ft³/min 的风机。连续运行一部 3 264ft³/min 的风机。第二部 3 264ft³/min 的风机控制在 4.5℃（40℉）的恒温上。用恒温器控制两部更大的风机，温度设定在 6℃（43℉）和 8℃（46℉）上。将额外的每小时 20 次的夏季换气能力分配给 3 部 5 440ft³/min 的风机上。将这些风机安装在墙上。用恒温器将它们的温度控制在 10～13℃（50～56℉）（要了解所有风机的大致位置，请参见图 6）。通常情况下无法获得精确计算功率的风机。通常选择那些功率略高的风机,而不是功率较低的风机。

f. 应提供充足的外来新鲜空气,这样才能让风机排风系统按照设计要求工作。建议在一侧用手动调节连续的狭槽入口,以便让新鲜空气均匀地分布在整个牛舍中。(参见图7)。对于寒冷天气和温暖天气条件,应手动调节风机对面的狭槽开口。认真修建新鲜空气进气系统对通风系统的正常运行来说是重要的。

4. 应提供备用发电机,在停电的时候备用发电机可以为通风系统供电。

5. 施工要求:

a. 坑上的地板系统的设计应能够安全地支撑所有的动物的重量加上可能的拖拉机的重量,当运出生病的或死亡的动物时需要使用拖拉机。通过修建在牛舍外面的附属建筑物来搅拌和抽出被储存的粪便。(参见图6和图7)。建成的服务通道地面和泌乳动物畜栏平台应能够排放到泌乳动物畜栏和服务通道之间的格栅沟槽开口中。

b. 乳处理间产生的废水应排放到坑内。生活(马桶)废物不得在粪便储存槽中处理。当乳处理间产生的废水被排放到坑中时,下悬管应与排出管道相连,这样液体废物将沉淀在槽中物表面之下,以便防止紊流和可能产生的异味。

c. 沟上的格栅以及槽的齿缝开口应具有足够的强度来支撑全部的外加负载。适合的格栅设计是使用 16mm(0.625in)的圆钢筋,长度为敞开的沟的长度。第一根钢筋的中心与畜栏平台的垂直面之间的距离应为 57mm(2.25in)。其余钢筋的中心间距为 63mm(2.5in)。穿过沟的支撑钢筋的直径应为 19mm(0.75in),中心间距为 40mm(16in)。

6. 这个系统不采用或几乎不采用草垫,应在建造牛舍的时候安装橡胶垫或类似设施以及泌乳牛训练器。建议每天用坚硬的扫帚或刮刀清洁格栅。

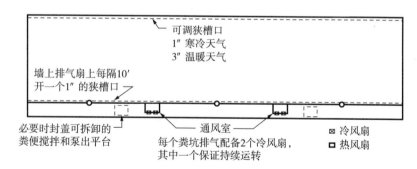

图6 液态粪便储存区上带有排水沟格栅的典型乳牛舍的排风扇建议位置示意图

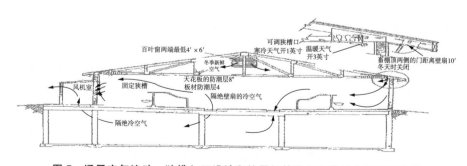

图7 通风空气流动、狭槽入口设计和坑风机的风机室的基本特征示意图

7. 应该遵守推荐用于畜栏乳牛舍的其他建筑标准和管理规范。

8. 清空收集槽的要求：

a. 在搅拌期间，让所有的动物离开并且在所有门上张贴任何人不得进入挤乳棚的标示；

b. 在搅拌和清空过程中所有的坑风机应运转；

c. 所有的乳处理间和饲料储存区开口、门、窗等应关闭；以及

d. 在收集槽搅拌完成后至少1h内任何动物和人不应进入挤乳棚。

V 乳牛场——挤乳棚或挤乳间建造和运行

许多因素，包括乳牛场的规模和地势、设施的可用性、现有建筑物的条件和布置、牛奶场运营者的最终企业目标，以及运营者的建造预算，使得每个乳品生产者的牛舍问题具有个性化和特殊性。

由于存在这样一种倾向，即工人深信既定的牛舍或挤乳系统的实用性，可以肯定的是，大部分奶牛场运营的成败源于规划的好坏。如果适当地考虑每个系统在个别用途中特殊问题，则生产出干净的乳品的这项工作更加容易，符合法规也就更简单了。例如，泌乳动物居住和挤奶所在的挤乳棚的操作人员将发现，有效的通风不仅降低了冷凝，还减少了灰尘和墙壁上、屋顶和窗户上的发霉问题。当牛舍内的窗台板具有坡度或窗户与畜棚栓牛栏的内墙齐平，同样会减少灰尘和讨厌的杂质聚集。与屋顶垂下的照明设备相比，带盖的嵌入式照明设备能够更长久的保持清洁，也更不容易受到损坏。

另一方面，挤乳间自由式牛舍系统的操作人员会重视设计特征，如机械操作的门，它能够加速动物的运动；抛光后的墙面漆，它能够减少挤乳之后清洗挤乳间所需的时间。更清洁的泌乳动物源自正确地规划和管理运动场和草垫区域。建议为每头动物提供至少$9m^2$（$100ft^2$）的平面场地和不少于$5m^2$（$50ft^2$）的睡眠区域。还应制定规定至少每天清除运动场和运输通道上的粪便。采用自由式牛舍的操作人员对散栏式牛舍非常感兴趣。工人们断定，过去多年来困扰他们的自由式牛舍的泌乳动物不洁问题和过度铺垫需求问题有了解决方法。计划新造或对现有的牛舍进行大规模改造的乳品生产者应认真研究这些特点。

在挤乳棚或挤乳间中的所有工作区域的光线应充足。许多乳牛场常常在夜里工作，因此提供照明标准最低为10呎烛光（100lx）的人造光源极为重要。尽管只能通过使用照度计确认是否符合了这一要求，但是，经验表明，如果双列内向牛舍中每3个支柱或每排泌乳动物后面的走道每$3m$（$10ft$）或双列外向牛舍中泌乳动物各排之间安装1个100W灯泡（或相同效果的日光灯）能够让挤乳棚得到适当的照明，同样能达到本《条例》要求。此外，建议在泌乳动物前面的喂料通道配备数量更少的间距相等的灯泡。当使用自然光线时，建议每$5.6m^2$（$60ft^2$）的地面面积至少应留出$0.37m^2$（$4ft^2$）的窗户空间。

卫生人员和乳牛场主可以从多个来源获得各种动物管理系统的施工计划和建议，包括美国农业部、县推广人员、乳牛场期刊和服务建筑供应行业的行业协会。

乳处理间

乳处理间应该足够大，能够提供足够的空间来满足当前的需求，并且应该考虑到未来的扩张预期。操作人员应该可以方便地使用安装好的乳处理间设备。通道的宽至少有 76cm（30in），在临近冲洗槽的散乳罐的出口和操作条件能够保证的地方留出更多的空间。给散乳罐和机械清洁系统留出充足的可用于拆卸、检查和维修的空间，这是特别重要的。

除非有足够的空间用于维修，否则地漏不应置于散乳罐的下方。地漏不得位于散乳罐出口的正下方。排水和废物处理系统应该能够充分地排除清洗和清洁所使用的水量。

乳处理间应保持良好的通风。适当的通风不仅能够避免设备和墙壁上的明显的冷凝问题，还能够延长建筑物和其设备的使用寿命。经常更新表面的喷漆、修理木质固定装置和框架，并从通风条件不佳的乳处理间的墙上和屋顶上清除藻类和霉斑，对经营者来说是一笔持续性的费用。

如果可能，窗户应设置在能够对流通风的地方。此外，应布置一个或更多的屋顶通风管来接收来自冲洗槽和蒸发水分的其他蒸发来源的水。

在乳处理间建筑中，有时采用玻璃砖来替代窗户。在这些情况中，应提供机械通风装置。与排气通风相比，建议采用正压过滤系统，因为排气通风常常将灰尘、昆虫和异味排入乳处理间中。

在乳处理间运营中由于对加压水存在着巨大需求，因此，保护管道系统不被冻坏是很重要的。经证明能够提供有效保护的方式包括为水管线隔热、使用热收缩缠绕带、红外线灯，以及恒温控制的局部供热装置。

采用隔热装置的乳处理间更容易防冻，也更节约成本，而且为经营者提供了更高的舒适性。为员工提供方便常常使得经营者的运营更加出色，从而有利于提高乳的质量。自动挤乳和挤乳设备的机械清洁系统增加了热水在乳处理间中的使用。表 9 说明了注满不同直径的 30m（100ft）的管道所需的水量。

表 9　各种尺寸管道的工作水量

管道直径/in	加仑/gal
1	4.7
1.5	9.2
2	16.3

由于大部分清洁装置采用预冲洗，然后是冲洗循环，表 9 实际上只代表了 1/3 通常情况下挤乳时需要的加热水。此外，它不包括采集罐、泵和橡胶零件等所"占用"的体积。

乳房清洗、散乳罐清洁和类似的乳处理间工作为都需要额外使用热水。

卫生专家应该计算监督之下的单个挤乳系统的热水需求，并且要求始终提供不低于最低量的热水。乳品生产者应该知晓，没有足够的热水便无法有效清洁应由机械清洁的装置，应鼓励其提供高于预计的热水供应量。此等规划避免了紧急情况下出现的热水供应不足问题，并且可以正常地扩充牛群和设备。

乳处理间的详细计划和对热水需求、隔热、照明和通风的建议可以从电力公司、建筑供应协会、县农业推广人员和州大学那里获得。

在乳处理间、挤乳棚，或乳处理间和挤乳棚之间的任何通道中不得使用由汽油或柴油机驱动的制冷、电力或机械系统。考虑到此类设备有漏油和散发气味的特点。使用它的地方很难保持清洁，并且常常变成了垃圾和易燃物的聚集地。通过有效的规划，在不影响性能的情况下这些发动机和附件设备可以安放在独立的房间或临近牛舍或乳处理间的建筑中。

挤乳方法

一个成功的挤奶程序的目标是确保大多数的奶牛在优化乳房健康和生产出低细菌计数和体细胞计数的牛奶的条件下，迅速、温和、彻底地挤奶。

《设计、制作和安装挤奶和牛奶处理设备 3 - A 公认规范》（3 - A Accepted Practices for the Design, Fabrication, and Installation of Milking and Milk Handling Equipment）606 - ♯♯，规定了挤奶设备的性能、数据要求以及尺寸要求，以满足挤奶和清洁的功能。在国家乳腺炎委员会（NMC）指南《挤奶系统真空水平和空气流量的评估程序》中提出了挤奶设备测试的方法，以确保符合这一公认规范。

在国家乳腺炎委员会（NMC）的出版物《牛乳腺炎的最新概念》和实况报道《挤奶推荐程序》中，推荐了挤奶的程序以便将乳腺炎的风险降到最低，从而提高乳品质量。

反冲系统

如果系统的设计、安装和操作符合下列反冲系统参数，则这些系统是合格的：

1. 所有的产品接触表面应符合本《条例》第 9r 条的建造标准。

2. 在水和/或化学溶液以及乳和/或乳制品接触面之间应始终接触到空气。

3. 如果采用预冲洗步骤，应使用安全的水。

4. 这个系统应规定：

a. 使用化学溶液的化学溶液循环应符合本《条例》附录 F 的规定；

b. 化学溶液的浓度应限制在既能达到既定效果，又不会在乳品中残留显著；

c. 冲洗后循环应使用安全的水。考虑使用经处理过的水以防止嗜冷微生物污染；以及

d. 应为沥干循环操作留出充足时间，以便沥干或清除反冲系统与产品接触面间的水分。

5. 当采用正压空气与产品或溶液接触面接触时，应遵守本《条例》第 14r 条中包含的正压空气的要求，但是，不包括在下列情况下来自终端过滤器的风管下游的管道要求：

a. 管道仅用于过滤过的空气；

b. 至少有一个检修口来确定风管道是否清洁；以及

c. 管道（包括接头上使用的任何粘合剂）采用平滑的、非吸收性的、抗腐蚀的、无毒材料制成。在一些装置中，可能需要安装止回阀来防止水和/或化学溶液进入这些

风管道。

避免药物残留的控制措施

动物标识和记录保持对避免乳品药物残留是很重要的。生产者应建立体系以确保正确使用兽药，应能提供证据以表明防止在乳品和/或肉中出现药物残留的药物管理控制足够充分。控制体系应能实现下述目标：

1. 对于经药物治疗的泌乳动物：

a. 进行标识，即脚环，粉笔记号；和/或

b. 隔离；或

c. 防止销售用乳品掺假的其他方法。

2. 治疗记录包括下列信息：

a. 经过治疗的动物的身份；

b. 治疗日期；

c. 给予的药物或其他化学物；

d. 给药的剂量；

e. 乳品报废时间；以及

f. 屠宰前的停药时间，即便是零。

注意：记录应包括纸和文件夹、卡片目录、记事本类的日历、月度纸日历、粉笔画板（临时记录）、电子计算机记录等。

3. 记录的保存：兽药的正确或错误使用可能会造成兽药在乳（4～45d）和肉（18～24 个月）中的残留期延长。当行业或监管机构调查或追溯查找与乳品或肉用乳牛药物残留有关的接受治疗的动物时，可能会验证药物治疗记录。生产者应当将所有治疗记录至少保留两年，以便在乳或肉的残留发生时满足追溯或跟踪需要。

4. 在规定的结束时间之前，应对用药动物检疫/隔离，或采取其他方式防止销售来自用药动物的乳或肉。

5. 应针对正确使用药物、避免将掺杂乳或掺杂肉作为食品出售的方法，对动物治疗过程中所涉及的全体乳牛场员工进行培训。

昆虫和鼠类控制

从乳牛场上彻底消除苍蝇实际上是做不到的。乳牛场如能认真、持续的实施卫生程序，筛选并正确使用杀虫剂，则能很大程度减少苍蝇的侵扰。

乳品生产者或乳牛场经营者必须时刻意识到，大多数杀虫剂（包括杀虫剂和灭鼠剂）对人和动物所固有的潜在威胁。他们应该只使用主管当局推荐的控制昆虫和鼠类问题的杀虫剂和灭鼠剂，并且严格遵守厂家的标签上的使用说明，这是很重要的。

在杀虫剂使用方面的问题应咨询相关的监管机构和/或县农业推广人员。

应根据下列指南安装和操作间歇式的延时释放的高压昆虫喷雾或喷洒系统：

1. 杀虫剂应在美国国家环境保护局（EPA）注册。

2. 杀虫剂容器上的标签应规定在乳牛场和挤乳区可以使用该杀虫剂。

3. 标签上应包括有关安全使用杀虫剂的充分说明。

4. 应指定杀虫剂用在间歇式的延时释放的高压昆虫喷雾系统中，并且按照标签上的说明使用。

5. 盛放浓缩的杀虫剂或使用溶液的容器、槽或桶，以及泵或压力设备不得放置在乳处理间内。

6. 喷出、喷洒或雾化杀虫剂的喷嘴不得放置在乳处理间内。

7. 喷嘴的地点、位置和操作不得使任何杀虫剂喷洒、雾化、滴到或排到乳品管道和返回溶液管道开口、挤乳器附属物上，包括奶抓、膨胀设施、流量感应器和内部连接的弹性奶管、乳接收器或释放器、乳泵、称量罐、乳计量设备，或倾倒、拉紧或传输乳的任何地方。

8. 喷嘴的地点、位置和操作不得使任何饲料或水受到污染。

9. 对于喷雾或喷洒系统，如果其喷嘴在挤乳棚或挤乳间内，则在挤乳过程中不得使用这个系统。此外，在对挤乳棚或挤乳间内的挤乳设备进行清洗和消毒过程中不得使用这个系统。对该系统进行必要的线路连接，使得该系统在真空泵操作过程中无法操作，也可以采用主控断路开关，该开关上应带有醒目警示标志，标志上警告操作人员在挤乳、清洁和消毒过程中应当关闭该开关。

10. 喷雾或喷洒系统的操作中使用的杀虫剂剂量应恰好能够达到减少苍蝇和其他昆虫数量的原定目的。过多使用杀虫剂，外部裸露的墙壁、地板和设备上将留下一层膜，这被视为违反了本《条例》19r条的规定。

11. 本系统仅能对乳牛场为充分控制苍蝇和昆虫繁殖而实施的清除和处理粪便的良好卫生程序的补充，不能替代。

像昆虫控制一样，有效的鼠害控制成功与否取决于卫生状况。应认真清除垃圾和木料堆，对饲料箱、谷物饲料槽和类似的结构实施防鼠措施；及时将溢出的饲料和粪便运到处理终点；并且认真清除乳牛场建筑中的经保护的存水区域，以上措施均是为阻拦乳牛场附近的鼠类。此卫生程序能带来诸多益处，能节省饲料、降低乳牛场建筑的维护成本以及降低火灾风险和减少乳牛场动物疾病暴发风险。

抗凝剂类毒药，杀鼠灵、氟乙酰胺等为农场鼠类控制提供了更好的方式。根据说明使用，并且有效地防止养殖动物的误食，在实施额外的防范计划时，这些化学品能够控制鼠类的数量。

参考文献

［1］ Bates，D. W. How to Plan Your Dairy Stall Barn，M－132（Revised 1972）University of Minnesota.

［2］ Midwest Plan Service，Ames，Iowa，Plan No. 72327，Dairy Barn，60 Tie Stalls，Gable Roof，Liquid Manure 1974.

［3］ Bates，D. W. and J. F. Anderson，1979. Calculation of Ventilation Needs for Confined Cattle，J. of the American Veterinary Medical Association 1979.

［4］ Midwest Plan Service，Ames，Iowa，Dairy Housing and Equipment Handbook 1985.

附录 D　水源标准

本《"A"级巴氏杀菌乳条例》、美国食品药品管理局（FDA）对其的正式解释以及美国公共卫生署（USPHS）/美国食品药品管理局（FDA）的其他书面意见应用来评价乳牛场、乳加工厂和一次性容器和/或封盖生产设备的单个水源和水系统建筑要求的可接受性。

本《"A"级巴氏杀菌乳条例》应替代严格程度低于它的适合的政府水资源管理机构的要求。在评级、检查评级、专用的上市认证和审计中，严格程度高于《"A"级巴氏杀菌乳条例》的适合的政府水资源管理机构的要求不用于确定水源的合格性。例如，《"A"级巴氏杀菌乳条例》要求每3年提取一次乳牛场水样。如果州法律要求每年提取一次水样，而该乳牛场满足了《"A"级巴氏杀菌乳条例》的3年一次的要求（即便没有满足州要求的一年一次的频率），进行卫生评级（包括该乳牛场）的乳品卫生评级官员（SRO）应认可该水样提取频率。

按照本《条例》第7章中用于"A"级品检查和所有其他州际乳品货运商（IMS）用途的规定，除了个体水源之外的被适合的政府水资源管理机构认定为安全的水源应视为合格水源，而无需对泉水、井水或蓄水池处理设备、试验记录等进行进一步的检查。

Ⅰ　水源的位置

离污染源的距离

所有的地下水应与污染源之间保持一个安全的距离。然而，如果水源受到严重的限制，可能受到污染的地下水的蓄水层经过处理后可以考虑用作供水。在对某个区域的水源的地点作出决定之后，确定水源与污染源的距离和水流动的方向是必要的。确定安全的距离应基于接下来的一节"卫生调查"中描述的特定当地因素。

在确定地下水源和污染源之间的"安全"距离时，由于受多种因素的影响，要设定一个固定的距离是不现实的。如果在确定"安全"距离方面没有充足的信息，应该将经济、土地所有权、地质和地形允许的最大值作为"安全"距离。应该说明，地下水流的方向并不总是与地表斜率一致。应由在评估所涉及的所有因素方面受过严格培训并具有丰富经验的人员检查每个装置。

地下水源的安全主要取决于良好的井结构和地质因素，在不同情况下确定安全距离时，应将这些因素作为指导。下列标准仅适用按照规定修建的井，如本附录中所述。对于未按照规定修建的井，无安全距离可言。

当按照规定修建的井进入有良好过滤性质的疏松地层时，并且当蓄水层本身被类似的材料与污染源分离时，研究和经验证明，15m（50ft）这个距离能够充分地将两者分离。

如果由具有资质的适合的政府水资源管理机构官员实施的综合安全调查认为有必要采用更短的距离，并且此等距离是安全的，则可以采用此等更短的距离。

如果计划在未知特点的地层中修建符合规定要求的井，应咨询适合的政府机构。

如果井必须修建在板结地层中，在井的地点选择和设定"安全"距离上应特别小心，因为在这样的地层中，污染物能够运行很远的距离。业主应该要求适当的政府机构的协助。

在确定井与污染源之间的适合距离中表10可以作为指南：

表10　井与污染源之间的距离

地层	井与污染源之间可接受的最小距离
好（疏松地层）	15m（50ft）——只有在进行了对计划的地点和周围环境做了综合卫生调查之后并得到适合的政府机构的批准后才能采用更短的距离
未知	15m（50ft）——只有按照适合的政府机构的要求对计划的地点和周围环境做的综合地质勘测证明存在有利的地层之后才适用
差（板结地层）	只有在进行完综合的地质勘测和综合卫生调查之后才能确定安全距离。这些勘测也可以确定井相对于污染源而所在位置的方向。在任何情况下，安全距离不得短于15m（50ft）

评估对井的污染威胁

不利于污染控制的条件以及可能需要在井和污染源之间保持更长距离的条件包括：

1. 污染物的性质：人畜粪便和有毒化学废物是严重的健康隐患。溶于水的盐、洗涤剂和其他物质与地下水混合并且与地下水一起流动。通常情况下，自然过滤无法清除它们。

2. 更深的处理：到达蓄水层或减少了废物和蓄水层之间的过滤泥土量的化粪池、排水井、废液注入井和污水坑增加了污染危险。

3. 有限的过滤：当井的周围和覆盖在蓄水层上面的泥土过于粗糙，像石灰岩、粗碎石等那样无法提供有效的过滤，或当井的周围和覆盖在蓄水层上面的泥土层过于薄时，便增加了污染风险。

4. 蓄水层：当蓄水层材料本身过于粗糙，像石灰岩、裂隙岩体等那样无法提供有效的过滤，那么通过露出地面的岩层或通过挖掘进入蓄水层的污染物可以穿过很远的距离。在此等情况下，知晓地下水流的方向以及是否在地层中存在露出地面的岩层或是否存在到达蓄水层的挖掘是非常重要的，"上游"和足够近的距离是存在风险的。

5. 排出的废物量：因为大量排出的和到达蓄水层的废物可以严重改变地下水位的坡度和地下水流的方向，很明显大量地排放将增加污染威胁。

6. 接触面：当沟渠的设计和建造是为了增加吸收率，如化粪池沥滤系统、化粪池和污水坑中，与采用密封下水道管道或废水管相比，与水源应保持更长的距离。

7. 污染源的浓度： 对于普通地区来说，如果存在的污染源超过一个，将增加总的污染负荷，从而造成污染威胁。

卫生调查

水源的卫生调查的重要性无论怎样强调都不过分。对于新水源，卫生调查应与水源的初始施工数据结合完成，数据应当包含特定水源的开发，以及满足当前和未来需要能力的数据。卫生调查应包括发现所有的健康隐患和评估这些隐患当前的和未来的重要程度。应由在公共健康工程方面以及水传疾病流行病学方面受过培训的和具备这方面能力的人员实施卫生调查。对于现有的水源来说，卫生调查的频率应与健康隐患控制及维护良好卫生质量相符。由卫生调查提供的信息对于完成细菌学及更常用的化学数据的解释是重要的。这些信息应始终配有实验数据。下列纲要包括了在卫生调查中应该调查的或考虑的重要因素。清单中的条目未能涵盖所有的相关内容，在一些情况下，未列入清单中的内容可能作为重要内容添加到检查清单。

地下水源：

1. 当地地质的特点和地面的坡度。

2. 土壤和土壤下面的多孔地层的性质，包括黏土、沙子、碎石、岩石（特别是多孔石灰岩）；沙子或碎石的粗细；含水地层的厚度；至地下水位的深度和地点；在使用中的和废弃的当地井的记录和施工详图。

3. 地下水位坡度，最好由观察井来确定，也可以由地面坡度来推定，但是，这种推定未必准确。

4. 排水区的范围可能会将水排放到水源中。

5. 当地的污染源的性质、距离和方向。

6. 地表排水进入水源以及井被淹的可能性以及保护方法。

7. 通过废水处理、废物处理和类似方法防止水源污染的方法。

8. 井的施工：

a. 井的总深度。

b. 保护罩：直径；壁厚；材料；距离地面的长度。

c. 筛管或穿孔：直径；材料；施工；地点和长度。

d. 地层密封：材料、水泥、沙子、膨润土等；井深间隔；环空厚度；充填方法。

9. 井口的保护：进行洁净井密封；保护罩高于底层或洪水淹没的高度；井通风装置的保护；井的防腐保护和动物防护。

10. 泵房施工：地板、排水等；泵的排量；泵运转时压降。

11. 不安全供水的可用性：可以代替正常供水来使用，因此，涉及对公共健康的威胁。

12. 消毒设备：监督；测试维修工具或其他类型的实验室控制设施。

地表水源：

1. 地表地质的性质：土壤和岩石的特点。

2. 植被特点：森林；耕种和灌溉的土地；包括盐度，对灌溉水的影响等。

3. 每平方英里排水区的入口和铺设了污水管道的入口。

4. 污水处理的方法，无论通过流域转移或经过处理。

5. 在流域上的污水处理厂的特点和效率。

6. 粪便污染源靠近供水的取水口。

7. 靠近工业废物、油田盐水和酸性矿水等，以及它们的来源和性质。

8. 供应量的充足性。

9. 对于湖水或蓄水池水的供应：风向和风速数据；污染的漂移；阳光数据；以及藻类。

10. 未经净化的水的特点和质量：大肠杆菌最大可能数（MPN）；藻类；浊度；颜色；以及有害矿物成分。

11. 标准蓄水箱或蓄水池的滞留时间。

12. 水从污染源流向蓄水池和经过蓄水池取水口所需的最少时间。

13. 蓄水池的形状，参考由于风或蓄水池排水而导致的从入口到供水引入口的可能水流。

14. 与流域的使用有关的保护性措施来控制沿岸以及水中或水上的钓鱼、划船、飞机着陆、游泳、涉水、切冰和动物等。

15. 监管的效率和持续性。

16. 水的处理：设备的种类和充足性；部件的复制；处理的效率；监督和检测的充分性；消毒后的接触期；以及携带的游离氯残留。

17. 泵送设备：泵房；泵流量；备用装置；储存设备。

Ⅱ 施工

井的卫生施工

进入含水地层的井可能会形成一个直接污染地下水的通道。虽然井和井的施工的类型不同，但是，应考虑和遵守基本的卫生规则：

1. 保护罩外的环形空间用防水水泥浆或取自霜线或井旁边挖掘的最深层（能够防止污染水进入所需的深度）以下的某点的夯实黏土来填充。

2. 对于自流水层，保护罩应密封在不渗透的上覆地层以便保持自流的压力。

3. 当进入了含有劣质水的含水地层时，应封闭该地层以防止水渗透到井或蓄水层中。

4. 带有经批准的通风装置的卫生井封应安装在保护罩顶部以防止受污染的水和其他有害物质的进入。

保护罩或井内壁：地面以下3m（10ft）以内的任何井的所有吸入管或竖管部分应由延伸到地面、平台或底面（视情况而定）之上的防水保护罩环绕，并且按照本文件的规定在顶部进行覆盖。每个井的保护罩的终点应高于地面标高；保护罩外面的环形空间应采用防水水泥浆或采自至少从地表至底面3m（10ft）距离的具有类似密封性质的黏土来填充。挖掘井可以采用防水混凝土井壁，外部混凝土井壁采用玻化瓷砖或其他适合材料，以替代保护罩。此等井壁至少在地面以下 3m（10ft），并且通过防水的连接延伸到井平台或泵房地板。在这种情况下，平台或地板应带有适当的套管，环绕吸入管或升降管，按本文件对套管规定进行配置。

井盖和井封：每口井都应配有覆盖型的紧密配合的盖子，盖子盖在保护罩或套管上，以防止污染水或其他物质进入井内。

有水淹没风险的洁净水井的密封应采用防水密封圈，或其高度应比已知的最高洪水位至少高出 6m（2ft）。如果预计井封可能被淹，应采用防水密封垫，并配备通风管，通风管的开口与空气相通，至少比已知的最高洪水位高出 6m（2ft）。

不大可能被水淹的井封应采用配有经过批准的通风管或能够自我排放的防水密封圈，配有覆盖型和向下的凸缘。如果密封垫是自我排放的非防水密封圈，盖上的所有开口应当要么不透水，要么凸缘向上，并且配有覆盖型的向下的凸缘。

一些泵和动力装置带有封闭式底座，这个底座能够有效地密封井的保护罩上方末端。当该装置是开放式时，或当它位于侧面时，正如一些喷射泵和抽吸泵型装置那样，使用洁净井封及其重要。可以采用的几种设计包括可压入两个钢板之间的膨胀型氯丁橡胶垫片。它们应便于安装和拆除以便水井进行维修。通常泵和水井供应商备有洁净井封。

如果在钻井和充填保护罩之后没有立即安装泵，保护罩的顶部应采用螺纹金属盖或平头焊接封闭或采用洁净井封覆盖。

对于直径大的井，例如，挖掘井，很难提供洁净井封，因此，应安装钢筋混凝土板，钢筋混凝土板搭接在保护罩上并采用弹性密封和/或橡胶垫进行密封。保护罩外的环形空间应首先采用适合的灌浆或密封材料等进行填充，例如，混凝土、黏土或细沙。

仅仅使用井板并不能做到有效的卫生防护，因为它会受到穴居动物和昆虫的破坏，沉降或冻胀也会使其裂缝，汽车和振动机械也会对它造成损坏。水泥浆地层封的效果要好得多。然而，为了方便清洁和改善外观，有些情况下需要在保护罩周围使用混凝土板或混凝土地板。如果需要混凝土地板，应该在检查完地层封和无坑装置之后进行施工。

井盖和泵的平台的高度应高于临近的修整过的地面标高。泵房地板应采用防水的钢筋混凝土，应仔细找平或与井具有一定的坡度，使得表面和废水无法接近井。板或地板的最小厚度应为 10cm（4in）。应单独从水泥地层封注入混凝土板或地板，并且在可能临近冰冻时用塑料的或胶泥涂层或套管隔绝它以防止混凝土与它们中的任何一个发生黏合。

所有的水井应能够方便进入其顶部进行检查、维修和试验。这需要井上的任何结构能够方便地拆卸以便无障碍的进入进行设备维修。不适合采用所谓的"埋封"，即将井盖埋在地面几米（码）之下，原因如下：

1. 它不利于定期检查和预防性维护；

2. 在维修泵和井的过程中，它更有可能造成严重的污染；

3. 任何井的维修成本更高；以及

4. 对于暴露井头的挖掘增加了损害井、盖、通风装置和电气连接的风险。

井孔和排水：由于涉及污染危害，井口、井的保护罩、泵和抽送机械，与抽吸泵或外露的吸入管相连的阀门不得置于延伸到地面标高以下的任何孔、房间或空间或地面以上的任何带有墙壁的或以其他方式封闭的房间或空间中，这样，它就不会因为重力而自由地排放到地面。但是，按照本文件的描述，不得将正确施工、正确安装井壁和加盖的挖掘井解释成井孔。此外，泵送设备和附属物可以置于不易被水淹的住宅地下室中。另外，对于在其他方面符合本附录适用规定的现有供水来说，如果得到适合的政府水资源管理机构的许可，可以在下列条件下采用井孔装置：

1. 井孔应采用防水结构，孔壁各方面的延伸高度至少高出已建成地面 15cm（6in）。

2. 井孔应采用防水混凝土底板，带有一定的坡度可以将排放物排到标高低于井孔的地面，最好与其保持至少 9m（30ft）以上的距离；如果达不到这个条件，排放到配有向地面排放的池泵的防水混凝土池，最好与井孔保持至少 9m（30ft）以上的距离。

3. 井孔应带有用于泵或抽送机械的混凝土基座，此等装置至少应高出井孔地板 30cm（12in）以上。

4. 无论什么情况，井孔应配备防水外壳或盖子。

5. 如果检查发现没有满足这些条件，不得给予批准。

注意：本《"A"级巴氏杀菌乳条例》允许在现有的供水上安装井孔装置，但是禁止在新的供水上安装井孔装置，"现有的供水"指在申请"A"级许可证时生产者已经使用的那些供水。因此，满足上述标准的井孔装置应该是可以接受的。对现有供水结构的更改以及大范围变更，只要不影响井孔的物理结构，则不需要拆除井孔。

维修孔：可以在挖掘井、蓄水池、水箱和其他类似的供水设施上安装维修孔。如果安装了维修孔，应配备控制装置，控制装置至少应高出板 10cm（4in），在需要进行物理保护的地方配备带锁的或螺栓连接的覆盖型防水盖。它的侧面至少向下延伸 5cm（2in）。这个盖子应始终保持关闭状态，除非需要打开维修孔。

通风口：用于奶牛场供水的任何蓄水池、井、水箱或其他类似蓄水设施应配有通风装置、溢流管或水位控制表，其安装的方式应能够防止任何类型的鸟、昆虫、灰尘、鼠类或污染物质的进入。通风口高出泵房地面或蓄水池顶或盖的高度不得少于 46cm（18in）。其他结构上的通风口开口应高出通风口安装的所在地面的高度不得少于 46cm（18in）。通风口应该调小，并且采用不小于（16×20）网眼的防腐筛网进行保护。溢流管出口从高处排放，与屋顶、屋顶排水管、地板和地漏的距离不得少于 15cm（6in），也不得在打开的供水装置之上。溢流管出口应盖上不小于（16×20）网眼的防腐筛网以及 0.6cm（0.25in）的钢丝网，或末端安装水平角座逆止阀。

泉水的开发

如果要开发泉水作为生活用水的水源，必须满足两项基本要求：

1. 选择的泉水能够在全年提供所需数量和质量的水用于既定用途。

2. 保护泉水的卫生质量。开发泉水采取的措施应根据地理条件和水源来确定。

泉水池具有如下特点：

1. 一个截取水源的底部开放的不透水的池子，延伸到基岩或采集管系统和储存槽；

2. 一个防止地面排水或碎屑进入储存槽的盖子；

3. 准备清洁槽并排空槽；

4. 提供溢流管；

5. 与分水系统或辅助供水系统的连接（参见图 17）。

通常采用钢筋混凝土修建水槽，其尺寸应能够容纳或截取尽可能多的泉水。如果泉水位于山坡上，下坡的壁和侧面应延伸到基岩或其深度应能够确保保持槽中充足的水位。由混凝土或不渗透黏土制成的从水槽横向延伸的补充截水墙可以用来协助控制水槽中的水位。水槽上坡的壁的下半部分应采用石头、砖或其他材料制成，应能够使水从地层中自由地流入水槽中。分级砾石和沙子的回填有助于限制地层的细小物质进入水槽。

为了确保恰好匹配，应现场浇筑水槽盖。形状的设计应考虑混凝土的收缩和木材的膨胀。水槽盖应向下延伸的长度至少超过水槽的顶部边缘 5cm（2in）。水槽盖应有足够的重量，让孩子移动不了，并且应该配上锁。

带有外部阀门的排水管应置于离水槽壁很近的地方，接近底部。管道应至少水平延伸 15cm（6in），以便清除排放点的正常地面标高位置的水。管道的排放端应安装筛网以防止鼠类和昆虫进入。

通常溢流管的位置应稍稍低于最高水位标高，并且安装筛网。应提供岩石排水护坦以防止溢流排放点的水土流失。从开发的泉水的供水出口所在位置至少应高出排放出口 15cm（6in），并且按照规定安装筛网。为了保证与混凝土的粘合以及管道周围的导流的自由度，应小心地将管子浇筑到水槽壁内。

泉水的卫生保护

当牛舍、下水道、化粪池、污水坑或其他污染源位于更高的毗邻地点时，常常会污染泉水。然而，在石灰岩地层，污染物常常通过排水口或其他大的开口进入含水的水渠，并且随着地下水一起流出很远的距离。同样，如果来自污染源的材料进入了冰碛中的管状水渠，这些受到污染的水将存在很长时间，并且存在很长的距离。

下列预防措施有助于确保保持已开发泉水的优质水平：

1. 从现场清除地面排水的配置。地面排水沟应位于水源的上坡以便截取地表水径流，并且将其带出该水源。应该确定排水沟的地点和应该排水的点。采用的标准应包括地势、地下地质、土地所有权和土地使用。

2. 修建用来防止牲畜进入的围栏。其位置应采用第 1 条中提到的注意事项作为指导。该围栏应能够阻止牲畜进入水源山坡上的地表水排水系统上的任何一个点。

3. 提供可以进入水槽进行维护的入口，但是，配备适当的锁以防止盖子被移动。

4. 定期对污染进行检查以监控泉水的水质。暴风雨之后浊度或水流的明显增加是地表径流进入了泉水的明显迹象。

地表水

对个单个的水源系统而言，地表水的选择和使用需要考虑额外的因素，这些因素通常与地下水源无关。如果必须使用溪流、露天池塘、湖泊或露天水库作为水源，这些水源受到污染继而传播肠道疾病的风险将增加，如伤寒症和痢疾。通常情况下，只有在没有地下水或没有充足的地下水的时候才使用地表水。清水并不总是安全的，活水"自净"的古语，在规定距离以内，对饮用水质量而言，是错误的。

对于生活用水来说，除非经过可靠的处理，如过滤和消毒，否则有必要将受到物理和细菌污染的地表水视作不安全的生活用水水源。

系统所有者需要特别注意操作和维护地表水的处理，以确保持续和安全的供水。

当地下水源受到限制时，应考虑开发仅用于生活用水用途的地表水。地表水源可以为牲畜用水、园林、消防和类似用途提供水。通常用于牲畜的地表水的处理被认为是不重要的。然而，为牲畜提供没有细菌污染和不含某些化学成分的饮用水已经正在成为一种趋势。

如果在没有其他选择的情况下只能将地表水用于所有用途，可以考虑多种水源，包括农场池塘、湖泊、溪流和建筑的屋顶径流。这些水源一律被视为是将会受到污染的水源，并且不考虑使用它们，除非采用了能够使得它们安全和符合要求的适用处理程序。除了常规全天候消毒之外，此等处理还包括曝气和采用适当的过滤或沉淀装置来清除悬浮物。

如果想把地表水源用于挤乳、乳处理间、乳牛场、收购站和/或中转站操作，则乳品生产者和/或乳牛场经营者应该获得监管机构的事先许可，并且应遵守适合的政府水资源管理机构的与选定的供水的施工、保护和处理有关的所有适用要求。

注意：美国国家环境保护局（EPA）出版了一份名为《单个供水系统手册》，上面有单个水系统的开发、建设和运行方面的详细信息，是很好的资源，此外，它还包含了钻井规范的建议。

Ⅲ 水源的消毒

所有新建的或刚刚维修的井应该进行消毒以便消除在修建或维修期间产生的污染。在修建或维修期之后应立即对每口井进行消毒，并且在细菌试验实施之前进行冲洗。

采用含有约 70% 的有效氯的次氯酸钙对井和附属物进行消毒是一种有效和经济的消毒方式。可以在五金店、游泳池设备供应店或化学品供应店中购买到次氯酸钙颗粒。

采用次氯酸钙对井进行消毒时，应该添加足量的次氯酸钙使得在井水中的剂量达到 50mg/L 的有效氯。这个浓度基本上等于每 13.5L（3.56 加仑）的待消毒水中混合 1g（0.03 盎司）的干化学品。通过将 30g（1 盎司）的高挥发性次氯酸钙与 1.9L（2 夸脱）的水混合可以配制消毒储备液。如果将少量的水首先添加到次氯酸钙颗粒中并且搅拌至没有结块的平滑水浆时便于混合。应充分搅拌储备液 10～15min。随后惰性成分沉淀。应该使用含氯液体，舍弃惰性物质。当添加到 378L（100 加仑）的水中时，每 1.9L（2 夸脱）的储备液将达到约 50mg/L 的浓度。应在干净的器皿中配制该溶液。应避免使用金属容器，因为强氯溶液会腐蚀它们。建议使用陶瓷器皿、玻璃或橡胶内衬容器。

如果仅需要少量消毒剂，在没有天平的情况下，应该采用药勺来计量材料。一尖满勺次氯酸钙颗粒重约 14g（1/2 盎司）。

如果没有次氯酸钙，也可以使用其他的有效氯资源，如次氯酸钠（12%～15% 含量）。通常可以作为家用液体漂白剂的含 5.25% 有效氯的次氯酸钠可以用 2 倍的水进行稀释制成储备液。可以采用 1.9L（2 夸脱）的该溶液为 378L（100 加仑）的水进行消毒。

如果保存不善，任何形式的氯储备液将快速变质。建议使用带有密封盖的暗色玻璃杯或塑料瓶。含溶液的瓶子应置于凉爽的地方，并且防止阳光直射。如果没有适合的储存设施，应在使用前配置新鲜的溶液。

对于残留氯试验有关的完整信息，请参考美国公共卫生协会出版的最新版的《水和废水的标准检查方法》（SMEWW）。

挖掘井

套管或井壁完成之后，遵守下文所列的程序：

1. 清除所有不属于完工结构中永久性部分的设备和材料。

2. 使用坚硬的扫帚或刷子，采用高浓度的溶液（100mg/L 的氯）冲洗套管或井壁的内壁以确保彻底清洁和消毒。

3. 在插入泵缸和下悬管装配之前，将盖子放置在井上面，并且通过维修孔或管孔向井内倒入规定数量的氯溶液。氯溶液应尽可能地散布在水面上以便在管子升降交替过程中通过水软管或管道将该化学物适当扩散。在可能的条件下应实施此种方法。

4. 在该部件下入井中的过程中，采用氯溶液冲洗泵缸和下悬管的外表面。

5. 当泵安装到位之后，来自井并且经过分水系统的水被泵入乳处理间，直至发觉氯的强烈气味。

6. 允许井中的氯溶液停留至少 24h。

7. 24h 或更长时间以后，冲洗井以便清除余氯痕迹。

钻井、机井和浅钻井

套管或井壁完成之后，遵守下文所列的程序：

1. 清除所有不属于完工结构中永久性部分的设备和材料。

2. 对井实施产水测试时，应使用测压泵直至井水尽可能清澈和不浑浊为止。

3. 移除了测试设备之后，在安装永久性泵送设备之前，应缓慢地向井内倒入规定量的氯溶液。按照前文所述的方法便于井水中化学物的扩散。

4. 在该部件下入井中的过程中，采用氯溶液冲洗泵缸和下悬管的外表面。

5. 当泵安装到位之后，运行该泵直至经过整个分水系统排向废水的水带有明显的氯的气味。每隔 1h 连续重复几次这个程序，以确保氯溶液通过井中的水柱和泵送设备彻底循环。

6. 允许井中的氯溶液停留至少 24h。

7. 24h 或更长时间以后，冲洗井以便清除余氯痕迹。应运行泵直至排入废水中的水不再有氯的气味。

对于具有高水位的深井来说，有必要采用特殊的方法在井内使用消毒剂以确保氯在井内适当扩散。建议采用下列方法：

将次氯酸钙颗粒放在一段短管中，管的两端加盖。每个盖子或管侧钻出许多小孔。其中的一个盖子上应留出一个孔以便加装适当的电缆。在水的整个深度范围内，消毒剂随着该管段的升降而散发出去。

含水地层

有时，常用的消毒方法对某口井不起作用。这样的井通常是在足够的压头下使置换水进入含水地层从而受到污染。这种被置换的水携带着污染物。通过向含水地层中压入氯消除或减少被带入该地层的污染物。有许多方式可以加入氯，这要取决于井的结构。对一些井来说，建议给水加氯消毒，而后添加相当数量的氯溶液以便将处理过的水压入该地层。当遵守该程序时，所有的加氯水的氯浓度应达到 50mg/L 左右。在一些井中，如带有标准重量套管的钻井，在水中加氯，给井盖上盖并且使用空气压头，这种方法是完全可行的。当交替使用和释放空气时，可以产生强烈的涌浪效应，加氯的水被压入含水地层中。在这个过程中，当处理水与含水地层中的水混合时，将通过稀释减低井中的经过处理的水的氯浓度。因此，当涌浪过程开始时，可以将采用的氯化合物的量增加 2 倍或 3 倍使得氯在井内的浓度达到 100～150mg/L。以这种方式对井进行了处理之后，有必要进行冲洗以清除过多的氯。

泉水的消毒

应采用处理挖掘井的类似程序为泉水和泉水池消毒。如果水压不足以将水抬升到泉水池的顶部，可以断开水流，将消毒剂保留在泉水池中 24h。如果不能完全断开水流，应安排持续提供消毒剂，持续的时间越长越好。

配水系统的消毒

这些说明包括对配水系统和附带的立管或水槽的消毒。在使用之前有必要在下列条件下对水系统进行消毒：

1. 如系统已经用作输送未净化水或污染水，则在使用它输送处理过的水之前应消毒。

2. 如新系统完工并准备输送经过处理的水或达到规定质量的水，则在进行操作之前应对其进行消毒。

3. 系统在维护和维修操作完成之后需进行消毒。

应该用水对包括水槽或立管在内的整个系统进行彻底冲洗，以清除在采用未经处理的水进行操作的过程中，可能聚集的任何沉淀。在冲洗之后，这个系统应注满次氯酸钙的消毒溶液和处理后的水。在每 3 785L（1 000gal）水中添加 550g（1.2lb）高品级的 70% 的次氯酸钙来配制这个溶液。这种混合物提供了含量不低于 100mg/L 的有效氯溶液。

这种消毒剂在系统、水槽或立管（如果含有）中停留的时间不低于 24h，然后，检测残余氯并排出。如果没有发现残留氯，应重复这个程序。然后用经处理后的水冲洗该系统并且投入使用。

Ⅳ 连续式水消毒

水的化学消毒

在其他方面视为符合规定，但是无法达到本文件中说明的细菌标准的供水应采用连续消毒方式。应调查供水的个别特点，制定由细菌试验决定的安全供水的处理程序。

出于许多原因，包括经济、有效性、稳定性、易用性和可用性，目前氯是供水消毒中最常用的化学剂。这并不影响使用经证明是安全和有效的其他化学物或程序。实现充分保护所需的化学制剂的量，随着供水量和它所含的有机物和其他易氧化物数量的变化而变化。在这些其他物质的需要满足之后，只有在用于杀菌活动的氯的残留浓度仍然存在时才能保证适当的消毒。通常情况下，这些因素对氯的杀菌效率会产生最重要的影响。

1. 游离性余氯，残留越高，杀菌效率越高，杀菌速度越快。

2. 微生物和消毒剂的接触时间：接触时间越长，杀菌效率越高。

3. 接触的水温：温度越低，杀菌效率越低。

4. 接触的水的 pH：pH 越高，杀菌效率越低。

例如，当水中同时出现高 pH 和低温情况时，应增加氯的浓度或接触时间。同样，在水到达首个用户之前，如果在配水系统中没有足够的接触时间，则需要增加氯残留。

过量加氯消毒法——脱氯

过量加氯消毒法：过量加氯消毒法技术是采用过量的氯来快速消灭水中存在的有害生物体的技术。如果使用了过量的氯，将产生游离性余氯。当增加氯的量时，消毒更快并且也减少了用来确保水的安全所需的接触时间。

脱氯：脱氯程序指部分或彻底减少水中存在的氯的程序。如果同时使用适当的过量加氯消毒法和脱氯对水进行适当消毒，则消费者可以将它们用于生活用途或食用用途。

通过使用活性炭脱氯过滤器，可以在单个水系统中进行脱氯。对于大批量的脱氯，可以使用还原剂，如二氧化硫或硫代硫酸钠。在提交进行细菌学检验之前，可以使用硫代硫酸钠对水样进行脱氯。

消毒设备

次氯酸加氯器是通过化学方式消除细菌污染的最常见的设备。它们工作时向水中泵入或注入氯溶液。如果正确维护，次氯酸加氯器是一种使用氯进行水消毒的可靠设备。

次氯酸加氯器的类型包括容积式加氯器、吸气式加氯器、吸引式加氯器和片式次氯酸加氯器。

这个设备适合用来满足那些必须按照规定将溶液排放到供应水中的其他处理系统的需要。

容积式加氯器：普通的容积式加氯器是一种使用活塞或隔膜泵来注入溶液的设备。这类设备在操作过程中可以调节，能够设计成达到可靠的和精确的加氯速率。当可以使用电时，次氯酸加氯器的停止和开始可以与泵装置同步。这种次氯酸加氯器可以与任何水系统一同使用。然而，在水压较低和不稳定的系统中使用这种设备是特别好的。

吸气式加氯器：吸气式加氯器依据简单的液压原则，即利用水流过文丘里管或与喷嘴垂直时产生的真空来工作。产生的真空从容器中将氯溶液吸入加氯器装置中，在加氯器装置中与流过该装置水混合，然后该溶液注回该水系统中。在大多数情况下，水进入加氯器的入口管的连接，应能接收水泵排水侧流出的水，并且将氯溶液注回到此泵的吸水侧。加氯器只有在泵工作的时候才工作。溶液的流速受控制阀控制；压力的变化会引起供给速度的变化。

吸引式加氯器：一种吸引式加氯器包括一个单独的管线，它从氯溶液容器中出来，经过加氯器装置并且与泵的吸入侧相连。由工作中的水泵产生的吸力从容器中抽出氯溶液。

另一种吸引式加氯器的工作依据虹吸原理，氯溶液被直接吸入井中。这种吸引式加氯器也包括一个单独管路，但是管路终止于井内水面下，而不是水泵的流入侧。泵在工作的时候，加氯器被启动，这样阀门被打开，氯溶液流入井内。

片式加氯器：这些次氯酸加氯器在一层浓缩的次氯酸钙片中注入水。溶液经过计量进入泵的吸入管路。

水的紫外线消毒

已经证实，用紫外线（UV）消毒饮用水是一种有效的方法，它能够灭活标准化学消毒剂所通常针对的目标细菌，以及对其他处理方法有抵抗力的病原体，如隐孢子虫。然而，在采用紫外线的水处理系统的设计中，乳牛场、乳加工厂、接收站或中转站的许可证持有人必须认真确保满足与水源、污染防护、化学和物理特征有关的，本《条例》中的所有其他要求。紫外线消毒不改变水的化学或物理特点，如降低或清除浊度、矿物水平或砷等，因此，如果另外要求，仍然可以要求采取额外的处理方法。紫外线处理也没有残留消毒的功能。一些水源可能需要例行的化学消毒，包括在分水系统中保留残留消毒剂，并且继续要求定期冲洗和对分水系统进行消毒。此外，在水中存在的物质会给传输造成严重的困难，因此，有必要对一些供应水进行预处理来清除过高的浊度和颜色。

颜色、浊度和有机杂质能够影响紫外线能量的传送，并且可能使消毒效率低于能够确保杀死致病微生物所要求的水平之下。通常情况下，颜色和浊度计量无法提供它们影响紫外线消毒效率的准确计量。紫外透光率百分比（% UVT）乘以时间可以测量消毒效率。因此，需要内置式紫外透光率（UVT）分析仪来确保持续地提供适当的剂量，并且还需要对水供应进行预处理以保证水质的始终如一。

只要采用的设备能够达到本文件中所述的标准，则可以使用紫外线来满足本《"A"级巴氏杀菌乳条例》的杀菌要求。在修订版的《美国安全饮用水法案》和《美国联邦法规》第40章第141部分范围内的水系统，或采用了这些要求的州计划范围内的水系统，应符合本法案及法规规定。不受该法案和法规管辖的单个水系统，可以在满足下列标准的情况下继续使用基于紫外线的技术进行消毒。

紫外线消毒装置的合格标准：

1. 当采用饮用水标准对水进行消毒时，应使用紫外线，全部水量至少应接收下列剂量：紫外线，2 537Å（254nm），186 000$\mu W \cdot s/cm^2$，或达到美国国家环境保护局（EPA）的杀菌标准的相同剂量。

2. 应提供水流或时间延迟装置，这样所有的流过流量限位器或换向阀的水将接受的剂量能够达到上面规定的最低要求。

3. 装置应设计成能在不拆卸的情况下经常清洁该系统，并且经常清洗以保证系统能始终提供规定的剂量。

4. 经过精确校准并且经过适当的过滤，并能够将灵敏度限制在 2 500～2 800Å（250～280nm）的杀菌光谱范围内的紫外线强度传感器，应测量来自灯的紫外线能量。一个紫外线灯应配备一个传感器。

5. 应安装流量转向阀或自动截流阀，只有在达到规定的最低紫外线剂量的情况下才允许水流进入饮用水管中。如果没有向该装置供电，该阀门将处于关闭（失效保护）状态，在这个状态下应防止水流进入饮用水管路。

6. 应安装精度在预期的压力范围内的自动水流控制阀以限制处理装置的最大设计水流，这样整个的水量将接收上文规定的最低剂量。

7. 施工材料不得将有毒物带入水中，包括施工材料中存在的有毒成分或由于紫外线照射而发生的物理或化学变化产生的有毒成分。

适用于每分钟低于 20 加仑流速的乳牛场供水紫外线消毒装置的合格标准：

1. 当采用饮用水标准对水进行消毒时，应使用紫外线，全部水量至少应接收下列等效剂量的紫外线，2 537Å（254nm）40 000$\mu m \cdot s/cm^2$。

2. 应提供水流或时间延迟装置，这样所有流过流量限位器或换向阀的水将接受的剂量能够达到上面规定的最低要求。

3. 装置应设计成能在不拆卸的情况下经常清洁该系统，并且经常清洗以保证系统能始终提供规定的剂量。

4. 经过精确校准并且经过适当的过滤，并能够将灵敏度限制在 2 500～2 800Å（250～280nm）的杀菌光谱范围内的紫外线强度传感器，应测量来自灯的紫外线能量。一个紫外线灯应配备一个传感器。

5. 应安装流量转向阀或自动截流阀，只有在达到规定的最低紫外线剂量的情况下才允许水流进入饮用水管中。如果没有向该装置供电，该阀门将处于关闭（失效保护）状态，在这个状态下应防止水流进入饮用水管路。

6. 应安装精度在预期的压力范围内的自动水流控制阀以限制处理装置的最大设计水流，这样整个的水量将接收上文规定的最低剂量。

7. 施工材料不得将有毒物带入水中，包括施工材料中存在的有毒成分或由于紫外线照射而发生的物理或化学变化产生的有毒成分。

注意：在其他方面符合本附录适用要求的现有供水可以继续使用符合 M－a－18（《紫外线水消毒程序的应用》）的紫外线消毒系统。置换系统应符合本《条例》的规定。

V 来自乳和乳制品以及乳加工厂热交换器或压缩机回收的水

来自"A"级乳和乳制品的回收水可以用在乳加工厂中。来自非"A"级乳和乳制品的回收水也可以在乳加工厂中再次使用，但是，用来回收水的设备的设计和操作必须符合本《条例》的规定。除了那些使用垫圈来进行油水分离的情况下，在"A"级乳加工厂内用于板式或其他类似的热交换器或压缩机的水可以被回收用于乳加工厂的操作活动。回收水的用途主要有以下三类：

第 I 类 用作饮用水

将用作饮用水的回收水，包括产生烹调蒸汽，应满足下列要求并且备有证明文件：

1. 水应符合本《条例》中附录 G 的细菌学标准，此外，每毫升的总平板计数不得超过 500 个（500/mL）。

2. 在该装置初次批准之后的两周内每天进行采样，在此后每半年进行一次取样。倘若对该系统进行了任何维修或调整，需要在接下来的一周内每天采样。

3. 对于来自乳和乳制品的回收水，按照化学需氧量或高锰酸盐消耗试验进行的测量，保持低于 5 个单位的标准浊度或低于 12mg/L 的有机物含量相关的导电率（EC）。

4. 对于来自乳和乳制品的回收水，应使用自动失效保护监控装置，它可以位于储存容器前回收水管中的任何点，用来监督和自动向下水道分流任何超过标准的水。

5. 水应达到规定的感官品质，并且没有臭味、异味或形成浆状。

6. 每周进行取样和感官试验。

7. 可以采用经批准的化学物，如适当滞留时间的氯，或符合本《条例》中附录 D 中的标准的紫外线消毒来抑制细菌生长，并防止出现异常味道或异味。

8. 在添加化学物的情况下，应在水进入储存容器之前通过自动的配比装置添加，以便始终保证储存容器内的水质能够达到要求。

9. 在添加化学物的情况下，每日对添加化学物的检测程序应有效，添加的化学物不得对水的使用有害，或造成产品的污染。

10. 储存容器和/或任何平衡罐应采用不对水造成污染和满足清洁要求的材料制成。

11. 在乳加工厂中的用于回收水的分水系统应采用独立的系统，不与市政供水系统或私有供水系统交叉连接。

12. 应按照最新版的《水和废水的标准检查方法》（SMEWW）进行所有的物理、化学和微生物试验。

13. 如果来自乳和乳制品的回收水用于生鲜乳中的热交换，该回收水应按照下列方式进行保护：

a. 这类热交换器的设计、安装和操作应自动达到这样的效果，即生鲜乳或乳制品部分中的热处理器的传热介质侧的压力始终大于生鲜乳或乳制品侧的压力；

b. 热交换器和与大气相通的最近的下游点之间的回收水应上升到的垂直标高比在该系统中的任何生鲜乳或乳制品至少高出 30.5cm（12in），并且在该标高或更高点与大气相通。

c. 传热水回路在起点应注满水, 当热交换器中出现生鲜乳或乳制品时, 回路中损失水应自动并立即得到补充;

d. 热交换器的设计和安装应达到下列效果: 在生鲜乳或乳制品泵关闭时以及生鲜乳或乳制品产品生产线与热交换器的出口断开连接时, 所有的鲜乳或乳制品自由排出返回到上游供应槽; 并且

e. 位于通向热交换器的鲜乳或乳制品入口与平衡罐之间的任何泵的设计和安装应达到下列效果: 当水流经热交换器的换热部分时, 并且换热水的压力高于鲜乳或乳制品的压力时, 该泵才运行。这样的效果可以通过连接增压泵的方式来完成, 因此, 只有在下列条件下才应运行:

(1) 导热水泵运行中; 以及

(2) 换热水压高于回收器中的鲜乳或乳制品的压力至少为 6.9kPa (1psi)。压差控制器应安装在鲜乳或乳制品入口处和热交换器的换热水出口处。鲜乳或乳制品的增压泵应连接压差控制器, 这样只有在满足压差条件时增压泵才能运行。在安装压差控制器时, 监管机构检查其规定精度。此后, 每季度、检修或更换压差控制器后需进行检查。

f. 为清洁生鲜乳热交换器的回收水侧和来自蒸发器和/或膜处理至回收水储存容器之间的相关管道做好准备;

g. 应按照与产生回收水的设备相同的规定频率清洁鲜乳热交换器的回收水侧和相关管路。

注意: 来自生鲜乳膜处理的回收水不得用于第Ⅰ类用途, 除非经过了符合本《条例》中巴氏杀菌的定义所规定的最低次数和温度的热处理, 或经过了美国食品药品管理局 (FDA) 和监管机构认可的等效程序。

第Ⅱ类 用于有限的用途

回收水可用于下列有限用途, 包括:

1. 生成烹饪用蒸汽。

2. 如果乳或乳制品不能进行预冲洗, 则对产品表面预冲洗。

3. 清洁溶液补充水。

4. 如符合下文第 1 条的规定, 则作为非巴氏杀菌乳或乳制品或酸乳清使用的非循环热交换介质。

5. 带有按照第 15p. (B) 10 的规定设计和操作的片式或双管式/三管式热交换器, 针对巴氏杀菌的乳或乳制品使用的非循环热交换介质。

但是, 对于这些用途, 必须满足第Ⅰ类的 3～11 条的规定, 并且备有证明文件。或者对于来自热交换器或压缩机的回收水, 必须满足第Ⅰ类 5～11 条的规定, 并且备有证明文件。

1. 头一天的水不得留到第二天, 并且收集的任何水应立即使用; 或

a. 在储存和分水系统中的所有水的温度应通过自动装置保持在 7℃ (45℉) 或更低, 或 63℃ (145℉) 或更高; 或

b. 在水进入储存槽之前, 通过自动的配比装置采用适合的经过批准的化学物对水

进行处理以抑制细菌繁殖，或采用符合本《条例》中附录D的标准的紫外线消毒对水进行处理；或

c. 水应符合本《条例》中附录G的细菌学标准。此外，每毫升的总平板计数不得超过500个（500/mL）。在该装置初次批准之后的两周内每天进行采样，在此后每半年进行一次取样。如果对该系统进行任何维修或调整，应在之后的一周内每天采样。应按照最新版的《水和废水的标准检查方法》（SMEWW）进行所有的物理、化学和微生物试验。并且

2. 分水管线和消防水喉应明确标注为"有限用途回收水"；以及

3. 清楚地说明水处理规程和指南，并且在乳加工厂中的适当位置以醒目的方式张贴；以及

4. 这些水管并不与产品容器永久性相连，不得有连接大气的中断点，并需要安装足够的自动控制装置以防止不慎将此类水添加到产品线中。

第Ⅲ类　不符合本章要求的回收水的使用

不符合本章要求的回收水可以用作锅炉的给水，但是，不得用作制造烹调蒸汽，也不得用在厚双壁封闭式热交换器中。

Ⅵ　"A"级乳牛场中来自热交换过程或压缩机的回收水

如果满足了下列标准，"A"级乳牛场中在板式或其他类型的热交换器或压缩机中用于热交换的饮用水可以被用在挤乳操作：

1. 水应贮存在采用不污染水的材料制成的储存容器中，储存容器的设计应保护供水不受到可能存在的污染。

2. 储存容器应设排水装置，并配有进入点以便于清洁。

3. 在供水和任何不安全的或有问题的供水或任何污染源之间不存在交叉连接。

4. 没有可能污染供水的埋入式进口。

5. 水应达到规定的感官品质，并且没有臭味或异味。

6. 水应符合本《条例》中附录G的细菌学标准。

7. 在初次批准之前进行采样，在此后每半年进行一次取样。

8. 可以采用经批准的化学物，如适当滞留时间的氯，或符合本《条例》中附录D中的标准的紫外线消毒来抑制细菌生长，并防止出现异常味道或异味。

9. 当添加化学品时，对所添加化学品的监控程序应有效，并且此等化学物不得危害水的使用或造成产品污染。

10. 如果水用来为乳头或设备、回洗系统进行消毒，应由位于储存容器的下游（但是在最终使用用途之前）的自动配比装置添加经批准的消毒剂，如碘。

注意：生鲜乳交换器直接排放的，来自当前挤乳的水可以用来预冲洗乳品设备一次，或用于非饮用用途。在下列条件下可以使用热交换水：

1. 水用来预冲洗挤乳设备一次，包括乳管、挤乳抓部件、乳接收器等，然后排到废水中。

2. 来自板式热交换器的水直接收集到洗涤桶或洗涤盆中。

3. 水的管道系统应符合本《条例》第 8r 条的要求。

Ⅶ　给水塔简图

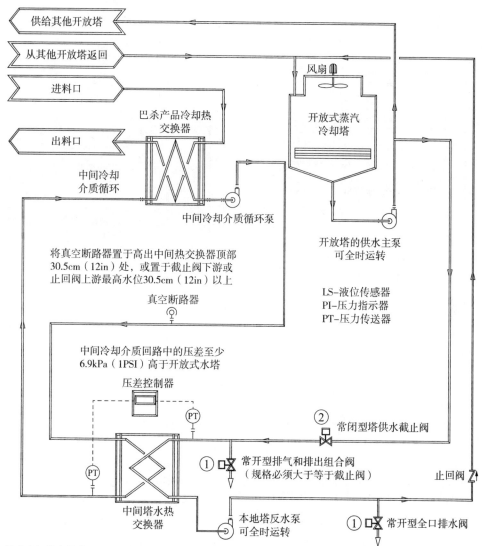

① 当中间塔水热交换器的压差不符合规定压差时，该阀门必须自动开启并保持开启状态

② 当中间塔水热交换器的压差不符合规定压差时，该阀门必须自动关闭并保持关闭状态，
这个阀门必须自动关闭并保持关闭

图 8　塔的水冷却（方式为）直接使用塔配水供水管道且未配置平衡罐

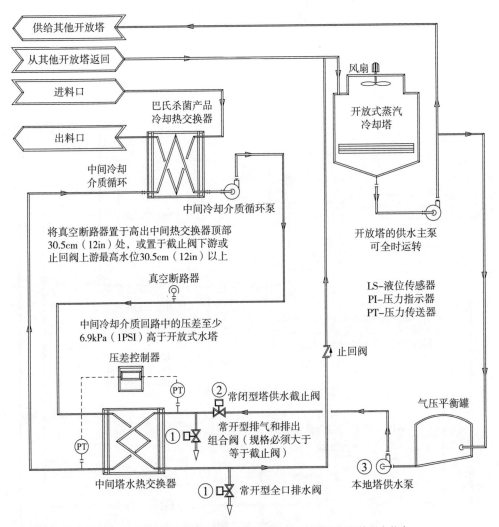

①当中间塔水热交换器的压差不符合规定压差时，该阀门必须自动开启并保持开启状态。
②当中间塔水热交换器的压差不符合规定压差时，该阀门必须自动关闭并保持关闭状态。
③当中间塔水热交换器的压差不符合规定压差时，该泵必须断电。

图9 塔的水冷却（方式为）采用溢流量高于热交换机的平衡罐且配置本地塔供水泵

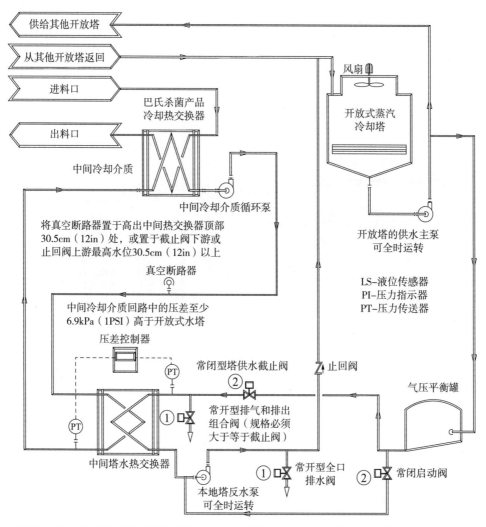

①当中间塔水热交换器的压差不符合规定压差时，该阀门必须自动开启并保持开启状态。
②当中间塔水热交换器的压差不符合规定压差时，该阀门必须自动关闭并保持关闭状态。

图 10 塔的水冷却（方式为）采用溢流量低于热交换机的平衡罐且配置旁通管道和本地塔反水泵

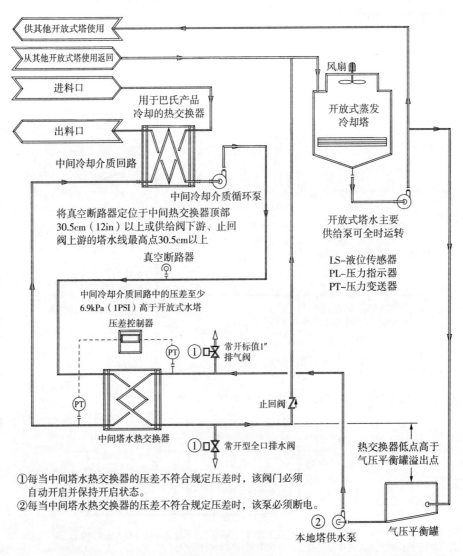

图 11 塔的水冷却（方式为）采用溢流量低于热交换机的平衡罐且配置本地塔供水泵

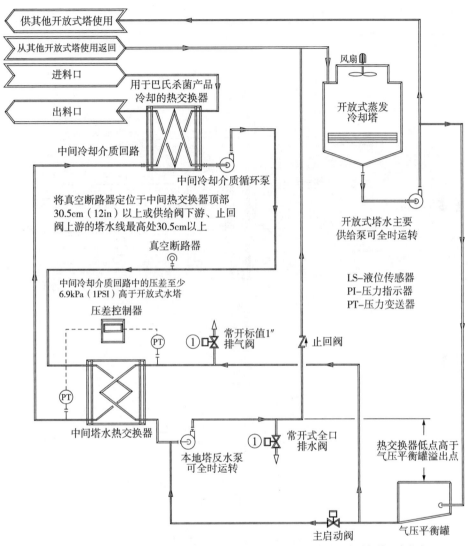

①每当中间塔水热交换器的压差不符合规定压差时，该阀门必须自动开启并保持开启状态。

图 12　塔的水冷却（方式为）采用溢流量高于热交换机的平衡罐且配置旁通管道和本地塔反水泵

Ⅷ 水源的施工详图

注意： 下列图 13－30 选自《单个供水系统手册》，美国国家环境保护局（EPA）的出版编号为 EPA－430－9－73－003。

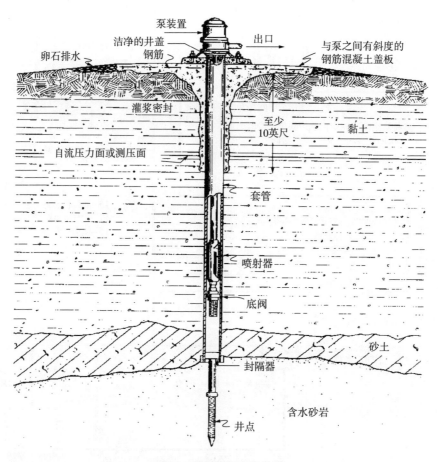

图 13 带有机井点的钻井

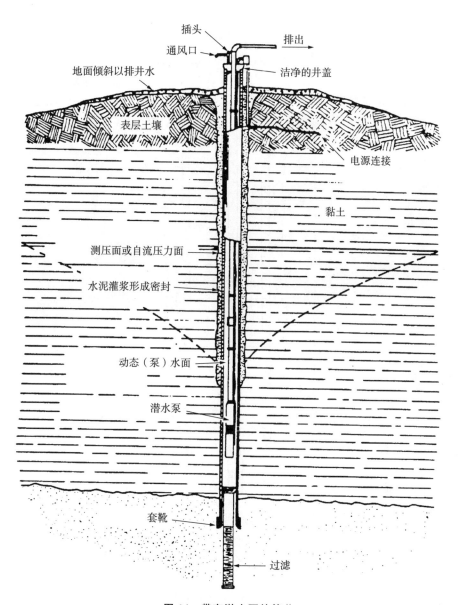

插头

排出

通风口

地面倾斜以排井水

洁净的井盖

表层土壤

电源连接

黏土

测压面或自流压力面

水泥灌浆形成密封

动态（泵）水面

潜水泵

套靴

过滤

图 14　带有潜水泵的管井

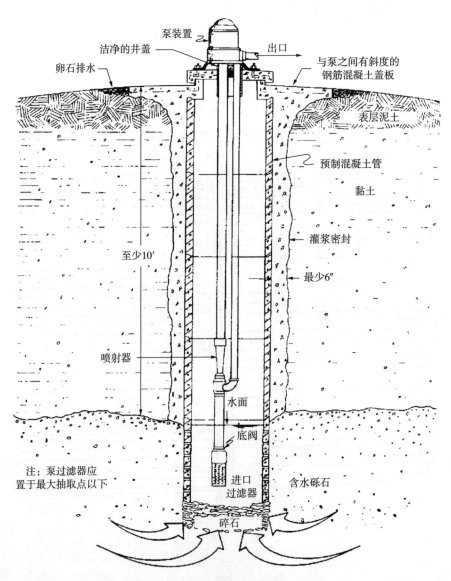

图15　带有双管喷射泵装置的大口井

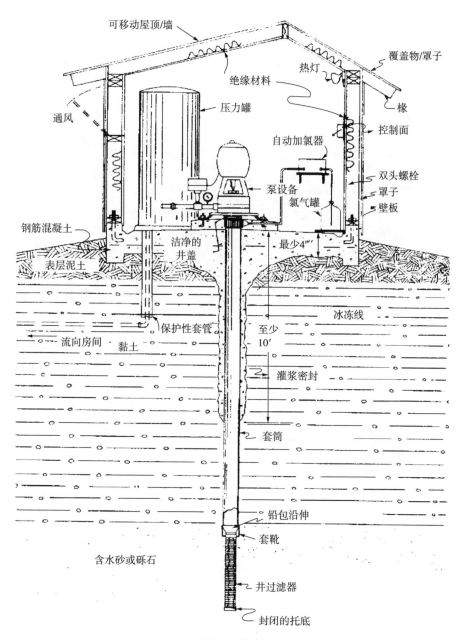

图 16　泵房

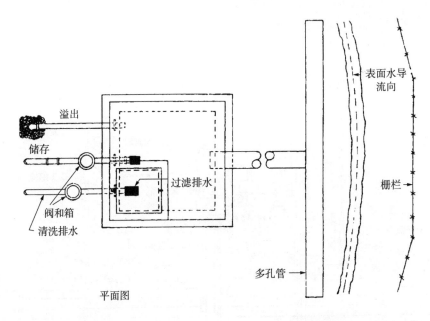

平面图

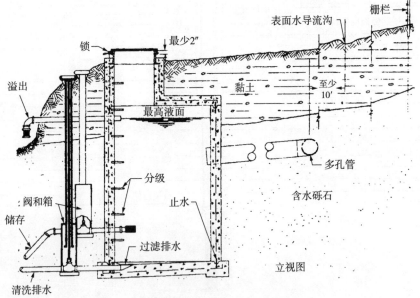

立视图

图 17　泉水保护

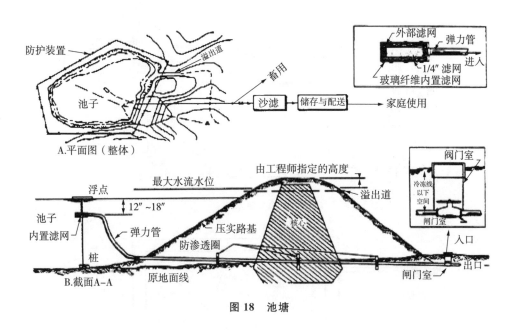

图 18　池塘

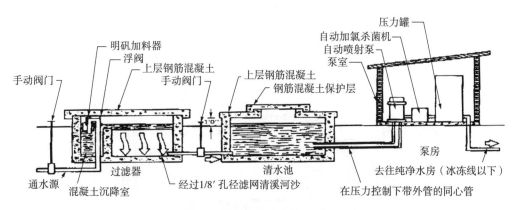

图 19　池塘水处理系统示意图

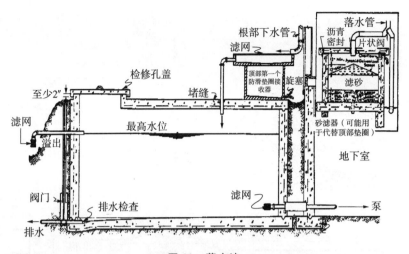

图 20 蓄水池

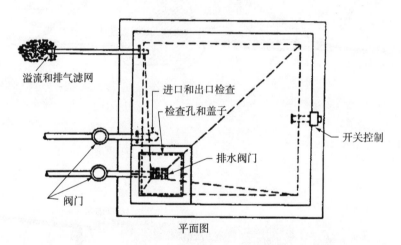

平面图

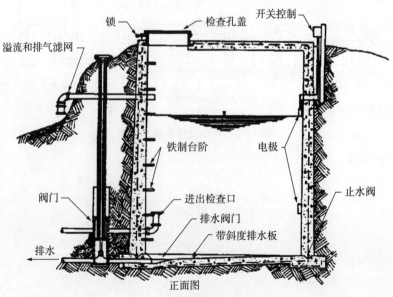

正面图

图 21 典型的混凝土蓄水池

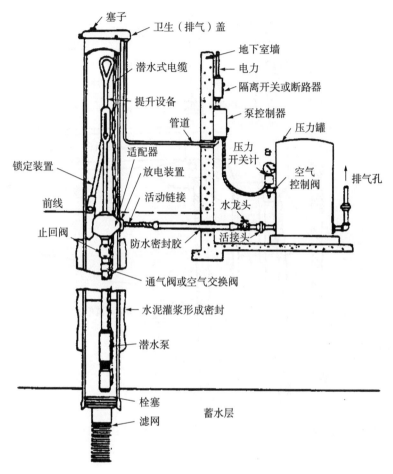

图 22　无基坑适配器——用于地下室储存并安装水下泵

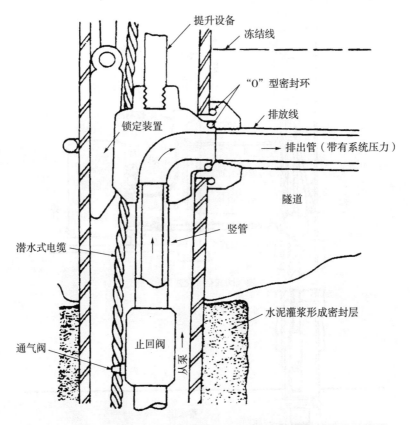

图 23　无基坑适配器——用于"浅井"泵夹持安装且带有同轴外部管道

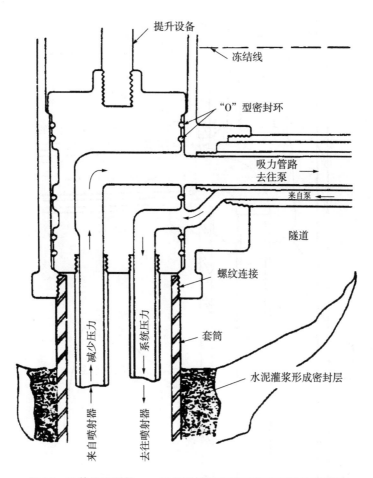

图 24 无基坑适配器——用于喷射泵安装且带有同轴外部管道

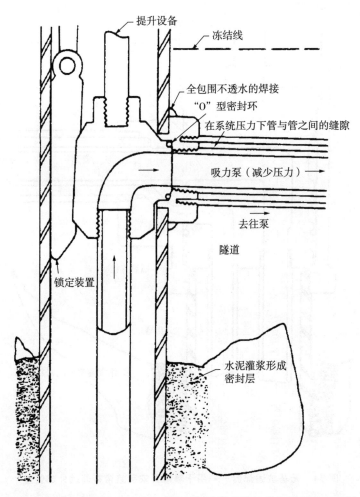

图 25　无基坑适配器——用于"浅井"焊接安装且带有同轴外部管道

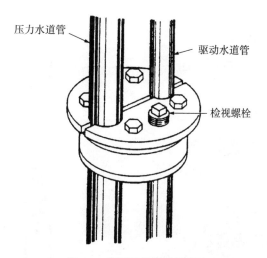

图 26 喷射泵装置的井封

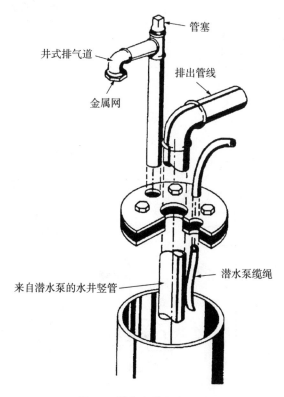

图 27 潜水泵装置的井封

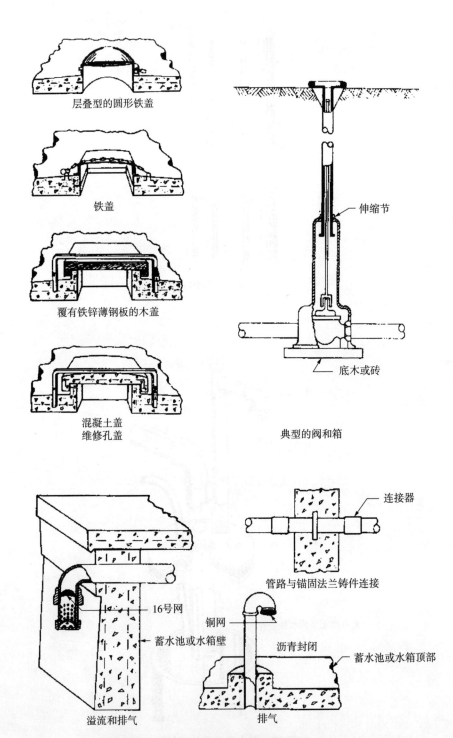

层叠型的圆形铁盖

铁盖

覆有铁锌薄钢板的木盖

混凝土盖
维修孔盖

伸缩节

底木或砖

典型的阀和箱

连接器

管路与锚固法兰铸件连接

16号网

蓄水池或水箱壁

溢流和排气

铜网

沥青封闭

蓄水池或水箱顶部

排气

图28 典型的阀和箱、维修孔盖和管路装置

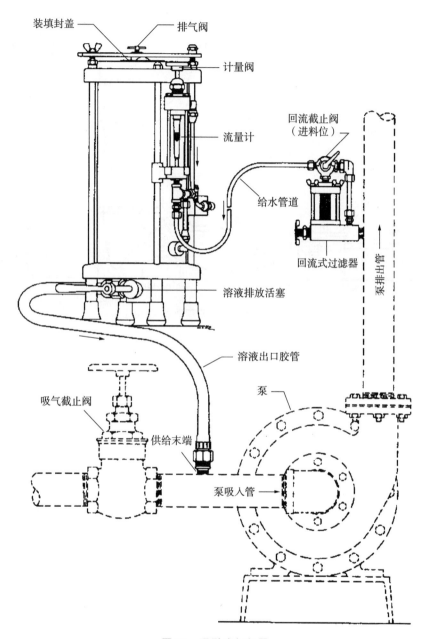

装填封盖

排气阀

计量阀

流量计

回流截止阀
（进料位）

给水管道

回流式过滤器

泵排出管

溶液排放活塞

溶液出口胶管

吸气截止阀

供给末端

泵

泵吸入管

图 29　吸引式加氯器

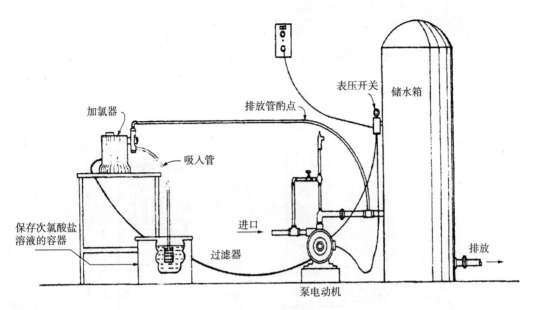

图 30　容积式加氯器

附录 E 五分之三合规实施程序示例

下表是本《条例》第六章中描述的实施体系的实际应用的几个范例。尽管所列的例证仅与巴氏杀菌乳的细菌计数和生鲜乳的体细胞计数有关，但是，这种方法同样适用于冷却温度、大肠杆菌限值等已建立标准的实施。磷酸酶呈阳性反应及存在药物残留、农药或其他掺杂物的乳或乳制品应分别按照本《条例》第二章和第六章的规定进行处理。

表 11 实施巴氏杀菌乳实验室检测程序示例

日期	细菌计数（个/mL）	适用于 20 000 个/mL 标准的强制措施
1/05/2015	6 000	不要求采取措施
1/28/2015	11 000	不要求采取措施
2/11/2015	12 000	不要求采取措施
3/15/2015	22 000	违规，但不要求采取措施
3/25/2015	23 000	违规；向该牛乳场发出书面通知，最后 4 次细菌计数中有 2 次超过了该标准（只要在最后的连续 4 次样本中有 2 次超过了该标准，该通知即生效）。从该通知之日起的 21d 内需要提供额外的样本，但是，在通知之日后的 3d 内不需提供额外的样本
4/02/2015	9 000	不要求采取措施
4/19/2015	51 000	违规（最后 5 次细菌计数中有 3 次超过了该标准）；规定的强制措施：1. 暂扣乳加工厂的执照；或 2. 不暂扣执照，但规定违规的乳或乳制品不得作为 "A" 级乳或乳制品进行销售；或 3. 进行罚款，而不暂扣执照，但规定违规的乳或乳制品不得作为 "A" 级乳或乳制品进行销售
4/23/2015		在对乳加工厂进行检查之后颁发临时执照（若适用）。以更快的速度开始取样计划。为了确定是否符合本《条例》第六章中所确定的适用标准，应在 3 周内进行取样，每周取样不超过 2 次，不要在同一天进行这 2 次取样（参见本《条例》第三章）
4/25/2015	11 000	不要求采取措施
4/29/2015	3 000	不要求采取措施
5/4/2015	22 000	违规，但不要求采取措施 **注意**：在 2015 年 4 月 23 日之前采集的样本不得用于后面的细菌计数执法目的
5/9/2015	5 000	完全恢复执照

表 12　实施生鲜乳实验室检测程序示例

日期	确定的体细胞计数（个/mL）	适用于 750 000 个/mL 标准的强制措施
7/10/2015	500 000	不要求采取措施
8/15/2015	600 000	不要求采取措施
10/1/2015	800 000	违规，但不要求采取措施
11/7/2015	900 000	违规；向生产者发出书面通知，最后 4 次体细胞计数中有 2 次超过了该标准（只要在最后的连续 4 次样本中有 2 次超过了该标准，该通知即生效）。从该通知之日起的 21d 内需要提供额外的样本，但是，在通知之日后的 3d 内不需提供额外的样本
11/14/2015	1 200 000	违规（最后 5 次体细胞计数中有 3 次超过了该标准）；规定的强制措施： 1. 暂扣生产者的执照；或 2. 不暂扣执照，但规定违规乳品不得作为"A"级乳进行销售；或 3. 进行罚款，而不暂扣执照，但规定违规乳品不得作为"A"级乳进行销售或标价出售。但是，可评估对乳品生产者的罚款金额，以代替暂扣执照，前提是：如果罚款是因为违反了体细胞计数标准，监管机构应验证供应的乳品符合本《条例》第七章中所列的合格限值范围规定。为了确定是否符合本《条例》第六章中所确定的适当标准，应在 3 周内进行取样，每周取样不超过 2 次，不要在同一天进行这两次取样（参见本《条例》第三章） **注意：**上述 3. 引用的实施罚款，而不暂扣执照不适用于国际认证组织（ICP）授权下的第三方认证组织（TPC）
11/18/2015	700 000	取样证明乳品符合了本《条例》第七章中规定的标准之后颁发临时执照（若适用）。按照 2015 年 11 月 14 日所述以更快的速度开始取样计划
11/20/2015	800 000	违规，但不要求采取措施 **注意：**在 2015 年 11 月 18 日之前采集的样本不得用于后面的体细胞计数执法目的
11/24/2015	700 000	不要求采取措施
11/29/2015	550 000	不要求采取措施
12/3/2015	400 000	完全恢复执照

附录 F 清洗和消毒

Ⅰ 消毒的方法

化学物质

某些化合物对乳品容器、器皿和设备的消毒是有效的。这些化合物要么包含在《美国联邦法规》第 40 篇 180.940 部分（40CFR 180.940），则应按照标签说明使用，如果按照下文第Ⅱ节在现场生产，则按照电化学活化（ECA）设备制造商的说明使用。

蒸汽

当使用蒸汽时，把蒸汽软管插入进气孔，并在出口处排水的温度已达到 94℃（200℉）后，保持蒸汽从出口流出至少 5min，每组装配的管道应分开处理。这里需要暴露的时间比单个容器需要的时间更长些，是因为暴露于空气中的大表面有热能的损耗。处理过程中必须盖好盖子。

热水

如果组件的出口末端温度在至少 77℃（170℉）维持至少 5min，通过将热水泵入进口即可使用。

Ⅱ 现场生产的标准和使用电化学活化（ECA）生成的次氯酸对多功能容器、器皿及设备的消毒

下面是电化学活化（ECA）生成次氯酸的现场生成所需的标准列表。次氯酸是现场产生的，并且作为多功能容器、器皿和设备的消毒剂使用。

1. 根据《美国联邦法规》第 40 篇 152.500 部分（40CFR 152.500），电化学活化设备制造商应作为杀虫设备企业向环境保护局（ECA）登记，并应符合《美国联邦法规》第 40 篇 156.10 部分（40CFR 156.10）所述的标签规定。

2. 根据环境保护局（ECA）DIS/TSS 4 消毒剂冲洗效果的要求，消毒剂的最低稀释比例应为含有 50×10^{-6} 的游离有效氯（FAC），且最低接触时间为 30s，对于之前清洁过的乳接触容器表面，游离有效氯不超过 200×10^{-6}。生产的消毒剂应符合《221 美国联邦法规》第 40 篇第 158 部分（40CFR Part 158）数据登记的要求，农药评估指南—G 亚类，91-2（f）的数据要求，并且其测试文件应符合良好实验室操作规范（GLP）。

3. 用于生成消毒剂的盐应是食品级的质量级别，最低纯度为 99.6％，并应使用饮用水，以确保所生成消毒剂的质量和稳定性。

4. 电化学活化（ECA）设备和其溶液浓缩储存容器应由不传递有毒物质到消毒液的材料构成，以免结构材料中出现的毒性成分进入消毒液中，或者电化学活化过程中可能发生的物理或化学变化产生毒性物质并进入消毒液中。

5. 电化学活化浓缩溶液储存容器应标明以下部分：

a. 内容物；

b. 环境保护局（EPA）为电化学活化设备制造商建立的编号；

c. 稀释比例使用说明和储存条件，包括保质期；

d. 其活性和惰性成分的清单；和

e. 其他要求披露的标准安全数据，及之前提及的材料安全数据表（MSDS）。

6. 用于产生次氯酸消毒剂的电化学活化设备应控制并记录参数，以确保电化学活化设备在其设计极限内运行，并能提供有效的实时通知或报警，并且在超出电化学设备制造商推荐的规定范围时关闭。

7. 应使用标准的测量方法，如游离有效氯（FAC）滴定法或氯试纸法，以检验可供随时使用的消毒剂的浓度处在 $50 \times 10^{-6} \sim 200 \times 10^{-6}$ 的范围内。测量设备应进行检查、校准，并记录测量结果。所有的记录应易于被监管机构获得，便于检查。如果使用游离有效氯浓度的电化学生成记录，应符合本《条例》附录 H 第 V 部分指定的标准。

Ⅲ 蒸发设备、干燥设备和干燥产品设备的清洗

清洗

1. 蒸发器和冷凝器的清洗：一些蒸发器的设计导致了乳或乳制品在一定温度下长期、大面积地暴露，这有利于微生物的生长。

设计用于蒸发器自动化机械清洗的管道和/或设备应符合下列要求：

a. pH 记录装置应安装在返回溶液管道中，以记录 pH 和时间，这些管道或装置在清洗和消毒操作过程中是暴露的。

b. 这些 pH 记录图表应可辨认，注明日期，并保留 3 个月。

c. 在每次正式检查过程中，监管机构应检查 pH 记录图表并签上姓名的首字母缩写，以确认接触清洁液的时间及其 pH。

以下是清洗和消毒蒸发器和冷凝器的建议程序：

蒸发器内部的表面积非常大。蒸发器的内部不仅有一个大的分离器室和蒸汽管道，而且蒸气室内可能还有多达 500～1400 根，长 3～15m（10～50ft）的加热管。总面积可能有 4000～35000ft²，这可能需要大容量的再循环。这个表面区域必须仔细地清洗和消毒，否则将污染乳或乳制品。蒸发器的工作温度非常接近于耐热细菌和某些嗜温类型的细菌的生长温度。一效的操作温度可以在 60℃（140°F）～77℃（170°F），二效在 52℃（125°F）～63℃（145°F），三效在 38℃（100°F）～49℃（120°F）。被蒸发的产品往往是在末效温度下再循环几次，直至达到合适的浓度，这可能会给细菌充足的时

间生长。

干净的蒸发器可以更有效地运行。经过长期使用后清洗蒸发器是必要的，因为烧灼的材料会降低热传递和效率。达到比继续运行更经济的时间点后，停止操作并进行清理。蒸发器出于卫生原因需要清洗，也是为了高效的运作。管腔和加热板必须清洗，以获得好的传热效率。如果没有清理蒸汽管道，当真空释放时，可能会出现蒸汽猛烈喷出。这可能会把污物带入到乳或乳制品中，从而降低质量。这些污物可能会下降到热压缩单元，阻止蒸汽通过，并在实质上阻碍良好的运作。清洁剂通常分为两个主要类别：

a. 碱性清洁剂通常对水量调节器有腐蚀性，为增强清洁能力，添加了合成洗涤剂和泡沫抑制剂。碱性清洁剂的目的是为了清除大量的污物。碱性溶液通常在浓度 1%～3%，温度 83℃（180℉）～88℃（190℉）的范围内首先清洗 30～60min。

b. 酸性清洁剂通常是食品级的合成洗涤剂和抑制剂，以防止对金属表面的腐蚀。酸性清洁剂的目的是去除矿物质薄层、碱性清洁剂残留，使内表面恢复光亮。酸性溶液通常浓度在 0.2%～0.5%，温度 60℃（140℉）～71℃（160℉）的范围内最后使用。

在所有情况下，清洁剂和清洗说明应遵循清洁剂制造商的建议。同时必须遵循蒸发器制造商的建议和说明。使用压缩氨的蒸发器需要特殊的清洗注意事项。

清洗方法：清洗蒸发器有 4 种基本的方法：

1. 煮沸；

2. 循环；

3. 喷淋清洗；

4. 或者 3 种方法的组合

a. 煮沸法是最古老的，但它仍然是非常有效的。它是通过在局部真空下滚动或煮沸清洁液完成的。热量由蒸发器产生，并且只有足够的真空才能使溶液滚动。通过打开和关闭真空断流器使清洁液升高到蒸发器的圆顶和上部。手动刷洗一些区域通常是有必要，且要接着煮沸，因为用手动刷洗难以彻底清洗顶部表面。

b. 循环清洗是一种新的清洗方法。清洁液实际上是顺着乳或乳制品的管道流动。通过将溶液送回起始点进行循环。热量由预热器、管腔或蒸汽喷射器产生，蒸汽喷射器有时也被称为沸腾喷咀。这种方法并不适合所有类型的蒸发器，通常有必要增加喷淋清洗设备以彻底清洗分离器和蒸汽腔底部的管板。

c. 喷淋清洗是清洗蒸发器的最新方法。清洁液通过喷雾装置泵出，喷洒在乳或乳制品接触的表面。热量由预热器、调压罐或流通蒸汽产生。当使用合理设计和操作的喷淋清洗系统时，清洗问题就被最小化了。喷淋清洗提供了许多超过煮沸法或循环清洗法的优点。这种方法需要较少的水和清洁液。这不仅达到了节约水、热量和清洁工的效果，而且超浓缩的清洁液可以起到更快、更有效的清洁作用。漂洗水和清洁液的热量来自外部，以防止管腔内的额外烧灼。由于蒸发器不是在真空条件下，需要较少的热量保持溶液的热度，所以节约了燃料。更高的温度可以用来提高清洗效率。喷淋清洗也有一些缺点。喷淋设备需要额外的花费，因为它们是专门为了几乎每一个操作工序进行设计。喷淋设备必须妥善安置，并需设计覆盖分离器顶部的圆顶、切向进气口、蒸汽管道、观察镜、蒸汽管腔。喷淋清洗可能需要额外的不锈钢管道以传送必要体积的溶液。还需要更大的泵输送必要体积的清洁液。即使有这些缺点，节约热量、水、清洗剂和时间的优点，使得它的利大于弊。

d. 有时使用组合的清洗系统也有优势。可能会在蒸汽腔内煮沸，同时喷淋分离器。有时可能是在蒸汽腔内循环，并喷洗分离器或设备的其他部分。很多时候组合系统，尤其是喷淋系统的循环，对某些类型的蒸发器工作效果最好。

e. 影响清洗方法使用的最大因素之一是蒸发器的类型。在降膜式蒸发器中，循环清洗可用于清洗管腔，喷淋清洗可以用来清洗蒸发器室。当使用板式蒸发器时，循环清洗是最好的。在内部型管腔中，管道内的煮沸系统和分离器的喷淋清洗工作效果都会很好。带有外部管腔型的蒸发器，整个设备都可以用喷淋清洗。如果它是一个使用压缩氨的蒸发器，喷淋清洗的效果很好。应该进行消毒，以消除可能在清洗方案中幸存下来的任何的微生物。使用化学消毒剂可以最好地完成消毒。如果所有的表面可以加热到83℃（180℉）或更高温度，加热也可以用于消毒。由于不锈钢蒸发器投入巨大，所以有必要使用不腐蚀不锈钢的清洗和消毒产品。化学消毒剂可应用于喷淋设备或与雾化枪一起使用。

2. 高压泵和高压管道：通过把高压管道连接到背对水箱的喷咀，并把水箱连接到高压泵的进口，高压泵和连接干燥机喷咀的高压管道可作为一个单独的回路进行清洗。常规的乳或乳制品的雾化喷咀在清洗前应该移开。清洗高压泵和管道的的另一种方法是用湿法清洗某些类型的喷雾干燥机时，把回路中的泵和高压管道包括在内。无论在哪种情况下，已经加热至72℃（160℉），浓度为 1%～3% 的腐蚀性溶液应至少循环30min。作为日常操作，应该通过雾化系统泵出缓蚀酸溶液，以从高压泵和高压管道中去除乳垢。缓蚀酸溶液应至少循环 10～15min，然后用饮用水冲洗。同时建议，作为日常操作，在冲洗完毕后应立即把高压泵头拆卸下来，并将各部分被放在桌子或架子上自然干燥。当把泵拆卸下来后对部件进行检查，看看它们是否干净，是否需要任何形式的维修以去除微小凹痕。此时还要检查泵头的底座。由于高压泵每天都承受极重的负荷，建议把阀门和底座定期磨平，以维持雾化喷咀上的压力均匀。在使用之前，整个系统应消毒。

3. 干燥机的湿法清洗：干燥机的湿法清洗有几种方法：

a. 第一种方法是手刷法。清洁人员带着装有清洁液的水桶进入干燥机，刷洗干燥机的所有表面。然后用软管冲洗设备。

b. 也可以用手工操作的喷枪清洗。这些喷枪是压力泵，以较低的容量和较高的压力工作。在大多数情况下，在这些压力枪外加 7ft 长的延伸管可以把箱式干燥机彻底清洗干净。用高压喷枪和含有高含量合成去污剂的清洁剂可以把很难去除的污物除去。

c. 湿法清洗的第三种方法是采用各种固定或旋转喷淋设备进行喷淋清洗。它们通常在高容量，69kPa（10psi）～138kPa（20psi）的低压范围内运行。喷淋设备设计的比较合理时，可以获得连续的喷淋覆盖范围。通常需要多个喷淋设备，因为在这些设备中有许多的腔室、集合管和向下的管道。使用喷淋清洗做一套完整的工作需要的时间更少。安装了该系统后，清洗管道很容易连接到喷淋设备，并形成一个有效的回路系统。喷淋清洗比手工清洗需要的时间短得多，特别是对于大型机组。喷淋清洗使清洁员工不用进入干燥设备。储乳罐或垂直型干燥机通常高 6.2m（20ft）～30.4m（100ft），通过手工或手工操作设备清洗干燥机很困难也很危险。当改换其他乳或乳制品时，喷淋清洗能消除气味污染。如果未分级的乳或乳制品通过干燥机后，有必要在生产"A"级乳或乳制品之前彻底清洗干燥机。喷淋清洗也有一些缺点。喷淋设备应正确安置并应设计成能够完成整个清洁工作。为了不影响操作过程中的气流，它们必须是可拆卸的。然而，安全加上清洗时间短和清洗连续彻底的这些优点，使得其利大于弊。一个典型的喷淋清洗循环大致操作如下：

（1）各种喷淋头放置于干燥机内，并固定牢固。冲洗水被泵入喷淋设备，使水沿着干燥单元的侧壁流下。弱碱性或含氯的清洗剂浓度在 0.3%～1%，加热至 71℃（160℉）～83℃（180℉），循环 45min～1h。然后给设备做最后的冲洗，并彻底干燥。酸性清洗剂偶尔用来控制矿物质薄层。化学消毒剂消毒是一个有争议的问题。加热可用于消毒，但可能难以把所有表面加热到 83℃（180℉）。加热到 83℃（180℉）10min不能杀死产芽孢菌类。然而，这些菌类可以被许多化学消毒剂杀死。即使利用加热，也建议偶尔使用化学消毒剂。通过把消毒剂溶液泵入高压泵或通过高压雾化，可能会完全覆盖在乳或乳制品接触的表面。实际上，设备在运行前必须彻底干燥。含氯消毒剂可能会引起腐蚀。显然，这些化合物应小心使用。如果氯留在干燥机内并加热时，氯滴将变热并浓缩而引起麻点腐蚀凹痕。当使用含氯清洗剂时，干燥机表面可以被有效的清洁，并且至少部分地被消毒，溶液可以被完全冲洗掉。酸性合成洗涤剂型消毒剂已经开发出来，它们对产芽孢菌类有效。这些化合物有杀菌作用，在硬水中有效，在热或冷溶液中稳定。它们的一个优势是对乳品金属无腐蚀性。

（2）没有必要每天用湿法清洗干燥机。然而，应设定一个时间表定期进行清洗。只要干燥机连续运行，从效率的角度来看就没有必要清洗它。某些类型的干燥机很少需要清洗，也许每月一次；其他干燥机需要更频繁地用干法清洗。如果干燥机要在相当长的时间里闲置，那么有必要对它们进行清洗和消毒。细菌可能会在闲置的干燥机里生长。如果操作不当对干燥室造成烧灼，干燥机必须要喷淋清洗。每当干燥设备内发生火灾或发生烧灼时，都有必要对干燥设备，至少是干燥室进行彻底清洗。质量是乳粉产业的关键。蒸发器和干燥机都需要有一套清洗和消毒的程序。当蒸发器和干燥机被彻底地清洗和定期消毒后，才会生产出质量更好的乳和乳制品。

4. 干法清洗：在还没有讨论适当的操作程序，尤其是干燥机的启动和关闭时，讨论适当的清洗程序是非常困难的。假设干燥机已正确地启动，并且在整个运行或干燥循环正确地操作，成功的清洗操作的第一步是正确地关闭干燥机。供热到干燥机室的能源类型即蒸汽或气体，会改变正常的关机技术。蒸汽加热干燥机关闭的正确步骤如下：

a. 在适当的时候关掉主汽阀。

b. 通过逐步降低高压泵的输出，保持适当的干燥机出口的干燥温度，直到蒸汽线圈的余热消散到不能保持适当的温度，或者直到通过高压泵泵送的乳或乳制品不能保持到一个满意的喷雾模式。

c. 保持乳粉产品去除系统和输送系统处于运行状态。

d. 保持干燥机的进气和排气风扇处于运行状态，直到主室充分冷却到可以给清洁人员提供一个舒适的环境。

燃气喷雾干燥机的燃烧器部件很少有或没有残余的热容量。因此，关机更迅速。燃气加热干燥机关闭的正确步骤如下：

a. 关闭燃烧器的燃气供应。

b. 紧接着关闭高压泵。

c. 与蒸汽加热干燥机的程序相同。

d. 上述步骤完成后，关闭进气风扇。让排气扇和振动器或振荡器随着乳和乳制品去除系统继续运行。应严格地控制排气扇，这样它就只会产生很小的气流。有时用一个小的辅助风扇来代替受控的排气扇。使用任何一种风扇都带有双重的目的：首先，它有助于干燥系统处于轻微负压的状态下，减少了乳或乳制品通过敞开的门等处从这个系统溢出到乳品车间的趋势。其次，它对阻止热流通过干燥系统时产生反向气流是至关重要的，这些气流容易使乳或乳制品附着在加热表面和送气管道。乳或乳制品附着在蒸汽线圈上，降低了它们的产热能力，产生沉淀物和可以想象到的细菌污染区域。如果干燥机是燃气式的，那么会有进一步的火灾危害。这一点很重要；因此，由制造商提供的关闭阀或控制阀应放置在进气管道系统的入口，同时关闭风扇。在任何优质的乳或乳制品已经从干燥系统中移除后，就可以开始清洗系统了。需要每天给清洁人员提供刚洗过的套装工作服、白帽子、白口罩、干净的橡胶套或靴套（帆布或一次性塑料）。在穿上上述制服之前，移去喷咀和管道，因为这些一般是用流动干燥进料设备进行清洗。穿着干净的制服，适当地刷洗，最好是用真空清洗设备，清洁人员进入主干燥机室，并尽可能从乳或乳制品去除系统或气流传送系统的上游开始清洗过程：

（1）首先要清洗的部分是收集系统。把刷子插入编织管并刷洗管道的每一段，对收集系统进行清洗。利用特殊设计的、用于这种操做的真空工具再次刷洗，可以清洗更完全。

（2）拆下防尘罩，用刷子或真空吸尘器清扫喷咀口。

（3）用手工刷洗或用真空吸尘器清扫干燥机室的墙壁和天花板。

（4）打扫或用真空吸尘器清扫干燥机的底板，即放置乳或乳制品的地方。

注意：不要通过乳或乳制品去除系统的通道除去乳或乳制品。

（5）在干燥循环过程中检查任何可能已经发生的、由于疏忽造成的干燥机湿式喷淋或喷咀滴水。如果其中任何一种已经发生，需要用少量的水，并费些精力去清除这些黏性材料。在运行之前必须消除任何带入的水分，因为这会影响乳或乳制品流动的顺滑性，同时也因为如果水分继续保留，它会创造一个更有利于细菌生长的环境。

（6）在离开干燥机前，检查收集器是否松动或软管破损以及任何其他必要的机械检查。

（7）安全关闭干燥机并检查开关，以确保它们在正确的启动位置。频率间隔不超过两星期时，操作者应清理和检查干燥机的进气口，假设在这段时间内干燥机是正常运行的。然而，在干燥机操作者没有遵守上述的正确关机步骤时，有可能会发生故障。这可能需要在接近时间间隔时检查和清洗。频繁的检查能消除沉积物污染源。

（8）对布制的收集/干燥机干洗以后启动设备，最初的两袋乳或乳制品应该丢弃。在关机后，要考虑清除在管道和系统中残留的任何乳或乳制品。

干品辅助设备

1. 筛子：在一般情况下，在乳粉产业中使用两种类型的的干品筛子，即振动型和旋转或涡旋型。无论是手动装袋或从它们的出口进行包装或设计用于自动包装的设备包装，都是设计用于在各种容量下操做。

作为筛子制造商和乳粉产业的总体指导，表 13 中筛子孔径可被视为推荐的孔径，会在列出的乳粉产品中得到满意的筛选结果。

表 13　分子筛孔径和名称

产品	分子筛名称 来自美国试验材料协会（ATSM） 标准 E－11	分子筛最大孔径（约）	
		mm	in
脱脂乳粉	＃25	0.707	0.027
全脂乳粉和酪乳粉	＃16	1.19	0.047

普遍认可的是，更大筛孔孔径对过滤某些特殊的乳粉产品是必需的，如"速溶"产品和把乳粉产品分类为不同粒径的产品。

在一般经验的基础上，表 13 提到的孔径大都根据持续筛除乳粉产品中的结块或潜在乳粉产品污染物的满意程度、多数现用筛子孔径能成功筛除"淘汰品"而不会使优质乳粉被筛除从而造成过多损失的能力来确定。其他因素也会影响损失，如：

a. 所使用筛子的"开孔面积"百分率；

b. 流速不均的筛子；

c. 干燥机容量的筛面比率；

d. 作用于筛面的机械能的大小和类型；

e. 筛子的设计和结构；以及

f. 所过滤干品的性质。

筛子孔径可以由每英寸上金属丝的稠密程度和金属丝数量的任何期望组合得到。举例来说，如果筛面由不锈钢编织线组成的，通过由 0.399mm（0.014in）粗（约45％的开孔面积）的金属丝组成的 24×24 目市场级的筛网，或使用由 0.185mm（0.0065in）（约65％开孔面积）的金属丝组成的 30×30 筛布网或由许多其他的金属筛网稠密组合可以构成 0.707mm（0.027in）的筛孔。这些组合允许有多种选择，以获得所需的筛网强度和开孔面积百分率之间的平衡。如果筛面是由其他材料而不是由不锈钢材料构成，也可以采用类似的组合达到期望的筛孔尺寸。

清洗乳粉产品筛子的建议：

a. 干法清洗程序：应遵循以下所列步骤：

（1）完全拆除，并彻底用真空吸尘器或干刷清扫所有与乳粉或乳制品接触的乳粉筛子表面。尽快完成重装，并尽一切努力使所有零件干燥。

（2）检查筛网的破损或移位的金属丝（线）以及其他筛子框架周围的孔，这可能使未筛选的乳粉制品通过。筛子的其他部分，包括球状托盘和球状物，如果使用的话也应该检查状态。应尽快完成任何必要的维修或更换。

（3）对筛子进口和出口的柔韧的橡胶或布连接器，应每天按推荐的步骤对筛子进行彻底清洗。此时，应仔细检查连接器有无孔洞、裂缝或其他损坏。

注意：为了方便拆除清洗和便于移动使用，按建议紧固设备。

（4）彻底用真空吸尘器或干刷清扫筛子的所有外部零件，包括筛子框架和传动装置。

b. 湿法清洗程序：应遵循以下所列的程序：

（1）按照以上 a.（1）中所述完全拆除；去除所有散落的乳粉产品；然后用清水冲洗所有部分；接着使用普通用途的日常清洗剂彻底地手动清洗所有部件。彻底冲洗以清除所有的清洗溶液或污物的痕迹。建议用77℃（170℉）或以上的热水进行冲洗，以便清洗设备并有助于后续的干燥。

（2）使所有部件重新装配之前完全风干。

（3）应尽可能频繁地进行湿洗。如果筛子不是每日使用，应每次使用后进行清洗。

（4）经过清洗、干燥和重装后，乳粉产品的出口就应该免受污染。

c. 一般建议：

（1）真空吸尘器清扫优于刷子清扫或正压空气的清扫，因为这减少了粉尘漂移到乳品车间其他区域的问题。

（2）用于清洗乳粉产品接触表面的刷子或真空吸尘器器材，不应该用于清洗非乳粉产品接触面或作其他用途，这可能导致污染。这样的刷子和特殊器材在不使用时应存放在封闭柜里。出于保护和管理方面的考虑，这样的柜子最好应该是非木材结构的，并应具有开放式网状金属架。

注意：如需详细信息，请参阅乳粉和乳粉产品筛具的 3－A 卫生标准 26－♯♯系列。

2. 储存/运输箱：便携箱、手提袋、优质麻袋或其他便携式存储/运输容器的使用应符合本《条例》第11P条构造要求，以及第12P条清洗和消毒的要求。

如果在乳加工厂存储箱内使用内部支撑和架子，它们应由光滑圆形的金属构成，并且安装地离墙足够地远，以防止受潮。连接到主要输送设备上的乳粉产品入口和排出口应防尘，并应方便清洗。通风口外部应配备容易移动的、有足够容量的空气过滤器或容易拆卸的盖子。如果空气被导入乳粉产品区，只有过滤空气才可以使用，并应符合本《条例》附录 H 辅助搅拌器或任何其他室内设备适用的标准。如果用到，这些设备应该光滑、无缝隙，并容易清洗。箱子外表面应光滑、表面坚硬，并易于清洗。盖子上如果使用铰链，应是可拆装类型的。当乳粉产品不是废弃品时，应提供盖或门以封闭乳粉产品区。箱子应该设计成当盖子打开时上面的污物或灰尘不会滑落或掉入箱内。所有存储乳品的车间箱子应提供开口。这种开口的最小尺寸应不小于 45.7cm（18in）。盖子不能由增加内部支架的方式构成，但应该装有铰链，并配有快开装置。这种开口的垫圈应由无毒、无吸收性、光滑，且不受乳粉产品影响的固体材料构成。无论是在乳加工厂，还是把乳粉产品从一个乳加工厂运送到另一个乳加工厂，连续使用的储存/运输箱应根据制造商的建议在必要时清洗。储存/运输箱可用核准的干法清洗或湿法清洗进行清洗。

3. 包装和包装物：乳粉产品的包装设备根据其设计会有很大的不同，这取决于包装物被装填的桶、箱子或袋子。不管使用任何设备，它应该设计为在操做过程中保护乳粉产品免受来自外界和空气的污染。输送设备到包装设备的所有连接都应有防尘连接。与包装设备连接的所有传送装置、管道、传送带和螺丝应具有集尘系统，能够消除任何可见的灰尘。所有乳粉产品的进料斗，在使用时应提供盖子以妥善地保护乳粉产品免受污染。除了自动称重装置的调整期间，其他步骤应不允许手工装填。

附录 G　化学与细菌学检测

Ⅰ　独立供水——细菌检测

参考：本《条例》第七章第 8r、7p 条。

应用：乳牛场、乳加工厂、接收站、中转站和乳罐车清洁设施所用的独立供水。

频率：初次使用时应对水样进行大肠菌群和大肠杆菌的检测；在乳牛场、乳加工厂、接收站、中转站和乳罐车清洁设施的独立用水修理、调整或消毒后；其后，所有乳加工厂、接收站、中转站和乳罐车清洁设施供水，每半年一次，乳牛场至少每 3 年一次。

标准：使用多管发酵法（MTF）或显色底物多管程序之一检测，含有 10mL 的 10 支复管，或含有 20mL 的 5 支复管，大肠菌群的最大可能数（MPN）每 100mL 少于 1.1；使用膜滤器（MF）技术，每 100mL 的直接计数少于 1；或是使用多管发酵法（MTF）或显色底物程序之一，检测含有 100mL 的容器时，阳性/阴性（P/A）测定表明每 100mL 大肠杆菌的数量少于 1。使用荧光底物多管法检测，含有 10mL 的 10 支复管，或含有 20mL 的 5 支复管，大肠杆菌的最大可能数（MPN）每 100mL 少于 1.1；使用膜滤器荧光底物多管技术，每 100mL 的直接计数少于 1；或是使用荧光底物多管法，检测含有 100mL 的容器时，阳性/阴性（P/A）测定表明每 100mL 大肠杆菌的数量少于 1。通过膜滤器技术检测，产生菌落太多不能计数（TNTC）或汇合生长（CG）的细菌学结果，或通过多管发酵技术（最大可能数和阳性/阴性形式）在无气体产生和确认无气体产生（可选择检测）的假定试验中产生浑浊，应视为无效。并且应从同一样本或随后的重新取样中，异养平板计数（HPC）应有每 mL 少于 500CFU，才能视为符合要求。异养平板计数的检验结果应报告为阳性或未发现。

设备、方法与程序：实施的检测应符合现行版的《（美国）水和废水标准分析方法》（SMEWW）或美国食品药品管理局（FDA）认可的规定，美国环境保护局发布的水和废水检验方法，或适用的美国食品药品管理局（FDA）/国家州际乳品贸易协会（NCIMS）2400 系列表格内容（参阅最新修订的 M－a－98）。

矫正措施：样品的实验室报告显示大肠菌群阳性但大肠杆菌阴性或者表明先前已失效样品的异养平板计数大于 500CFU/mL 时，则应认为供水有病原污染的风险，有问题的供水应再次进行检测，并且采取必需的矫正措施，直到随后的样本细菌数符合要求为止。再次检测应当在阳性结果出现后的 30d 内完成。如果检查和纠正措施完成，但所涉及的问题供水检测仍为大肠菌群阳性而大肠杆菌阴性，该设施需继续调查和纠正问题，直到随后的样本细菌数符合要求为止。当样品的实验室报告显示大肠菌群和大肠杆菌均为阳性，或者设施在最初检出阳性结果的 30d 内没有完成供水检查时，则认为供水不合格。

Ⅱ　回收水和循环水——细菌检测

参考：本《条例》第七章第 8r、18r、7p、17p 条。

应用：回收水和循环冷却水，用于牛奶工厂、接收站、中转站和乳场。

频率：初次使用；在乳牛场、乳加工厂、接收站和中转站回收水和/或循环冷却水修理、调整或消毒后；其后，乳加工厂、接收站及乳场中的回收水和循环冷却水应每半年检测一次。

标准：使用多管发酵法（MTF）或显色底物多管程序之一检测，含有 10mL 的 10 支复管，或含有 20mL 的 5 支复管，大肠杆菌的最大可能数（MPN）少于每 100mL 1.1；使用膜滤器（MF）技术，每 100mL 的直接计数少于 1；或是使用多管发酵法（MTF）或显色底物程序之一，检测含有 100mL 的容器时，阳性/阴性（P/A）测定表明每 100mL 大肠杆菌的数量少于 1。显色底物多管程序不适用于检测再循环冷却水。通过膜滤器技术检测，产生菌落太多不能计数（TNTC）或汇合生长（CG）的细菌学结果，或通过多管发酵技术（最大可能数和阳性/阴性形式）在无气体产生和确认无气体产生（可选择检测）的假定试验中产生浑浊，应视为无效。并且应从同一样本或随后的重新取样中，异养平板计数（HPC）应有每 mL 少于 500CFU，才能视为符合要求。异养平板计数的检验结果应报告为阳性或未发现。

设备、方法与程序：实施的检测应符合现行版的《（美国）水和废水标准分析方法》（SMEWW）或美国食品药品管理局（FDA）认可的规定，美国环境保护局发布的水和废水检验方法，或适用的美国食品药品管理局（FDA）/国家州际奶品贸易协会 2400 系列表格内容（参阅最新修订的 M－a－98）。

矫正措施：样品的实验室报告不能令人满意时，有问题的供水应再次进行检测，并且采取必需的矫正措施，直到随后的样本细菌数符合要求为止。

Ⅲ　巴氏杀菌的效能——现场磷酸酶检测

参考：本《条例》第六章。

频率：任何实验室的磷酸酶检测为阳性，或对巴氏杀菌的充分性由于不符合设备或第 16p 条的要求而产生怀疑时进行检测。

标准：通过磷酸酶电子程序，低于 350mU/L。

设备：Fluorophos（Advanced Instruments）检测系统，Paslite 与快速碱性磷酸酶（Charm Sciences 公司）检测仪，核准/验证的标准设备及配件。

方法：测试是基于对磷酸酶的检测，以巴氏杀菌法在 63℃（145℉）的状态下灭活 30min，或在 72℃（161℉）状态下灭活 15s。巴氏杀菌不完全时，一些磷酸酶得以残留，可以通过荧光电子检测或作用于核准的检测系统底物的化学发光副产物来确定。

程序：对经批准可用磷酸酶测试的特定的乳和/或乳制品，请参阅适用的美国食品药品管理局（FDA）/国家州际乳品贸易协会（NCIMS）2400系列表格内容以及最新修订的 M－a－98。

矫正措施： 每当磷酸酶检测出现阳性时，应确定原因。原因为巴氏杀菌不完全时，应予以纠正，涉及的乳或乳制品不应再用以销售。

IV 高温短时巴氏杀菌产品中的磷酸酶再活化

乳和奶油经过热处理后还存在相当数量的磷酸酶，这按惯例可视为巴氏杀菌不完全的证据。但是，随着现代高温短时杀菌（HTST）方法的出现，在一定条件下积累的证据表明，巴氏杀菌不完全与磷酸酶的存在这两者之间的关系不能轻视。

许多研究高温短时巴氏杀菌法的研究者得出结论说，巴氏杀菌后能立即获得阴性测试结果，同样样本在经过短时存储后，尤其是产品没有经过连续或充分的冷冻时，可能产生阳性检测结果。已知这一现象为再活化。高温短时巴氏杀菌的产品在经过存储，温度为10℃（50℉）（虽然34℃（93℉）为最佳温度）时可能发生再活化现象。高脂含量产品通常会产生相对较多的再活化磷酸酶。

再活化现象在产品用巴氏杀菌达到大约110℃（230℉）时最为明显，但也可能在用巴氏杀菌达到更高温度或低到73℃（163℉）的温度时产生。

人们已经注意到，使用巴氏杀菌期间增加灭菌时间会减少再活化。巴氏杀菌之后但在存储之前，向高温短时杀菌加工的乳或奶油中添加醋酸镁会促进再活化。充分巴氏杀菌的样本——在有/无镁的条件下存储，及不充分巴氏杀菌的样本——在有/无镁的条件下存储，两者之间的区别构成了从残留物、不充分的巴氏杀菌和磷酸酶中区分是否有再活化的检测依据。

V 乳品中农药残留的检测

依照第二章的规定，采用本《条例》的任何监管机构应在监控程序下运作，确保乳品供应免受农药污染。

农药化合物可能通过各种途径进入乳品中，包括以下任何一种：

1. 在泌乳动物中使用；
2. 在动物所在环境中使用后，动物吸入有毒蒸汽；
3. 在饲料和水中摄取的残留物；和
4. 乳、饲料和器皿的偶然污染。

目前，有机氯农药是首要关注的问题。而有些其他害虫防治的化合物比有机氯农药的毒性更强，很多有机氯农药易于在哺乳动物和人体的体脂肪中积累，并且分泌到被污染的泌乳动物的乳里。

人们持续饮用受污染的乳品，那么在人体内积累的这些有毒药剂可能达到危险的浓度。残余物分析的进展已经促使针对乳品的纸色谱筛选程序的使用迅速减少，因为这种方法的敏感度相当有限。监管机构现在能对很多含氯有机农药低至0.01ppm的残留物进行常规检测。因此，符合要求的筛选步骤应该达到这一敏感等级，这一等级通常是使用气相色谱或薄层色谱法所必需的。

美国食品药品管理局发布的《农药分析手册》 (Pesticide Analytical Manual, PAM) 第一卷中描述并讨论了后两类的通用筛选步骤。

为了检测农药残留量, 需要对乳品供应做更仔细的审查, 这进一步刺激了对检测技术的研究。进入监督程序的监管机构应仔细检查有关的可用设备, 检测其是否适合指示要求。

与微生物检验相比较, 连续 6 个月期间, 在检测计划表中对个体生产者的乳品进行 4 次检测是可取的, 而广谱程序费时太长, 不能提出切实可行的计划表。作为一种更具操作性的方法, 建议采用以下步骤:

1. 通过广谱方法和跟踪阳性样品, 每 6 个月对各乳罐车路线上的一车乳检测一次。

2. 通过可用的仪器分析方法, 对于最常见的有机氯农药残留, 每 6 个月检验每一生产者的乳品 4 次。

注意: 利用步骤 1 时, 混合乳样品取样的已知来源是接收站的存储罐。步骤 2 所用样品可以直接从称量桶获得。

Ⅵ 乳品中药物残留的检测

乳品中药物残留问题与其在治疗乳腺炎及其他疾病时使用的药物有关。经治疗后未能给乳品到市场销售留出足够的时间, 这会导致乳品中药物残留的存在。此类乳品不合要求有两种原因:

1. 乳来自于不健康的泌乳动物; 及

2. 乳中掺杂。

常用的某些药物会引起过敏症, 这些药物会由于在乳中存在而对消费者有潜在危害。另外, 由于在培养过程中药物残留的抑止作用, 每年乳品行业承受大量副产品的损失。药物残留应通过本《条例》第六章提供的检测方法实施检测。这些检测在美国食品药品管理局 (FDA) 的备忘录中有详细说明 (请参阅最新版本 M-a-85 批准的药物测试, 美国食品药品管理局 (FDA) /国家州际乳品贸易协会 (NCIMS) 对每一特定检测方法的 2400 系列表格, 最新修订的 M-a-98 经批准可用药物测试的特定的乳和/或乳制品)。

Ⅶ 乳和乳制品中维生素 A 和维生素 D 含量分析

参考: 本《条例》第六章。

频率: 每一产品类型每年分析一次, 或对维生素强化的适当性有任何疑问时进行分析 (参见本《条例》附录 O)。

方法: 应使用美国食品药品管理局 (FDA) 接受的检测方法, 及能获得与美国食品药品管理局 (FDA) 检测方法同样结果的其他官方方法, 实施维生素检测 (对经美国食品药品管理局 (FDA) 确认和国家州际乳品贸易协会 (NCIMS) 接受可用维生素测试方法的特定的乳和/或乳制品, 请参阅最新版本 M-a-98)。

参考文献

［1］美国官方分析化学家协会（AOAC）《官方分析方法》（Official Methods of Analysis of AOAC INTERNATIONAL），2012 年第 19 版。

［2］《农药分析手册》可向美国食品和药品管理局（FDA）食品安全与应用营养学中心购买，地址：HFS－335，5100 Paint Branch Parkway，College Park，MD 20740－3835.

附录 H 巴氏杀菌设备和程序以及其他设备

I 高温短时（HTST）巴氏杀菌系统的高温短时（HTST）巴氏杀菌操作

高温短时（HTST）巴氏杀菌具有的操作效率使得这种方法成为了乳品行业中一种重要的方法。在正确操作的情况下，这些设备可以在最小的操作空间中实现大批量生产。

高温短时（HTST）巴氏杀菌器是否能够确保成品乳或乳制品的安全取决于时间－温度－压力关系的可靠性，该系统运行过程中，必须具备这样的可靠性。为了保持对设备的适当监管，乳牛场经营者了解高温短时（HTST）程序是很重要的。基本的流程模式如下所述：

1. 恒液位供应槽中的冷生鲜乳或乳制品被吸入高温短时（HTST）巴氏杀菌器的回热器段。

注意： 一些操作人员更喜欢在启动时绕过回热器。在这个系统中，冷乳在吸力作用下直接通过调速泵（步骤3），然后进入加热段。剩余步骤按照常规进行。这种绕过回热器的方式方便并加速了启动操作。在分流装置（FDD）确定了顺流之后，没有使用可以手动或自动控制的旁路，生鲜乳或乳制品直接流过回热器。第二启动技术涉及在77℃（170℉）温度下使用消毒溶液。消毒溶液流过后，乳或乳制品紧随其后流过整个装置。但是，最初部分的乳或乳制品会被稀释，必须小心防止这一部分被包装。

2. 在回热器段中，薄不锈钢表面两侧上的冷生鲜乳或乳制品被逆流方向流过的巴氏杀菌后的热乳或乳制品加热。

3. 仍然受到抽吸力作用的生鲜乳或乳制品穿过容积式调速泵，在压力作用下流过高温短时（HTST）巴氏杀菌系统的其他部分。

4. 生鲜乳或乳制品在泵的作用下穿过加热器段，在薄不锈钢表面两侧上的热水或蒸汽将乳或乳制品的温度加热至72℃（161℉）。

5. 在巴氏杀菌温度和压力作用下的乳或乳制品流经保温管，在保温管中至少保温15s。流经保温管的乳或乳制品的最高速度由调速泵的速度、保温管的直径和长度以及表面摩擦力决定。

6. 如果乳或乳制品在预设的接入温度，即72℃（161℉）的温度下流过记录器/控制器，则流经指示温度计和记录器/控制器的感温泡后，乳或乳制品就流入分流装置（FDD），自动进入顺流状态。

7. 未经过正确加温的乳或乳制品流经分流管后回到恒液位槽。

8. 经过正确加温的乳或乳制品流过顺流管到达巴氏杀菌后的乳或乳制品的回热器段，回热器段对冷生鲜乳或乳制品进行加热，然后进行冷却。

9. 热的乳或乳制品流经冷却段，巴氏杀菌后的乳或乳制品另一面的薄不锈钢表面两侧上的冷却剂将其温度降至 4.5℃（40℉）或更低。

10. 然后，巴氏杀菌后的冷乳或乳制品流入储存槽或桶中等待包装。

乳或乳制品至乳或乳制品回热器（两侧与空气隔绝）的高温短时（HTST）巴氏杀菌器

该条例第七章第 16p（C）条规定了回热器的标准。为了防止用于分离巴氏杀菌后的乳或乳制品与生鲜乳或乳制品的金属或连接装置出现故障时污染巴氏杀菌后的乳或乳制品，这些标准确保生鲜乳或乳制品受到的压力总是低于巴氏杀菌后的乳或乳制品的压力。下文解释了回热器的规格。

在正常的操作过程中，即在调速泵运行过程中，生鲜乳或乳产品在低于大气压力的情况下在吸力作用下流经回热器。在乳或乳制品至乳或乳制品回热器中的巴氏杀菌后的乳或乳制品的压力将高于大气压力。如果在回热器的巴氏杀菌后的乳或乳制品侧的下游没有促流装置，该装置可以为巴氏杀菌后的乳或乳制品提供吸力使它们穿过回热器，而回热器下游的巴氏杀菌后的乳或乳制品的高度应至少比恒液位槽下游的生鲜乳或乳制品的最高高度高出 30.5cm（12in），并且在这个高度或更高的高度下与大气相通，见第 16p（C）条行政程序第 2 项的规定，通过这种方式将确保所需的压差。

在关闭过程中，即调速泵停止时，回热器中的生鲜乳或乳制品将保持受吸力作用的状态，除非这种吸力被可能进入的空气逐渐减弱，这些空气是在外部更高气压作用下通过回热器板状垫片被吸入的。根据垫片的密闭性，按照第 16p（C）条行政程序第 8 项的规定，在自由排出的回热器中的生鲜乳或乳制品液位可以缓慢下降，最终将下降到金属板的高度之下，与恒液位槽中的乳或乳制品高度一致。然而，在这种条件下，只要任何乳或乳制品仍然在回热器中，它将处于负压状态。

在关闭过程中，通过满足第 16p（C）条行政程序第 2 项的高度要求，在回热器中的巴氏杀菌后的乳或乳制品将保持在大气压力或更高的压力之下。当巴氏杀菌后的乳或乳制品液位达到或高于规定要求时，保持大于大气压的压力，并且禁止采用下游泵从而防止由于抽吸带来的压力损失。

在泵停机的过程中，乳或乳制品经过分流装置（FDD）回流将会降低巴氏杀菌后的乳或乳制品的液位，从而趋向于减少回热器的巴氏杀菌后的乳或乳制品侧的压力。在这种情况下不得依赖分流装置（FDD）来防止回流，因为在泵停机之后开始的几分钟内，乳或乳制品仍然处在足够高的温度下使得分流装置（FDD）保持顺流状态。然而，符合第 16p（C）条行政程序第 2 项和第 3 项的规定将确保回热器中的适当压差。

在开始运行时，自生鲜乳或乳制品或水在吸力作用下穿过回热器，直到巴氏杀菌后的乳或乳制品或水升至第 16p（C）条行政程序第 2 项中规定的高度，这时回热器的巴氏杀菌后的乳或乳制品侧处在大气压力或者更高压力下。即便调速泵在这期间停机，回热器的经过巴氏杀菌后的乳或乳制品侧的压力将大于作用于生鲜乳或乳制品侧的负压。如果符合第 16p（C）条行政程序第 2 项和第 3 项的规定，只要任何生鲜乳或乳制品仍然在这个回热器中，将会确保达到这个要求。如果高温短时（HTST）巴氏杀菌系统中采用了生鲜乳或乳制品增压泵，第 16p（C）条行政程序第 5 项的要求采用自动装置始终确保在增压泵运行之前回热器中的生鲜乳和经过巴氏杀菌后的乳或乳制品之间的压差达到规定要求。

在高温短时（HTST）系统中使用分离器

安装和运行的高温短时（HTST）巴氏杀菌系统中的分离器应达到这样的效果，即在运行过程中不得负面影响回热器的压力或给分流装置（FDD）造成负压，或造成乳或乳制品流经保温管，因为这样的流动将损害规定的公共健康安全要求。

1. 如果在下列情况下分离器被自动用阀隔离到系统外，并且分离器填料泵的电源被切断，则分离器可以位于生鲜乳回热器段的出口和调速泵之间或生鲜乳回热器段之间：

a. 调速泵未运行；或

b. 双阀杆分流装置（FDD）处在检测状态；或

c. 在配有双阀杆分流装置（FDD）的系统中，其中分离器位于生鲜乳的回热器的各段之间，在就地清洁（CIP）模式中所要求的 10min 延时的首个 10min 内并且在分流的任何期间内；或

d. 位于分离器之后的任何生鲜乳回热器段中的压力不符合本《条例》中的压力要求。

注意：在停机的情况下，被分开的生鲜乳回热器的第二部分必须自动地排向恒液位槽或地面。

2. 分离器不得位于调速泵和分流装置（FDD）之间。

3. 在下列条件下，分离器可以位于分流装置（FDD）的经过巴氏杀菌的一侧：

a. 正确安装的气闸应位于分流装置（FDD）和分离器的入口之间；

b. 所有的乳或乳制品增高的高度至少比该系统中的生鲜乳或乳制品的最高高度高出 30.5cm（12in），并且在分离器的出口和巴氏杀菌后一侧的回热器的入口之间的某点与空气相通；

c. 所有的乳或乳制品增高的高度至少比该系统中的生鲜乳或乳制品的最高高度高出 30.5cm（12in），并且在任何巴氏杀菌后的一侧的回热器的出口和分离器的入口之间的某点与空气相通；以及

d. 分离器被自动用阀隔离到系统外，并且分离器填料泵的电源被切断：

（1）双阀杆分流装置（FDD）在就地清洁（CIP）模式中的所要求的 10min 延时的首个 10min 内；

（2）当分流装置（FDD）处在产品分流状态或检测模式；

（3）调速泵未运行时；以及

（4）当温度低于所要求的巴氏杀菌温度，并且分流装置（FDD）未处于完全的分流状态。

4. 如果必须用阀门分隔分离器，则下列标准适用该装置：

a. 阀门的位置必须能够将产品供应管与分离器分离；

b. 阀门的位置必须能够防止流出分离器的液体返回到分离器的巴氏杀菌系统下游；以及

c. 为了满足上文所列的两个标准，阀门必须按照顺序移动，并且移动到阀门分隔位置，在漏气或漏电的情况下，任何分离器填料泵的电源必须切断。

5. 如果分离器的位置在高温短时（HTST）系统的生鲜乳侧，并且没有使用奶油或脱脂乳平衡罐来收集从高温短时（HTST）系统流出的奶油或脱脂乳，则下列标准适用该装置：

a. 自动防故障（在漏气或漏电的情况下弹簧至关闭位置）的截流泄压阀或阀门装置必须安装在分离器的奶油或脱脂乳管道的下游或任何泵或奶油或脱脂乳储存槽的前面，并且比高温短时（HTST）回热器的巴氏杀菌后的一侧的与空气相通的规定开口的高度低至少 30.5cm（12in）。如果要求分离器被自动用阀隔离出系统并且分离器填料泵的电源被切断，应关闭自动防故障阀或阀门装置。

b. 如果计算机或可编程序控制器用来提供任何此等规定的功能，它必须符合本《条例》附录 H 的第 VI 部分适用章节的规定。

c. 如果未按照上文 a 项和 b 项进行安装，在确定高温短时（HTST）系统中的生鲜品的最高点时应考虑奶油或脱脂乳储存槽的高度。

在高温短时（HTST）系统中采用液态原料注射

如果满足所有下列条件，在最后的回热器之后和调速泵之前的某点可以注入用于标准化的乳或乳制品调味浆、浓缩的乳或乳制品以及奶油或脱脂乳和类似的原料：

1. 在下列情况下，关闭浆喷射阀并且将浆泵断电：

a. 分流装置（FDD）处于"检测"模式；

b. 调速泵未运行时；以及

c. 当温度低于规定的法定最低的巴氏杀菌温度，并且分流装置（FDD）未处于完全的分流状态。

注意：在下列条件下，浆泵应该保持断电状态：

1）弹簧关闭阀和气开闭塞阀位于下文第 2 项中所述的浆泵和浆喷射阀之间。

2）所有的阀门应相互连线以确保分流装置（FDD）没有在顺流状态时或位于分流装置（FDD）上游并且能促进液体流过分流装置（FDD）的任何促流装置没有运行时，所有这些阀门完全将浆泵和巴氏杀菌系统分离。

2. 浆喷射阀是自动防故障型的弹簧关闭和气开阀，并且采用"截流泄压阀"设计，当没有注射浆时，全通径开口与高温短时（HTST）隔离座和浆泵之间的空气相通。

3. 浆泵和注射点之间的浆管可以升至一个高于浆供应槽的溢流水位，但是，比与巴氏杀菌侧上的空气相通的规定开口至少低 30.5cm（12in）。

4. 浆供应槽配有溢流孔，孔径至少是最大的入口管直径的 2 倍，或在浆泵运行过程中所有的入口管断开并且开口的盖子盖上。

5. 一般是注射点阀门上游的分离器之后，从最后的回热器流出乳或乳制品的管路液流中安装止回阀。

6. 对于含有乳和/或乳制品的乳或乳制品调味浆，每运行 4h 或更短时间后，应彻底清空和清洁用来混合和盛放浆的槽和/或容器，除非在注射之前这些浆在 7℃（45℉）或更低温度下或 66℃（150℉）或更高温度下储存并保持在该温度下。

7. 如果使用计算机或可编程序控制器来提供任何此等规定的功能，它们必须符合本《条例》附录 H 的第 Ⅵ 节适用部分的规定。

8. 应提供适当的检测程序来评估规定的相互连线和功能。

注意：

1）本节描述了一种为了该目的而经过了审核和认可的方法。此方法不影响可能经过审核和认可的其他方法。

2）为了帮助确保符合本《条例》第二章"掺杂"的规定，当这个系统对乳或乳制品进行循环操作时，如采用循环模式、分流或就地清洁（CIP）循环的前 10min，监管机构可以要求乳加工厂关闭浆阀门并且断开浆泵的电源。如果采用计算机来完成这项工作，则不需要满足本《条例》附录 H 第 Ⅵ 部分的规定。

位于高温短时（HTST）巴氏杀菌系统中控制管下游的降压阀

必须始终防止回热器的巴氏杀菌后的一侧的压力降到在回热器的生鲜乳侧中的压力 6.9kPa（1psi）以内，包括在关机过程中。如果减压值出现故障，分流装置（FDD）的巴氏杀菌后的一侧上的安全阀和管路必须满足这个标准。不允许在关机的过程中降压阀泄露造成回热器的巴氏杀菌后的一侧出现压力损失，这种情况将视为违反了本《条例》的第 16p（C）条的规定。如果降压阀出现泄漏，必须能够方便地观察到。通过打开直接通向地面的降压阀排气孔或安装从降压阀排气孔到恒液位槽的卫生管道来实现这个要求。如果使用了后者，该管道应适当地留出斜度以确保向恒液位槽中排放液体，并且在适当的位置上配备适当安装的观察镜。

状态检测装置

如果要求检测出分流装置（FDD）和阀座的状态，可以通过机械的或电子方式来完成，例如，机械限位开关（微动开关）或电子接近开关。当阀座处在完全关闭状态下，这些开关能够提供电子信号，前提是状态检测能力是可以完全测试的。

状态检测装置（PDDs）是可重复的并且始终能够检测出小于 3.18mm［1/8（0.125）in］的阀座移动。

恒流巴氏杀菌系统内基于电磁流量计的调速系统

许多巴氏杀菌系统采用基于电磁流量计的调速系统（MFMBTS）。通过混合采用促流装置来实现流过这些调速系统，包括增压器和填料泵、分离器和澄清器、均质机和容积式泵。

本《条例》第七章第 16p.（B）2（f）条规定了它们的使用，前提是它们应满足下列有关设计、安装和使用的规范。

部件： 基于电磁流量计的调速系统应包括下列部件：

1. 经过美国食品药品管理局（FDA）审核的电磁流量计或一种符合下列精度和可靠性标准的装置：

a. 自我诊断的电路，它提供了对全部感应、输入和调节回路的持续监控。诊断电路能够检测出"开"路、"短"路、连接不良和故障部件。检测出任何部件故障时，电磁流量计读出值应是空白的或无法阅读的。

b. 电磁流量计的电磁兼容性应备有证明文件并且监管机构可以获得这些信息。应检测电磁流量计以确定静电放电效果、功率波动、传导发射和磁化率以及辐射发射和磁化率。

c. 暴露于特定环境条件下受到的影响应备有证明文件。应对电磁流量计进行试验以确定低温和高温、热冲击、湿度、物理冲击和盐雾的影响。

d. 对于需要对流量传感器进行密封的电磁流量计来说，应安装电磁流量计的转换器或发送器以及流量传感器，以便由监管机构进行密封。

e. 电磁流量计的校准应受到保护，以防止擅自更改。

f. 电磁流量计的转换器或发送器应受到保护，以防止擅自对其更换。如果更换了流量管，应通知监管机构，此等更换应视为对该电磁流量计的更换，应由监管机构检测并且根据本《条例》附录 I 的规定进行测试。

g. 流量管应装在适当的材料中，并且进行正确安装，最终的装置应符合本《条例》第 11p 条中所列的条件。

校准： 对于基于电磁流量计的调速系统（MFMBTS）应用的电磁流量计的整个范围来说，应基于多点进行校准。应依据具有追溯性的美国国家标准与技术学会（NIST）标准对电磁流量计进行检测。电磁流量计校准所采用的程序应备有证明文件，监管机构可以获得这些信息。

精度： 在中等范围内，按照同样的流量设置连续进行 6 次流量测量。从这 6 次测量中，计算标准偏差。此等测量的标准偏差应小于 0.5%。电磁流量计的合规性可以通过对电磁流量计的实际安装现场检测来确定。

2. 在系统操作中将电和/或空气信号向适当模式转化的适合的转换器。

3. 能够在流量报警设定点以及比流量报警设定至少高出每分钟 19L（5 加仑）时记录流量的适合的流量记录器。流量记录器配有一个将提示有关流量报警状态的"事件笔"。

4. 应在系统中安装具有可调设定点的流量报警仪，当过高流量造成乳或乳制品的保温时间低于使用的巴氏杀菌程序的法定保温时间时，它将使得分流装置（FDD）自动移动到分流状态。监管机构应根据本《条例》附录 I 测试 11 的 2. A 和 2. B 中的程序按照规定的频率对流量报警仪进行检测。应对流量报警仪的调整进行密封。

注意： 测试 11 第 2. A 项不适用高热短时（HHST）系统。

5. 应在系统中安装低流量或信号损失装置，当电磁流量计显示低流量或出现信号损失时，它将使得分流装置（FDD）自动移动到分流状态。监管机构应根据本《条例》附录 I. 测试 11 的 2. C，按照规定的频率对低流量或信号损失装置进行检测。应对低流量或信号损失装置进行密封。

6. 对于高温短时（HTST）系统，当重新确定了法定流量时，在过高流量出现之后，应启动延时，它将防止分流装置（FDD）采取顺流状态，根据接受巴氏杀菌的产品和被使用的温度，时间至少 15s 或 25s。应对延时进行检测并由监管机构密封。

对于高热短时（HHST）系统，当重新确定了法定流量时，在过高流量出现之后，应启动延时，延时至少相当于法定流量，在重新确定了保温管内的法定保温时间之前，它将防止分流装置（FDD）采取顺流状态。应将延时列入顺序逻辑中，它要求满足法定的巴氏杀菌的全部条件，并且，在分流装置（FDD）采取顺流状态之前，从保温管至分流装置（FDD）的温度达到法定巴氏杀菌温度。

7. 对于高温短时（HTST）系统，应与电磁流量计一同安装卫生止回阀或自动控制的常闭卫生阀，用来防止在发生停电、停机或分流时回热器的生鲜乳或乳制品侧中出现正压力。

注意：本条规定不适用高热短时（HHST）巴氏杀菌系统。

8. 对于高温短时（HTST）系统，当在大的系统中使用回热器时，有必要在启动过程中绕过回热器，这时分流装置（FDD）处于分流状态。在此等旁路系统的设计中应注意确保不产生盲端。因为盲端能够使乳或乳制品长时间处于环境温度之下滋生细菌。应仔细观察旁路系统和旁路系统中使用的任何阀门，当出现停机时，生鲜乳或乳制品不会在回热器片中的压力作用下被留存，从而无法自由排回恒液位槽。

注意：本条规定不适用高热短时（HHST）巴氏杀菌系统。

9. 当切换到"就地清洗"（"CIP"）状态时，分流装置（FDD）应转到分流位置，并在分流状态下至少保持 10min，不管温度如何，并且对于高温短时（HTST）巴氏杀菌系统，增压泵不得在这 10min 的延时过程中运行。

10. 所有的基于电磁流量计的调速系统（MFMBTS）巴氏杀菌系统的设计、安装和运行应达到这样的效果，即监管机构能够按照规定的频率实施本《条例》第七章第16p（D）条中所要求的全部适用检测（参见本《条例》附录 I）。如果能够对这些装置或控制装置进行调整或更改，在检测之后监管机构应进行适当的密封，从而在未检测的情况下无法进行更改。

11. 除了直接与调速泵的物理外观有关的那些要求之外，均适用本《条例》的最新版本中的所有其他要求。

部件的布置：基于电磁流量计的调速系统（MFMBTS）中的个别部件应符合下列布置条件：

1. 调速系统的促流装置应位于电磁流量计的上游。

2. 电磁流量计应位于最后的生鲜乳品回热器出口的后面和保温管的上游。在电磁流量计和保温管之间不安装促流部件。

3. 对于高温短时巴氏杀菌（HTST）系统，按照上文第 7 条中所述，当卫生止回阀或正常关闭自动控制的卫生阀与变速或定速促流装置一同使用时，应位于最后的回热器出口的下游和保温管的上游。

注意：本条规定不适用高热短时（HHST）巴氏杀菌系统。

4. 位于分流装置（FDD）上游并且能够通过分流装置（FDD）产生流动的所有促流装置应与分流装置（FDD）进行相互连线以便达到以下效果，即只有在 10min 的延迟过去之后分流装置（FDD）处于完全的分流状态并且处在"产品"运行模式或"就地清洗"（"CIP"）模式时它们可以在低于法定温度的情况下通过该系统运行并且产生流动。促流装置应当处于断电状态的"检测"模式下。在断电之后继续运行的分离器或澄清器应通过自动防故障阀自动与系统分隔，从而它们便无法产生流动。

5. 任何产品不得进入或离开巴氏杀菌系统，即在电磁流量计和保温管之间的分离器或其他产品部件流出的奶油或脱脂乳。

6. 电磁流量计的安装应达到这样的效果，即在流经该系统时，乳或乳制品始终与两个电极接触。在垂直位置上按照从下向上的流动方向安装电磁流量计的流量管更容易实现这个效果。然而，如果水平安装能够确保在运行过程中两个电极始终与产品接触并且水平管路始终充满着液体，则也可以采用水平安装。电磁流量计不得安装在仅有部分充满的并且留存空气的水平管路上。

7. 电磁流量计应采用管道连接，在任何弯头或方向变化之前配有至少10个管径的直管，它位于电磁流量计中心的上游和下游。如果美国食品药品管理局（FDA）和监管机构经过检测并认定它们符合规定，在个别情况下也可以在电磁流量计的上游和下游使用其他管道装置。

在高温短时（HTST）系统上使用真空断流器

真空断流器常常用在高温短时（HTST）系统上来帮助保持乳至乳回热器中的适当压力关系或防止分流装置（FDD）和下游的促流装置之间的负压。如果满足下列条件，可以在高温短时（HTST）系统上使用真空断流器：

1. 真空断流器必须在负压作用下与空气相通。

2. 在回热器的出口和与空气相通的下游最近点之间的巴氏杀菌后的乳或乳制品应增高的垂直高度比恒液位槽下游的生鲜乳或乳制品最高点至少高出30.5cm（12in）的高度，并且与大气相通。

不得使用弹簧关闭的真空断流器。

高温短时（HTST）和高热短时（HHST）流程图

LINE LEGEND

生鲜产品	————————
巴氏杀菌产品	- - - - - -
热交换介质	—·—·—·—
电子信号	————————

说明

缩写：

AUX STLR＝辅助安全热限记录器（AUXILIARY SAFETY THERMAL LIMIT RECORDER）

AUX TE＝辅助温度元件

CLT＝恒液位槽

CMR＝冷却介质返回（COOLING MEDIA RETURN）

CMS＝冷却介质供应（COOLING MEDIA SUPPLY）

CTLR＝控制器

DPLI＝压差限制仪表（DIFFERENTIAL PRESSURE LIMIT INSTRUMENT）

DRT＝数显温度计

FC＝故障时自动关闭（与分流装置进行相互连线）

FRC＝流量记录器/控制器

HMR＝加热介质返回（HEATING MEDIA RETURN）

HMS＝加热介质供应（HEATING MEDIA SUPPLY）

MBTS＝基于流量计的调速系统

P＝已经巴氏杀菌

PC＝压力控制器（PRESSURE CONTROLLER）

PLI＝压力限制仪器

PT＝压力发送器

R＝生鲜乳

RBPC＝回热器背压控制器（REGENERATOR BACK PRESSURE CONTROL-
LER）

RC＝流量比控制器（RATIO CONTROLLER）

RDPS＝回热器压差开关

STLR＝安全热限记录器/控制器

T＝节流（调节）阀

TC＝温控仪

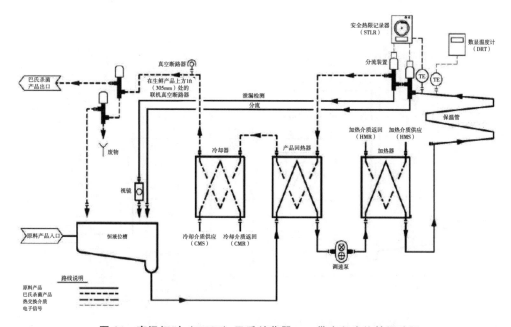

图 31　高温短时（HTST）巴氏杀菌器——带容积式旋转调速泵

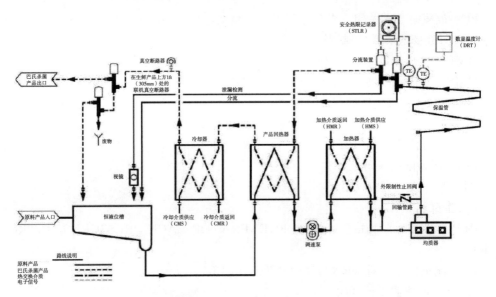

图 32 高温短时（HTST）巴氏杀菌器——带有均质机，均质机位于加热器段的出口且功率大于调速泵

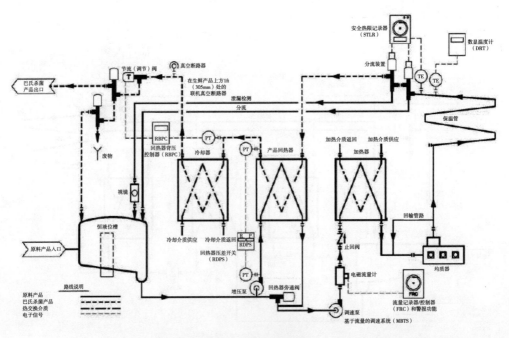

图 33 高温短时（HTST）巴氏杀菌器——带有增压泵、基于流量计调速系统且具有旁路均质机

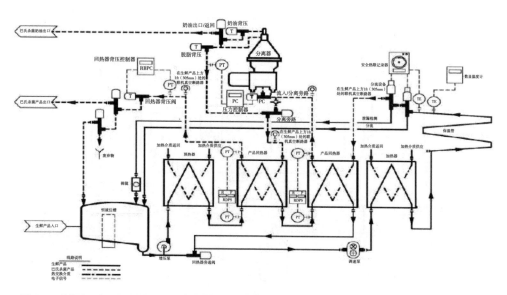

图 34 高温短时（HTST）巴氏杀菌器——带有增加泵、调速泵、就地清洁（CIP）型分离器（位于带有预热器的两个巴氏杀菌产品回热器之间）

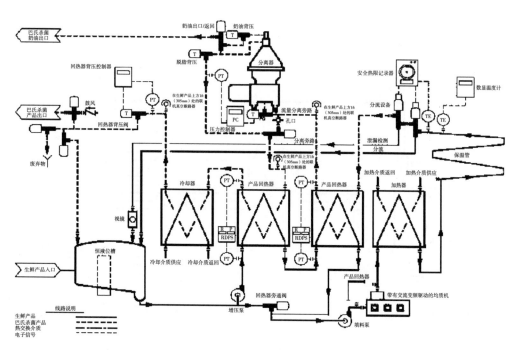

图 35 高温短时（HTST）巴氏杀菌器——带有增压泵、均质机（带有交流变频驱动调速泵）、就地清洁（CIP）型分离器（位于两个巴氏杀菌产品回热器之间）、鼓风气动卸料阀

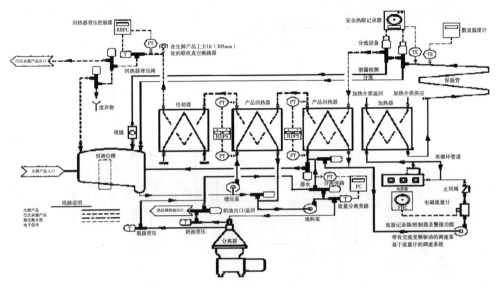

图 36 高温短时（HTST）巴氏杀菌器——带有分离器
（位于生鲜乳回热器和基于流量计调速系统的加热段之间）、回热旁路

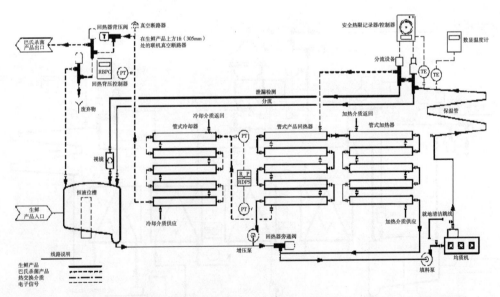

图 37 高温短时（HTST）巴氏杀菌器——使用管型热交换器、均质机（作为调速泵）

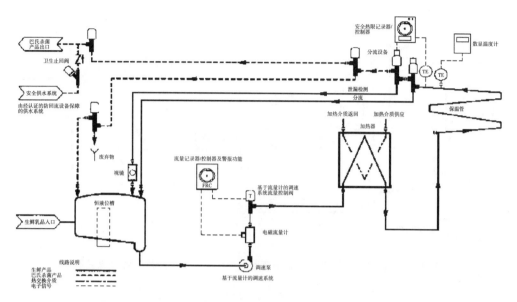

图 38　高温短时（HTST）巴氏杀菌器——无回热器或冷却段，带有位于蒸发器上游流量计调速系统

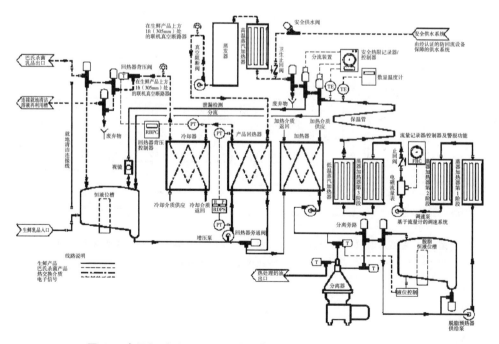

图 39　高温短时（HTST）巴氏杀菌器——带有回热器、分离器、脱脂调节池、位于蒸发器上游流量计调速系统

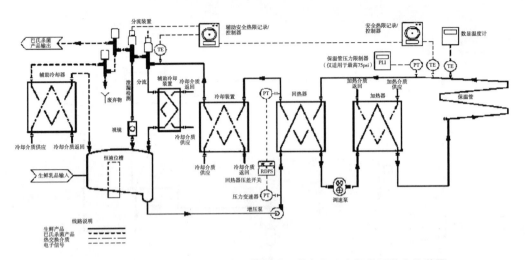

图 40　高热短时（HHST）巴氏杀菌器——带有位于冷却段下游分流装置

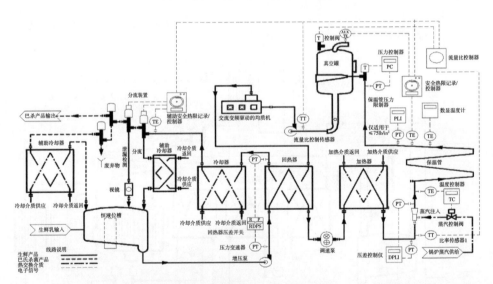

图 41　高热短时（HHST）巴氏杀菌器——使用蒸汽喷射加热、真空快速冷却、
带有位于冷却段下游分流装置

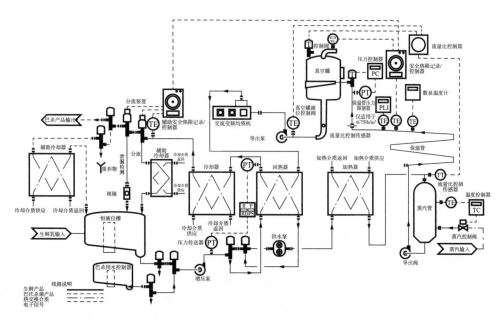

图 42 高热短时（HHST）巴氏杀菌器——使用烹调蒸汽直接注入、真空快速冷却、带有位于下游的均质机

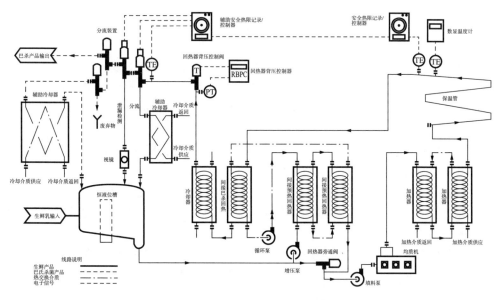

图 43 高热短时（HHST）巴氏杀菌器——带有均质机（作为调速泵）、使用带有间接预热的螺旋管状热交换器

Ⅱ 用于干燥设备的气体、与乳和乳制品直接接触的正压空气及与乳制品接触面直接接触的正压空气

用于干燥设备的气体

过滤介质：进气过滤介质应该由玻璃纤维组成，带有下游衬垫，密度能够充分防止玻璃纤维因为穿过而发生断裂，还有棉绒布、全毛法兰绒、短纤金属、活性炭、活性氧化铝、非织布、脱脂棉纤维、静电材料或其他适合的材料，在拟定用途的条件下，这些材料是无毒和不会脱落的，并且不会向空气中释放有毒的挥发物或其他污染物，或带给乳或乳制品任何味道或气味。在介质中包含的化学黏合材料在所有使用条件下应该无毒、不挥发和不可溶。一次性过滤器介质不应进行清洁和再利用。利用静电沉淀原理采集悬浮微粒的电子空气过滤器只能作为预滤器在喷雾干燥系统中使用。

过滤器性能：供气系统和/或通风装置应能够使气体在与干燥系统的乳制品接触面接触之前穿过正确安装的适当的空气过滤器。在与乳或乳制品接触之前将被加热的空气供应过滤器的设计应选择表面速度运行，如果按照美国采暖、制冷与空调工程师协会标准（ASHRAE）的合成粉尘计重测试，其安装方式应能达到过滤器生产商的额定功率的 90% 或更高[1]。

在与乳或乳制品接触之前不经过加热的空气供应过滤器的设计应选择表面速度运行，如果按照美国采暖、制冷与空调工程师协会标准（ASHRAE）的合成粉尘计重测试，其安装方式应能达到过滤器生产商的额定功率的 85% 或更高[1]。

正压空气——乳制品接触面

过滤介质：进气和管道过滤器包括纤维玻璃，它带有下游衬垫，密度能够充分防止玻璃纤维因为穿过而发生断裂，还有棉绒布、全毛法兰绒、短纤金属、静电材料或其他同样适合的过滤介质，这些材料是不会脱落的，并且不会向空气中释放有毒的挥发物，也不会带给乳或乳制品任何味道或气味。

过滤器性能：根据 1987 年[2] 6 月的美国汽车工程师协会标准 SAE J726[3]，采用空气过滤器（AC）检测粗粉尘的进气过滤效率至少为 98%。采用邻苯二甲酸二辛酯雾化法（DOP）检测（采用的平均粒径为 0.3μm）最终的过滤效率至少为 99%[4]。如果需要商业无菌空气，采用邻苯二甲酸二辛酯雾化法（DOP）检测，最终的过滤效果至少应

---

[1] 这些检测的实施方法可以参考下列文献：ASHRAE 标准 52，《空气清洁装置的检测方法》（Method of Testing Air Cleaning Devices），可以从美国采暖、制冷与空调工程师协会（ASHRAE）获得。

[2] DOP -过滤器的烟渗透和空气阻力。军事标准第 282 号，102.91 部分。海军供应站（Naval Supply Depot）。地址：5801 Tabor Avenue, Philadelphia, Pennsylvania 19120。

[3] Dill, R. S.,《空气过滤器的检测方法》（A Test Method for Air Filters）。美国暖气及通风工程师学会会报。44：379，1938. 美国汽车工程师学会，地址：400 Commonwealth Drive, Warrendale, PA 15096 - 0001（412）776 - 4841。

[4] MIL - STD - 282 -军事标准 282 号：方法 102.9.1：邻苯二甲酸二辛酯雾化法（DOP）。标准化文件订购处（海军部），地址：700 Robinson Avenue, Building 4, Section D, Philadelphia, PA 1911 - 5094。

达到 99.999%。

制造和安装

空气供应设备：压缩设备的设计应能够防止润滑剂蒸汽和烟污染空气。应通过下列方法中的一种或类似方法产生无油空气：

a. 采用碳环形活塞压缩机；

b. 使用机油润滑的压缩机，能够通过冷却压缩空气有效地清除油蒸汽；或

c. 用水润滑的或无润滑的排风机。

空气供应应从干净的区域或相对干净的外部空气获得，并且应经过压缩设备的上游过滤器。过滤器的位置和安装应能够方便地进行检查，并且在清洁或更换时能够方便拆除过滤器介质。过滤器应能够防止气候、排水、水、产品溢出和物理损坏的影响。

除湿装置：对于压力超过 1bar，即 103.5kPa（15psi）的正压空气系统应提供去湿装置。可以通过冷凝和聚合过滤或吸收，或类似的方式去湿以防止系统中出现自由流动的水。如果必须对压缩的空气进行冷却，应在压缩机和储气罐之间安装后置冷却器以便去除压缩空气中的水分。

过滤器和除湿器：应配置过滤器以便确保只有空气有效地穿过过滤器介质。凝聚式过滤器和相关的湿气清除装置应位于压缩设备和储气罐（若有）的下游空气管路中。过滤器应能够方便地进行检查和清洁，并且方便地更换过滤器介质。除湿器应配备小旋塞或用来排放积水的其他装置（参见图 44、图 45 和图 48）。

如果采用凝聚式过滤器，应配备用来测量过滤器前后压差的装置。当需要更换过滤器介质时，压差装置应能够显示此等需要。

所有的凝聚式过滤器的外壳应配备从过滤装置中去除聚集液体的装置。这一要求可以通过以下方式来实现。

可以通过在过滤器外壳基础上安装自动或手动排放装置来实现这个要求。末级过滤器介质应该是一次性的。过滤器介质应位于应用点的上游空气管路并尽可能接近应用点。（参见图 44、图 45 和图 48）如果压缩设备是风扇或风机型的，并且在低于 1bar，即 103.5kPa（15psi）的压力下运行，则不需要末级过滤器（参见图 46 和图 47）。

可以使用利用静电沉淀原理收集悬浮微粒的电子空气过滤器。

一次性过滤器介质不应进行清洁和再利用。

如果采用凝聚式过滤器，应配备用来测量过滤器前后压差的装置。当需要更换过滤器介质时，压差装置应能够显示此等需要。

所有的凝聚式过滤器的外壳应配备从过滤装置中去除聚集液体的装置。这一要求可以通过以下方式来实现。

可以通过在过滤器外壳基础上安装自动或手动排放装置来实现这个要求。末级过滤器介质应该是一次性的。过滤器介质应位于应用点的上游空气管路并尽可能接近应用点（参见图 44、图 45 和图 48）。如果压缩设备是风扇或风机型的，并且在低于 1bar，即 103.5kPa（15psi）的压力下运行，则不需要末级过滤器（参见图 46 和图 47）。

可以使用利用静电沉淀原理收集悬浮微粒的电子空气过滤器。

一次性过滤器介质不应进行清洁和再利用。

风管道： 从压缩设备至过滤器和除湿器的风管道应能够方便地排水。

具有卫生设计的乳或乳制品止回阀应安装在风管道中，位于一次性介质过滤器的下游，以便防止乳或乳制品回流至风管道，如果风管道从高于乳或乳制品溢流高度的一个点进入乳或乳制品区域，它与空气相通，或用于干燥产品用途，或在没有液体存在的情况下用于其他干燥用途，则不需要止回阀。

不需要止回阀时，可以在末级过滤器和应用点之间使用塑料的或橡胶的或类似橡胶的管道和用塑料或不锈钢制成的适合的匹配配件和连接件。

末级过滤器之后的空气分配管道和配件应采用防腐材料制成。

洁净的止回阀排放点至处理设备之间的空气分配管道、配件和垫片应该是符合本《条例》的第七章第 10p 条要求的洁净管道，除非：

当正压空气吹向容器、封盖和补充配件的与产品接触的面时，从末级过滤器至应用点的气道应采用无毒的和相对不吸水的材料制成。在这个用途中，不需要止回阀。末级过滤器的位置尽可能接近应用点（参见图 48）。

当用于充气搅动时，用来在该产品和/或产品区域内引入空气的管道应该是符合本《条例》第七章第 10p 条要求的卫生管道。在产品接触面上不得有螺纹。如果采用钻管或多孔管，应去除内部毛边，并且在管的外部表面上切除孔口多余的部分。如果来自压缩设备的空气量超过了规定充气搅动所需的量，应采用适当的方法消除此等过多的量。

注意： 要了解更多的细节，参见《供应与乳、乳制品和产品接触表面接触的正压空气 3 - A 公认规范》（3 - A Accepted Practices for Supplying Air Under Pressure in Contact with Milk，Milk Products and Product - Contact Surfaces）604 -♯♯和《喷雾干燥系统的 3 - A 公认规范》（3 - A Accepted Practices for Spray Drying Systems）607 -♯♯。

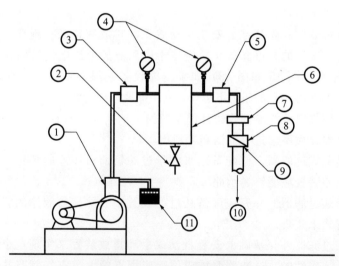

图 44 空气供应——单独压缩式

1—压缩设备；2—排水阀；3—后置冷却器（若使用）；4—压力表（可选）；
5—烘干机（若使用）；6—通气管道凝聚式过滤器和除湿器；7—末级过滤器；
8—产品接触阀（若需要）；9—该点下游的卫生管道；10—应用点；11—进气过滤器

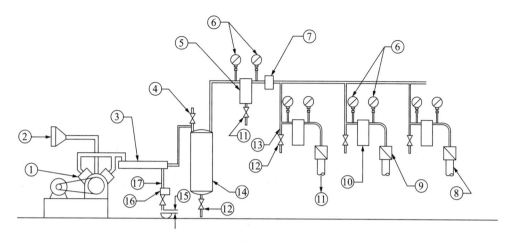

图 45 空气供应——中央压缩式

1—压缩设备；2—进气过滤器；3—后置冷却器；4—卫生安全阀；

5—通气管道凝聚式过滤器和除湿器；6—压力表（可选）；7—烘干机（若使用）；

8—该点下游的卫生管道；9—产品止回阀（若需要）；10—末级过滤器；11—应用点；

12—排水阀；13—除湿器或除湿装置；14—储气罐；15—气隙；16—滤网和排水阀；17—冷凝管；

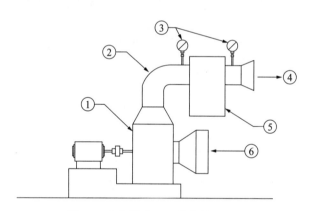

图 46 空气供应——单个鼓风机型

1—鼓风机或风扇，34.5～103.5kPa（5～15psi）；2—空气管路或通风管；

3—压力表（若使用）；4—应用点；5—末级过滤器（若使用）；6—进气过滤器

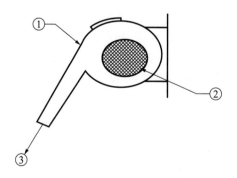

图 47 空气供应——单风扇型

1—鼓风机或风扇，34.5kPa（5psi）；2—进气过滤器；3—应用点

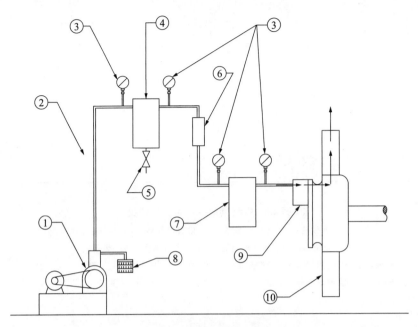

图48　旋转机头心轴总成

1—压缩设备；2—后置冷却器（若使用）；3—压力表（若使用）；

4—通气管道凝聚式过滤器和除湿器；5—排水阀；6—烘干机（若使用）；

7—末级过滤器；8—进气过滤器；9—固定气道；10—旋转机头心轴总成

Ⅲ　烹调蒸气——乳和乳制品

下列方法和程序将提供烹调质量的蒸汽，此等蒸汽用于乳和乳制品的加工。

锅炉给水源

应使用监管机构认可的饮用水或水源。

给水处理

如果必要，用于适当的锅炉维护和运行的给水应经过处理。锅炉给水处理和控制应由受过培训的人员或专业从事工业水处理的公司监督。应告知此等人员该蒸汽用于食用目的。锅炉或蒸汽产生系统的给水在进入锅炉或蒸汽产生系统之前应进行预处理以降低水的硬度，与向锅炉水添加锅炉防垢剂相比，最好采用离子交换或其他认可的程序。只有符合《美国联邦法规》第21篇173.310的化合物才能用来防止锅炉内产生腐蚀和水垢，或用来去除沉淀物。

用于控制锅炉水垢或其他的锅炉水处理用途的锅炉防垢剂的量应控制在所需的最低量上。用于乳和乳制品的处理和/或巴氏杀菌的蒸汽量应控制在所需的最低量上。

应该注意的是，据说在锅炉排污过程中常常添加在锅炉水中用来去除沉淀物的丹宁酸会产生气味，因此，应该谨慎使用。

含有环己胺、吗啉、十八胺、二乙氨基乙醇、次氮基三乙酸钠和联氨的锅炉防垢剂不得在与乳和乳制品接触的蒸汽中使用。

锅炉操作

为了让设备按照规定运行，有必要供应干净的和干燥的饱和水蒸气。锅炉和蒸汽发生设备的运行应能够达到这样的效果，即防止发泡、汽水共腾、挟带和将锅炉水过度携带到蒸汽中。锅炉水添加物的挟带会引起乳或乳制品产生异味。应参考和严格遵守生产商使用说明中有关锅炉水位和排污的建议。应密切观察锅炉排污，以避免锅炉水固体物的过度集中和发泡。建议对冷凝物样本进行定期分析。此等样本应从末端蒸汽分离设备和蒸汽进入乳或乳制品的点之间的管路中提取。

管道总成

对于用于蒸汽注入或注射的管道总成的建议，参见图 49 和图 50。也可以采用能够确保提供干净的和干燥的饱和水蒸气的其他总成。

用于气体加热或去泡沫的烹调蒸汽管道总成见图 51。

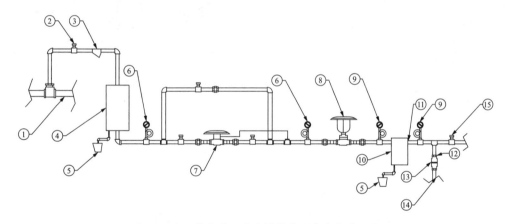

图 49　用于蒸汽注入或注射的烹调蒸汽管道总成

1—主蒸汽管道；2—截止阀；3—过滤器；4—*雾沫分离器；5—*冷凝槽；6—压力表；

7—蒸汽压力调节（降压）阀；8—蒸汽节流阀（自动或手动）或孔口；9—*压差计量装置；

10—*过滤装置；11—*从该点起的不锈钢；12—*从该点起的卫生管道和配件；

13—*弹簧式卫生止回阀；14—*通向处理设备的卫生管道；15—*取样装置。

* 必需的设备。

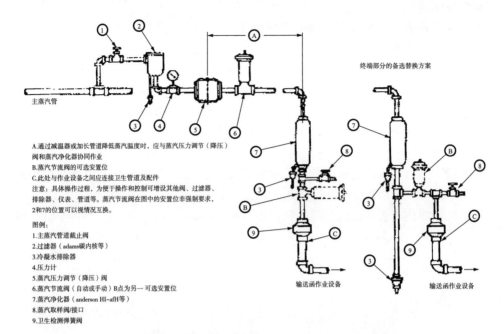

A.通过减温器或加长管道降低蒸汽温度时，应与蒸汽压力调节（降压）
阀和蒸汽净化器协同作业
B.蒸汽节流阀的可选安置位
C.此处与作业设备之间应连接卫生管道及配件
注意：具体操作过程，为便于操作和控制可增设其他阀、过滤器、
排除器、仪表、管道等。蒸汽节流阀在图中的安置位非强制要求，
2和7的位置可以视情况互换。

图例：
1.主蒸汽管道截止阀
2.过滤器（adams碳内核等）
3.冷凝水排除器
4.压力计
5.蒸汽压力调节（降压）阀
6.蒸汽节流阀（自动或手动）B点为另一可选安置位
7.蒸汽净化器（anderson HI-afH等）
8.蒸汽取样阀/接口
9.卫生检测弹簧阀

图 50　用于蒸汽注入或注射的烹调蒸汽管道总成（可选配置）

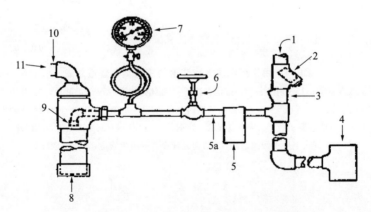

图 51　用于气体加热或去泡沫的烹调蒸汽管道总成

1—主蒸汽管道；2—过滤器；3—*雾沫分离器；4—*冷凝水排除器；5—*过滤装置；

5a—*从该点起的不锈钢；6—*控制针阀；7—*压力表；8—*带有排水孔的罩；9—*带有孔口的罩；

10—*从该点起的卫生管道（卫生管道在进入巴氏杀菌槽之前升起）；11—*至设备。

　*必需的设备

Ⅳ 温度计规格

用于间歇式巴氏杀菌器的指示温度计

种类：

1. 水银传感直读式：

a. 置于防腐壳内，能够防止破碎，并且容易观察液柱和刻度。

b. 在水银的上面注入氮气或其他适合的气体。

c. 水银柱应进行放大处理，使得表面的宽度不低于 1.6mm（0.0625in）。

2. 数字型独立式：

a. 与经过认证的温度源相比，在间歇式巴氏杀菌器上使用 3 个月以上漂移不得大于 0.2℃（0.5℉）。

b. 自我诊断的电路，带有全部感应、输入和调节回路的持续监控。诊断电路能够检测出"开"路、"短"路、连接不良和故障部件。检测出任何部件故障时，该装置读出值应是空白的或无法阅读的。

c. 该设备的电磁兼容性应备有证明文件并且监管机构可以获得这些信息。应检测该设备以确定静电放电效果、功率波动、传导发射和磁化率以及辐射发射和磁化率。该设备必须符合工业设备的性能水平特征要求。

d. 暴露于特定环境条件下受到的影响应备有证明文件。应对该设备进行检测以确定低温和高温、热冲击、湿度、物理冲击和盐雾的影响。

e. 应设置探针和显示壳以便由监管机构密封。

f. 该设备校准后应受到保护，以防止擅自更改。

g. 应防止擅自更换该设备的部件或感应部件。如果更换了任何部件和感应部件，此等更换应视为对该指示温度计的更换，应由监管机构检测并且根据本《条例》附录 I 的规定进行所有适用的测试。

h. 感应部件的外壳应采用适当的材料制成，并且采用的材料应能够使最终的总成符合本《条例》第 11p 条中所列的条件。

i. 对于该设备，从传感探头到最终的输出都必须进行检测。

3. 数字型组合式：

a. 与经过认证的温度源相比，在间歇式巴氏杀菌器上使用 3 个月以上漂移不得大于 0.2℃（0.5℉）。

b. 自我诊断的电路，带有全部感应、输入和调节回路的持续监控。诊断电路能够检测出"开"路、"短"路、连接不良和故障部件。检测出任何部件故障时，温度传感器输出信号和指示屏应超出显示范围。

c. 该设备的电磁兼容性应备有证明文件并且监管机构可以获得这些信息。应检测该设备以确定静电放电效果、功率波动、传导发射和磁化率以及辐射发射和磁化率。该设备必须符合工业设备的性能水平特征要求。

d. 暴露于特定环境条件下受到的影响应备有证明文件。应对该设备进行检测以确定低温和高温、热冲击、湿度、物理冲击和盐雾的影响。

e. 应设置探针和显示壳以便由监管机构密封。

f. 该设备校准后应受到保护，以防止擅自更改。

g. 应防止擅自更换该设备的部件或感应部件。如果更换了任何部件和感应部件，此等更换应视为对该指示温度计的更换，应由监管机构检测并且根据本《条例》附录Ⅰ的规定进行所有适用的测试。

h. 感应部件的外壳应采用适当的材料制成，并且采用的材料应能够使最终的总成符合本《条例》第11p条中所列的条件。

i. 对于该设备，从传感探头到最终的输出都必须进行检测。

刻度：刻度的范围不少于14℃（25℉），包括巴氏杀菌温度，±2.5℃（±5℉）；每个刻度单位0.5℃（1℉），每2.54cm（1in）的范围内不超过9℃（16℉），并且在105℃（220℉）时不会损坏。但是，如果仅在间歇式巴氏杀菌器上对温度超过71℃（160℉）的乳和乳制品进行30min的巴氏杀菌，可以使用1℃（2℉）刻度单位的指示温度计，其中每2.54cm（1in）的刻度内不超过6℃（28℉）。

精度：在规定的刻度范围内，±0.2℃（±0.5℉）以内。但是，如果仅在间歇式巴氏杀菌器上对温度超过71℃（160℉）的乳和乳制品进行30min的巴氏杀菌，指示温度计的精度应在±5℃（±1℉）之内（参见本《条例》附录Ⅰ中测试1）。

水下杆配件：靠在固定架内壁上的密闭座；没有与乳或乳制品接触的螺纹；座的位置应符合3-A卫生标准中有关壁型配件或其他类似的卫生配件的要求。

感温泡：康宁标准玻璃或类似适合的温度计玻璃。

巴氏杀菌管道上的指示温度计

种类：

1. 水银传感直读式：

a. 置于防腐壳内，能够防止破碎，并且容易观察液柱和刻度。

b. 在水银的上面注入氮气或其他适合的气体。

c. 水银柱应进行放大处理，使得表面的宽度不低于1.6mm（0.0625in）。

2. 数字型：

a. 与经过认证的温度源相比，在高温短时（HTST）系统上使用3个月以上，漂移不得大于0.2℃（0.5℉）。

b. 自我诊断的电路，提供了全部感应、输入和调节回路的持续监控。诊断电路能够检测出"开"路、"短"路、连接不良和故障部件。检测任何部件故障时，该装置读出值应是空白的或无法阅读的。

c. 该设备的电磁兼容性应备有证明文件并且监管机构可以获得这些信息。应检测该设备以确定静电放电效果、功率波动、传导发射和磁化率以及辐射发射和磁化率。该设备必须符合工业设备的性能水平特征要求。

d. 暴露于特定环境条件下受到的影响应备有证明文件。应对该设备进行检测以确定低温和高温、热冲击、湿度、物理冲击和盐雾的影响。

e. 应设置探针和展示柜以便由监管机构密封。

f. 该设备校准后应受到保护，以防止擅自更改。

g. 应防止擅自更换该设备的部件或感应部件。如果更换了任何部件或感应部件，此等更换应视为对该指示温度计的更换，应由监管机构检测并且根据本《条例》附录 I 的规定进行所有适用的测试。

h. 感应部件的外壳应采用适当的材料制成，并且采用的材料应能够使最终的总成符合本《条例》第 11p 条中所列的条件。

i. 对于该设备，从传感探头到最终的输出都必须进行检测。

刻度：刻度的范围不少于 14℃（25℉），包括巴氏杀菌温度，±2.5℃（±5℉）；在 105℃（220℉）的温度下不会损坏，如果是用在高热短时（HHST）巴氏杀菌系统上的温度计，在 149℃（300℉）的温度下不会损坏。水银传感的温度计应标有刻度，每个刻度单位为 0.2℃（0.5℉），每 2.54cm（1in）的范围内不超过 4℃（8℉）。数字温度计显示的读出单位不得大于 0.05℃（0.1℉）。

精度：在规定的刻度范围内，±0.2℃（±0.5℉）以内（参见本《条例》附录 I 中测试 1）。

杆配件：靠在固定架的内壁上的密闭座；没有与乳或乳制品接触的螺纹。探针的设计应达到这样的效果，即从杆的其余部分也可以识别感应区。在正确安装的情况下，整个探针长度的感应区应位于乳或乳制品的流动路径中。

温度计响应：温度计在室温放置，然后浸入充分搅拌的温度超过巴氏杀菌温度 11℃（19℉）或不到 11℃（19℉）的水浴中，从水浴温度减去 11℃（19℉）增加到到水浴温度减去 4℃（7℉），所需的读取时间不得超过 4s。数字温度计显示变化的速度，应该能够被操作人员或监管机构在温度计时滞性检测过程中注意到（参见本《条例》附录 I 中测试 7）。

感温泡：康宁标准玻璃，或同样合适的温度计玻璃。

用于间歇式巴氏杀菌器的空气指示温度计

种类：

1. 水银传感直读式：

a. 置于防腐壳内，能够防止破碎，并且容易观察液柱和刻度。

b. 感温泡室的底部距离盖子的下面不少于 51mm（2in）并且不高于 89mm（3.5in）。

c. 在水银的上面注入氮气或其他适合的气体。

d. 水银柱应进行放大处理，使得表面的宽度不低于 1.6mm（0.0625in）。

2. 数字型独立式：

a. 与经过认证的温度源相比，在间歇式巴氏杀菌器上使用 3 个月以上漂移不得大于 0.2℃（0.5℉）。

b. 自我诊断的电路，带有全部感应、输入和调节回路的持续监控。诊断电路能够检测出"开"路、"短"路、连接不良和故障部件。检测出任何部件故障时，该装置读出值应是空白的或无法阅读的。

c. 该设备的电磁兼容性应备有证明文件并且监管机构可以获得这些信息。应检测该设备以确定静电放电效果、功率波动、传导发射和磁化率以及辐射发射和磁化率。

该设备必须符合工业设备的性能水平特征要求。

d. 暴露于特定环境条件下受到的影响应备有证明文件。应对该设备进行检测以确定低温和高温、热冲击、湿度、物理冲击和盐雾的影响。

e. 应设置探针和显示壳以便由监管机构密封。

f. 该设备校准后应受到保护，以防止擅自更改。

g. 应防止擅自更换该设备的部件或感应部件。如果更换了任何部件和感应部件，此等更换应视为对该指示温度计的更换，应由监管机构检测并且根据本《条例》附录Ⅰ的规定进行所有适用的测试。

h. 感应部件的外壳应采用适当的材料制成，并且采用的材料应能够使最终的总成符合本《条例》第11p条中所列的条件。

i. 对于该设备，从传感探头到最终的输出都必须进行检测。

j. 感温泡室的底部距离盖子的下面不少于 51mm（2in）并且不高于 89mm（3.5in）。

3. 数字型组合式：

a. 与经过认证的温度源相比，在间歇式巴氏杀菌器上使用 3 个月以上漂移不得大于 0.2℃（0.5℉）。

b. 自我诊断的电路，带有全部感应、输入和调节回路的持续监控。诊断电路能够检测出"开"路、"短"路、连接不良和故障部件。检测出任何部件故障时，温度传感器输出信号和指示屏应超出显示范围。

c. 该设备的电磁兼容性应备有证明文件并且监管机构可以获得这些信息。应检测该设备以确定静电放电效果、功率波动、传导发射和磁化率以及辐射发射和磁化率。该设备必须符合工业设备的性能水平特征要求。

d. 暴露于特定环境条件下受到的影响应备有证明文件。应对该设备进行检测以确定低温和高温、热冲击、湿度、物理冲击和盐雾的影响。

e. 应设置探针和展示柜以便由监管机构密封。

f. 该设备校准后应受到保护，以防止擅自更改。

g. 应防止擅自更换该设备的部件或感应部件。如果更换了任何部件和感应部件，此等更换应视为对该指示温度计的更换，应由监管机构检测并且根据本《条例》附录Ⅰ的规定进行所有适用的测试。

h. 感应部件的外壳应采用适当的材料制成，并且采用的材料应能够使最终的总成符合本《条例》第11p条中所列的条件。

i. 对于该设备，从传感探头到最终的输出都必须进行检测。

j. 感温泡室的底部距离盖子的下面不少于 51mm（2in）并且不高于 89mm（3.5in）。

刻度：刻度的范围不少于 14℃（25℉），包括巴氏杀菌温度 66℃（150℉），±2.5℃（±5℉）；刻度上每格 1℃（2℉），每 2.54cm（1in）的范围内不超过 9℃（16℉），并且在 105℃（220℉）温度时不会损坏。

精度：在规定的刻度范围内，±0.5℃（±0.5℉）以内（参见附录Ⅰ中测试1）。

杆配件：密闭座或其他适合的卫生配件，没有与乳或乳制品接触的螺纹。

用于间歇式巴氏杀菌器的温度记录装置

1. 采用低于 71℃（160℉）的温度

装置外壳：在乳加工厂的正常操作条件下防潮。

图表刻度：刻度的范围不少于 11℃（20℉），包括巴氏杀菌温度，±2.5℃（±5℉）；温度刻度每格为 0.5℃（1℉），在 60℃（140℉）～69℃（155℉）的间距不低于 1.6mm（0.0625in）。但是，如果墨线很淡，能够轻易地与打印线区别，该温度刻度中每格为 0.5℃（1℉），间距不低于 1mm（0.040in）；时标刻度每格不高于 10min；在 63℃（145℉）～66℃（150℉）的直线弦长度不低于 6.3mm（0.25in）。

温度精度：在 60℃（140℉）～69℃（155℉）的精度小于±0.5℃（±1℉）（参见本《条例》附录 I 中测试 2）。

时间精度：正如图表旋转显示的那样，与精准的手表相比，在巴氏杀菌温度下至少 30min 的期间内被记录的运行时间不得超过真实的运行时间。应该为间歇式巴氏杀菌器的温度记录装置安装弹簧驱动的时钟或电子时钟（参见本《条例》附录 I 中测试 3）。

笔杆调节装置：对水银传感的温度记录器，容易查看和方便调节（参见本《条例》附录 I 中测试 4）。

感温装置：

（1）水银传感：防止在 105℃（220℉）温度时损坏感温泡、管和弹簧。

（2）数字型：

a. 与经过认证的温度源相比，在间歇式巴氏杀菌器上使用 3 个月以上漂移不得大于 0.5℃（1.0℉）。

b. 自我诊断的电路，带有全部感应、输入和调节回路的持续监控。诊断电路能够检测出"开"路、"短"路、连接不良和故障部件。检测出任何部件故障时，该装置读出值应是空白的或无法阅读的，或超出显示范围。

c. 该设备的电磁兼容性应备有证明文件并且监管机构可以获得这些信息。应检测该设备以确定静电放电效果、功率波动、传导发射和磁化率以及辐射发射和磁化率。该设备必须符合工业设备的性能水平特征要求。

d. 暴露于特定环境条件下受到的影响应备有证明文件。应对该设备进行检测以确定低温和高温、热冲击、湿度、物理冲击和盐雾的影响。

e. 应设置探针和显示壳以便由监管机构密封。

f. 该设备校准后应受到保护，以防止擅自更改。

g. 应防止擅自更换该设备的部件或感应部件。如果更换了任何部件和感应部件，此等更换应视为对该指示温度计的更换，应由监管机构检测并且根据本《条例》附录 I 的规定进行所有适用的测试。

h. 感应部件的外壳应采用适当的材料制成，并且采用的材料应能够使最终的总成符合本《条例》第 11p 条中所列的条件。

水下杆配件：靠在固定架的内壁上的密闭座；没有与乳或乳制品接触的螺纹；从套圈的下方至感温泡的感应部分的距离不应小于 76mm（3in）。

图表速度：圆形记录纸应在 12h 内循环 1 次。如果 1d 之内的操作时间超过 12h，应使用两份记录纸。圆形记录纸的刻度最多可用于 12h 的记录。在 24h 内，带状记录纸可以显示持续的记录。

图表支持驱动：旋转图表支持驱动应配备一个穿过记录纸的栓以防止旋转发生偏离。

2. 采用高于 71℃（160℉）的温度

对于在超过 71℃（160℉）的温度条件下对乳和乳制品进行 30min 的巴氏杀菌所采用的间歇式巴氏杀菌器，可以使用符合规定 1 的温度记录装置，它带有下列选项：

图表刻度：温度刻度，每格为 1℃（2℉），在 65℃（150℉）～77℃（170℉）的间距不低于 1mm（0.040in）。时标刻度每格不大于 15min；在 71℃（160℉）～77℃（170℉）的直线弦长度不低于 6.3mm（0.25in）。

温度精度：在 71℃（71.11℃）～77℃（170℉）的精度在 ±1℃（±2℉）之内。

数字感温装置：与经过认证的温度源相比，在间歇式巴氏杀菌器上使用 3 个月以上漂移不得大于 1℃（2℉）。

图表速度：循环记录纸应在不超过 24h 内循环 1 次，循环记录纸的刻度最多可用于 24h 的记录。

用于连续巴氏杀菌器的记录器/控制器

装置外壳：在乳加工厂的正常操作条件下防潮。

图表刻度：刻度的范围不少于 17℃（30℉），包括设定分流的温度，±7℃（±12℉）；温度刻度每格 0.5℃（1℉），分流温度 ±0.5℃（±1℉）之外的间距不低于 1.6mm（0.0625in）。但是，如果墨线很淡，能够轻易地与打印线区别，可以采用每格为 0.5℃（1℉）的温度刻度，间距不低于 1mm（0.040in），时标刻度每格不大于 15min；在分流温度 ±0.5℃（±1℉）下具有 15min 的弦或不低于 6.3mm（0.25in）的直线长度。

温度精度：在控制器被设定为分流的温度 ±3℃（±5℉）下，±0.5℃（±1℉）以内（参见本《条例》附录 I 中测试 2）。

电动操作：用于连续巴氏杀菌的所有记录器/控制器应采用电动操作。

笔杆调节装置：对水银传感的温度记录器，容易查看和方便调节（参见本《条例》附录 I 中测试 4）。

笔和记录纸：根据设计，笔划出的线不超过 0.07mm（0.025in）宽，并且容易保持。

感温装置：

（1）水银传感：防止在 105℃（220℉）温度时损坏感温泡、管和弹簧。但是，在温度 149℃（300℉）时防止损坏用在高热短时（HHST）系统上使用的记录器/控制器温感装置。

（2）数字型：

a. 与经过认证的温度源相比，在高温短时（HTST）巴氏杀菌系统上使用 3 个月以上，漂移不得大于 0.5℃（1.0℉）。

b. 自我诊断的电路，提供了全部感应、输入和调节回路的持续监控。诊断电路能够检测出"开"路、"短"路、连接不良和故障部件。检测出任何部件故障时，该装置读出值应是空白的或无法阅读的。

c. 该设备的电磁兼容性应备有证明文件并且监管机构可以获得这些信息。应检测该设备以确定静电放电效果、功率波动、传导发射和磁化率以及辐射发射和磁化率。该设备必须符合工业设备的性能水平特征要求。

d. 暴露于特定环境条件下受到的影响应备有证明文件。应对该设备进行检测以确定低温和高温、热冲击、湿度、物理冲击和盐雾的影响。

e. 应设置探针和显示壳以便由监管机构密封。

f. 该设备校准后应受到保护，以防止擅自更改。

g. 应防止擅自更换该设备的部件或感应部件。如果更换了任何部件或感应部件，此等更换应视为对该指示温度计的更换，应由监管机构检测并且根据本《条例》附录 I 的规定进行所有适用的测试。

h. 感应部件的外壳应采用适当的材料制成，并且采用的材料应能够使最终的总成符合本《条例》第 11p 条中所列的条件。

i. 对于该设备，从传感探头到最终的输出都必须进行检测。

杆配件：靠在固定架的内壁上的密闭座；没有与乳或乳制品接触的螺纹；从套圈的下方至感温泡的感应部分的距离应不小于 76mm（3in）。

图表速度：圆形记录纸应在 12h 内循环 1 次。如果 1d 之内的操作时间超过 12h，应使用 2 份记录纸。圆形记录纸的刻度最多可用于 12h 的记录。在 24h 内，带状记录纸可以显示持续的记录。

频率笔：记录器/控制器上应在图表的外部边缘位置配备额外的记录笔杆用来记录分流装置（FDD）处于顺流或分流状态的时间。图表的时间轴与基准弧一致，记录笔靠在与基准弧匹配的时间轴上。

控制器：然而，由作为记录笔的同一传感器驱动的接通和切断反应不依赖于笔杆运动。

控制器调整：用于调整响应温度的机械装置。其设计应达到这样的效果，即在无检测的情况下无法改变温度设置或操控控制器。

温度计响应：记录器/控制器感温泡在室温放置，然后浸入搅拌充分的温度超过接通点之上 4℃（7℉）的水浴或油浴中，在记录温度计读数在接通温度之下 7°（12°）时与电源接通时刻之间的间隔时间不应超过 5s。（参见本《条例》附录 I 中测试 8）。

图表支持驱动：旋转图表支持驱动应配备一个穿过记录纸的栓以防止旋转发生偏离。

储存槽中使用的指示温度计

刻度范围：刻度的范围不少于 28℃（50℉），包括正常的储存温度，±3℃（±5℉），应向两侧延伸刻度，每格不超过 1℃（2℉）。

温度刻度单位：在 2℃（35℉）～13℃（55℉）间距不少于 1.6mm（0.0625in）。

精度：规定的标度范围内±1℃（±2℉）。

杆配件：密闭座或其他适合的卫生配件，没有与乳或乳制品接触的螺纹。

储存槽中使用的温度记录装置

装置外壳： 在乳加工厂的正常操作条件下防潮。

图表刻度： 刻度的范围不少于28℃（50℉），包括正常的储存温度±3℃（±5℉），每格不超过1℃（2℉）。但是，如果墨线很淡，能够轻易地与打印线区别，线的间距不得小于1mm（0.040in）。时标刻度每格不高于1h；在5℃（41℉）时直线弦长度不低于3.2mm（0.125in）。这些图表必须能够记录可达83℃（180℉）的温度。范围规格不适用超过38℃（100℉）的扩展范围。

温度精度： 规定的标度范围内±1℃（±2℉）。

笔杆调节装置： 容易查看和方便调节。

笔和记录纸： 根据设计，在适当调整时，笔划出的线不超过0.635mm（0.025in）宽，并且易于保持。

温度传感器： 在100℃（212℉）的温度下不会损坏。

杆配件： 密闭座或其他适合的卫生配件，没有与乳或乳制品接触的螺纹。

图表速度： 循环记录纸应在7d内循环1次，循环记录纸的刻度最多可用于7d的记录。带状记录纸每小时的行进速度不得低于2.54cm（1in），并且可以持续使用一个日历月。

在清洁系统上使用的温度记录装置

位置： 温度传感器在该程序下游的返回溶液管中。

装置外壳： 在操作条件下防潮。

图表刻度： 刻度范围16℃（60℉）～83℃（180℉），应向两侧延伸刻度，时标刻度每格不高于15min。图表的温度刻度不超过1℃（2℉），在44℃（110℉）以上的间距不低于1.6mm（0.0625in）。但是，如果墨线很淡，能够轻易地与打印线区别，该温度刻度中每格可以为1℃（2℉），间距不少于1mm（0.040in）。

温度精度： 44℃（110℉）以上精度在±1℃（±2℉）之内。

笔杆调节装置： 容易查看和方便调节。

笔和记录纸： 根据设计，笔划出的线不超过0.635mm（0.025in）宽，并易于保持。

温度传感器： 在100℃（212℉）的温度下不会损坏。

杆配件： 靠在管壁的密闭座，没有与溶液接触的螺纹。

图表速度： 循环记录纸应在24h内循环1次。带状记录纸每小时的行进速度不得低于25mm（1in）。超过1个清洁操作记录不得重叠循环记录纸或带状记录纸的相同部分。

储存乳和乳制品的冷藏间中使用的指示温度计

刻度范围： 刻度的范围不少于28℃（50℉），包括正常的储存温度±3℃（±5℉），应向两侧延伸刻度，每格不超过1℃（2℉）。

温度刻度单位： 在2℃（35℉）～13℃（55℉）间距不少于1.6mm（0.0625in）。

精度：规定的标度范围内±1℃（±2℉）。

用在蒸发器的自动就地清洁（CIP）系统上的 pH 计规格

位置：pH 传感器位于就地清洁（CIP）回路中包含的加工设备和所有管道下游的返回管中。

装置外壳：正常操作条件下防潮。

图表刻度：应有的 pH 范围为 2～12，可以在任何一侧延伸刻度，时间刻度每格不超过 15min。记录纸的 pH 每格刻度不超过 0.5，间距不低于 1.6mm（0.0625in）。

pH 精度：±0.5 以内。

笔杆调节装置：容易查看和方便调调节。

笔和记录纸：根据设计，笔划出的线不超过 0.635mm（0.025in）宽，并易于保持。

pH 传感器：在 83℃（180℉）的温度下不会损坏。

图表速度：循环记录纸应在 24h 内循环 1 次。带状记录纸每小时的行进速度不得慢于 25mm（1in）。超过 1 个清洁操作记录不得重叠循环记录纸或带状记录纸的相同部分。

V　电子数据采集、储存和报告的评价标准

背景

用计算机以电子方式采集数据、储存数据和报告信息能够很好地替代圆盘图表记录器和/或手写记录方式。采用这种方式提供《"A"级巴氏杀菌乳条例》中规定的信息基本上能够替代和复制手动的或图表记录器的用途和功能。它们包括就地清洁（CIP）记录、巴氏杀菌记录、生鲜乳和热处理产品储存槽的温度和清洁要求以及对膜过滤的温度监测。这个评价标准涉及了手动记录或图表记录器与电子的或计算机记录之间的差别。该标准中列明了这些差别，它们涉及了系统可靠性、安全性和可信性的验证，以及用来确保公共健康安全和检查方面的可用的和准确的信息。

手动记录和图表记录器与采用计算机以电子方式采集数据、储存数据和报告信息之间的差别如下所示：

1. 手动记录和图表记录器在本质上是可视的：乳加工厂雇员和监管人员能够看到并且实物保存这些记录并将它们存档保管。然而，计算机化的数据采集系统不是这样的，它们需要采用适当的方法来确保可靠地保存信息并且确保信息的安全。

2. 手动记录和图表记录器有实物：乳加工厂雇员和监管人员能够在实物上记录并且实际签署记录；从而对所规定的公共健康活动负责。此外，质量保证经理专门负责被保存的记录的完整性。然而，计算机数据采集和报告系统需要采集执行该功能的人员的身份，并且它们需要由每个乳加工厂的某个人员对保存的记录的完整性负责。

3. 手动记录和图表记录器直接与专用的仪表仪器进行硬件连接：在传感器，如温度或流量传感器与最终的记录装置之间构造不复杂。这使得手动记录和图表记录器的

常规维护和合规监控和检测相对简单。然而，计算机数据采集、储存和报告系统需要配有适当的备案程序以确保系统变更、升级和正常的操作程序不会破坏公共健康安全信息和记录的完整性。

标准

评估以电子方式采集、储存和记录或报告本《条例》的第七章第 12p 和 16p（D）条中要求的任何信息，应基于下列标准。

注意：这些标准不涉及用于公共健康安全的巴氏杀菌的计算机仪表或的电子控制。

计算机产生的所有记录和报告应包含本《条例》中要求的适用信息。乳加工厂必须指派和确认一名代表来负责计算机数据采集、储存和报告系统。必须让监管机构和食品药品管理局（FDA）知晓这个人的名字。

1. 需要进行公开健康报告的任何计算机，包括数据采集计算机、数据储存计算机或报告服务器应采用不间断电源（UPS）供电，在异常情况下，它能够为计算机数据采集、储存和报告系统持续供电 20min。

2. 应该提供计算机数据采集、储存和报告系统的书面用户指南，用户指南将说明该系统的架构、所用的软件以及所监控的传感器或仪表。可以用文字方式或图示方式进行此等概述。监管机构可以自行决定保留该概述的副本。该文件中应列出乳加工厂指派的管理该程序的那名代表的姓名，并且监管机构和 FDA 可以用来检查乳加工厂。该文件应说明：

a. 该系统的架构、所用的软件以及所监控的传感器或仪表；

b. 计算机数据采集、储存和报告系统的报告接口；

c. 确保所有报告的公共健康安全数据的储存安全的备份程序；

d. 对于文件、传感器、硬件或计算机的修改或维护的程序。这个程序将解释该乳加工厂在出现物理变化时怎样确保已经检测了受影响信息的准确性；以及

e. 在该系统上可以获得的这些报告的列表和说明，以及对如何查看这些报告和带有内容说明的每份报告例子的指导说明。

3. 对计算机数据采集、储存和报告系统、软件、驱动装置、网络或服务器进行任何更改或升级的乳加工厂应保留书面记录，以便确保不破坏为了符合性检测所需的任何数据的采集、储存或报告。该文件中应列出乳加工厂指派的管理该程序的那名代表的姓名，并且监管机构和美国食品与药品监督管理局（FDA）可以用来检查乳加工厂。

4. 对于就地清洁（CIP）和生鲜乳和经过热处理的储存槽记录，数据的存储频率应保障记录的过程数据适宜合理。在数据记录之间的间隔时间最多不超过 15min。该报告系统的数据至少每 24h 备份一次。也可以储存和备份最终报告，每 24h 至少一次。

5. 对于巴氏杀菌记录，存储每个规定变量的时间不少于 5s。无论持续时间有多短，都应记录在手工报告中要求记录的任何事件，例如，分流条件。应做好准备以便允许操作人员以电子方式报告额外的事件，例如，记录异常事件。该报告系统的数据至少每 24h 备份一次。也可以储存和备份最终报告，每 24h 至少一次。

6. 最初安装之后，通过直观的方式连续 7d 验证计算机生成的报告的准确性，并且确认在安装系统的乳加工厂的实际使用中是精确的和无错误的。将打印出这 7d 的报

告，报告上应列出该系统的供应商和乳加工厂指定代表的签字，或它们应附有供应商和乳加工厂指定代表签署的附函。如果乳加工厂开发了计算机数据采集、储存和报告系统，程序人员和乳加工厂指定的代表应该是 2 个不同的人员。在首次安装后仅需要 7d 的报告验证期，当图表记录器和手写记录被电子数据采集、储存和报告代替时需要一次验证。这 7d 的报告应在乳加工厂内备案，其副本在监管机构要求时能提供给监管机构。

7. 系统首次安装之后，当出现影响报告系统的可靠性或准确性的变化、升级或观察到的异常情况时，应评估和调查此等变化、升级或观察到的异常情况，在保证进行矫正的情况下进行解决。每次评估和更正的记录应带有该系统的供应商和乳加工厂指定代表的签字。应保存这些记录，并且在监管机构要求时能提供给监管机构。

8. 电子的计算机数据采集、储存和报告系统应按照本《条例》的规定提供签名或首字母签字。数字签名或首字母缩写可以是任意数字或字母符号的组合，用以识别执行检测或操作的人员。该签名或首字母签字的输入可以采用任何方式，包括但不限于生物读卡器、卡片或射频装置或简单地直接输入与具体的人有直接关系的特殊检验人的信息。按照本《条例》的规定，需签署数字签字或首字母时都应按要求输入。但是，对于巴氏杀菌记录，必须在某操作人员变化时，至少在 24h 内输入一次该操作人员的签名或首字母签字。

9. 支持电子报告的数据应存储在支持单词写入多次读取（WORM）的数据库或数据存档系统中。

10. 该系统可发出异常报告以识别可能已影响需求报告有效性的所有系统或通信故障。该异常报告必须自动附加在已经受到该系统异常影响的任何报告上。仅仅采用专门的故障日志或系统日志尚无法充分满足这项要求，因为任何异常情况需要进行评估和调查此等异常的原因。

注意：尽管电子的和计算机系统能够提供大范围的处理验证和异常报告，但是，这些标准仅要求附加数据损失报告，如果此等数据损失影响了要求遵守的本附录和本《条例》中第 12p 和第 16p（D）条或其他规定的报告。

11. 如果在计算机显示屏上阅读报告，这个格式不用采用本附录中要求的带有刻度的温度单位、温度刻度单位和线间距规定。

12. 打印的报告应按照本《条例》的适用要求的格式提供数据。

Ⅵ 用于"A"级公共健康控制的计算机系统评价标准

背景

计算机系统常常被用来管理实施乳品巴氏杀菌系统的公共健康控制装置（阀门、泵等）的功能。这些计算机系统可以经过编程来监控高温短时（HTST）和高热短时（HHST）巴氏杀菌器的仪器。它们也可以控制装置的运行状态，例如，分流装置（FDD）、增压泵等。由于这项技术在整个加工程序中具有许多优势，公共健康计算机系统基本上能够替代以硬件连接的相应设备。与硬件连接的系统类似，应评价这些计算机系统，所有规定的公共健康控制必须符合已确定的《巴氏杀菌乳条例》规范的要求。

计算机主要在三方面与硬件连接的控制不同。为了提供充分的公共健康保护，计算机公共健康控制的设计必须关注这三方面的差异。

首先，硬件连接的系统提供了对公共健康控制的全时监控，与之不同的是，计算机是串行执行序列工作，并且计算机与分流装置（FDD）的实时联系只有 1ms。在下一个 100ms 或其他计算机循环一次任务需要的时间，分流装置（FDD）依然是顺流的，不依赖于保温管的温度。正常情况下，这不是问题，因为大多数计算机在它们的程序中可以循环 100 个步骤，在 1s 内许多次。除非公共安全计算机接到另一台计算机的指令不再执行其任务时，或变更计算机程序时，或很少使用的 JUMP、BRANCH 或GOTO指令让公共健康计算机不再执行其任务时，才会出现问题。

第二，在计算机系统中，控制逻辑容易被更改，因为计算机程序容易被更改。键盘上的一些按键会彻底更改计算机程序的控制逻辑。锁住对公共安全计算机编程功能的访问可以解决上面提到的问题。当监管机构再次锁住公共健康计算机时，需要一个程序来确保公共健康计算机执行正确的程序。

最后，对于公共健康控制，必须和能够制作出无故障的公共健康计算机程序，因为公共健康控制所需的程序相对简短。将公共健康计算机程序保持简单和有限的控制范围内，通过这种方式可以达到这个要求。

术语表

地址：计算机的每个储存位置上的数字标签。当计算机与输入或输出进行通讯时使用这个地址。

计算机：按照一定方式排列的大量的通断开关，它们按照顺序执行逻辑和数字功能。

默认模式：在计算机的启动和待机操作过程中一些储存位置的预先设定的状态。

EAPROM：电子可更改的、可编程的只读储存器。在不擦除其余存储的情况下可以更改个别储存位置。

EEPROM：电子的可擦的只读存储器。采用一个电子信号可以擦除整个存储器。

EPROM：可擦除的可编程的只读存储器。通过暴露在紫外线下的方式擦除整个存储器。

自动防故障：停电、停气或其他支持系统出现故障时驱使仪器或系统移动到安全状态的设计。

现场可变装置：一种设备，其具体的设计或功能可以被用户和/或维护人员轻易更改。

FDD：巴氏杀菌系统上的分流阀或装置的常用缩写。

强制关闭：可编程的计算机指令，无论任何其他的程序指令如何，它将任何输入或输出都设置在"关闭"状态。

强制打开：可编程的计算机指令，无论任何其他的程序指令如何，它将任何输入或输出都设置在"打开"状态。

人机界面：常指操作人员界面，这个计算机工作站允许人员通过正常使用触摸屏或键盘来监控计算机系统。

输入：用于计算机并且由计算机使用的电子信号，它对是否启动一个或多个输出作出逻辑决定。输入包括来自温度和压力仪器、液位控制、状态检测装置（PDD）和操作人员控制的面板开关的数据。

输入/输出终端：提供所有输入和输出与计算机之间的连接的配电板。该配电板上有输入/输出地址标签。该配电板上配有显示所有输入和输出的"开"或"关"状态的指示灯。这个终端位于计算机上的特殊位置，并且常被称为"总线"。

梯形逻辑图：一种编程语言，专门在乳品巴氏杀菌系统中常用和应用的行业计算机中使用。

最后状态开关：手动操作的开关或软件设置，它指令计算机在启动期间将所有的输出设定在"开""关"或"最后状态"。"最后状态"位置指令计算机设置在最后停电过程中出现的任何输出状态上，"开"或"关"。

操作人员超控开关：手动操作的开关，它允许操作人员将任何输入或输出设定在"开"或"关"状态，无论任何的程序指令如何。

输出：计算机发出的打开或关闭阀门、电机、灯、喇叭和由计算机正在控制的其他装置的电子信息。输出还包括向操作人员发出的信息和数据。

状态检测装置（PDD）：能够提供电子信号的机械限位开关（微动开关）或电子接近开关。

可编程序逻辑控制器（PLC）：也称PLC，它是一种计算机，常被用来控制工业机器、仪表和程序。

RAM：随机存取存储器是一种存储器，计算机用它来运行程序、存储数据、读取输入和控制输出。计算机既可以从该存储器中读取数据，也可以将数据写入该存储器中。

ROM：只读存储器是一种存储器，计算机用它来运行其自己的内部的不可改变的程序。计算机只能从该存储器中读取数据。不能将数据写入该存储器中，也不能以任何方式更改该存储器。

RTD：电阻温度检测器

待机状态：计算机被打开，运行并且等待开始处理输入数据的指令。通常采用手动开关来完成这项指令。

状态打印：一些计算机经过编程可中断图表记录器的打印并且打印关键设置点和条件的状态，例如，冷乳温度、保温管温度、分流温度设施和图表速度。

WORM："单次写入，多次读取"是一种数据存储技术，它可以让信息在某单一时间被写入装置中并且防止设备擦除数据。

标准

"A"级乳和乳制品的高温短时（HTST）和高热短时（HHST）巴氏杀菌系统中采用的所有计算机应符合下列标准。此外，所有的系统应符合本《条例》的所有现有的其他要求。

1. 用来对巴氏杀菌器进行公共健康控制的计算机或可编程序逻辑控制器（PLC）必须专用于单个巴氏杀菌器的公共健康控制。公共健康计算机不执行涉及乳加工厂的常规运行的其他任务。除了公共健康控制之外，也可以有次要的计算机功能，例如，就地清洁（CIP）阀门循环。但是，此等功能不得破坏公共健康计算机或巴氏杀菌系统的公共健康功能，并且《巴氏杀菌乳条例》的所有要求和保障措施不得受到影响。

2. 公共健康计算机和其输出不得受到任何其他计算机系统或人机界面的指挥或控制。它的地址无法被任何其他计算机系统寻址寻到。主机无法重写其命令，也不得将其处在待机状态。公共健康计算机的全部地址必须在任何时候方便处理数据。

3. 必须在每个高温短时（HTST）和高热短时（HHST）系统上使用单独的公共健康计算机。只有公共健康计算机可以控制高温短时（HTST）和高热短时（HHST）系统的公共健康设备和功能。任何其他计算机或人机界面可以通过硬件连接输入对高温短时（HTST）和高热短时（HHST）系统中的设备（阀门、泵等）提出功能要求；然而，在公共健康计算机中的逻辑可以根据计算机程序当前的状态和公共健康（条例）要求同意或拒绝这种要求。

4. 公共健康计算机的输入和输出状态可以作为向其他计算机系统的输入来提供，所有公共健康输出或设备应通过将计算机的输出终端母线直接硬件连线至该设备的方式来控制。这包括电磁阀、电动机速度控制，例如，高温短时（HTST）和高热短时（HHST）系统内的频率驱动和电机。线路连接必须配有绝缘保护，如防止其他计算机系统驱动公共健康输出的继电器、二极管或光耦合设备。另一台计算机的数字输出可以与公共健康计算机的输入相连以便要求公共健康计算机控制某装置的操作。这部分内容不得解释成禁止由非公共健康计算机系统控制电动机速度控制，例如，射频驱动；但是，不得更改或中断管理限制。

5. 当公共健康计算机停电时，所有的公共健康控制必须采用自动防故障状态。大部分计算机可以被某程序指令或手动开关设置在待机状态。当公共健康计算机处于待机状态时，所有的公共健康控制必须采用自动防故障状态。一些计算机带有内部的诊断检测，在启动过程中自动进行内部诊断检测。在这期间，公共健康计算机将所有的输出设置为默认模式。在默认模式下，所有的公共健康控制必须采用自动防故障状态。公共健康计算机的输出或输入状态可以为另一台计算机提供状态信息用作参考。只能通过从公共健康计算机硬件连线输出（与任何控制输出分离）向另一台计算机系统输入的方式来实现这一点。不允许来自公共健康计算机的其他通讯。

6. 一些计算机和/或可编程序逻辑控制器（PLC）拥有带有"最后状态开关"的输入/输出终端（母线），它可以让设计者决定关机或停电后输出母线的状态。计算机停电时的选择为"开""关"或"最后状态"。这些"最后状态开关"必须设置在"自动防故障"或"关闭"状态。当计算机停电时，所有的公共健康控制必须采用自动防故障状态。大部分计算机可以被某程序指令或手动开关设置在待机状态。公共健康计算机应让其手动开关处于该状态，即在正常的程序执行之外的任何操作过程中将全部的输出保持在"关闭"状态。

7. 计算机按照顺序执行其任务，在等待计算机通过循环返回过程中，大部分计算机输出被实时锁在"开"或"关"状态。因此，必须编写公共健康计算机程序，以便按照准确的计划监控所有的输入并且升级所有的输出，每秒至少一次。大部分计算机在 1s 内能够多次执行该功能。在公共健康计算机程序中没有能够改变逻辑的扫描顺序或从该顺序中转移出重点的程序指令。它们包括"JUMP"或"GOTO"类指令。

8. 用来控制高温短时（HTST）和高热短时（HHST）巴氏杀菌器的所要求的公共健康功能的计算机程序必须储存在某类只读存储器中，并且在打开公共健康计算机时可以使用。不可以使用磁带或磁盘。

9. 必须为公共健康计算机程序的访问进行加密处理。任何电话调制器访问也必须进行加密处理。如果输入/输出终端包含了"最后状态开关"，必须对输入/输出终端进行加密处理。供应商必须向监管机构提供实验程序和指令，以验证目前在公共健康计算机上使用的程序为正确的程序。可以提交用来控制高温短时（HTST）和高热短时（HHST）巴氏杀菌器的公共健康计算机的程序的副本来完成这项要求。监管机构将使用这个检测程序来确定在启动、正确运行的过程中以及解码时是否在使用这个正确的程序。在正常操作过程中对该系统的检测可以涉及通过就地清洁（CIP）计算机对相互连线要求的检测。一种方法包括尝试通过就地清洁（CIP）计算机访问增压泵。采用在"处理"或"产品"状态下的分流装置（FDD）模式选择器，尝试使用就地清洁（CIP）计算机来访问增压泵。可能在此等检测中遭到破坏的巴氏杀菌器的公共健康控制必须被更改或重新编程以防止此等破坏，并且必须由监管机构对此等计算机程序的访问加密。对于由计算机控制的其他规定的公共健康功能，可以实施类似的检测。

10. 如果公共健康计算机包含了强制打开和强制关闭功能，公共健康计算机必须配有指示灯，它显示强制打开和强制关闭功能的状态。供应商的指令必须提醒监管机构，在监管机构给公共健康计算机加密之前，必须清除所有的强制打开和强制关闭功能。

11. 公共健康计算机的输入/输出终端应不得含有在不影响管理加密的情况下可以访问的操作人员超控开关。

12. 由公共健康计算机提供的用于打印巴氏杀菌器记录图表的计算机系统必须确保能够保持规定的校准。在图表打印过程中，公共健康计算机离开其任务的时间不得超过 1s。返回到公共健康控制任务时，公共健康计算机应在返回到图表打印之前至少完成一个完整周期的公共健康任务。

13. 打印图表时，一些系统可以提供被选择的输入/输出条件的图表纸的状态报告。通常通过中断图表的打印和输入/输出条件的打印的方式来完成这项要求。只有在图表上连续记录的时候才可以中断状态打印。当中断开始时，中断开始的时间将在中断开始和结束时被打印在图表上。公共健康计算机离开公共健康任务进行状态打印的时间间隔不得超过 1s。返回到公共健康任务时，公共健康计算机应在返回到状态打印之前至少完成一个完整周期的公共健康任务。

14. 当公共健康计算机按照规定间隔时间打印保温管温度轨迹时，而不是持续的变更线，温度读数的打印不得低于 5s。此外，在记录器/控制器的温度计响应试验过程中，温度打印或显示的速度应能够让管理机构官员充分地测量 7℃（12℉）的温度上升，见测试 8 "记录器/控制器的温度计响应"中的说明。

15. 当公共健康计算机按照规定间隔时间（而不是连续地）打印事件笔状态、分流装置（FDD）状态，无论顺流或分流，状态的全部变化应由公共健康计算机确认并打印在图表上。此外，事件笔状态和保温管中的温度的打印必须达到这样的效果，即保温管的温度可以在分流装置（FDD）状态变化时确定。

16. 供应商应提供用于检测程序的内置程序，或提供一种协议以便由监管机构针对每个仪表实施本《条例》附录Ⅰ中所含的所有适用的公共健康检测，即：

a. 记录温度计：温度精度；时间精度；根据指示温度计和温度计响应进行检测。

b. 分流装置（FDD）：阀座泄露；阀杆运行；设备总成；手动分流；响应时间和延时间隔（如果被采用）。

c. 增压泵：正确的接线和正确的压力控制设置。

d. 能够通过保温管产生流动的促流装置：进行安装，应配有正确的接线联动装置。

17. 计算机需要高品质的、干净的和高度稳定的电源，能够稳定和安全地运行。假电压尖峰可以造成公共健康计算机的随机存取存储器（RAM）发生有害的变化。要确保公共健康计算机能够正确地执行其功能，必须考虑下列参数：

a. 应向公共健康计算机提供"干净"的电源，即相对而言没有尖峰、干扰和其他异常情况。

b. 应在加密时确认正确的程序（参见本部分第9条中引用的标准）。

c. 如果出现假的程序错误，输出总线"最后状态"开关应处在"关"或"自动防故障"状态，它将停止高温短时（HTST）和高热短时（HHST）巴氏杀菌器的所有功能。

d. 所有的公共健康计算机输出不得配有任何的操作人员超控开关，并且其接线应达到这样的效果，即只允许公共健康可编程序逻辑控制器（PLC）完成控制。

公共健康可编程序逻辑控制器（PLC）的安装者或设计者确保在监管机构给计算机加密之前将适当的程序保存在公共健康计算机的存储器中是有必要的。将任何的程序变更写入公共健康计算机的备份芯片中（若有）也是必要的。

18. 用于对巴氏杀菌器进行公共健康控制的计算机程序必须符合所附的逻辑框图。可以对这些逻辑框图进行次要修改，即添加或删除专用于具体高温短时（HTST）或高热短时（HHST）的巴氏杀菌系统的项目。例如，当分流装置（FDD）选择器开关处于就地清洁（CIP）状态时，在基于流量计的调速系统上：

a. 对于分流装置（FDD），至少需要10min的延时来保持分流；以及

b. 在延时过程中，增压泵必须关闭并且保持10min的关闭状态，然后允许经编程的CIP操作来全面实施高温短时（HTST）或高热短时（HHST）系统的所有清洁功能，包括允许调速泵、分离器和增压器/填料泵在清洁操作和分流装置（FDD）脉冲或循环过程中运行。

19. 分流装置（FDD）和增压泵的梯形逻辑图显示了经过编程的就地清洁（CIP）循环操作，它是计算机系统的一部分。一些乳加工厂操作人员希望使用另一台计算机来进行就地清洁（CIP）操作，这样乳加工厂工作人员可以更改就地清洁（CIP）清洁程序。如果采用这种方式，分流装置（FDD）、增压泵和乳加工厂计算机之间的连接必须配有螺管式继电器或类似的装置进行分流装置（FDD）和增压泵输出。它防止了乳加工厂计算机进行操作，除非分流装置（FDD）的模式开关处于"就地清洁（CIP）"状态并且已经满足了所有适用的要求。

20. 供应商应向监管机构提供一个（通信）协议和文件，如下所示：

a. 那些控制器、仪表和与公共健康计算机有关的装置的接线图。

b. 与控制巴氏杀菌器的公共健康计算机相同的计算机的梯形逻辑打印输出和/或储存装置（经编程的 ROM 芯片等）。巴氏杀菌系统的每个部件通常采用梯形线逻辑的形式，并且可以包含就地清洁（CIP）和其他功能的编程。

c. 包含检测程序和说明的用户手册，见本部分第 9 条标准的要求。

计算机系统逻辑框图

说明

t＝时间

T＝温度

PDD＝状态检测装置

FDD＝分流装置

LOSA＝信号损失/低流量警报

HFA＝高流量警报

STLR＝安全热限记录器/控制器

电力控制输出状态

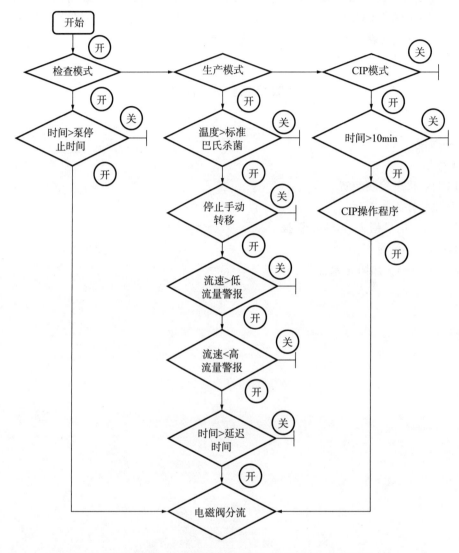

图 52　逻辑图：高温短时（HTST）分流装置，分流阀杆

电力控制输出状态

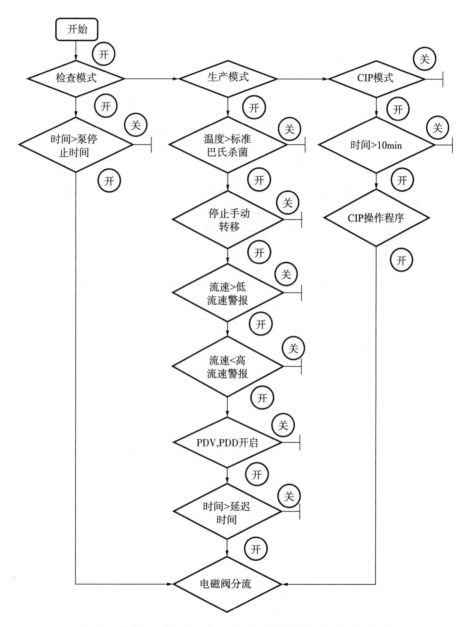

图 53 逻辑图：高温短时（HTST）分流装置，泄漏检测阀杆

电力控制输出状态

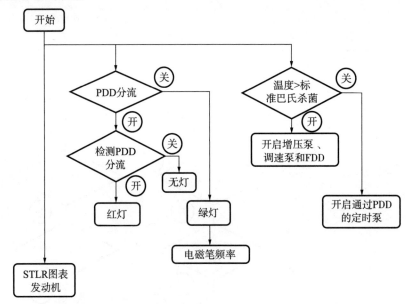

图 54 逻辑图：高温短时（HTST）安全热限记录器/控制器

电力控制输出状态

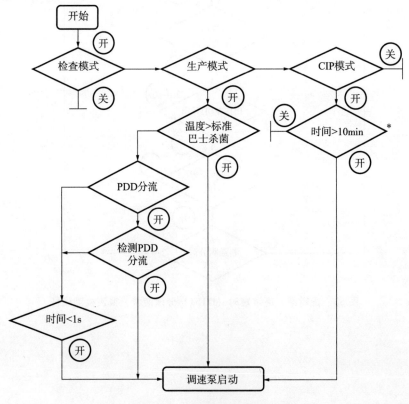

图 55 逻辑图：高温短时（HTST）调速泵

* 10min 之内，这些条件是没有必要的。时间继电器不用于这些流启动子在关键控制点期间运行的条件。

电力控制输出状态

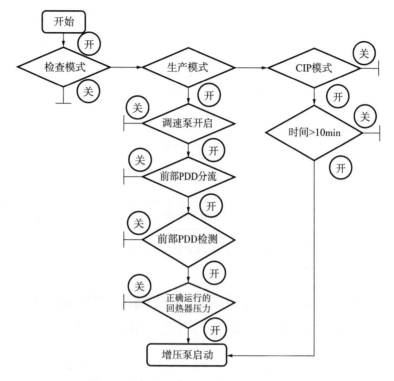

图 56 逻辑图：高温短时（HTST）增压泵

* 如时间为 10min，则无需执行决策（条件判定）过程。时间继电器不适用于 CIP 模式下相应促流装置的条件决策。

Ⅶ 蒸汽阻塞式分流装置（FDD）系统的标准

1. 蒸汽阻塞式分流装置（FDD）系统在巴氏杀菌器和平衡罐/填充器之间配有 2 个蒸汽阻塞区。从每个蒸汽阻塞区有持续可见的蒸汽排出或冷凝水排放到下水道。

2. 监控蒸汽阻塞区的温度，当温度降至 121℃（250℉）以下时报警。

3. 主分流阀和其他关键阀门的配置应状态可监测并自动防故障，需要时可被触发实施防护。

注意：对于分流装置（FDD）和阀座状态的监测，参见本《条例》附录 H 和附录 Ⅰ 的状态监测装置。

4. 在高热短时（HHST）巴氏杀菌系统要求的所有条件满足之前，蒸汽阻塞式分流装置（FDD）系统不得移动到顺流状态，并且应按照与标准分流装置（FDD）相同的条件进行分流。

5. 当蒸汽阻塞式分流装置（FDD）系统处在分流条件下时，蒸汽阻塞区的温度损失报警将触发全通径打开向蒸汽阻塞区的下水道排放。

6. 如果在蒸汽阻塞式分流装置（FDD）系统处于分流状态时蒸汽阻塞区出现故障，则受到影响的乳或乳制品不得进行销售。

7. 计算机控制应符合本附录的要求。

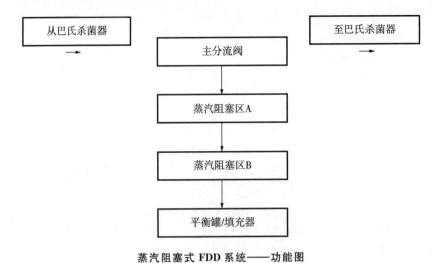

蒸汽阻塞式 FDD 系统——功能图

Ⅷ　巴氏杀菌设备的乳和乳制品危害分析和关键控制点（HACCP）关键控制点（CCP）模式

由国家州际乳品贸易协会（NCIMS）推荐的危害分析和关键控制点（HACCP）计划下登记的乳加工厂应根据作为关键控制点（CCP）的危害分析和关键控制点（HACCP）计划来管理巴氏杀菌。下面是一些可以使用的经认可的模式（HACCP 计划一览表）的例子。也可以使用作为关键控制点（CCP）来适当管理巴氏杀菌的其他危害分析和关键控制点（HACCP）计划一览表。

乳和乳制品恒流（HTST 和 HHST）巴氏杀菌——
关键控制点（CCP）模式危害分析和关键控制点（HACCP）计划综述

（参见第 244 页的示例）

高温短时（HTST）和高热短时（HHST）巴氏杀菌的主要因素是：

1. 时间；

2. 温度；以及

3. 压力。

这些因素中的每一项都应列入危害分析和关键控制点（HACCP）计划：

1. 在带有密封的调速泵的恒流巴氏杀菌器中，在巴氏杀菌温度下的最低保温时间应作为一个关键控制点验证列入危害分析和关键控制点（HACCP）计划。带有基于电磁流量计调速系统（按照最低巴氏杀菌温度来调速）的恒流巴氏杀菌器中应作为关键限值（CL）来处理。

2. 在危害分析和关键控制点（HACCP）计划中，温度应该始终作为关键限值（CL）来处理。

3. 在危害分析和关键控制点（HACCP）计划中，恒流巴氏杀菌器回热器中的压力，以及高热短时（HHST）巴氏杀菌器中要求的保温管中、蒸汽喷射器对面和灌输室内的压力应作为关键控制点（CCP）验证来处理和管理。

乳和乳制品槽中（间歇式）巴氏杀菌——
关键控制点（CCP）模式危害分析和关键控制点（HACCP）计划综述
（参见第 245 页的示例）

槽中（间歇式）巴氏杀菌的主要因素是：

1. 时间；以及

2. 温度。

这两个因素均应作为关键限值（CL）列入危害分析和关键控制点（HACCP）计划。

Ⅸ　制造与巴氏杀菌有等效杀菌效果的水的认可工艺

水的紫外线杀菌

背景

众所周知，2000～4000Å（200～400nm）的紫外线可基于若干机制灭活水中的病原微生物，包括形成抑制繁殖和传染的 DNA 键（二聚物）。不同的微生物对具体的波长的反应是不同的，相应累计差异对总体剂量的要求也是不同的。一些微生物可以利用它们自己的酶和机制，或利用宿主细胞酶来修理受损的 DNA，这需要更大的紫外线剂量使 DNA 的损伤无法逆转，并达到有效的巴氏杀菌水平的杀菌作用。

三项关键因素决定了在任何时刻紫外线装置稳定地达到所需剂量的能力：水与紫外线之间的传递性、紫外灯的性能以及在消毒室内的水力学状况和流速。颜色、浊度、粒子和有机杂质能够影响紫外线能量的传送，并且可能使消毒效率低于能够确保杀死致病微生物所要求的水平。同样，灯的老化可能没有规律，水可以淤塞保护套并且阻止紫外光射入一些病原体。过高或过低的水力学状态或水流会导致剂量的不均匀分布，使得一些区域没有得到充分的消毒。

其他重要的因素包括反应器的几何构型，电、波长和紫外灯的物理结构以及紫外线的波长。更长的波长为紫外线光子微生物相互作用和灭活提供了更多的机会。当水流过消毒室的同时，紫外线灯对水进行处理，但是，紫外灯不提供残留杀菌措施。采用紫外线提供与巴氏杀菌等效水的方式不能替代对乳加工厂内配水系统进行正确地维护、定期地冲洗和杀菌。

标准

下列内容是一个标准列表，这是与巴氏杀菌具有相同杀菌效果的紫外线处理水的可接受标准：

1. 如果采用紫外线方式生产与巴氏杀菌具有同样杀菌效果的水，全部水量至少应接受下列剂量的紫外线：

乳和乳制品恒流（HTST 和 HHST）巴氏杀菌——CCP 模式 HACCP 计划综述

关键控制点(CCP)	危害	关键限值	监控 内容	监控 方式	监控 频率	监控 执行人员	矫正措施*	CCP 验证*** 和****	记录
乳和乳制品巴氏杀菌（HTST 和 HHST）	生物的营养性病原体（非芽孢菌）	时间和温度 注意：确保在使用密封系统中满足了最低保温次数，作为校准的设备准过程中的CCP验证	保温管出口的温度 带有基于电磁流量计调速的恒流巴氏杀菌器保温管中的顺流流速（用来验证最低保温时间）	温度记录器图表 流量记录器图表	操作过程中连续进行	巴氏杀菌器操作人员	产品的手动分流 隔离受影响的产品 评估和确定产品的处理方式（再加工或处理）备案行动	**记录审核：** 验证的巴氏杀菌器图表 **设备功能检测：** 操作人员实施所要求的每日检和在温度图表上记录 授权的厂家人员（如果要求，由管理部门监管）实施"乳加工厂设备检测"（FDA表格2359b）中所列的检测项目 **密封：** 每天验证所要求的监管密封	巴氏杀菌器图表 矫正措施记录 记录 CCP验证记录，包括设备检测记录

* 当没有达到预设点时，正确运行的高温短时（HTST）或高热短时（HHST）巴氏杀菌系统将生鲜产品分流到恒液位槽中。

** 在正确设计、校准和操作的巴氏杀菌器中，乳或乳制品中的每个颗粒应加热到最高到最新版的《"A"级巴氏杀菌乳条例》中规定的温度和时间组合中的一个。

*** 在HACCP计划中，恒流巴氏杀菌器回热器中的压力，以及高热短时（HHST）巴氏杀菌器中要求的保温管中、蒸汽喷射器对面和灌室内的压力应作为CCP验证来处理和管理。

产品描述：_____

预期用途和消费者：_____

签字：_____

储存和配送方法：_____

日期：_____

乳和乳制品槽中（间歇式）巴氏杀菌——CCP模式 HACCP 计划综述

关键控制点(CCP)	危害	关键限值	监控				矫正措施	CCP验证*	记录
			内容	方式	频率	执行人员			
乳和乳制品巴氏杀菌(槽中)	生物的营养性病原体(非芽孢菌)	时间和温度	时间和温度[在槽内连续搅拌以便确保在加工期间槽内的最热的和最冷的产品之间的温差不超过0.5℃(1℉)]，包括所要求的最少时间，产品温度和空气温度	温度记录器图表	操作过程中连续进行	巴氏杀菌器的操作人员	在巴氏杀菌过程中：在满足了时间/温度标准之前继续巴氏杀菌。如果在2h内没有满足时间/温度，应该评估如何对该产品进行处理。巴氏杀菌之后(即在记录审核中)：如果发现产品未达到重要要求的时间/温度，应将所有受影响的产品置于暂停状态，并且评估确定成品的处置，即再行处理或者加工或销毁	**记录审核：** 验证记录的巴氏杀菌器图表。**设备功能检测：** 操作人员按照规定观察每批产品的指示温度计的状况（在保温气温结束时检查空气温度）并且在图表中记录，由管理部门监督，由授权的厂家人员实施"乳加工厂设备实验报告"(FDA表2359b)中所列到的检测。**密封：** 每天验证所要求的监管密封，如果适用	巴氏杀菌器图表 矫正措施记录 CCP验证记录，包括设备检测记录

* 在正确设计、校准和操作的巴氏杀菌器中，乳或乳制品中的每个颗粒应加热到最新版的《"A"级巴氏杀菌乳条例》中规定的温度和时间组合中的一个。

产品描述：

预期用途和消费者：　　　储存和配送方法：

签字：　　　日期：

a. 186 000μm · s/cm^2 的 2 537Å（254nm）低压紫外线，或相当于腺病毒的灭活率为 4lg 的水平。

b. 120 000μm · s/cm^2 的中压紫外线，或相当于腺病毒的灭活率为 4lg 的水平。

2. 应提供水流或时间延迟装置，则流经断流或分流阀的所有水可接受的剂量能够达到上面规定的最低要求。

3. 配件的设计可实现能够经常清洁该系统而无需拆卸，且部件应多次充分清洁以保障系统能够始终提供所规定的剂量。

4. 应安装精度在预期的压力范围内的自动水流控制阀以便将水流限制在处理装置的最大设计流量范围内，这样全部的水都将接受上文规定的最低剂量。

5. 经过精确校准、适当的过滤并能够将灵敏度限制在 2 500～2 800Å（250～280nm）的杀菌光谱范围内的紫外线强度传感器应测量灯的紫外线能量。

6. 一个紫外线灯应配备一个传感器。

7. 应根据实时的紫外透光率（UVT）分析仪测量的水质调整紫外光，以便确保始终准确地计算和可靠地提供紫外光剂量。

8. 应安装分流阀或自动的切断阀，只有在达到规定的最低紫外线剂量的情况下才允许水流进入巴氏杀菌产品管路中。如果没有向该装置供电，该阀门将处于关闭（自动防故障）状态，在这个状态下能够防止水流进入巴氏杀菌产品管路。

9. 施工材料不得将有毒物带入水中，包括施工材料中存在的有毒成分或由于紫外线照射而发生的物理或化学变化产生的有毒成分。

10. 该装置应实时地记录操作参数［流量、紫外透光率（UVT）和剂量］。监管机构可以检查这些记录。电子方式生成的记录（若使用）应符合本《条例》附录 H 的第 V 部分规定的标准。

附录 I 巴氏杀菌设备与控制装置测试

I 测试仪器技术指标

测试温度计

种类：

1. 水银或无毒玻璃液体温度计：易清洁；前面清楚；后面涂珐琅；长度至少为30.5cm（12in）；温度计杆柱柱上应标记侵入点，在0℃（32℉）时，水银或无毒液体在中间泡中呈静止状态。玻璃内无毒液体传感的温度计应具有同水银温度计一样的精确性和可靠性。

刻度范围：至少可覆盖温度计的实际应用温度（即巴氏杀菌温度）上下7℃（12℉），刻度范围应向上向下延伸适宜刻度，并可耐高温149℃（300℉）。

最小刻度代表的温度：0.1℃（0.2℉）。

每25mm（1in）刻度的度数：不超过4℃或不超过6℉。

精度：在规定的刻度范围内，±0.1℃（±0.2℉）以内。应根据由美国国家标准与技术学会（NIST）已检测或可追溯的温度计进行精度核对。

感温泡：康宁标准玻璃或类似适合的温度计玻璃。

装置外壳：在转运过程中和不使用时能提供适当防护。

2. 数字测试温度计：手持式；高精确度数字温度计；电池或交流供电。具备避免非法篡改刻度的防护。

范围：−18～149℃（0～300℉）；最小的刻度代表的温度是0.01℃或℉，数字显示。

精度：系统精度：±0.056℃（±0.100℉）；探头精度：±0.05℃（±0.09℉）；可重复性：±0.005℃（±0.009℉）；3个月的稳定性：±0.025℃（±0.045℉）。温度计的精度从0～150℃（32～302℉）：±0.05℃（±0.09℉）。校准不精确度：±0.0047℃（±0.00846℉）。应根据由美国国家标准与技术学会（NIST）已检测或可追溯的温度计进行精度核对。本刻度校准应由"官方实验室"或"官方指定实验室"的经培训的代表每年实施一次，或是由温度计制造商的授权代表，或由适当培训过的监管机构代表每年实施一次。校准协议/标准操作规程（SOP）应由监管机构与温度计制造商及美国食品药品管理局合作制定。监管机构应保留经适当培训的监管机构代表的身份资料。经签署的数字温度计校准认证应与部件一起保留。

自我诊断电路：电路应提供全部感应、输入和调节回路的持续监控。诊断电路应能识别探头及其校准信息。探头没有正确连接时，显示器会警告操作者，并且温度不会显示。

电磁兼容性：监管机构应留有关于这些设备使用目的及可用性的证明文件。"现场"拟使用的部件已实施了《欧盟电磁兼容指令》中规定的关于重工业适用标准的相关测试。

浸入：最低浸入点应标记在探针上。对照检测期间，探针在水槽里或油槽里应浸入同样的深度。

装置外壳：在转运过程中和不使用时能提供适当防护。

常规用途的温度计

种类：口袋式。

刻度范围：1℃（30℉）～100℃（212℉），刻度范围应向上向下延伸适宜刻度，并可耐高温 105℃（220℉）。

最小刻度代表的温度：1℃（2℉）。

精度：在规定的刻度范围内，±1℃（±2℉）以内。定期与一个已知精确的温度计进行核对。对于水银传感的常规用途温度计，应适用以下附加的规格标准：

水银柱的放大率：外观宽度不小于 1.6mm（0.0625in）。

每英寸刻度的度数：不超过 29℃或不超过 52℉。

装置外壳：金属制，配有固定夹。

感温泡：康宁标准玻璃或类似适合的温度计玻璃。

导电性测量设备

种类：手动或自动。

导电性：能在硬度 100ppm 的水中，检测到加入 10ppm 氯化钠所产生的变化。

电极：标准版。

自动配件：电计时器，时间刻度不超过 0.2s。

时间测量设备

精确的时间测量设备应包含但不限于秒表、电子计时器、导电设备计时器以及任何其他保证时间测量精确的设备。

秒表

种类：开放式表面，指示小数秒。

精度：精确到 0.2s。

指针：如果适用，可以是摆动指针，完整转一圈是 60s 或更少。

刻度：刻度不超过 0.2s。

表冠：按压表冠或按钮开启、关闭以及重置归零。

II　测试步骤

以下列出并引用的巴氏杀菌设备测试应由监管机构实施；或可以如第 16p（D）条所述，对于危害分析和关键控制点（HACCP）登记的乳加工厂中有资质的行业人员，且被监管部门认可的情况；或可以如第 16p（D）条所述，在紧急情况的基础上，监管部门授权的工厂的临时测试和密封程序。测试结果应按照相关监管机构指示要求，以恰当的表格记录并存档（参见本《条例》附录 M）。在新的巴氏杀菌系统调试中，应在要求处加施监管机构的封条。如果公共健康控制部署在用于管理操作巴氏杀菌系统的公共健康控制装置功能的计算机系统中，计算机在计算机程序被加密前应符合本《条例》附录 H 中 VI 的要求。每当监管机构的封条破损时，经符合第 16p.D 条要求的监管机构或有资质的行业人员进行适当测试，并证明符合适用的测试程序后，巴氏杀菌设备应重新密封。

注意： 如果巴氏杀菌系统所要求的合规性测试有一次或多次不合格，则在致错原因得到纠正，且合规性经监管机构、或有危害分析和关键控制点（HACCP）资质乳加工厂中符合本条例第 16p（D）要求的被监管机构认可的有资质的行业人员认可、或符合本条例第 16p（D）要求的紧急情况，监管部门授权的工厂的临时测试和密封程序，巴氏杀菌系统才允许运行。

如果要求破坏监管封条以进行以下任何测试，应由监管机构或经监管机构认可的符合危害分析和关键控制点（HACCP）要求的有资质的行业人员在测试完成并且合规性验证之后予以更换。

注意： 对于批准用于巴氏杀菌系统的各种设备，对该设备经过专门审查的测试程序包含在美国食品药品管理局（FDA）认可的设备操作手册中，和/或根据美国食品药品管理局（FDA）对设备审查和认可而发布的乳品条例设备合规性备忘录（M－b）中。应使用这些测试程序。

测试 1　指示温度计-温度精度

参考： 本《条例》第 16p 条（A）、（B）和（D）项。

应用： 用于巴氏杀菌和/或超巴氏杀菌过程中乳和/或乳制品温度测量的所有指示温度计，如果适用，包括空间温度计。如果液柱破裂或毛细管损坏，不要运行此测试。

频率： 安装时；以后至少每 3 个月一次；每当温度计被维修和/或替换时；或每当传感元件或数字控制盒上监管封识损坏时。

标准： 在规定的刻度范围内，巴氏杀菌及超巴氏杀菌指示温度计为 ±0.25℃（±0.5℉）以内，空间温度计为 ±0.5℃（±1℉）以内。如果在温度超过 71℃（160℉）时，用于乳和/或乳产品巴氏杀菌的间歇式巴氏杀菌器使用了仅 30min，那么指示温度计应精确到 ±0.5℃（±1℉）以内。

设备：

1. 符合本附录第 I 节规定要求的测试温度计；
2. 水、油或其他适用的介质槽和搅拌器；以及

3．加热介质槽的适宜设施。

方法： 所有指示温度计和/或空间温度计（如果适用）以及测试温度计应接触恒温状态下的水、油或其他适当的介质。指示温度计和/或空间温度计（如果适用）的读数与测试温度计的读数相比较。

步骤：

1．准备介质浸槽，通过升高介质温度在密封切断巴氏杀菌或超巴氏杀菌最低温度，或最低限度的法定指示或间歇巴氏杀菌的空间温度的2℃（3℉）之内。

2．稳定介质浸槽的温度并迅速搅动它。

3．继续搅动并插入指示温度计和/或空间温度计（如果适用），以及测试温度计至指示的浸入点。

4．在测试范围内对比温度计的温度读数。

5．重复对比温度计的读数。

6．如果此测试的结果超出了上述的标准，应由乳加工厂人员对指示温度计和/或气温计（如果适用）进行调试以与测试温度计相符合，重新测试并在恰当的表格中记录采取的措施。

7．当已达到和/或验证了合规性，在恰当的表格中记录两个对比的温度计读数，并记录温度计的标识或位置。

8．酌情对数字温度计的传感元件和控制盒进行再密封。

措施： 如果巴氏杀菌或超巴氏杀菌系统未通过本测试，巴氏杀菌系统不能进行操作，直至失败原因被纠正，且通过监管机构、或列在危害分析和关键控制点（HACCP）乳品工厂名单上的监管机构承认的符合本《条例》第16p条（D）项的工作人员、或紧急情况下监管机构授权的符合本《条例》第16p条（D）项的工厂临时测试和密封方案验证符合要求。

测试 2　温度记录以及记录器－控制器温度计－温度精度

参考： 本《条例》第16p条（A）、（B）和（D）项。

应用： 除电子或电脑控制的巴氏杀菌和/或超巴氏杀菌过程中的，用于记录乳和/或乳制品温度的所有温度记录和记录器－控制器温度计。

频率： 安装后检测，以后至少每3个月一次；每当传感原件被维修和/或替换时；或每当监管密封损坏时。

标准： 在以下步骤1所描述的规定刻度范围内，±0.5℃（±1℉）以内。如果在温度超过71℃（160℉）时，用于乳和/或乳产品巴氏杀菌的间歇式巴氏消毒器使用了仅30min，那么温度记录温度计应在71℃（160℉）～77℃（170℉）之间精确到±1℃（±2℉）以内。

设备：

1．指示温度计（已与已知精度的温度计进行了对比校准测试）；

2．水、油或其他适用的介质槽及搅拌器；

3．加热介质槽的适宜设施；及

4．冰。

注意：本测试在使用高热短时（HHST）巴氏杀菌系统时在温度记录器－控制器上实施，操作时的温度为水的沸点或高于沸点温度，油或其他适当介质槽应被步骤 1，4，5，6 和 7 提到的加工（操作）温度，及步骤 2，3 和 5 提到的沸水温度所替代。用于替代沸水的油槽温度应高于正常运行范围，但低于图表上最高的温度刻度。

方法：温度记录或记录器－控制器温度计对温度精确性的测试包括在接触高热和融冰后，确定温度笔杆是否会返回上述标准中的 ±0.5℃（±1℉）或 ±1℃（±2℉）以内。

步骤：

1. 将介质槽加热至恒温，利用下列温度中的一种：

a. 密封切断巴氏杀菌的最低温度；或

b. 间歇式巴氏杀菌规定的最低指示温度或巴氏杀菌气温。

只要在温度超过 71℃（160℉）时，用于乳和/或乳产品巴氏杀菌的间歇式巴氏消毒器使用了仅 30min，那么该测试应在介质槽温度高于 71℃（160℉），低于 77℃（170℉）的温度条件下进行。

将温度记录或记录器-控制器温度计传感元件浸入介质槽中。在 5min 的稳定时间后，如有必要，将温度记录或记录器-控制器温度记录笔调整至准确读数，如先前测试的指示温度计一样。在此稳定期间，应迅速搅动介质槽。

2. 准备第二个介质槽，将介质槽加热至水的沸点、对于高热短时（HHST）巴氏杀菌系统杀系统则加热至正常运行范围以上但低于图表中温度刻度的温度，并保持温度。准备第三个带有冰水混合物的介质槽。将所有的介质槽放置在温度记录或记录器-控制器温度计温度传感元件的工作范围内。

3. 将温度记录或记录器-控制器温度计的传感元件浸入上述步骤 2 中制备的热介质槽中，不少于 5min。

4. 从热介质槽中取出温度记录或记录器-控制器温度计传感元件，然后浸入在上述步骤 1 制备的介质槽中。允许指示温度计和记录温度计或记录器-控制器有 5min 的稳定期。比较指示温度计和记录温度计或记录器-控制器的读数。如以上标准中所提供，温度记录或记录器-控制器温度计的读数应在 ±0.5℃（±1℉）或 ±1℃（±2℉）范围之内。

5. 从加工所用温度范围内的介质浸槽中取出温度记录或记录器-控制器温度计传感元件，然后将其浸入冰水混合物介质中不少于 5min。

6. 从冰水混合物介质中取出温度记录或记录器-控制器温度计传感元件，然后将其浸入如上述步骤 1 制备的介质浸槽中。允许指示温度计和记录温度计或记录器-控制器温度计有 5min 的稳定期。比较指示温度计和记录温度计或记录器-控制器的读数。如以上标准中所提供，温度记录或记录器－控制器温度计的读数应在 ±0.5℃（±1℉）或 ±1℃（±2℉）范围之内。

7. 当已达到和/或验证了合规性，必要时重新密封温度计传感元件和记录器-控制器，在恰当的表格中记下上述步骤 1，4 和 6 中获得的指示和记录温度计或记录器-控制器读数。

措施：如果温度记录或记录器－控制器温度计录笔没有在步骤 4 和 6 时返回

±0.5℃（±1℉）或±1℃（±2℉），那么记录温度计应在必要时由乳加工厂中有资质的行业人员修复或替换。如果巴氏杀菌或超巴氏杀菌系统未通过本测试，巴氏杀菌系统不能进行操作，直至失败原因被纠正，且通过监管机构、或列在危害分析和关键控制点（HACCP）乳品工厂名单上的监管机构承认的符合本《条例》第16p条（D）项的工作人员、或紧急情况下监管机构授权的符合本《条例》第16p条（D）项的工厂临时测试和密封方案验证符合要求。

测试3　温度记录和记录器-控制器温度计-时间精度

参考： 本《条例》第16p条（A）、（B）和（D）项。

应用： 适用于所有用于记录巴氏杀菌和/或超巴氏杀菌时间的温度记录和记录器-控制器温度计。

频率： 安装后检测；以后至少每3个月一次；每当温度记录器-控制器温度计或可编程的记录温度计被维修和/或替换时；或每当温度记录器-控制器或可编程的记录温度计或传感元件上的监管密封损坏时。

标准： 巴氏杀菌或超巴氏杀菌的记录时间不应超过实际的运行时间。

设备： 精确的时间测定设备。

方法： 在不少于30min的时间内，将记录的时间与精确的时间测定设备进行比较。

步骤：

1. 确定适合的记录图表用于温度记录或记录器-控制器温度计。确保记录图标笔在中心和外围都与记录图表的时间弧匹配。

2. 在记录图表上以笔尖标下参考标记，并记录时间。

3. 利用精确的时间测定装置，在30min结束时，用笔尖在记录图表上标下第二个参考标记。

4. 确定两个参考标记之间的距离，并在同一温度时与记录图表上的时间刻度对比。

5. 必要时重新密封传感元件和记录器-控制器；在记录图表上输入结果并在记录图表上签署姓名首字母缩写；在恰当的表格中记录开始和结束的时间。

措施： 如果记录时间不准确，温度记录或记录器-控制器温度计设备应由乳加工厂中有资质的行业人员予以调整或修复。如果巴氏杀菌或超巴氏杀菌系统未通过本测试，巴氏杀菌系统不能进行操作，直至失败原因被纠正，且通过监管机构、或列在危害分析和关键控制点（HACCP）乳品工厂名单上的监管机构承认的符合本《条例》第16p条（D）项的工作人员、或紧急情况下监管机构授权的符合本《条例》第16p条（D）项的工厂临时测试和密封方案验证符合要求。

测试4　温度记录和记录器-控制器温度计——核对指示温度计

参考： 本《条例》第16p条（A）、（B）和（D）项。

应用： 适用于巴氏杀菌或超巴氏杀菌期间用于记录乳和/或乳制品温度的所有温度记录和记录器-控制器温度计，及连续记录气温，读取气温，并只在巴氏杀菌保温期开始时在记录图表上记录的间歇式巴氏消毒器数字组合气温/记录温度计。

频率： 安装后检测；以后至少每3个月一次；每当温度记录或记录器-控制器温度

计被维修和/或替换时；每当监管密封损坏时；当记录图表变化时由乳加工厂人员立即进行日常核对。

标准：温度记录温度计和记录器-控制器温度计的读数不应比之前已经与一个已知精度的测试温度计做比较的指示或气温计的读数高。

设备：不需要补充材料。

方法：本测试仅要求，当温度记录温度计、记录器-控制器温度计或气温计都显示出等于或高于最低法定巴氏杀菌温度的稳定温度时，将两者读数与指示温度计的读数作比较。

步骤：

1. 指示和温度记录或记录器-控制器温度计读数稳定在等于或高于最低的法定巴氏杀菌温度时，读取指示温度计的度数。

2. 对于间歇式巴氏杀菌器来说，气温指示和记录温度读数稳定在等于或高于最低的法定巴氏杀菌温度时，读取气温计的读数。

3. 立即输入结果；进行此次对比的时间；在记录图表上签署姓名首字母缩写。可通过在记录笔位置划一道记录温度弧度的交叉线，或是监管机构能接受的其他任何方法来实现。

4. 在恰当的表格中记录观测到的指示和温度记录温度计或记录器-控制器温度计的读数。

措施：如果温度记录温度计或记录器-控制器温度计比指示温度计的读数高，那么应由乳加工厂人员调整记录笔或温度调节机制与指示温度计一致。如果在调整之后，温度记录温度计或记录器-控制器温度计未通过本测试，巴氏杀菌系统不能进行操作，直至失败原因被纠正，且通过监管机构、或列在危害分析和关键控制点（HACCP）乳品工厂名单上的监管机构承认的符合本《条例》第16p条（D）项的工作人员、或紧急情况下监管机构授权的符合本《条例》第16p条（D）项的工厂临时测试和密封方案验证符合要求。

测试 5　分流装置（FDD）——适当的组装和功能

参考：本《条例》第16p条（B）和（D）项。

应用：以下5.1～5.4及5.6～5.8部分适用于恒流巴氏杀菌系统使用的所有分流装置（FDD）。以下5.5和5.9部分只适用于高温短时（HTST）巴氏杀菌系统适用的分流装置。

频率：安装后检测；以后至少每3个月一次；每当分流装置（FDD）被维修和/或替换时；或每当监管密封损坏时。

标准：分流装置（FDD）应在所有操作状况下按要求运行，并且应在分流装置（FDD）发生故障或分流装置（FDD）错误组装的情况下，切断调速泵及所有其他能够引起分流装置（FDD）形成流量的促流装置的电源。

5.1　通过阀座的泄漏

设备：用于拆卸分流装置（FDD）及任何连接洁净的管道的适当工具。

方法：观察阀座，以检测泄漏。

步骤：

1. 巴氏杀菌系统在水上运行，将分流装置（FDD）置于分流的位置。

a. 对于单阀杆分流装置（FDD），拆开顺流洁净的管道，并观察阀座，以检测泄漏。检查泄流口，看它们是否打开。

b. 对于双阀杆分流装置（FDD），观察泄漏检测管排放口或观察孔，以检测泄漏。

2. 在恰当的表格中记录测试结果。

措施：如果观测到泄漏，那么应由乳加工厂人员对分流装置进行适当的修复。如果在调整和/或修复之后，分流装置（FDD）未通过本测试，巴氏杀菌系统不能进行操作，直至失败原因被纠正，且通过监管机构、或列在危害分析和关键控制点（HACCP）乳品工厂名单上的监管机构承认的符合本《条例》第16p条（D）项的工作人员、或紧急情况下监管机构授权的符合本《条例》第16p条（D）项的工厂临时测试和密封方案验证符合要求。

5.2 阀杆的操作

设备：单杆分流装置的阀杆上可用来拧紧阀杆上填密螺母的适当工具。

方法：观察分流装置（FDD）阀杆的转动是否顺畅。

步骤：

1. 对于单杆的分流装置（FDD），尽可能拧紧阀杆填密螺母。在最大正常运行压力时运行巴式杀菌系统，将分流装置（FDD）置于顺流及分流位置数次。阀杆填密螺母完全拧紧后，阀杆应在顺流及分流位置都能自由转动。注意阀杆转动的自由性。

2. 对于双杆的分流装置（FDD），在最大正常运行压力时运行巴式杀菌系统，将分流装置（FDD）置于顺流及分流位置数次。阀杆应在顺流及分流位置都能自由转动。注意阀杆转动的自由性。

3. 以恰当的表格记录测试结果。

措施：如果阀门转动迟缓，则需要乳品工厂员工进行适当的调整或修复。如果在调整和/或修复分流装置（FDD）后测试失败，不应允许巴氏杀菌系统进行操作，直至失败原因已被纠正，且通过监管机构验证；或列在危害分析和关键控制点（HACCP）乳品工厂名单上的监管机构承认的符合本《条例》第16p条（D）项的工作人员验证并通过；或紧急情况下监管机构授权的符合本《条例》第16p条（D）项的工厂临时测试和密封方案验证并通过。

5.3 设备组装——单阀杆分流装置

设备：适合的分流装置（FDD）拆卸工具和任意可连接的洁净的管道。

方法：分流装置（FDD）错误组装及处于分流并低于断流温度时，观察调速泵及所有其他通过分流装置（FDD）能形成流量的促流装置的运作。

步骤：

1. 巴氏杀菌系统处于"程序"模式，且低于接通温度运作时，把连接阀门顶部至阀体的13H六角螺母旋转半圈松开。切断可能会导致流量通过分流装置（FDD）的调速泵和所有其他促流装置，另外，应有效切断分隔器和/或下流真空源的阀门。本测试应在没有任何洁净的管道与分流装置（FDD）顺流口连接的状态下实施。六角螺母松开时，可允许阀门顶部活动。重新拧紧13H六角螺母。

2. 巴氏杀菌系统处于"程序"模式，且低于接通温度运行时，取下位于阀杆底部的联接键。这时应切断调速泵的电源，及可导致流量流经分流装置（FDD）的其他所有促流装置的电源。此外，对于分隔器或下游真空源，在巴氏杀菌系统中有效地切断阀门。

3. 尝试重新启动能导致分流装置（FDD）形成流量的各促流装置。这些促流装置全部不应启动或运行。对于分隔器或下游真空源，在巴氏杀菌系统中保持有效地切断阀门。

4. 以恰当的表格记录测试结果。

措施：如果促流装置未能如以上指示那样反应，须立即由乳品工厂员工检查分流装置（FDD）的组装和接线的定位，纠正失败原因。如果在调整和/或修复分流装置（FDD）后测试失败，不应允许巴氏杀菌系统进行操作，直至失败原因已被纠正，且通过监管机构验证；或列在危害分析和关键控制点（HACCP）乳品工厂名单上的监管机构承认的符合本《条例》第16p条（D）项的工作人员验证并通过；或紧急情况下监管机构授权的符合本《条例》第16p条（D）项的工厂临时测试和密封方案验证并通过。

5.4　设备组装——双阀杆设备

注意：本节所列出各种特定类型分流装置（FDD）的测试程序是美国食品药品管理局（FDA）认可的典型测试。测试细节可能有变化，由单独的分流装置（FDD）操作员手册提供，该手册由美国食品药品管理局（FDA）审核，在美国食品药品管理局（FDA）的M—bs中按章节编号进行具体阐述。在每种M—b认可测试方法中，如果使用"计量泵"或"调速泵"这样的词语，应理解为"可导致流量流经分流装置（FDD）的其他所有促流装置"。

设备：不需要补充材料。

方法：观察调速泵及其他促流装置，分流装置（FDD）没有正确组装时，这些设备能导致分流装置（FDD）形成流量。

步骤：

1. 分流装置（FDD）处于由温度引起的分流及分流装置（FDD）组装正确时，切换至"检查"模式，转动分流装置（FDD）至顺流位置，并且从阀门已测试过的致动器上断开阀杆。

2. 切换至"产品"模式，移动分流装置（FDD）至分流位置，打开调速泵和其他能导致分流装置（FDD）形成流量的促流装置。调速泵和其他促流装置应该断电，并且应当不能运行。如果任何可能导致分流装置（FDD）形成流量的促流装置瞬间启动，接着停止，如本《条例》第16p条（B）2.b.（10）项所允许的那样，它可能表明由于接线错误导致有1s的延迟。此外，对于分隔器或下游真空源，应有效地从巴杀系统中保持阀门切断。切换至"检查"模式，正确重装分流装置（FDD）。开启调速泵及所有其他导致分流装置（FDD）能形成流量的促流装置的电源，确定分流装置（FDD）已正确重装。

3. 针对另一致动器重复此步骤。

4. 以适当的表格记录测试结果。

措施： 如果能导致分流装置（FDD）形成流量的各促流装置未能如以上指示那样反应，须立即由乳品工厂员工检查分流装置（FDD）的组装和接线的定位，纠正失败原因。如果在调整和/或修复分流装置（FDD）后测试失败，不应允许巴氏杀菌系统进行操作，直至失败原因已被纠正，且通过监管机构验证；或列在危害分析和关键控制点（HACCP）乳品工厂名单上的监管机构承认的符合本《条例》第16p条（D）项的工作人员验证并通过；或紧急情况下监管机构授权的符合本《条例》第16p条（D）项的工厂临时测试和密封方案验证并通过。

5.5　手动分流

设备： 不需要补充材料。

方法： 根据以下步骤1和2的要求，观察手动分流在激活和中断过程中的反应。

步骤：

1. 高温短时（HTST）系统在运行中，分流装置（FDD）处于顺流位置时，运行手动分流控制。

a. 分流装置（FDD）应处在分流位置；

b. 任意能使分流装置（FDD）产生流量的下游的促流装置都应断电；

c. 任何分流装置（FDD）下游的分离器和/或真空源应当有效的将阀关闭。

2. 如果高温短时（HTST）巴杀系统安装了增压泵，且系统的分流装置（FDD）处于顺流位置：

a. 激活手动分流控制器。增压泵应断开。生鲜乳和/或回热器里的巴氏杀菌乳和乳产品之间的最小压差应至少维持在6.9kPa（1psi）。

b. 直到原料压力达到零。中断手动分流控制器，观察生鲜乳和/或乳制品与巴氏杀菌乳和/或乳制品之间的最小压差应至少维持在6.9kPa（1psi）。

措施： 如果以上描述必须的操作没有发生，或生鲜乳和/乳制品与巴氏杀菌乳和/或乳制品之间的必要压差没有维持，巴氏杀菌系统应立即由乳品工厂员工进行评估，纠正识别的缺陷，作出适当调整。并如果在调整和/或修复分流装置（FDD）后测试失败，不应允许巴氏杀菌系统进行操作，直至失败原因已被纠正，且通过监管机构验证；或列在危害分析和关键控制点（HACCP）乳品工厂名单上的监管机构承认的符合本《条例》第16p条（D）项的工作人员验证并通过；或紧急情况下监管机构授权的符合本《条例》第16p条（D）项的工厂临时测试和密封方案验证并通过。

5.6　响应时间

设备：

1. 水、油或其他适当的介质槽和搅拌机；

2. 加热介质槽的适当设施；及

3. 一个精确的计时装置。

方法：确定温度下降至断流温度时激活控制机械装置的瞬时与分流装置（FDD）完全处于分流位置的瞬时之间的运行时间不超过 1s。

步骤：

1. 水、油或其他适当的介质槽在温度高于断流温度时，使水、油或其他适当的介质槽逐渐降温。断流机械装置激活的瞬间，同时开启精确计时装置，直至分流装置（FDD）完全处于分流位置，马上停止精确计时装置。

2. 以恰当的表格记录测试结果。

措施：如果响应时间超过 1s，须由乳品工厂员工立即采取措施纠正分流装置（FDD）缺陷。如果在调整和/或修复分流装置（FDD）后测试失败，不应允许巴氏杀菌系统进行操作，直至失败原因已被纠正，且通过监管机构验证；或列在危害分析和关键控制点（HACCP）乳品工厂名单上的监管机构承认的符合本《条例》第 16p 条（D）项的工作人员验证并通过；或紧急情况下监管机构授权的符合本《条例》第 16p 条（D）项的工厂临时测试和密封方案验证并通过。

5.7　连锁调速泵及其他促流装置的时间延迟

应用：适用于带有手动顺流控制开关的所有双阀杆分流装置（FDD）。

设备：无需补充材料。

方法：当能够导致流量流经分流装置（FDD）的调速泵和其他所有促流装置运行时，判定分流装置（FDD）不在人为设置的顺流位置。

步骤：巴杀系统以顺流方向运行时，移动控制开关至"检测"位置，并观察下面依次自动发生的事件：

1. 分流装置（FDD）立即移动至分流位置，调速泵和所有其他能导致分流装置（FDD）形成流量的促流装置被切断电源，和/或对于分隔器或下游真空源，在该系统中有效地切断阀门。

2. 分流装置（FDD）保持在分流位置，而调速泵和所有其他能导致分流装置（FDD）形成流量的促流装置完全停止运转，或者对于分隔器和/或下游真空源，则有效切断分隔器和/或下游真空源在巴氏杀菌系统中的阀门。

3. 分流装置（FDD）应假定为顺流位置。

4. 合适的方式记录测试结果，密封控制箱。

措施：如果上述事件顺序没有发生，需要由乳品工厂员工调整定时器或改变接线。如果在调整和/或修复分流装置（FDD）后测试失败，不应允许巴氏杀菌系统进行操作，直至失败原因已被纠正，且通过监管机构验证；或列在危害分析和关键控制点（HACCP）乳品工厂名单上的监管机构承认的符合本《条例》第 16p 条（D）项的工作人员验证并通过；或紧急情况下监管机构授权的符合本《条例》第 16p 条（D）项的工厂临时测试和密封方案验证并通过。

5.8　就地清洁（CIP）延时继电器

应用：适用于所有恒流巴氏杀菌器系统，它有望在就地清洁（CIP）循环期间使促流装置运转。

标准：分流装置（FDD）上的模式开关从"运行"转换到"就地清洁（CIP）"时，分流装置（FDD）应立即转换至分流位置。在"就地清洁（CIP）"模式开始正常的循环之前，所有必需的公共卫生控制装置在"运行"模式运行，它应在分流位置保持至少10min。高温短时（HTST）系统中，在10min的延迟期间，应给增压泵断电，生乳加热部分和/或分流装置（FDD）下游真空源之间的分离器应有效断开系统阀门。

设备：精确的计时装置。

方法：通过观察分流装置（FDD）移动到顺流位置或再次可以运行顺流位置的时间，确定就地清洁（CIP）延时继电器上的设定值等于还是大于10min。

步骤：

1. 以顺流模式运行巴氏杀菌器，分流装置（FDD）上的模式开关处于"运行"位置，使用超过最小的合规巴氏杀菌温度的水。对于基于电磁流量计的调速系统，在流速低于流量警报设定值且高于低流量或亏损信号警报设定值时，运行系统。

注意：将相应温度传感器放置在水槽、油槽或其他适宜的介质槽以模拟保温管中的常规巴氏杀菌温度，可作为将巴氏杀菌系统中的水加热至最小合规巴氏杀菌温度以上的备选方案。

2. 移动分流装置（FDD）上的模式至"就地清洁（CIP）"。分流装置（FDD）应立即移至分流位置。分流装置（FDD）移至分流位置时，启动精确计时器。系统处于"运行"模式时，确认所有公共卫生控制装置处于分流位置。

3. 分流装置（FDD）移动至顺流位置或再一次能够移动至顺流位置时，停止精确计时器。这时系统可以在产品加工期间运行"加工"模式，而无需常规分流装置（FDD）控制。

4. 以恰当的表格记录检测结果。

5. 再密封控制延时继电器的外壳。

措施：如果模式开关从"运行"移至"就地清洁（CIP）"后分流装置（FDD）在分流位置没有至少保持10min，就提高延时继电器上的设定值并重复这一测试程序。系统处于"运行"模式及分流时，必需的所有公共卫生控制装置须在10min内发挥功能。如上述情况未实现，须乳制品工厂工作人员对定时器和线路加以调整或修复。如果在调整和/或修复分流装置（FDD）后测试失败，巴氏杀菌系统不能进行操作，直至失败原因已被纠正，且通过监管机构、或列在危害分析和关键控制点（HACCP）乳品工厂名单上的监管机构承认的符合本《条例》第16p条（D）项的工作人员、或紧急情况下监管机构授权的符合本《条例》第16p条（D）项的工厂临时测试和密封方案验证符合要求。

5.9 泄漏检测阀门冲洗——时间延迟

应用：高温短时（HTST）恒流巴氏杀菌系统，其中，当分流装置（FDD）位于分流位置时，分流和泄漏检测阀门之间的空间不是自动排水。**标准：**分流阀在移至顺流位置后，且泄漏检测阀移至顺流位置前，分流和泄漏检测阀门之间的空间应在至少1s到不超过5s内被冲洗。

如有以下情况，则5s延迟的最大限量不适用：

1. 在对分流管路的使用没有任何限制的情况下，分流中最低限度的可接受巴氏杀菌保温时间可以实现；或

2. 调速系统是基于电磁流量计的。

设备：精确的计时装置。

方法：观察分流阀及泄漏检测阀到顺流位置的运动，测量两个阀门之间运动的时间间隔。

步骤：

1. 通过以下程序将分流装置（FDD）从分流位置移至顺流位置：

a. 升高温度，高于接通设定点；或是

注意：适当的温度元件可以放置在水槽或油槽或其他适用的介质里，作为一种选择，加热系统里的水至最低合规巴氏杀菌温度以上，以模仿保温管的正常巴氏杀菌温度。

b. 以手动分流模式在接通温度以上的温度操做高温短时（HTST）巴氏杀菌器，接着松开手动分流阀。

2. 分流阀开始向顺流位置移动时，启动精确计时器。

3. 泄漏检测阀开始向顺流位置移动时，停止精确计时器。

4. 以适当的表格记录运行时间。

5. 除上述标准中标注的例外情况，如果运行时间等于或超过 1s 且等于或低于 5s，根据需要密封时间延迟装置。

措施：除上述标准中标注的例外情况，如果运行时间少于 1s 或大于 5s，需由乳品工厂员工对巴杀系统或系统分流装置（FDD）控制装置做适当改动。如果在调整和/或修复分流装置（FDD）后测试失败，不应允许巴氏杀菌系统进行操作，直至失败原因已被纠正，且通过监管机构验证；或列在危害分析和关键控制点（HACCP）乳品工厂名单上的监管机构承认的符合本《条例》第 16p 条（D）项的工作人员验证并通过；或紧急情况下监管机构授权的符合本《条例》16p 条（D）项的工厂临时测试和密封方案验证并通过。

测试 6 间歇式巴杀系统泄漏保护排出阀

参考：本《条例》第 16p 条（A）和（D）项。

应用：适用于所有带排出阀的间歇式巴氏杀菌器。

频率：安装后检测；以后至少每 3 个月一次；

标准：在任何闭合位置，通过排出阀座无泄漏。

设备：不需要补充材料。

方法：排出阀门上游面施加压力时，观察通过排出阀座时是否发生泄漏。

步骤：

1. 用乳或乳制品或水，灌入间歇式巴氏杀菌器至正常操作位。

2. 观察排出阀处于关闭位置，确定并确定乳、乳制品或水分别通过排出阀进入阀出口时是否有泄漏。

3. 以恰当的表格记录测试结果。

措施：如果在任何闭合位置通过排出阀座时发生泄漏，那么排出阀塞应由乳品公司员工维修或更换。如果排出阀测试失败，不应允许该批（罐）巴氏杀菌器进行操作，直至失败原因已被纠正，且通过监管机构验证；或列在危害分析和关键控制点（HAC-CP）乳品工厂名单上的监管机构承认的符合本《条例》第16p条（D）项的工作人员验证并通过；或紧急情况下监管机构授权的符合本《条例》第16p条（D）项的工厂临时测试和密封方案验证并通过。

测试7　位于高温短时（HTST）巴氏杀菌系统的指示温度计——温度计响应

参考：本《条例》第16p条（B）和（D）项。

应用：适用于所有巴氏杀菌器，但不包括分流装置（FDD）位于回热器和/或冷却器段下游的巴氏杀菌器。

频率：安装后检测；以后最少每3个月一次；每当指示温度计经过修复和/或替换；或每当数字传感元件或数字控制盒上的管理密封损坏时。

标准：4s或以下。

设备：

1. 精确计时器；

2. 用以前测试过的指示温度计与一款已知精度的测试温度计作比较。

3. 水、油或其他适当介质槽和搅拌器；

4. 使介质槽加热的适当手段；及

5. 冰和水介质槽。

方法：在规定的温度范围内，测量经测试的指示温度计读数升高7℃（12℉）时所需的时间。该温度范围须包括最低合规巴氏杀菌温度。如果有多个接通温度，并且一个或多个温度差高于7℃（12℉），此测试还应如下列步骤1所述，对不包括初始的7℃（12℉）温度范围内的任何接通温度进行测试。

步骤：

1. 在水槽内浸入指示温度计，加热至一个至少高于指示温度计上的最低刻度读数11℃（19℉）的温度。使用指示温度计测量，介质槽温度应比巴氏杀菌温度必需的最高巴杀温度设定值（接通温度）高4℃（7℉）。

2. 将该指示温度计浸入冰水介质槽中数秒钟使之冷却。

注意：实施步骤3、4和5期间，需要持续搅拌水槽。步骤1结束和步骤3开始之间的运行时间不应超过15s，除非使用加热介质槽防止热水槽显著冷却。

3. 将该指示温度计插入加热介质槽至适当感温泡浸入深度。

4. 指示温度计读数比加热介质槽温度低11℃（19℉）时，启动精确计时器。

5. 指示温度计读数比加热介质槽温度低4℃（7℉）时，停止精确计时器。

6. 以恰当的表格记录测试结果。

例如：对于用于巴氏杀菌温度设定值为71.7℃（161℉）和74.4℃（166℉）的温度计来说，可使用温度为78.3℃（173℉）的水槽。比78.3℃（173℉）的水槽低11℃（19℉）是67.8℃（154℉）；而比78.3℃（173℉）的水槽低4℃（7℉）则是74.4℃

（166℉）。因此，将先前已在冰水介质槽中冷却的指示温度计浸入 78.3℃（173℉）的槽里后，当温度计读数为 67.8℃（154℉）时启动精确计时器，读数为 74.3℃（166℉）时停止精确计时器。

注意：例子包含的巴氏杀菌温度设定值为 71.7℃（161℉）和 74.4℃（166℉）。如果巴氏杀菌温度设定值已经是 71.7℃（161℉）和 74.4℃（166℉），则不可能包括 6.7℃（12℉）跨度以内的这两个设定值。对于这些 71.7℃（161℉）和 79.4℃（175℉）的设定值而言，测试要为每一设定值分别进行测试。

措施：如果响应时间超过 4s，指示温度计应由乳品工厂员工予以维修或替换。如果调整温度计测试失败，不应允许巴氏杀菌系统进行操作，直至失败原因已被纠正，且通过监管机构验证；或列在危害分析和关键控制点（HACCP）乳品工厂名单上的监管机构承认的符合本《条例》第 16p 条（D）项的工作人员验证并通过；或紧急情况下监管机构授权的符合本《条例》16p 条（D）项的工厂临时测试和密封方案验证并通过。

测试 8　温度记录器-控制器温度计——温度计响应

参考：本《条例》第 16p 条（B）和（D）项。

应用：适用于所有高温短时（HTST）恒流巴氏杀菌系统，但不包括分流装置（FDD）位于巴氏杀菌回热器段和/或最终冷却段的巴氏杀菌系统。

频率：安装后检测；至少以后每 3 个月一次；每当温度记录控制器温度计被修复和/或替换；或每当监管密封损坏时。

标准：5s 或以下。

设备：

1. 精确计时器；

2. 用以前测试过的指示温度计与一款已知精度的测试温度计作比较。

3. 水、油或其他适合的介质槽和搅拌器；及

4. 使介质槽加热的适当手段。

方法：测量温度记录器-控制器温度计读数低于接通温度为 7℃（12℉）时的瞬间与温度记录控制器接通的瞬间之间的时间间隔。温度记录控制器传感元件浸入急速搅拌的介质槽，介质槽保持在接通温度以上 4℃（7℉）时实施本时间间隔测试。

步骤：

1. 如有必要，检查并调整温度记录控制器温度计的笔杆设定值，使其读数与巴氏杀菌温度时的指示温度计相同。

2. 使温度记录控制器传感元件冷却至室温。

3. 加热介质槽至高于接通温度的 4℃（7℉），同时持续搅拌介质槽以确保温度均匀。

4. 将温度记录控制器传感元件浸入介质槽。在以下的步骤 5 和 6 期间继续搅拌。

5. 当温度记录控制器温度计达到低于接通温度的 7℃（12℉）时，启动精确的时间测定设备。

6. 温度记录控制器插入后停止精确的时间测定设备。

7. 在恰当的表格中记录测试结果。

8. 对每一个温度接通设定值，重复步骤 1 至步骤 7。

措施：如果响应时间超过 5s，应由乳品工厂员工修复或替换记录器/控制器。如果温度记录控制器测试失败，不应允许巴氏杀菌系统进行操作，直至失败原因已被纠正，且通过监管机构验证；或列在危害分析和关键控制点（HACCP）乳品工厂名单上的监管机构承认的符合本《条例》第 16p 条（D）项的工作人员验证并通过；或紧急情况下监管机构授权的符合本《条例》第 16p 条（D）项的工厂临时测试和密封方案验证并通过。

测试 9　回热器压力控制

参考：本《条例》第 16p.（C）和（D）项。

9.1　压力开关

应用：适用于采用回热器的高温短时（HTST）巴氏杀菌器上控制增压泵运行的所有压力开关。

频率：安装时；以后每 3 个月至少一次；每当增压泵或压力开关电路有任何变动时；或控制密封破损时。

标准：除非回热器的巴氏杀菌乳和/或乳制品侧上的压差至少为 6.9kPa（lb/in^2），否则增压泵不应运行。

设备：

1. 洁净的压力计；

2. 为检查并调整压力开关设置的气压检测设备。

注意：一个简易的气压检测设备可以由下列组件组成：一个出口处带有一个冒盖的卫生丁字管，其上钻孔连接并且从冒盖依次配备一个排气阀、一个减压阀（建议压力范围 0～60psi）以及一个将气动装置连接到乳加工厂通风管道的快速断开配件。

3. 合适电压的测试灯与压力开关触点以串联放置，与增压泵起动器平行。

方法：检查并调整压力开关，避免增压泵运行，除非回热器的巴氏杀菌乳和/或乳制品侧的压力比生鲜乳侧可能产生的压力高至少 6.9kPa（1psi）。

步骤：

1. 测定增压泵的最大压力。

a. 卸下增压泵，在丁字管里安装卫生压力计；

b. 用水运行巴氏杀菌器；分流装置（FDD）处于顺流；尽可能在最低速度操作调速泵；以最大转速操作增压泵。如果分离器和/或真空设备是位于回热器的原料出口和调速泵之间，那么应将分离器和/或真空设备从巴氏杀菌系统中有效地切断阀门。

c. 确定在这些条件下由压力计指示的最大压力。

2. 检查并设定压力开关。

a. 断开巴氏杀菌系统中测试的压力开关，并且将其与气压检测设备的卫生丁字管的其中一个出口连接。

b. 将卫生压力计与卫生丁字管的第三个出口连接。

c. 关闭空气调压阀，并完全打开排气阀。缓慢地操作这些阀门，使气压检测设备中的气压达到所需的范围。

注意： 通过小心操作减压阀和排气阀，可以缓慢精确地控制气压检测设备中的气压。当操作气压检测设备时，应注意避免将压力开关和卫生压力计暴露在过大压力下，这样可能会对压力开关造成损坏。

d. 除去控制密封和封盖，显示压力开关上的调整机械装置。

e. 运行气压测试设备，在压力开关的增压泵起始点确定压力计读数，压力开关会使测试灯亮起。如果压力开关短路，测试灯会在施加气压加上之前亮起。

f. 必要时应调整增压泵启动点，以便在压力计读数至少比增压泵最大操作压力大 6.9kPa（1psi）时发生，操作压力根据本步骤的第 1 步来确定。如有必要调整时，参考制造商说明书的调整程序。调整后，重新检查增压泵启动点。

g. 替换封盖，密封压力开关，并且恢复压力开关传感元件至其原始位置。

3. 识别增压泵的电机、外壳和叶轮。

4. 在恰当的表格中记录增压泵最大压力，记录压力开关设定值以及对增压泵的电机、外壳和叶轮的识别。

措施： 如果压力开关测试失败，不应允许巴氏杀菌系统进行操作，直至失败原因已被纠正，且通过监管机构验证；或列在危害分析和关键控制点（HACCP）乳品工厂名单上的监管机构承认的符合本《条例》第 16p 条（D）项的工作人员验证并通过；或紧急情况下监管机构授权的符合本《条例》第 16p 条（D）项的工厂临时测试和密封方案验证并通过。

9.2　压差控制器

应用： 测试 9.2.1 适用于所有压差控制器，这些压差控制器用于控制高温短时（HTST）巴氏杀菌系统上增压泵的运行，或用于控制操作高热短时（HHST）及高温短时（HTST）巴氏杀菌系统上的分流装置（FDD），该分流装置（FDD）位于用巴氏杀菌的回热器和/或最终冷却器的下游。

测试 9.2.2 仅适用于带有分流装置（FDD）的高温短时（HTST）系统，该分流装置（FDD）的位置紧挨着保温管。

测试 9.2.3 适用于测试恒流巴氏杀菌系统，其中的压差控制器用于控制分流装置（FDD）的运行。

频率： 安装时；以后至少每 3 个月一次；每当压差控制器调整或修复时；或每当监管密封破损时。

标准： 增压泵或巴氏杀菌器不应在顺流时运行，除非回热器的巴氏杀菌侧的乳或乳制品压力比回热器原料侧的乳和/或乳制品压力高至少 6.9kPa（1psi）。压差控制器用于控制高热短时（HHST）巴氏杀菌系统上的分流装置（FDD），并且回热器里会产生不当压力时，分流装置（FDD）应移至分流位置，并在分流位置保持，直到回热器内产生适当压力，保温管和分流装置（FDD）之间的所有乳和/或乳制品接触面将温度保持在或超过法定的最低巴氏杀菌温度，并且要持续同时地坚持到最低限度的所需时间。

设备：

1. 卫生压力计；

2. 测试 9.1 压力开关中所述的气压检测设备，可用于检查并调整压差开关设定值；

3. 水、油或其他适合的介质槽和搅拌器；

4. 加热介质槽的适当方法（参考测试 9.2.2）；及

5. 测试灯（参考测试 9.2.3）。

方法：检查并调整压差开关以阻止增压泵的运行，或阻止顺流，除非回热器的巴氏杀菌侧的乳和/或乳制品压力比回热器原料侧的乳或乳制品压力高至少 6.9kPa（1psi）。

9.2.1 压差控制器传感元件的校准

步骤：

1. 松开两个压力传感器的卫生管道连接点，然后等待液体通过松动的卫生管道接头排出。两个指针，或数字显示，应在 0～3.5kPa（0～0.5psi）之间。如果不是这样，调整指针或电子显示至读数 0kPa（0psi）。

2. 从巴氏杀菌系统中取下两个压差控制器传感元件，将它们安装在测试丁字管上，丁字管与增压泵的排放口或气压检测设备连接。注意两个指针之间或数字显示之间的间隔。压差控制器传感元件高度的变动可能导致 0kPa（0psi）读数的某些变化。打开增压泵开关，然后启动测试开关来运行增压泵，或者如果用气压检测设备代替增压泵，则调整气压至增压泵的正常操作压力。在增加压力之前，注意所观察的指针或数字显示的读数是在 6.9kPa（1psi）的范围以内。如果不是，需要调整或修复仪器。

3. 以恰当的表格记录测试结果。

措施：如果压差控制器没有如上述指示一般反应，由乳品工厂员工对压差控制器及时进行检查，并确认失败原因。如果压差控制器调整和/或修复失败，不应允许巴氏杀菌系统进行操作，直至失败原因已被纠正，且通过监管机构验证；或列在危害分析和关键控制点（HACCP）乳品工厂名单上的监管机构承认的符合本《条例》第 16p 条（D）项的工作人员验证并通过；或紧急情况下监管机构授权的符合本《条例》16p 条（D）项的工厂临时测试和密封方案验证并通过。

9.2.2 高温短时（HTST）——压差控制器与增压泵的相互接线

方法：压差在回热器中不能适当保持时，确定增压泵是否停止。

步骤：

1. 将经巴氏杀菌的或生鲜乳的回热器压差控制器传感元件与测试丁字管连接，该测试丁字管的另一末端加有保护盖。

注意：如果高温短时（HTST）巴氏杀菌系统中有水，要确保在打开调速泵之前给记录器－控制器传感元件和经巴氏杀菌的或生鲜乳的回热器段的压差控制器传感元件端口加保护盖。

2. 打开调速泵和增压器。

3. 将记录器控制器传感元件放在热介质槽里，热水温度要高于仪器的接通温度。

4. 调整丁字管上的空气供给，提供充足的压差以启动增压泵。增压泵应开始工作。

5. 调整给测试丁字管的空气供应，直到巴氏杀菌乳和/或乳制品压差控制器传感元件的压力低于 14kPa（2psi），高于原料乳和/或乳制品侧压差控制器传感元件的压力为止。增压泵应停止。确保分流装置（FDD）保持在顺流位置，调速泵继续运行。

6. 以恰当的表格记录测试结果。

措施：压差没有继续维持时，如果增压泵停止运行，乳品工厂员工应确定并纠正问题。如果压差控制器调整和/或修复失败，不应允许巴氏杀菌系统进行操作，直至失败原因已被纠正，且通过监管机构验证；或列在危害分析和关键控制点（HACCP）乳品工厂名单上的监管机构承认的符合本《条例》第 16p 条（D）项的工作人员验证并通过；或紧急情况下监管机构授权的符合本《条例》第 16p 条（D）项的工厂临时测试和密封方案验证并通过。

9.2.3　高热短时（HHST）横流巴氏杀菌系统内压差控制器与分流装置的相互接线

应用：适用于所有用于控制恒流巴氏杀菌系统上分流装置（FDD）的压差控制器，分流装置（FDD）位于回热器和/或最终冷却器的下游。

方法：检查并调整压差控制器，以阻止顺流，除非回热器的巴氏杀菌侧的乳和/或乳制品压力比回热器原料侧的生鲜乳和/或乳制品的压力高至少 6.9kPa（1psi）。至于乳和/或乳制品—水—乳或乳制品回热器，在回热器的巴氏杀菌侧加以防护，回热器的"水侧"应视为本测试的"原料产品侧"。

步骤：

1. 将测试灯与压差控制器到分流装置（FDD）之间的信号相串联。

2. 校准压差控制器和传感元件（用测试 9.2.1）。

3. 调整压差控制器传感元件上的压力至正常的运行压力，巴氏杀菌乳和/或乳制品的压力至少比原料乳和/或乳制品的压力高 14kPa（2psi）。

a. 测试灯应亮起。如果不这样，提高巴氏杀菌乳和/或乳制品的压力，或降低原料乳和/或乳制品的压力，直到测试灯亮起。

b. 逐渐降低巴氏杀菌乳和/或乳制品的压力，或升高原料乳和/或乳制品的压力，直到测试灯关闭。

c. 巴氏杀菌乳和/或乳制品的压力比原料乳和/或乳制品的压力至少高 14kPa（2psi）时，测试灯应关闭。

d. 注意测试灯关闭时在此点的压差。

e. 逐渐升高巴氏杀菌乳和/或乳制品的压力，或降低原料乳和/或乳制品的压力，直到测试灯亮起。

f. 直到巴氏杀菌乳和/或乳制品的压力比原料乳和/或乳制品的压力至少高 14kPa（2psi）时，测试灯才应关闭。注意测试灯关闭时在此点的压差。

注意：可使用气压检测设备完成本测试，气压检测设备能在重复上述条件的传感元件上产生压差。

4. 以恰当的表格记录测试结果。

措施：如果压差控制器未按上述指示反应，乳品工厂员工需及时检查压差控制器，查找及调整问题。如果压差控制器调整和/或修复失败，不应允许巴氏杀菌系统进行操作，直至失败原因已被纠正，且通过监管机构验证；或列在危害分析和关键控制点（HACCP）乳品工厂名单上的监管机构承认的符合本《条例》16p 条（D）项的工作人员验证并通过；或紧急情况下监管机构授权的符合本《条例》16p 条（D）项的工厂临时测试和密封方案验证并通过。

9.3 增压泵的附加高温短时（HTST）巴杀系统测试——相互接线

应用： 适用于分流装置（FDD）位于紧接在保温管下游的高温短时（HTST）系统的所有增压泵，除了测试 9.3.2 无需在基于电磁流量计调速系统中实施。

频率： 安装时；以后至少每 3 个月一次；每当增压泵或增压泵的相互接线有改变时；或当监管密封破损时。

标准： 增压泵应予以连线，这样如果分流装置（FDD）处于分流位置或调速泵不运转时它不能运行。

设备：

1. 卫生压力计；

2. 如测试 9.1 压力开关所述的可用于检查调整压差控制设置的气压检测设备（参考测试 9.1）；

3. 水、油或其他适当的介质槽和搅拌器；及

4. 加热介质槽的适当方法。

9.3.1 增压泵——与分流装置的相互连接

方法： 确定通过降温和使分流装置（FDD）分流时增压泵是否停止。

步骤：

1. 将巴氏杀菌回热器段的压差控制器传感元件与测试丁字管连接，该丁字管的另一末端加有保护盖。

注意： 如果高温短时（HTST）巴氏杀菌系统中有水，要确保在打开调速泵之前给记录器－控制器传感元件和巴氏杀菌回热器段压差控制器传感元件的端口加保护盖。

2. 打开调速泵和增压器。

3. 将记录器－控制器传感元件放在热介质槽中，其温度要高于仪器的接通温度。

4. 增加丁字管上的空气供给，提供充足的压差以启动增压泵。增压泵应开始运行。

5. 从热介质槽中取出记录器-控制器传感元件。

6. 分流装置（FDD）移至分流位置时，增压泵须停止。确保压差保持高于或等于 6.9kPa［1lb/in² (psi)］，并且在调速系统中，能够通过分流装置（FDD）能形成流量的其他促流装置继续运行。

7. 以恰当的表格记录测试结果。

措施： 当分流装置（FDD）处于分流位置，如果增压泵停止运行，乳品工厂员工应确定并纠正失败原因。如果增压泵调整和/或修复后测试失败，不应允许巴氏杀菌系统进行操作，直至失败原因已被纠正，且通过监管机构验证；或列在危害分析和关键控制点（HACCP）乳品工厂名单上的监管机构承认的符合本《条例》第 16p 条（D）项的工作人员验证并通过；或紧急情况下监管机构授权的符合本《条例》16p 条（D）项的工厂临时测试和密封方案验证并通过。

9.3.2 增压泵——与调速泵的相互连接

方法： 确定调速泵停止运行时增压泵是否停止。

步骤：

1. 将巴氏杀菌回热器段的压差控制器传感元件与测试丁字管连接，该丁字管的另一末端加有保护盖。

注意： 如果高温短时（HTST）系统中有水，要确保在打开调速泵之前给记录器－控制器传感元件和经巴氏杀菌的回热器段压差控制器传感元件端口加保护盖。

2. 打开调速泵和增压器。

3. 将记录控制器传感元件放在热介质槽里，热水温度要高于仪器的接通温度。

4. 增加丁字管上的空气供给，提供充足的压差以启动增压泵。增压泵应开始运转。

5. 关闭调速泵。增压泵应停止。确保压差保持足够大，分流装置（FDD）保持在顺流位置。

6. 以恰当的表格记录测试结果。措施：当调速泵不运行时，如果增压泵无法停止运行，乳品工厂员工应确定并纠正失败原因。如果调试和/或修复增压泵测试失败，不应允许巴氏杀菌系统进行操作，直至失败原因已被纠正，且通过监管机构验证；或列在危害分析和关键控制点（HACCP）乳品工厂名单上的监管机构承认的符合本《条例》第16p条（D）项的工作人员验证并通过；或紧急情况下监管机构授权的符合本《条例》16p条（D）项的工厂临时测试和密封方案验证并通过。

测试 10　乳或乳制品流量控制与乳或乳制品接通和断流时的温度

参考： 本《条例》第16p条（B）和（D）项。

频率： 乳和/或乳制品流量控制应以规定的频率，通过以下适用的测试方法之一，测试乳和/或乳制品接通和断流时的温度。

设备：

1. 水、油或其他适合的介质槽及搅拌器；

2. 使介质槽加热的适当手段；及

3. 用于测试10.2和10.3的测试灯。

10.1　高温短时（HTST）巴氏杀菌系统

应用： 适用于与高温短时（HTST）巴氏杀菌器相连的所有记录控制器，分流装置（FDD）位于巴氏杀菌回热器段和/或冷却段末端的除外。

频率： 安装后检测；以后至少3个月一次；每当记录控制器和/或记录控制器温度计被维修和/或替换时；或每当监管密封被损坏时；以及乳加工厂巴氏杀菌系统操作者的日常测试。

标准： 除非已达到法定的最低的巴氏杀菌温度，否则不会实现顺流。温度下降到低于法定的最低巴氏杀菌温度之前，应开始分流。

方法： 观察顺流开始（接通）及顺流停止（断流）瞬时的指示温度计实际温度。

步骤：

1. 接通温度：

a. 乳、乳制品或水完全淹没记录控制器及指示温度计的传感元件时逐步加热，指示温度计预先与一款已知精度的测试温度计做过比较测试，加热速度为每30s不超过0.5℃（1°F）。如果水、油或其他介质槽用于替代通过系统的乳、乳制品或水，那么在本测试期间应充分并持续的搅拌水、油或其他介质槽。

b. 观察顺流开始时的指示温度计读数，即分流装置（FDD）移动时。观察记录控制器的事件笔的读数是否与记录笔在记录图表上相同的参考弧度上同步。

c. 立即在记录图表上进行记录并识别，观察指示温度计的接通温度读数，在记录图表上签署姓名首字母缩写。可以通过划一条线与已经记录的温度弧线内切，笔所在的内切交叉点即为接通温度，或是监管机构能接受的其他任何方法来实现。

2. 断流温度：

a. 接通温度测定后，以及介质槽的温度高于接通温度时，使介质槽以每30s不超过0.5℃（1℉）的速度逐渐冷却。如果水槽、油槽或其他适合的介质槽用于替代通过巴氏杀菌系统的乳、乳制品或水，那么在本测试期间应充分并持续地搅拌水、油或其他适合的介质槽。

b. 观察分流开始时的指示温度计读数，观察记录控制器的事件笔的读数是否与记录笔在记录图表上相同的参考弧度上同步。

c. 立即在记录图表上进行记录并识别，观察到指示温度计的断流温度读数，在记录图表上签署姓名首字母缩写。可以通过划一条线与已经记录的温度弧线内切，笔所在的内切交叉点即为接通温度，或是监管机构能接受的其他任何方法来实现。

3. 以恰当的表格记录接通温度和断流温度测试的结果。

措施： 如果接通和/或断流时指示温度计的读数低于法定的最低巴氏杀菌温度，接通和/或断流设置应由乳品工厂人员进行调整。如果在调整之后，接通和/或断流温度未通过本测试，不应允许巴氏杀菌系统进行操作，直至失败原因已被纠正，且通过监管机构验证；或列在危害分析和关键控制点（HACCP）乳品工厂名单上的监管机构承认的符合本《条例》第16p条（D）项的工作人员验证并通过；或紧急情况下监管机构授权的符合本《条例》16p条（D）项的工厂临时测试和密封方案验证并通过。

10.2　使用间接加热的巴氏杀菌系统

应用： 使用间接加热的所有高热短时（HHST）和高温短时（HTST）恒流巴氏杀菌系统，其分流装置（FDD）位于回热器和/或最终冷却器的下游。

频率： 安装时；以后至少每3个月一次；每当记录控制器和/或记录控制器温度计被维修和或替换时；或每当记录控制器温度计的监管密封破损时。

标准： 在保温管和分流装置（FDD）中，除非已达到法定的最低巴氏杀菌温度，否则巴氏杀菌系统不应在顺流时运行。在保温管中，温度下降到法定的最低巴氏杀菌温度前，乳和/或乳制品流动应分流。

方法： 使用来自恒温管和分流装置（FDD）的介质槽和传感元件，以位于巴氏杀菌系统之内的指示温度计读数来确定接通和断流温度。

步骤：

1. 接通温度：

a. 将测试灯与保温管记录器-控制器传感元件的控制触头以电线串联。将记录控制器和保温管指示传感元件浸入介质槽内。30s不超过0.5℃（1℉）的速度升高槽温。测试灯亮，接通温度时，在指示温度计上观察温度读数。

b. 以恰当的表格记录观察到的指示温度计上的接通温度读数。

2. 断流温度：

a. 接通温度确定后，并且介质槽的温度高于接通温度，可使介质槽以每 30s 不超过 0.5℃（1℉）的速度逐渐冷却。测试灯熄灭时，观察记录控制器上的温度读数（即断流温度）。确定记录控制器上的断流温度等于或高于法定的最低巴氏杀菌标准温度。

b. 用恰当的表格记录观察到的指示温度计上的断流温度读数。

3. 对分流装置（FDD）传感元件重复上述测试步骤。将分流装置（FDD）传感元件的测试灯与控制触头重新以电线串联。

措施： 每当有必要调整时，参考制造商的说明。在任何调整、修复或替换之后，或每当监管密封损坏时，重新测试接通和断流温度。如果在调整之后，接通和/或断流温度未通过本测试，不应允许巴氏杀菌系统进行操作，直至失败原因已被纠正，且通过监管机构验证；或列在危害分析和关键控制点（HACCP）乳品工厂名单上的监管机构承认的符合本《条例》第 16p 条（D）项的工作人员验证并通过；或紧急情况下监管机构授权的符合本《条例》第 16p 条（D）项的工厂临时测试和密封方案验证并通过。

10.3 使用直接加热的巴氏杀菌器

应用： 使用直接加热的所有高热短时（HHST）和高温短时（HTST）恒流巴氏杀菌系统，其分流装置（FDD）位于回热器和/或最终冷却器的下游。

频率： 安装时；以后至少每 3 个月一次；每当记录控制器和/或记录控制器温度计被维修和/或替换时；或每当记录控制器温度计的监管密封破损时。

标准： 在真空室，在分流装置中，除非保温管中已达到法定的最低巴氏杀菌温度，否则巴氏杀菌系统不应在顺流时运行。在保温管中，温度下降到低于最低的法定巴氏杀菌温度前，乳和/或乳制品流动应分流。

方法： 使用来自恒温管、真空室和分流装置（FDD）的介质槽和传感元件，以位于巴氏杀菌系统之内的指示温度计读数来确定接通和断流温度。

步骤：

1. 接通温度：

a. 将测试灯与保温管记录控制器传感元件的控制触头以电线串联。将记录控制器和保温管指示传感元件浸入介质槽内。以每 30s 不超过 0.5℃（1℉）的速度升高介质槽温。测试灯亮，接通温度时，在指示温度计上观察温度读数。

b. 以恰当的表格记录观察到的指示温度计上的接通温度读数。

2. 断流温度：

a. 接通温度确定后，并且介质槽的温度高于接通温度，使介质槽以每 30s 不超过 0.5℃（1℉）的速度逐渐冷却。测试灯熄灭时，观察记录控制器上的温度读数（即断流温度）。确定记录控制器上的断流温度等于或高于法定的最低巴氏杀菌温度。

b. 以恰当的表格记录观察到的指示温度计上的断流温度读数。

3. 对真空室和分流装置（FDD）的其他两个传感元件重复上述测试步骤。将每个传感元件的测试灯与控制触头分别重新以电线串联。

措施： 每当有必要调整时，参考制造商的说明。在任何调整、修复或替换之后，或每当监管密封损坏时，重新测试接通和断流温度。如果在调整之后，接通和/或断流温度未通过本测试，不应允许巴氏杀菌系统进行操作，直至失败原因已被纠正，且通过监管机构验证；或列在危害分析和关键控制点（HACCP）乳品工厂名单上的监管机构承认的符合本《条例》第16p条（D）项的工作人员验证并通过；或紧急情况下监管机构授权的符合本《条例》第16p条（D）项的工厂临时测试和密封方案验证并通过。

测试 11　恒流巴氏杀菌系统保温管——巴氏杀菌保温时间

（应通过以下适用的测试之一来检测恒流巴氏杀菌系统保温管的巴氏杀菌保温时间）

参考：本《条例》第16p条（B）和（D）项。

11.1　高温短时（HTST）巴氏杀菌系统（基于电磁流量计的调速系统除外）

应用：适用于保温时间为15s或更长时间的所有高温短时（HTST）恒流巴氏杀菌器，基于电磁流量计的调速系统除外。

频率：安装时；此后至少6个月一次；每当做出影响巴氏杀菌保温时间、流速的任何调整，如更换调速泵、电机、皮带、驱动器或从动摩擦轮时，或者减少高温短时（HTST）巴氏杀菌系统热交换板数减少或保温管容量下降时；每当保温管容量检查表明速度加快时；或每当调速泵速度设置上的监管密封损坏时。

标准：每一滴乳和/或乳制品应在顺流和分流位置分别至少保温最低规定的巴氏杀菌保温时间15s或25s。

设备：

1. 装备有一个或两个标准电极的电导率测量装置，能探测导电率变化；

2. 食盐（氯化钠）或其他恰当的导电溶液；

3. 用于注射食盐溶液或其他适当的导电溶液至保存管的适当设备；

4. 一台精确的时间测定装置。

方法：通过对注射的微量物质，如氯化钠，通过法定保温管完整长度的间隔进行计时来确定巴氏杀菌保温时间。虽然有望得到最快速乳和/或乳制品滴的时间间隔，但此导电测试使用水进行。因为调速泵可能不会像传送水那样传送同样量的乳和/或乳制品，那么用水测试时获得的结果，可如下所示，通过体积或质量公式转换成乳和/或乳制品流动时间。

步骤：

1. 用水运行巴氏杀菌系统，所有能够引起分流装置（FDD）形成流量的促流装置在最大容量时运行，调整或避开所有的限流装置以把对通过巴氏杀菌系统的流量限制降至最低。调速泵的吸入端应无渗漏。

注意：在装有位于在调速泵和保温管起点之间的降压阀的巴氏杀菌系统中，如果观察到降压阀泄漏，此测试不应进行。

a. 对于可变速调速泵，将调速泵调至其最大负荷，最好用一条新皮带和全尺寸叶轮。

b. 对于用作调速泵的均质机，检查均质机的监管密封，和齿轮或滑轮标识信息。

c. 对于交流（AC）变速调速泵，检查调速泵控制箱的监管密封。

注意：对于使用如本《条例》附录 H 描述的液体原料注入（浆）系统的巴氏杀菌系统来说，浆注入泵应通电且在最大速度运转，浆液供应罐应完全注满水。

2. 如果使用配备有两个标准电极的导电性测量装置，在规定的保温管的起点安装一个电极，在规定保温管末端安装另一个电极。如果使用了装备有单个标准电极的电导率测量装置，在规定保温管的末端安装电极。

3. 水处于巴氏杀菌温度或高于最低规定巴士杀菌温度时运行巴氏杀菌器，分流装置（FDD）处于顺流位置。

4. 迅速将饱和的氯化钠溶液或其他恰当的导电溶液注入保温管起点的入口。

5. 当导电溶液注入时，应启动精确的时间测定设备。这可以在使用两个电极时，通过检测保温管起点导电性的变化，或在使用位于保温管的末端的单个电极时，通过使放置在保温管起点处的开关与注入过程同步来实现。

6. 检测到法定保温管末端的导电性有变化时，应停止精确的时间测定装置。

7. 重复此测试 6 次或更多次，直到连续 6 次的结果每一个都在 0.5s 以内。这 6 次连续测试的平均值就是水顺流时的巴氏杀菌保温时间。

注意：不能获得一致性的测试读数时，清洁巴氏杀菌系统，检查测试仪器和连接，并检查调速泵吸入端是否漏气。重复步骤 7。当重复步骤 7 后，不能获得一致性的读数时，使用从这些测试中获得的最快时间作为顺流时水的巴氏杀菌保温时间。

8. 以恰当的表格记录如步骤 7 中进行的顺流时水的所有巴氏杀菌保温时间结果，以及 6 次连续测试的平均值。

9. 重复以上步骤 3~7，测定分流时水的巴氏杀菌保温时间。

10. 以恰当的表格记录上述步骤 9 中进行的顺流时水的所有巴氏杀菌保温时间结果。

11. 恰当地完成以下步骤：

a. 对于所有齿轮传动的调速泵来说，完成以下步骤 12~16。

b. 对于用作调速泵的均质机来说，对水测量的巴氏杀菌保温时间少于最短规定巴氏杀菌保温时间的 120％时，完成以下步骤 12~16。

c. 对于用作调速泵的均质机来说，对水测量的巴氏杀菌保温时间是最短规定保温时间的 120％或更多时，步骤 12 可作为选择，而以下步骤 13~16 不需要。

12. 调速泵以同速运转，所有其他能够引起分流装置（FDD）形成流量的促流装置和限流装置如步骤 1 所规定加以调整后，使用具有与巴氏杀菌系统操作期间通常使用的相同排出压力的巴氏杀菌系统排水口，确定以已经测定重量或容量的水来计算灌注 38L（10 加仑）罐所花费的时间。计算几次检测（最低 3 次）的平均灌注时间。

注意：因为大容量单位的流速使它很难确定用具有已测定重量或容量的水通过填充 38L（10 加仑）罐的时间，所以建议使用相当大的标刻度的罐。使用其他任何确定已测定重量或容量水的方法也可以接受。

13. 在恰当的表格中记录所有罐填充时间的结果，以及灌注 38L（10 加仑）罐所花费的平均时间，或其他如以上注意中所描述的方法：以上步骤 12 所述，用已经测定重量或容量的水的方法。

14. 使用乳品重复上述步骤 12。

15. 在恰当的表格中记录灌注38L（10加仑）罐所花费的平均时间，或其他如以上步骤14所述，用已经测定重量或容量的乳的方法获得的平均时间。

16. 通过体积或重量，用以下公式中的一个计算出乳的巴氏杀菌保温时间。分别计算顺流和分流时的保温时间。

按体积：

调整后乳的巴氏杀菌保温时间等于：

水的巴氏杀菌保温时间，乘以传送乳体积的时间系数，除以传送相同体积水的时间。

$$T_m = T_w \ (V_m/V_w)$$

式中：T_m——乳调整后的巴氏杀菌保温时间；

T_w——水的巴氏杀菌保温时间，盐（氯化钠或其他恰当的导电溶液）测试结果；

V_m——泵出已知体积乳所需时间（通常以秒记）；

V_w——泵出相同体积水所用时间（通常以秒记）。

按重量（用比重）：

调整后的乳的巴氏杀菌保温时间等于：

乳的比重，乘以水的巴氏杀菌保温时间，乘以传送已测重量的乳的时间系数，除以传送同样重量水的时间。

$$T_m = 1.032 \times T_w \ (W_m/W_w)$$

式中：T_m——乳调整后的巴氏杀菌保温时间；

1.032——乳的比重；

注意：如果使用了其他的乳制品，使用恰当的比重。

T_w——水的保温时间，盐（氯化钠或其他恰当的导电溶液）测试结果；

W_m——泵出已知重量乳所需时间（通常以秒记）；

W_w——泵出相同重量水所需时间（通常以秒记）。

17. 在恰当的表格中记录计算得到的顺流和分流时调整后的乳的巴氏杀菌保温时间，使用以上步骤16中确定的按体积或按重量的公式。

措施：计算调整后的乳的巴氏杀菌保温时间少于最短的法定巴氏杀菌保温时间，无论是顺流或分流的时间，应降低调速泵的速度，或应调整保温管的长度或直径，并且应重复测试11.1，直到获得令人满意的巴氏杀菌保温时间。如果需要在分流装置（FDD）的分流管路安装一个孔口（限流器）以在分流时符合法定的最短巴氏杀菌的保温时间，那么在分流装置（FDD）阀座的下面不应有过度的压力。调速泵上的电机不能提供本《条例》第16p条（B）2.f（2）项规定的恒速时，应密封调速泵电机上的变速传动装置。如果在调整之后，巴氏杀菌保温时间未通过本测试，不应允许巴氏杀菌系统进行操作，直至失败原因已被纠正，且通过监管机构验证；或列在危害分析和关键控制点（HACCP）乳品工厂名单上的监管机构承认的符合本《条例》第16p条（D）项的工作人员验证并通过；或紧急情况下监管机构授权的符合本《条例》第16p条（D）项的工厂临时测试和密封方案验证并通过。

11.2A 基于电磁流量计调速系统恒流巴氏杀菌系统–巴氏杀菌保温时间

应用：适用于所有用基于电磁流量计调速系统替代调速泵的高温短时（HTST）横流巴氏杀菌器。

频率：安装后检测；此后至少每 6 个月一次；每当做出任何影响巴氏杀菌保温时间、流速或保温管容量的调整时；每当保温管容量检查表明速度加快时；或每当流量警报器上的密封破损时。

标准：每一滴乳和/或乳制品应至少保持最短的规定巴氏杀菌保温时间，在顺流和分流位置分别为 15s 或 25s。

设备：

1. 装备有一个或两个标准电极的电导率测量装置，能探测导电率变化。

2. 食盐（氯化钠）或其他适合的导电溶液；

3. 注射食盐溶液的适当装置或其他恰当的导电溶液保温管；

4. 一台精确的计时装置；

5. 水、油或其他适合介质槽及搅拌器；以及

6. 加热介质槽的适当方法。

方法：通过对注射的微量物质，如氯化钠，通过整个指定保温管的时间间隔进行计时来确定巴氏杀菌保温时间。

步骤：选择测试选项 I 或 II。

注意：在调速泵和指定保温管入口之间安装有降压阀的巴氏杀菌系统中，如果监测到减压阀泄漏，则不适用此测试。

测试选项 I：

1. 调整高流量警报器上的设定值，高于预计可接受的流速，或绕开高流量警报器。

2. 调整流量记录控制器上的设定值至估计的流速，以产生可接受的巴氏杀菌保温时间。

3. 如果电导率测量仪器配置了两个标准电极，应在指定保温管的入口安装一个电极，在指定保温管的出口安装另一个电极；如果电导率测量仪器仅配置了一个标准电极，则将该电极安装在指定保温管的出口。

4. 水温大于等于巴氏杀菌温度规定的最低值时用水使巴氏杀菌系统运行，分流装置（FDD）处于顺流位置。

注意：可以在水、油或其他适宜介质中放入合适的温度传感元件，以模拟保温管里的巴氏杀菌处理温度；作为加热用水的可替代选择，这些介质的温度在巴氏杀菌系统中应高于最低规定的巴氏杀菌温度。

5. 迅速将饱和的氯化钠或其他合适的导电溶液注入指定保温管的入口。

6. 注入导电介质时，启动校准精确的计时器。这可以在使用两个电极时，通过检测指定保温管入口导电性的变化，或在使用位于指定保温管出口的单个电极时，通过使放置在指定保温管入口处的开关与注入过程同步来实现。

7. 当检测到指定保温管出口的导电性有变化时，应停止精确的计时器。

8. 重复此测试 6 次或以上，直到连续 6 次测试结果之间误差都小于 0.5s。这 6 次

273

测试的平均值就是水顺流时的巴氏杀菌保温时间。

注意：如果不能获取连续 6 次相互间误差小于 0.5s 的测试结果，参考以下措施。

9. 以恰当的表格记录如步骤 8 所述进行的顺流时水的所有巴氏杀菌保温时间结果，以及 6 次连续测试的平均值。

10. 本程序不是一次必需的测试；监管机构可酌情选择。流速记录器-控制器在如步骤 2 规定的相同设定值时，使用具有与巴氏杀菌系统操作期间通常使用的相同排出压力的巴氏杀菌系统排水口，确定以已经测定重量或容量的水来计算灌注 38L（10 加仑）罐所花费的时间。计算几次检测（最低 3 次）的平均时间。因为大容量单位的流速使它很难确定用已测定重量或容量的水通过填充 38L（10 加仑）罐的时间，所以建议使用相当大的标刻度的罐。使用其他任何确定已测定重量或容量水的方法也可以接受。

11. 如果监管机构选择执行上述步骤 10，以恰当的表格记录所有罐的灌注时间的结果，及灌注 38L（10 加仑）罐或其他如步骤 10 所述方法的已测重量或体积的乳所花费的平均时间。

测试选项Ⅱ：

1. 如果利用一个配备两个标准电极的电导率测试仪，在指定保温管的入口安装一个电极，在指定保温管出口安装另一个电极。如果利用一个配备单独标准电极的电导率测试仪，在指定保温管出口安装电极。

2. 分流装置（FDD）处于分流位置，使用正好高于高流警报器设定值的流速的水运行巴氏杀菌系统。

3. 迅速将饱和的氯化钠溶液或其他适合的电导溶液注入指定保温管起始入口。

4. 注入导电介质时，启动校准精确的计时器。这可以在使用两个电极时，通过检测指定保温管起点导电性的变化，或在使用位于指定保温管的末端的单个电极时，通过使放置在指定保温管起点处的开关与注入过程同步来实现。

5. 检测到指定保温管末端的导电性有变化时，应停止精确的计时器。

6. 重复此测试 6 次或更多次，直到连续 6 次测试结果之间误差都小于 0.5s。这6 次连续测试的平均值就是水分流时的巴氏杀菌保温时间。

注意：如果不能获取连续 6 次相互间误差小于 0.5s 的测试结果，参考以下措施。

7. 以恰当的表格记录步骤 6 中所有水分流时的巴氏杀菌保温时间，及这 6 次连续测试的平均值。

8. 执行测试选项Ⅱ时，分流状态如果达到最低规定巴氏杀菌保温时间，顺流时低于高流报警器设定值的所有通过巴氏杀菌系统的流量应满足需要的最低规定巴氏杀菌保温时间。继续下面的步骤 10。

9. 执行测试选项Ⅱ时，分流状态下如果测试结果并不是都高于要求的最低规定巴氏杀菌保温时间，须实施测试选项Ⅰ。

10. 本程序不是一次必需的测试；监管机构可酌情选择。流速记录器-控制器在如步骤 2 规定的相同设定值时，使用具有与巴氏杀菌系统操作期间通常使用的相同排出压力的巴氏杀菌系统排水口，确定以已经测定重量或容量的水来计算灌注 38L（10 加仑）罐所花费的时间。计算几次检测（最低 3 次）的平均时间。因为大容量单位的流速使它很难确定用已测定重量或容量的水通过填充 38L（10 加仑）罐的时间，所以建议使用相当大的标刻度的罐。使用其他任何确定已测定重量或容量水的方法也可以接受。

11. 如果监管机构选择执行上述步骤 10，以恰当的表格记录所有罐的灌注时间的结果，及灌注 38L（10 加仑）罐或其他如步骤 10 所述方法的已测重量或体积的乳所花费的平均时间。

措施： 分流状态下计算的乳保温时间低于最低规定的巴氏杀菌保温时间时，应由乳工厂员工降低流量记录控制器上的设定值，或调整指定保温管的长度或直径，以纠正巴氏杀菌保温时间，且测试选项 I 应重复测试，直到获得令人满意的巴氏杀菌保温时间。如果调整巴氏杀菌系统后测试失败，不应允许巴氏杀菌系统进行操作，直至失败原因已被纠正，且通过监管机构验证；或列在危害分析和关键控制点（HACCP）乳品工厂名单上的监管机构承认的符合本《条例》第 16p 条（D）项的工作人员验证并通过；或紧急情况下监管机构授权的符合本《条例》第 16p 条（D）项的工厂临时测试和密封方案验证并通过。

11.2B 基于电磁流量计调速系统的恒流巴氏杀菌系统——保温管和高流量警报

应用： 适用于使用基于电磁流量计调速系统替代调速泵的所有恒流巴氏杀菌系统。

频率： 安装时；此后至少每 6 个月一次；每当做出任何影响巴氏杀菌保温时间、流速或保温管容量的调整时；每当保温管容量检查表明速度加快时；或每当高流量警报器上的监管密封破损时。

标准： 流速等于或超过巴氏杀菌保温时间的测量值时，高流量警报器应使分流装置（FDD）在分流位置，即使保温管里乳和/或乳制品的温度高于最低规定巴氏杀菌的温度。

设备： 不需补充材料。

方法： 流速等于或超过巴氏杀菌保温时间的测量值或估计值时，须设定高流量警报器的设定值，以分流流量。

步骤：

1. 在顺流位置，使用高于最低规定巴氏杀菌温度、低于高流报警器设定值流速的水运行巴氏杀菌器。

注意： 可以在水、油或其他适宜介质中放入合适的温度传感元件，以模拟保温管里的巴氏杀菌处理温度；作为加热用水的可替代选择，这些介质的温度在巴氏杀菌系统中应高于最低规定的巴氏杀菌温度。

2. 缓慢提高巴氏杀菌系统的流速，直到发生以下情况：

a. 安全热限记录控制器（STLR）上的频率笔和流量记录控制器显示分流装置（FDD）已处于分流位置。

b. 观察分流装置（FDD）移动至分流位置。

3. 以恰当的表格记录流速；高流报警器设定值；及测试中发生分流情况时安全热限记录控制器（STLR）上的温度。

措施： 如果分流装置（FDD）没有移动至分流位置，而记录控制器的频率笔显示分流时，乳工厂员工根据需要修正分流装置（FDD）或安全热限记录控制器（STLR）。如果调整巴氏杀菌系统后测试失败，不应允许巴氏杀菌系统进行操作，直至失败原因已被纠正，且通过监管机构验证；或列在危害分析和关键控制点（HACCP）乳品工厂名单上的监管机构承认的符合本《条例》第16p条（D）项的工作人员验证并通过；或紧急情况下监管机构授权的符合本《条例》第16p条（D）项的工厂临时测试和密封方案验证并通过。

11.2C 基于电磁流量计调速系统的恒流巴氏杀菌系统——保温管和低流量/信号损失警报

应用： 适用于使用基于电磁流量计调速系统替代调速泵的所有恒流巴氏杀菌系统。

频率： 安装后检测；此后至少每6个月一次；每当做出任何影响巴氏杀菌保温时间、流速或保温管容量的调整时；或每当低流量/信号丢失警报器上的监管密封破损时。

标准： 顺流只有在流速高于低流量/信号损失报警设定值时才发生。

设备： 不需补充材料。

方法： 通过观察记录控制器上频率笔的活动及分流装置（FDD）的位置。

步骤：

1. 顺流且流速低于高流报警器设定值且高于低流量/信号损失警报设定值时，用水运行巴氏杀菌器。

注意： 可以在水、油或其他适宜介质中放入合适的温度传感元件，以模拟保温管里的巴氏杀菌处理温度；作为加热用水的可替代选择，这些介质的温度在巴氏杀菌系统中应高于最低规定的巴氏杀菌温度。

2. 中断电磁流量计的电源以激活信号损失警报，或通过流量计降低流量至低流量警报设定值以下的方式。注意分流装置（FDD）设定在分流位置，且安全热限记录控制器（STLR）上的频率笔和流速记录控制器设定在分流位置。

3. 如可以，以恰当的表格记录测试结果和低流/信号损失警报设定值。

措施： 如果分流装置（FDD）未分流或频率笔没有设定在分流位置，乳工厂员工应调整低流/信号损失警报或修正分流装置（FDD），安全热限记录控制器（STLR）或如需要可以修正流速记录控制器。如果调整巴氏杀菌系统后测试失败，不应允许巴氏杀菌系统进行操作，直至失败原因已被纠正，且通过监管机构验证；或列在危害分析和关键控制点（HACCP）乳品工厂名单上的监管机构承认的符合本《条例》第16p条（D）项的工作人员验证并通过；或紧急情况下监管机构授权的符合本《条例》第16p条（D）项的工厂临时测试和密封方案验证并通过。

11.2D 基于电磁流量计调速系统的恒流巴氏杀菌系统——保温管和流速接通与断流

应用： 适用于使用基于电磁流量计调速系统替代调速泵的所有高温短时（HTST）恒流巴氏杀菌系统。

频率：安装时；此后至少每 6 个月一次；每当做出任何影响巴氏杀菌保温时间、流速或保温管容量的调整时；每当保温管容量检查表明速度加快时；或每当高流和/或信号丢失警报器上的监管密封破损时。

标准：只有在流速低于高流量警报设定值，并高于低流量/信号丢失警报设定值时才会发生顺流。

设备：不需要补充材料。

方法：通过观察记录控制器的读数，以及记录控制器上频率笔的活动。

步骤：

1. 顺流且流速低于高流量警报设定值且高于低流量/信号损失警报设定值时，用高于巴氏杀菌温度的水运行巴氏杀菌系统。

注意：可以在水、油或其他适宜介质中放入合适的温度传感元件，以模拟保温管里的巴氏杀菌处理温度；作为加热用水的可替代选择，这些介质的温度在巴氏杀菌系统中应高于最低规定的巴氏杀菌温度。

2. 使用流量记录控制器，缓慢提高流速，直到流速记录控制器上的频率笔由于已经超过高流量警报器设定值而显示分流。分流装置（FDD）应设定在分流位置。流量断流发生瞬时，观察记录控制器上的流速读数，是否与流速记录器的频率笔指示的一致。

3. 当使用高于规定的最低巴氏杀菌温度的水运行巴氏杀菌器，且由于流速超过高流量警报设定值导致分流装置（FDD）处于分流位置时，缓慢降低流速，直到流速记录控制器上的频率笔显示开始顺流运动，此即为流量接通点。因为测试 11.2E 描述的时间延迟装置、分流装置（FDD）不会立即移至顺流位置。流量接通发生瞬时，观察记录控制器上的流速读数，是否与流速记录器的频率笔指示的一致。

4. 以恰当的表格记录测试中流速接通和断开的结果。

措施：如果接通或断流点在流速等于或大于测定的巴氏杀菌保温时间值时发生，乳工厂员工应调整高流警报至较低的设定值，并重复本测试。如果调整巴氏杀菌系统后测试失败，不应允许巴氏杀菌系统进行操作，直至失败原因已被纠正，且通过监管机构验证；或列在危害分析和关键控制点（HACCP）乳品工厂名单上的监管机构承认的符合本《条例》第 16p 条（D）项的工作人员验证并通过；或紧急情况下监管机构授权的符合本《条例》第 16p 条（D）项的工厂临时测试和密封方案验证并通过。

11.2E 基于电磁流量计调速系统的恒流巴氏杀菌系统——保温管和时间延迟

应用：适用于分流装置（FDD）位于保温管末端，使用基于电磁流量计的调速系统（MFMBTS）替代调速泵的所有高温短时（HTST）恒流巴氏杀菌系统。

频率：安装时；此后至少每 6 个月一次；每当做出任何影响巴氏杀菌保温时间、流速或保温管容量的调整时；每当保温管容量检查表明速度加快时；或每当流量警报器上的监管密封破损时。

标准：直至所有保温管里全部的乳和/或乳制品以等于或高于规定的最低巴氏杀菌温度保持了规定的最短巴氏杀菌保温时间，才应按照测试 11.2D 描述的（方法）确定的流速接通顺流。

设备：精确的计时装置。

方法：设定延时等于或大于规定的最低巴氏杀菌保温时间。

步骤：

1. 顺流且流速低于高流量警报设定值且高于低流量/信号损失警报设定值时，用高于规定的最低巴氏杀菌温度的水运行巴氏杀菌系统。

注意：可以在水、油或其他适宜介质中放入合适的温度传感元件，以模拟保温管里的巴氏杀菌处理温度；作为加热用水的可替代选择，这些介质的温度在巴氏杀菌系统中应高于最低规定的巴氏杀菌温度。

2. 使用流速记录控制器，缓慢提高流速，直到流量记录控制器上的频率笔显示分流运动，并且分流装置（FDD）移至分流位置。流速记录控制器的频率笔和分流装置（FDD）运动之间不应有延时。

3. 巴氏杀菌系统在高于规定的最低巴氏杀菌温度时运行，操作介质为水且分流装置（FDD）处于逆流位置，由于超过了高流量警报设定值，应缓慢降低流量。

4. 流速记录控制器上的频率笔显示流速接通时，马上启动精确计时装置。

5. 分流装置（FDD）一旦开始移至顺流位置，马上停止精确计时装置。

6. 以恰当的表格记录测试结果。

措施：如果延时低于最短的巴氏杀菌保温时间，乳工厂员工应提高时间延迟上的时间设定值，并重复测试11.2E。如果调整巴氏杀菌系统后测试失败，不应允许巴氏杀菌系统进行操作，直至失败原因已被纠正，且通过监管机构验证；或列在危害分析和关键控制点（HACCP）乳品工厂名单上的监管机构承认的符合本《条例》第16p条（D）项的工作人员验证并通过；或紧急情况下监管机构授权的符合本《条例》第16p条（D）项的工厂临时测试和密封方案验证并通过。

11.2F 基于电磁流量计调速系统的恒流巴氏杀菌系统高流量警报响应时间

应用：适用于使用基于电磁流量计调速系统替代调速泵的所有恒流巴氏杀菌系统。

频率：安装时；此后至少每6个月一次；每当做出任何影响巴氏杀菌保温时间、流速或保温管容量的调整时；每当保温管容量检查表明速度加快时；或每当流量警报器上的监管密封破损时。

标准：流速等于或超过测定的巴氏杀菌保温时间值时，高流量警报应使分流装置（FDD）在1s内设定在分流位置。

设备：一个精确的计时装置。

方法：迅速提高流速以超过高流量警报，确认分流装置（FDD）在1s内转向分流位置。

步骤：

1. 依照测试11.2B（步骤2）所确定，在顺流时以低于高流量报警器设定值25%的流速，使用高于最低规定巴氏杀菌温度的水运行巴氏杀菌系统。

注意：可以在水、油或其他适宜介质中放入合适的温度传感元件，以模拟保温管里的巴氏杀菌处理温度；作为加热用水的可替代选择，这些介质的温度在巴氏杀菌系统中应高于最低规定的巴氏杀菌温度。

2. 在流速记录控制器图表上确定高流量警报设置值。可以通过划一条线与已经记录的流量弧线内切，笔所在的内切交叉点即为警报设定值；或者也可以由监管机构接受的其他方法得到警报设定值。

3. 尽快（实际可操作）提高巴氏杀菌系统流速至高于高流量警报设定点的值。

4. 流速记录控制器的记录笔超过高流量警报设定值时，启动精确计时装置。

5. 分流装置（FDD）已移至分流位置时，停止精确计时装置。

6. 以恰当的表格记录高流报警器的反应时间。

措施： 如果响应时间超过 1s，须立即由乳工厂员工采取措施纠正分流装置（FDD）缺陷。如果调整巴氏杀菌系统后测试失败，不应允许巴氏杀菌系统进行操作，直至失败原因已被纠正，且通过监管机构验证；或列在危害分析和关键控制点（HACCP）乳品工厂名单上的监管机构承认的符合本《条例》第 16p 条（D）项的工作人员验证并通过；或紧急情况下监管机构授权的符合本《条例》第 16p 条（D）项的工厂临时测试和密封方案验证并通过。

11.3 计算间接加热高热短时（HHST）巴氏杀菌系统的巴氏杀菌保温时间

应用： 适用于使用间接加热的所有高热短时（HHST）巴氏杀菌系统。

频率： 安装时；此后至少每 6 个月一次；每当做出影响保温时间、流速的任何调整时，如更换调速泵、马达、传送带、驱动带轮或从动带轮，或者减少高热短时（HHST）巴氏杀菌系统热交换板数量或保温管容量时；每当检查容量表明速度加快时；或每当调速泵速度设置的监管密封破损时。

标准： 每一滴乳和/或乳制品应在顺流和分流位置保持适当的最低巴氏杀菌保温时间。

设备： 无需补充材料。

方法： 本测试中，假定完全形成层流，从实验测定泵出速度计算出保温管的长度；泵出速度的实验测定可通过确定巴氏杀菌器充满所知体积容器所需的时间来完成；通过除法转换这些数据，以获得流速（以加仑/秒计）；参考表 14 中的适当值来乘以这个数值，以确定要求的保温管长度。

表 14 保温管长度—高热短时（HHST）巴氏杀菌器—泵出速度为 1gal/s 的间接加热

巴氏杀菌保温时间/s	管规格/in		
	2	$2\frac{1}{2}$	3
	保温管长度/in		
1.0	168.0	105.0	71.4
0.5	84.0	52.4	35.7
0.1	16.8	10.5	7.14
0.05	8.4	5.24	3.57
0.01	1.68	1.05	0.714

步骤：

1. 打开巴氏杀菌系统，使水处于顺流位置，使液流流入分流装置（FDD）的所有促流装置在最大负荷运行，调整或绕过所有的限流装置使得对巴氏杀菌系统流量的限制降至最小。

调速泵的进口侧不能有任何泄露。

a. 将可变速调速泵调整到最大负荷，最好用新的输送带以及全尺寸叶轮。

b. 对于当作调速泵使用的均质器，检查均质器是否有监管密封条，以及齿轮或滑轮鉴定证明。

c. 对于交流（AC）可变速调速泵，检查调速泵的控制盒的监管密封条。

注意： 巴氏杀菌系统使用如本《条例》附录 H 中描述的液体原料注入（浆）系统，浆注射泵应通电并运行至其最大速度，且浆供应罐应完全由水填满。

2. 测量在巴氏杀菌系统出口输送已知体积的水需要的时间。重复测试，至确定测量值一致。

3. 通过收集巴氏杀菌系统分流系统的排放水，以分流重复步骤 1 和步骤 2。

注意： 对于基于电磁流量计时系统的高温短时（HHST）巴氏杀菌系统，不需要进行步骤 3。

4. 选择已知体积的最大流速，最短传送时间；通过已知体积除以收集此已知体积排出物所需时间来计算流速（以加仑/秒计）。用这个数值乘以表 14 中的相应值，以确定所需的巴氏杀菌系统保温管长度。

5. 保温管可能包括配件。配件的中心线长度可视为等效于直管的长度。可通过沿着配件中心线构成弹性卷尺来测量中心线距离。通过将配件的等效长度与测量长度相加得出保温管的总长度。

注意： 保温管应安置于液体流动方向持续上升的斜坡，斜坡应不低于 2.1cm/ft（0.25in/ft）。如果指示温度传感元件位于保温管的始端，整个保温管应使用防水材料以避免热量损失。

6. 当保温管的实际长度等效或大于计算最短保温长度，应以适当的表格记录配件的数量和类型，直管的数量和长度，保温管配置和结果。如果实际保温管长度未能等效或大于计算最短保温管长度，参考以下措施。

测量流速的替代步骤： 在恒液位槽里悬挂起洁净的测深尺，在最大流量时运行巴氏杀菌系统。记录水位在恒液位槽中下降测深尺两个刻度所需的时间。从恒液位槽的大小及水位的下降来计算水的容量。流速确定如下：

1. 恒液位槽里流出的水容量（以加仑计）除以所需要的流出时间（以秒计）。

2. 接着按照以上步骤 3 和步骤 4，使用流速计算出所需的保温管长度。

用于非标准管测定保温管长度的替代步骤：

可用以下公式精确计算保温管道长度：

$$L = 588Qt/D^2$$

式中：L——保温管长度，in；

Q——泵出速度，gal/s；

t——巴氏杀菌保温时间标准，s；

D——保温管的内径，in。

注意： 表 15 提供了公称外径（2.0in、2.5in、3.0in 和 4.0in）的高热短时（HHST）巴氏杀菌系统的保温管配管的内径尺寸。为高压设计的保温管内径以及表 15 未列出的带外管尺寸的保温管内径，必须使用以上公式分别确定，计算出最短保温管长度。

表 15　标准不锈钢卫生管道尺寸[1]

公称外径/in	内径/in
2.0	1.870
2.5	2.370
3.0	2.870
4.0	3.834

[1] 摘自表 6.1 "管道和热交换器管道尺寸"，《食品工艺学基础》，1979，R. T. Toledo，AVI Press。

通过以上计算获得最短保温管长度后，测量保温管长度以确定其至少等于计算长度。以恰当的表格记录配件的数量和类型，直管的数量和长度及保温管的配置结果。

措施： 如果保温管的长度比计算出的需要的最小长度短，需要在调速泵慢于最高速度运行时重新密封调速泵，基于这个慢于最高速度的速度重新计算，或由乳工厂员工延长保温管，或两种方法都用，并重复先前使用的测试步骤。如果调整巴氏杀菌系统后测试失败，不应允许巴氏杀菌系统进行操作，直至失败原因已被纠正，且通过监管人员验证；或列在危害分析和关键控制点（HACCP）乳品工厂名单上的监管机构承认的符合本《条例》第 16p 条（D）项的工作人员验证通过；或紧急情况下监管机构授权的符合本《条例》16p 条（D）项的工厂临时测试和密封方案验证并通过。

11.4　计算高热短时（HHST）巴氏杀菌系统直接加热的巴氏杀菌保温时间

应用： 适用于使用直接加热的所有高热短时（HHST）巴氏杀菌系统。

频率： 安装时；此后至少每 6 个月一次；每当做出影响保温时间、流速的任何调整时，即更换泵、如更换调速泵、马达、输送带、驱动带轮或从动带轮，或者减少热交换板数量或保温管容量时；每当检查容量表明速度加快时；或每当调速泵的速度设置上的监管密封破损时。

标准： 每一滴乳和/或乳制品应在顺流和分流位置保持适当的最短巴氏杀菌保温时间。

设备： 无需补充材料。

方法： 本测试中，假定完全形成层流和通过蒸汽喷射温度升高到 49℃（120℉），处理器选择温度–时间标准，并从实验测定的泵出速度计算出所需的保温管长度。

步骤：

1. 打开巴氏杀菌系统，使水处于顺流位置，使液流流入分流装置（FDD）的所有促流装置在最大负荷运行，调整或绕过所有的限流装置使得对巴氏杀菌系统流量的限制降至最小。

调速泵的吸入侧不得有任何泄漏。

a. 将可变速调速泵调整到最大负荷，最好用新的输送带和全尺寸叶轮。

b. 对于用作调速泵的均质器，检查均质器是否有监管密封条，以及齿轮或滑轮的鉴定证明。

c. 对于交流（AC）变速调速泵，检查调速泵控制箱的监管密封条。

d. 当配备真空设备时，以最大抽真空速率操作真空设备。

注意：对于使用本《条例》附录 H 所述的液体成分注入（浆料）系统的巴氏杀菌系统，浆料喷射泵应充电且以最高速度运行，并应充满水。

2. 测量在巴氏灭菌系统的出口处输送已知体积的水所需的时间。重复测试直到测量一致。

3. 通过收集巴氏杀菌系统的分流系统的排放水，以分流重复步骤 1 和步骤 2。

注意：基于电磁流量计系统的高热短时（HHST）巴氏灭菌系统不需要步骤 3。

4. 选择已知体积的最高流速，最短传送时间；用已知体积除以收集此已知体积排出物所需时间来计算流速（以加仑/秒计）。用该数值乘以表 16 中的相应值，以确定巴氏杀菌系统所需的保温管长度。

表 16　保温管长度—高热短时（HHST）巴氏杀菌器–泵出速度为 1gal/s 的直接接触加热

保温时间/秒	管规格/英寸		
	2	$2\frac{1}{2}$	3
	保温管长度/英寸		
1	188.0	118.0	80.0
0.5	94.0	59.0	40.0
0.1	18.8	11.8	8.0
0.05	9.40	5.90	4.0
0.01	1.88	1.18	0.8

5. 保温管可能包括配件。配件的中心线长度可视为等效于直管的长度。可通过沿着配件中心线构成弹性卷尺来测量中心线距离。通过将配件的等效长度与测量长度相加得出保温管的总长度。

注意：保温管应安置于液体流动方向持续上升的斜坡，斜坡应不低于 2.1cm/ft（0.25in/ft）。如果温度传感器位于保温管的开端，可通过不渗水材料给整个保温管以防护，避免热损失。

6. 当保温管的实际长度大于等于计算出的最小长度时，在表格上记录配件的数量和类型，直管的数量和长度，保温管的配置和结果。如果实际的保温管长度小于计算出的最小保温管长度，请参阅下述操作。

测量流速的替代保温管：在恒液位槽里悬挂起洁净的测深尺，在最大容量时运行巴氏杀菌器。记录水位在恒液位槽中下降两个测深尺刻度所需的时间。从恒液位槽的大小及水位的下降来计算水的容量。流速确定如下：

1. 恒液位槽里流出的水容量（加仑）除以所需要的流出时间（秒）。

2. 基于该流速用步骤 3 和步骤 4 所述方法计算所需保温管长度。

用于非标准管保温管长度测定的替代步骤：

用以下公式精确计算保温管道长度：

$$L = (588Qt \times 1.12) / D^2$$

式中：L——保温管长度，in；

　　　Q——泵出速度，gal/s；

　　　t——保温时间标准，s；

　　1.12——蒸汽膨胀 12%；

　　　D——保温管的内径，in。

　　注意：表 15 提供了公称外径分别为 2.0in、2.5in、3.0in 和 4.0in 的高热短时（HHST）巴氏杀菌系统的保温管配管的内径尺寸。用于巴氏灭菌系统为高压设计的保温管内径以及表 15 未列出的外径尺寸所对应的保温管内径，应当使用以上公式分别确定，计算出最低长度。

　　通过以上计算获得最短保温管长度后，测量保温管长度以确定它至少和计算的长度相等。在适当的表格上记录配件的数量和类型，直管的数量和长度以及保温管的配置结果。

　　措施：如果保温管的长度比计算出的需要的最小长度短，需要在调速泵慢于最高速度运行时重新密封调速泵，基于这个慢于最高速度的速度重新计算，或由乳工厂员工延长保温管，或两种方法都用，并重复先前的测试步骤。如果调整后巴氏杀菌系统测试失败，不应允许巴氏杀菌系统进行操作，直至失败原因被纠正，且通过监管机构验证；或列在危害分析和关键控制点（HACCP）乳品工厂名单上的监管机构承认的符合本《条例》第 16p 条（D）项的工作人员验证通过；或紧急情况下监管机构授权的符合本《条例》的 16p 条（D）项的工厂临时测试和密封方案验证并通过。

11.5　高热短时（HHST）巴氏杀菌系统保温时间——使用具有蒸汽降压阀和用于替代调速泵的真空室孔口的蒸汽灌注器

　　应用：适用于采用直接蒸汽灌注加热和使用蒸汽压力安全阀及替代调速泵的真空室孔口的所有高热短时（HHST）巴氏杀菌器。

　　频率：安装时；以后至少每 3 个月一次；每当蒸汽灌注器壳或供料管路，压力阀或真空室孔维修或更换时；每当管理密封破损时。

　　标准：每一滴乳和/或乳制品应在顺流和分流位置保持最短的巴氏杀菌保温时间。

　　设备：无需补充材料。

　　方法：

　　1. 蒸汽灌注器壳或供料管路应配备降压阀。该降压阀的位置和大小应能使灌注器里面的总压力不超过降压阀上的设定值。

　　2. 永久安装在显著配件里的孔口或节流件，应位于正好在真空室之前的保温管里。孔口或节流件的开口大小应能确保乳或乳制品的最低停留时间至少如选定的高热短时（HHST）标准规定的一样。

　　3. 孔口或节流件的开口大小及降压阀的设置应通过反复检测确定。一旦适当的最大流速已确定，并且法定的最短保温时间已计算出，那么节流件或孔口及降压阀上的蒸汽压力调置应由监管机构予以密封，确保不会被更换或改动。

步骤：

1. 将所有促进流体通过分流装置（FDD）的促流装置调整至允许的最大容量值，将所有的限流装置调整至最小值或避开以把对流量的限制降至最低，水顺流环境下测试巴杀系统，调速泵的吸入侧不得有任何泄漏。

a. 对于可变速调速泵，将调速泵调整到最大容量，最好用新的皮带和全尺寸叶轮。

b. 对于用作调速泵的均化器，检查均化器以及齿轮或滑轮的鉴定证明。

c. 对于交流变速调速泵，检查调速泵控制箱是否依规密封。

注意： 对于使用本《条例》附录H所述的液体成分注入（浆料）系统的巴氏杀菌系统，浆料喷射泵应以最高速度运行并使浆料供应罐完全充满水。

2. 灌注器里的蒸汽压力应升高至仅低于阀上降压点的水平。

3. 保温管里任何反压阀或其他可变节流件正常情况下应置于完全打开的位置。

4. 通向真空室的所有放气阀应关闭，这样真空室会在最大真空下操作。

5. 将巴氏杀菌系统调至最大流量运行15min，排除巴氏杀菌系统中的空气。

6. 在巴氏杀菌系统的出口处测量输送已知体积的水所需的时间。重复测试直到测量一致。

7. 通过收集巴氏杀菌系统分流管路的排放水，分流重复步骤1到步骤5。

注意： 基于磁流量计的定时系统的高热短时（HHST）巴氏杀菌系统不需要步骤7。

8. 选择已知体积的最大流速，最短传送时间；通过已知体积除以收集此已知体积排出物所需时间来计算流速（以加仑/秒计）。用这个数值乘以表16中的相应值，以确定所需的保温管长度。

9. 保温管可能包括配件。配件的中心线长度可视为等效于直管的长度。可通过沿着配件中心线构成弹性卷尺来测量中心线距离。通过将配件的等效长度与测量长度相加得出保温管的总长度。

注意： 保温管应安置于液体流动方向持续上升的斜坡，斜坡应不低于2.1cm/ft（0.25in/ft）。如果温度传感器位于保温管的开端，可通过不渗水材料给整个保温管以防护，避免热损失。

10. 当保温管的实际长度等于或大于计算出的最小长度时，在相应的表格上记录配件的数量和类型，直管的数量和长度，保温管的配置和计算结果。

措施： 如果保温管的长度比计算出的需要的最小长度短，需要在调速泵慢于最高速度运行时重新密封调速泵，基于这个慢于最高速度的速度重新计算，或由乳工厂员工延长保温管，或两种方法都用，并重复先前的测试步骤。如果调整后巴氏杀菌系统测试失败，不应允许巴氏杀菌系统进行操作，直至失败原因被纠正，且通过监管机构验证；或列在危害分析和关键控制点（HACCP）乳品工厂名单上的监管机构承认的符合本《条例》第16p条（D）项的工作人员验证通过；或紧急情况下监管机构授权的符合本《条例》的16p条（D）项的工厂临时测试和密封方案验证并通过。

测试 12　热限控制器的控制–顺序逻辑

参考：本《条例》第 16p.（B）和（D）条。

用于分流装置（FDD）位于回热器和/或冷却器下游的高热短时（HHST）和高温短时（HTST）巴氏杀菌系统的热限控制器，应接受规定频率的以下一种适用的测试。

12.1　巴氏杀菌——间接加热

应用：使用间接加热的所有分流装置（FDD）位于回热器和/或冷却器下游的高热短时（HHST）和高温短时（HTST）巴氏杀菌系统。

频率：安装时；以后至少每 3 个月一次；每当热限控制器被修理或更换时；每当密封件破损时。

标准：乳和/或乳制品与保温管下游接触面未经清洁灭菌，不得在顺流状态运行巴氏杀菌系统。在启动时，与乳和/或乳制品的接触面应在巴氏杀菌规定的温度下充分接触液体，且时间不低于巴氏杀菌要求的最短时间。由于温度、压力、流量等因素不当，因公共卫生控制导致分流装置处于分流位置时，乳和/或乳制品与保温管下游接触面重新有效清洁灭菌前，不得顺流状态运行巴氏杀菌系统。

设备：测试 9.1 压力开关中所述气压检测设备的测试灯，水、油或其他适宜介质构成的恒温槽可用于热限控制器的控制–顺序逻辑检测。

方法：加热液槽至其温度高于热限控制器的接通温度，再将位于分流装置和保温管中的两个传感器反复浸入和移出恒温槽系列操作过程中，通过监测热限控制器输出的电信号测定热限控制器的控制顺序逻辑。

步骤：

1. 加热液槽至恒温，温度在热限控制器接通温度以上几度。将测试灯与热限控制器到分流装置（FDD）之间的信号以电线相串连。

注意：出于公众健康需求，某些处理器可能在其逻辑控制单元额外植入了延时继电器。针对这种配置，应避开这些延时装置或声明其在顺流延时中的作用。

2. 将分流装置（FDD）的传感元件浸入槽里，槽里温度高于接通温度。测试灯应保持未亮起，即分流。将传感元件留在槽里。

3. 将保温管的传感元件浸入槽内。测试灯应亮起，即恒流巴氏杀菌系统 1s 的最短延时后顺流。

4. 将分流装置（FDD）的传感元件从槽里取出。测试灯应保持亮起，即顺流。

5. 将保温管传感元件从槽里取出。测试灯应立即熄灭，即分流。

6. 重新将保温管的传感元件浸入槽内。测试灯应保持未亮起，即分流。

7. 在相应的表格上记录测试结果。

措施：如果热限控制器的控制顺序逻辑不遵循这些步骤，应重新配置仪器以符合本逻辑。如果调整后巴氏杀菌系统测试失败，不应允许巴氏杀菌系统进行操作，直至失败原因被纠正，且通过监管机构验证；或列在危害分析和关键控制点（HACCP）乳品工厂名单上的监管机构承认的符合本《条例》第 16p 条（D）项的工作人员验证通过；或紧急情况下监管机构授权的符合本《条例》的 16p 条（D）项的工厂临时测试和密封方案验证并通过。

12.2 巴氏杀菌——直接加热

应用：使用直接接触加热的所有分流装置（FDD）位于回热器和/或冷却器下游的高热短时（HHST）和高温短时（HTST）巴氏杀菌系统。

频率：安装时；以后至少每3个月一次；每当热限控制器被修理或更换时；每当密封件破损时。

标准：乳和/或乳制品与保温管下游接触面未经清洁灭菌，不得在顺流状态运行巴氏杀菌系统。在启动时，与乳和/或乳制品的接触面应在巴氏杀菌规定的温度下充分接触液体，且时间不低于巴氏杀菌要求的最短时间。如果乳和/或乳制品在保温管中的温度降至巴氏杀菌标准规定温度以下，乳和/或乳制品与保温管下游接触面重新有效清洁灭菌前，不得顺流状态运行巴氏杀菌系统。

设备：测试9.1压力开关中所述气压检测设备的测试灯，水、油或其他适宜介质构成的恒温槽可用于热限控制器的控制-顺序逻辑检测。

方法：加热液槽至其温度高于热限控制器的接通温度，再将位于分流装置、真空室和保温管中的3个传感器反复浸入和移出恒温槽系列操作过程中，通过监测热限控制器输出的电信号测定热限控制器的控制顺序逻辑。

步骤：

1. 加热液槽至恒温，温度在热限控制器接通温度以上几度。将测试灯与热限控制器到分流装置（FDD）之间的信号以电线相串连。

注意：出于公众健康需求，某些处理器可能在其逻辑控制单元额外植入了延时继电器。针对这种配置，应避开这些延时装置或声明其在顺流延时中的作用。实施本测试前，应确保已避开需关闭才能实现顺流的压力开关。

2. 将分流装置（FDD）的传感元件浸入槽里，槽里温度高于接通温度。测试灯应保持未亮起，即分流。从槽里取出这个传感元件。

3. 将真空室的传感元件浸入槽内。测试灯应保持未亮起，即分流。从槽里取出这个传感元件。

4. 将位于真空室和分流装置（FDD）的两个传感元件浸入槽里。测试灯应保持未亮起，即分流。将两个传感元件留在槽里。

5. 将位于保温管的第三个传感元件浸入槽内。测试灯应亮起，即恒流巴氏杀菌系统一秒的最短延时后顺流。

6. 从槽里取出这个分流装置（FDD）的传感元件。测试灯应保持亮起，即顺流。

7. 从槽里取出这个真空室的传感元件。测试灯应保持亮起，即顺流。

8. 将剩余的保温管传感元件从槽里取出。测试灯应立即熄灭，即分流。

9. 将保温管传感元件再次浸入槽里。测试灯应保持未亮起，即分流。

10. 在相应的表格上记录测试结果。

措施：如果热限控制器的控制顺序逻辑不遵循这些步骤，应重新配置仪器以符合本逻辑。如果调整后巴氏杀菌系统测试失败，不应允许巴氏杀菌系统进行操作，直至失败原因被纠正，且通过监管机构验证；或列在危害分析和关键控制点（HACCP）乳品工厂名单上的监管机构承认的符合本《条例》第 16p 条（D）项的工作人员验证通过；或紧急情况下监管机构授权的符合本《条例》的 16p 条（D）项的工厂临时测试和密封方案验证并通过。

测试 13　保温管里乳和/或乳制品压力控制开关的设置

参考：本《条例》第 16p 条（B）和（D）项。

应用：适用于所有能在顺流模式运行的乳和/或乳制品的的高热短时（HHST）巴氏杀菌系统，保温管中的压力低于 518kPa（75psi）。

频率：安装时；以后每 3 个月一次；每当压力开关被修理或更换时；每当工作温度改变时；每当密封件损坏。

标准：保温管内产品压力至少达到 69kPa（10psi），即高于乳和/或乳制品的沸腾压时，才能顺流状态运行巴氏杀菌系统。

设备：测试 9.1 压力开关中所述的清洁的压力计和气压检测设备，可用于检查并调整压力开关设定值。

方法：保温管内乳和/或乳制品压力未达到 69kPa（10psi），即低于乳和/或乳制品的沸腾压时，应检查并调整压力开关防止顺流。

步骤：

1. 从图 57 确定进程中所用运行温度（非转向温度）所必需的压力开关设定值。在气压检测设备上安装已知精度的清洁的压力计及压力开关传感元件。

2. 除去密封和封盖，显示压力开关上的调整机械装置。将测试灯与压力开关触点连接，或用其他方法来监测接通信号。

3. 向传感元件施加气压，确定开关接通点时的压力计读数，同时测试灯亮起。如果压力开关短路，测试灯会在施加气压前亮起。

4. 确定开关上的接通压力等于或大于图 57 的要求压力。有必要调整时，参考制造商说明书。

5. 调整后，重复本测试。

6. 在相应表格上记录测试结果。

措施：如果保温管内乳和/或乳制品压力低于 69kPa（10psi），即未达到乳和/或乳制品的沸腾压时呈现顺流，则调整压力参数并重新测试。如果调整后巴氏杀菌系统测试失败，不应允许巴氏杀菌系统进行操作，直至失败原因被纠正，且通过监管机构验证；或列在危害分析和关键控制点（HACCP）乳品工厂名单上的监管机构承认的符合本《条例》第 16p 条（D）项的工作人员验证通过；或紧急情况下监管机构授权的符合本《条例》的 16p 条（D）项的工厂临时测试和密封方案验证并通过。

对于每一高热短时（HHST）巴氏杀菌器的温度，乳和/或乳制品的压力开关设定值如图 57 所示。

局部正常气压与海平面气压之间有差异时，应向上调整压力设定值。

测试 14　蒸汽喷射器压差控制器控制开关设定

参考：本《条例》第 16p 条（B）和（D）项。

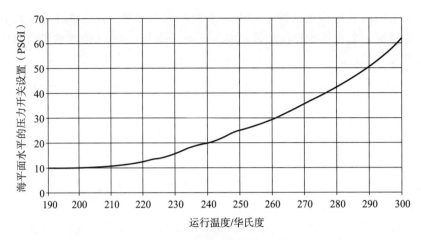

图 57　压力开关设置

应用： 适用于使用直接喷射加热的所有恒流巴氏杀菌系统。

频率： 安装时；以后每 3 个月一次；每当压差控制器被修理或更换时；或每当差压控制器的监管密封件已损坏时。

标准： 乳和/或乳制品通过蒸汽注射器的压差低于 69kPa（10psi）时，不得顺流状态运行巴氏杀菌系统。

设备： 测试 9.1 压力开关中所述的洁净的压力计和气压检测设备，可用于检查并调整压差控制器。

方法： 乳和/或乳制品通过注射器的压差未达到 69kPa（10psi）时，应检查并调整压差开关防止顺流。

步骤：

1. 蒸汽注射器差压控制器探头的校准：

a. 松开两个压力传感器的连接点，允许任何液体通过松动的连接点排出。当传感器处于原始位置时，两个指针或电子显示应在 0kPa（0psi）～3.5kPa（0.5psi）。否则调整指针或电子显示至读数 0kPa（0psi）。

b. 取下两个传感器，把它们安装在丁字管里，或将它们与气压检测设备连接。并记录将传感器装入丁字管时步骤 1.a 中零读数 0kPa（0psi）状态时可能发生的差异。将丁字管和两个传感器接入测试 9.1 压力开关所述的气压检测设备，并且调整气压至注射器所用的正常操作压力。确保在实施压力之前所观察到的指针或数字显示读数间隔是在 6.9kPa（1psi）以内。否则，调整或修复压差控制器。

2. 注射器压差控制器开关设置：

a. 将接到压力检测设备蒸汽喷射器后端的洁净的压力传感器断开，并封口，将接到蒸汽喷射器前端的压力传感器保留。

b. 将另一个压力传感器通向空气，并与接入气压检测设备的压力传感器保持同等高度。

c. 将测试灯与压差控制器微动开关用电线串联连接，或用仪器制造商提供的方法监测接通信号。

d. 向压力传感器施加气压，根据测试灯的状态确定压差开关接通点时的压力计读数。

e. 控制器上的压差接通应至少是 69kPa（10psi）。有必要调整时，参考制造商说明书。

f. 调整后，重复本测试。

3. 在相应表格上记录测试结果。

措施： 如果调整后巴氏杀菌系统测试失败，不应允许巴氏杀菌系统进行操作，直至失败原因被纠正，且通过监管机构验证；或列在危害分析和关键控制点（HACCP）乳品工厂名单上的监管机构承认的符合本《条例》第 16p 条（D）项的工作人员验证通过；或紧急情况下监管机构授权的符合本《条例》的 16p 条（D）项的工厂临时测试和密封方案验证并通过。

测试 15　来自手持式通信设备的电磁干扰

应用： 适用于所有电子控制设备，其用于保证符合安装在乳加工厂恒流巴氏杀菌设备上的公共卫生防护设施。

频率： 安装时；电子控制设施有任何更改时；以后每 3 个月一次；每当用于乳加工厂的手持式通信设备的类型或功率有变化。一旦显示手持式通信设备会导致特定电子控制设备反应异常，须修复电子控制设备或使用同一类型手持式通信设备重新测试（参见注意：如下）。如果电子控制设备有变动，或所用手持式通信设备有改动，需要测试电子控制设备。

标准： 使用手持式通信设备不应对电子控制设备的公共卫生防护设施有任何不利影响。

设备： 乳加工厂使用的每种品牌和型号的手持式通信设备各一台。设备须在最大输出量时操作，且应处于完全带电状态。

方法： 如果在电子控制设备附近使用手持式通信设备，没有对电子控制设备的公共卫生防护设施造成任何损害，则通过观察电子控制设备附近手持式通信设备产生的实际影响，测定电子控制设备。

步骤：

1. 将手持式通讯设备放置在电子控制设备前 30.5cm（12in）处，即公共卫生防护设施附近。

2. 将手持式通讯设置于"发送"模式保持 5 秒，观察对电子控制设备的公共卫生防护设施产生的影响。不应对电子控制设备有任何不利影响。不利影响是可能对电子控制设备的公共卫生防护设施有不利影响的任何变化。

3. 如适用，打开操作检修门，重复该测试。

4. 对位于装置影响范围内的每种手持式通信设备实施上述测试。

5. 对用于调节巴氏杀菌系统公共卫生防护设施的每种电子控制设备实施该测试。

6. 在相应的表格记录测试的每种手持式通信设备的品牌、型号以及测试结果。

例如： 针对温度设定方面，将温度稳定在最低接通温度的 3℃（5℉）以内，在"生产"模式下，分流状态用水运行巴氏杀菌器。对于本示例，分流装置（FDD）的顺流移动或任何人为导致的温度升高即为不利影响。

措施：乳加工厂检查与电子控制设备有关的防护、接地及其他装置，并重新测试。发现经监管机构认可的、对电子控制设备的公共卫生防护设施没有不利影响的解决方案之前，手持式通讯设备不能在电子控制设备的公共卫生防护设施区域使用。

注意：对于会给电子控制设备的公共卫生防护设施造成不利影响的手提式通讯设备，持续的"不产生手持式通讯设备干扰"或"不产生无线电干扰的"区域等不是可接受的永久性解决方案。

附录 J 用于乳和/或乳制品的一次性容器与封盖制造标准

前　言

一次性容器与封盖在乳品业已经使用多年。乳品行业对材料制造与加工实施质量保证控制可使这些产品达到许可使用的卫生状况，无有毒材料，从而可以承装乳或乳制品。

近年来，一次性容器制造商已为这些容器和封盖引进了新材料、新设备及新的设计理念。对本行业基本制造与加工技术的评估及环境卫生标准的确立可确保一次性容器与封盖及其制造材料的安全，并符合本《条例》第 12p. 的细菌标准。

用于乳和/或乳制品的一次性容器与封盖制造标准

Ⅰ　目的与范围

使用这些标准可确保乳和乳制品卫生容器与封盖的生产符合本《条例》规定。

这些标准可适用于所有坯料制造商、预成型瓶子制造商、一次性玻璃容器制造商、转换器、打印机、封盖制造商、塑料层压机、片材成形机、塑料吹瓶机、真空成形机、塑料挤压机、注射模型成形机、预变形器、阀门制造商、导管、散布装置、未消毒样品容器及任何其他类似装置。这些标准还适用于生产零部件的制造厂，包括薄膜和/或封盖的制造商，因为薄膜/封盖会成为进入最终组装产品的产品接触面和装配部件。本要求标准不适用于造纸厂或树脂制造厂。

如本《条例》所规定，为其他乳加工厂制造和/或出售给它们容器的乳品与食品厂都应符合这些标准的要求，炼乳和/或乳粉或乳制品的乳加工厂除外。

如本《条例》规定，"A"级乳加工厂，不包括炼乳和/或乳粉或乳制品的乳加工厂，应使用州际乳品货运商（IMS）公布的、经证实的电子名单中所列工厂生产的一次性容器与封盖。

这些标准为州际乳品货运商（IMS）目前公布的名单中所列、经证实的一次性制造商生产产品提供了确定标准［参考乳品货运商卫生等级评定方法（MMSR）第一节］。

Ⅱ　定义

以下定义可适用于这些卫生标准：

1. **"废弃纸和边角料"** 指在生产过程中废弃的纸和纸板，如造纸机裁剪过程中的边角料。还应包括加工过程中未经印刷的边角料，但前提是保证这些边角料在处理和运输的过程干净卫生。

2. **经认证的一次性封盖工艺顾问（SSC）** 指经公共卫生服务/食品药品管理局（PHS/FDA）认证的个人，其具有能够评审认证乳和/或乳制品一次性容器或封盖异国制造商列入州际乳品供应商名单的资质，对拟接受认证的异国一次性容器或封盖制造商的日常监管、检查或审计不负直接责任。

3. **"封盖"** 指为了封闭或分装内含物，而用于容器上的盖子、密封、管子、阀门、盖子材料或其他设备。

4. **"涂层"** 指应用于产品接触面上的任何层面或覆盖物。

5. **"组成部件"** 指自身不具备任何功能，但可以与一个或多个配件或封盖装配，成为一次性容器或封盖一部分的任何部件。这些部件包括但不限于坯料、片材、阀门和阀门部件、管子、分配装置及取样容器。用于制造组成部件的所有材料必须符合修订的《联邦食品、药品和化妆品法》（FFD&CA）的要求。

6. **"制造商"** 指从事制造"A"级乳和/或乳制品包装或取样一次性容器或封盖业务的个体或公司。

7. **"生产线"** 指制造过程，如喷射成型、挤压、吹塑成型等。

8. **"金属材料"** 指那些在预期用途状态下，无毒、无吸收性及抗腐蚀的金属。

9. **"无毒材料"** 指不含可能使产品对健康有害或对产品味道、气味、成分、细菌质量有不利影响的有害物质，并且符合修订的《联邦食品、药品和化妆品法》（FFD&CA）要求的材料。

10. **"纸料"** 指由以下材料制成的任何纸：

a. 由干净、卫生的化学纸浆或机械木浆制成的纸与纸板，或是此类纸与纸板的"废纸与边角料"后的剩余物，前提是它们已以干净卫生的方式经过了处理和存储，或使用依照《美国联邦法规》第21篇176.260许可的方案对纤维进行了回收利用。

b. 成分符合修订的《联邦食品、药品和化妆品法》（FFD&CA）的要求。

11. **"塑料成型、成型加工、挤压、层积树脂"** 指：

a. 与其他成分混合的树脂或树脂的直接添加物，须符合修订的《联邦食品、药品和化妆品法》（FFD&CA）的要求。

b. 仅由干净的粉屑或研磨料构成的塑料，前提是它们已以干净卫生的方式进行了处理和维护。

c. 符合经美国食品药物管理局（FDA）审核及批准的协议所规定的回收塑料材料。

12. **"预成型"** 指尚未最终成形的装料部件。

13. **"产品接触面"** 指与产品接触的容器或封盖表面。

14. **"生产废料"** 指一次性容器或封盖生产的残余材料，这些材料已经过处理，不符合"废纸与边角料"或"再磨研"的规定，但可以收集起来再循环利用。它可以包括落在地板上的容器或边角料等材料。

15. **"再研磨"** 指从容器或封盖，及从成形有缺陷的容器或封盖上削剪下来的干净的塑料材料，这些容器或封盖是在生产一次性容器及封盖中产生的，前提是它们已以干净卫生的方式进行了处理。再研磨可以在车间内以切边或模塑形式进行，也可在工厂内用适当的研磨机进行研磨。再研磨不应包括来自未经认可来源的任何材料、容器或封盖，或来源是未知的化学成分，或经过未知处理，或保留在塑料中的材料有毒，这些材料转移进入食品达到一定程度时会超过规定水平。再研磨从一家工厂转移到另一家工厂时，应以适当、干净、密封、贴有适宜标签的容器进行运输。再研磨塑料材料符合美国食品药品管理局审核及批准的协议的规定时，本定义不应排除它的使用。

16. "样本集"指：

a. 对于冲洗测试来说，应至少测试 4 个容器。

b. 对于擦拭测试来说，应至少测试 4 个不同容器的 250cm² 表面区域。如果容器或封盖与产品的接触面小于 250cm²，那么相当于至少 250cm² 的超过 4 个容器或封盖需要擦拭 4 次。

17. "卫生处理"指为了尽可能消灭病原体和其他微生物，采用有效的方法或物质来清洁表面。该处理不得对设备、乳和/或乳制品、或消费者的健康造成不良影响，并须为监管机构所接受。卫生处理措施应符合本《条例》附录 F 包含的要求。

18. "一次性物品"指全部或部分以纸、纸板、模制纸浆、塑料、金属、涂料或类似材料建造组合而成，制造商打算仅供一次使用的物品。

19. "一次性容器"指有乳或乳制品接触面，且用于包装、处理、储存 "A" 级乳和乳制品，意在仅供一次使用的容器。

20. "一次性容器和/或封盖制造商认证"指由乳和/或乳制品一次性容器或封盖美国制造商的卫生评定官员执行的、或第三方认证机构的卫生评定官员执行的、或经认证的一次性封装工艺顾问（针对异国乳和/或乳制品一次性容器或封盖制造商）执行的，对拟列入州际乳品供应商名单的一次性容器/封盖制造商是否符合本《条例》附录 J 相关规定要求、以及符合程度的认证评审过程。该认证应按照本《条例》附录 J 相关规定，并遵循乳品货运商卫生等级评定方法（MMSR）规定的程序。

Ⅲ　一次性容器和封盖的细菌标准与检验

1. 纸原料应符合崩解检测确定的细菌标准，每克不超过 250 个菌落。纸浆供应商应证实他们生产的纸浆符合本标准。本规定仅适用于层压之前的纸浆。

2. 实施冲洗测试时，剩余菌落总数不应超过每容器 50 个，但容器中含量低于 100mL 时，菌落总数不应超过 10 个，或者实施擦拭测试时，在设定日期内随机抽取的 4 个样本中 3 个的产品接触表面上，每 50 平方厘米不超过 50 个（即每平方厘米不超过 1 个）。所有一次性容器和封盖应没有大肠杆菌。

3. 在任意连续 6 个月当中，须分别于至少 4 个单独的月份中（在 3 个月中，某一个月包括了相隔至少 20 天的两个采样日期的情况除外）采集至少 4 个样品集，样本应在国家乳制品实验室认证机构批准的官方、商业或行业实验室进行分析，实施符合这些标准的检验。（参见本《条例》第 12p 条的"乳加工厂中的容器与封盖抽样"。

4. 如果一次性容器或封盖是由本文档规定的一种或多种零部件构成，那么仅是那些有产品接触表面的最终组装产品必须依照Ⅲ节进行抽样和检验。

5. 依照这些标准规定，实施冲洗测试时，取自每一生产线的样本集应至少由 4 个容器或封盖组成；而实施擦拭测试时，应至少有 4 个接触表面为 $250cm^2$ 的容器或封盖。

6. 以下标准适合在第一工厂实施预成型和瓶子预成型，及第二工厂实施模塑的制造商。

a. 预成型工厂须是《州际乳品货运商》所列名单之列，但不需要对此工厂的预成型进行抽样。

b. 如果第一家预成型工厂也将容器模塑成型为最终造型，那么这家工厂必须名列州际乳品货运商所列名单，并且这家工厂的容器必须被抽样。

c. 如果将容器模塑成型为最终造型的第二家工厂是一次性产品制造商，那么这家工厂必须名列州际乳品货运商所列名单，并且这家工厂的容器必须被抽样。

d. 如果第二家工厂是一家将容器模塑成型为最终造型的乳加工厂，且仅在这家乳加工厂使用，这家乳加工厂也名列清单，但这家工厂的容器须予以抽样。

获取样本及对这些产品进行实验室检验的程序在最新版本的《乳制品检验标准方法》（SMEDP）中，并且应切实遵守这些方法。此程序和检验应依照当前修订的《乳品实验室评估》（EML）进行评估。经批准的实验室名单可在当前的州际乳品货运商（IMS）所列名单中看到，由美国食品药品管理局公布，可在其官方网站查询，网址：

http：//www.fda.gov/Food/GuidanceRegulation/
FederalStateFoodPrograms/ucm2007965.htm.

Ⅳ 加工厂标准

注意： 同 FDA2359c 表格—制造工厂检验报告（一次性乳品容器和封盖）一起应用（参见本《条例》附录 M）。

1. 地面

a. 制造区域的地面应平整，不渗水，保持良好维护的状态。储藏室的地面可以由紧密连接的木板构建而成。

b. 墙壁和地面之间的连接应当紧密、不渗水，且有凹圆或密封的接合。

c. 如果有地面排水管，那么地面应适当存水且斜通往下水道。

2. 墙壁与天花板

a. 制造区域的墙壁和天花板应具有平整、清洁、浅色的表面。

b. 制造与储存区域的墙壁和天花板应保持良好的维护状态。

c. 围绕管道的开口及延伸过墙壁和/或天花板的类似项目部件应予以有效封闭。

3. 门和窗

a. 所有对外开口应予以有效封闭，防止昆虫、啮齿动物、灰尘及空气污染物的进入。

b. 所有外门应为密封式且能自动关闭。

4. 照明和通风

a. 所有房间应予以充分照明，或通过自然采光，或通过人工光源，或兼而有之。

制造区应至少保持 20 英尺烛光（220lx）亮度，储存区至少保留 5 英尺烛光（55lx）亮度。包装、密封、包裹、标记及类似程序视为制造区的组成部分。

b. 通风设备应足以阻止过重气味及预防过多水气凝结的形成。

c. 制造区所有压力通风系统的通风口，无论它们是吸气还是排气，都应适当过滤。

5. 单独的房间

a. 所有制造区应与非制造区分隔开，以防止污染。如果整个厂区符合所有卫生标准要求，并且无污染来源，则不需要隔开制造区与非制造区。

b. 所有塑料的再次研磨，纸料裁剪的切丝、包装或打包都应在与制造间单独的房间进行，但如果此操作能保持清洁无灰尘，则可以在制造间进行。

6. 卫生间设施——污水处理

a. 污水与其他废物处理应在公共污水下水道系统进行，或以符合当地与国家规定的方式来处理。

b. 所有管道设施应符合当地与国家的管道设施规定。

c. 卫生间应牢固、紧密，能自动关闭。

d. 卫生间和固定装置应保持干净的卫生状况，维护状况良好。

e. 每一卫生间应有良好的光线和通风。卫生间设施里的空气通风管应朝外排放。

f. 应在卫生间配置适当的带冷热水和/或温自来水的洗手设备。

g. 所有窗户在打开时应具有有效的屏蔽。

h. 所有卫生间里应张贴标记，提醒员工返岗工作之前洗手。

i. 禁止在卫生间内吃和/或存储食物。

7. 供水

a. 如果供水系统是来自公共系统，那么应是经负责的国家水务管理机关批准的安全水源，如果是专用供水系统，应至少符合本《条例》附录 D 列举的规定，以及附录 G 列举的细菌标准规定。

b. 安全供水系统与任何不安全或有问题的供水系统或任何污染源之间不应交叉连接，因为安全供水系统可能因此受到污染。

c. 专用供水系统的细菌检验样本要由具体机构承担并获得其批准；此后每隔 12 个月，及供水系统遇有维修或更改时抽检。样本检验应在官方指定的实验室进行。

d. 利用循环水冷却产品接触面的水浴槽应符合本《条例》附录 G 列举的细菌标准，并且应每半年检验一次。

e. 所有要求水检验的记录应予以保留两年，且能为评级/监管机构所接受。

8. 洗手设施

a. 冷热水和/或温自来水、肥皂、空气干燥器或专用卫生清洁纸巾等应便于整个制造区使用。如果无水可用，那么可用含有消毒杀菌剂的溶剂或软皂液压送器。洗手设施配备专用卫生清洁纸巾时，应配套相应的有封盖的垃圾桶。

b. 洗手设施应保持清洁。

9. 厂区清洁

a. 生产、储存、二次加工再生打包及墙壁、天花板、顶楔、固定装置、管道等应保持清洁。

b. 所有生产区、仓库、卫生间、餐厅及衣帽间应没有昆虫、啮齿类动物及鸟类的痕迹。

c. 机器及其附属物应保持清洁。如果是正常制造操作中附带产生的纸料、塑料或金属粉末及其他生产污物等微量堆积物则不违反本要求。

10. 衣帽间和餐厅

a. 衣帽间和餐厅应与厂区操作区域隔开，并且应配备自动关闭的门。

b. 禁止在制造区和储存区内吃和/或存储食物。

c. 衣帽间与餐厅应保持干净清洁的卫生状态。

d. 应配备可清洁的垃圾容器，将其予以适当标记，做到垃圾容器可覆盖、不渗水、防漏并可随时使用。

e. 适当的洗手设施应做到对衣帽间和餐厅便利可用。

f. 应张贴标记，提醒员工返岗工作之前洗手。

11. 废物处理

a. 所有垃圾及废物应存放在可覆盖、不渗水及防漏的容器内。本要求不适用于产生的碎屑。

b. 所有废物容器应清楚的标记上其预期使用目的及内含物。

c. 如有可能，废物及分类垃圾应尽可能存放在室外可覆盖、不渗水、可打扫干净的容器内。如废物存放在室内，那么必须存放在类似的容器内，并且与制造区隔离开。

12. 人员—操做

a. 有关人员在工厂开始操作前，应彻底清洗双手，在上过卫生间或在餐厅就餐返回工作岗位前，须清理污物和污染物。

b. 所有人员应穿洁净的外衣，将头发约束整理好。

c. 患有任何传染病或携带此类疾病病菌的任何人，或者伤口感染或身体有损伤的任何人，不得在任何加工区域工作，因为此类人员可能污染产品或产品接触面，使其沾染上致病细菌（参阅本《条例》的第13节和第14节。）

d. 禁止在制造区、再研磨区和储存区吸烟。

e. 不得在制造区戴不安全的珠宝首饰。

13. 防止污染

a. 容器、封盖及加工过程中的所有材料的所有产品接触面要加以覆盖或防护，以防止昆虫、灰尘、凝结物及其他污染物的进入。

b. 所有定向用于树脂、再生料、着色剂及类似材料产品或产品接触面的气体不应含有油、尘埃、锈、过大湿度和异味、异物，并且应符合本《条例》附录 H 的适用要求。

c. 通过风扇或鼓风机吹向产品或产品接触面的空气应加以过滤，并且应符合本《条例》附录 H 的适用要求。

d. 杀虫剂仅在批准用于粮食作物且在美国环保局登记后方可用于昆虫与鼠类防治。

e. 使用杀虫剂应根据制造商的用法说明书，以预防容器或封盖受到污染。

f. 加工过程中的一次性用品可通过使用一次性盖板或其他防护设施来防止受到污染。其中包括可作为接触面的硬纸板、分隔器、隔板、包袋及其他物品。

　　g. 用于乳和/或乳制品的一次性容器和封盖，不应在由非食品级材料制成的、用于产品制造的设备上组装生产，除非由非食品级材料制成的该设备已经过彻底清洗，和/或所有非食品级材料已被清除干净，不会污染食品级材料。

　　h. 在生产用于乳和/或乳制品的一次性容器和封盖时，应注意采用不会使原材料受到交叉污染或与非食品级材料进行再磨研的方式。

　　i. 厂区内设备及操作运维设施布局应避免过分拥挤，并便于清洗和运维。

　　j. 所有有毒化学物质，包括清洁剂、消毒剂和维护试剂等化合物，应与原材料和成品充分隔离。

　　k. 由设施制造而成的食品容器不应用于储存其他物品或化学品。

14. 材料和成品的储存

　　a. 配料、卷筒材料和其他一次性容器、封盖及物品应在清洁干燥的地方保存，直到使用；并以清洁的方式进行储存和处理；与墙壁有足够的距离，以便于实施检验、清洁及害虫防治活动。外转弯处和/或边缘变脏或污染的任何卷筒材料应在使用前丢弃这些转弯，并修剪边缘处，以保护其免受污染。

　　b. 应为一次性容器、封盖、包装纸、黏合剂、隔板和其他生产材料提供清洁、干燥的适宜储存设施，以阻挡溅水、昆虫、灰尘和其他污染。

　　c. 除了最初的制造设施外，对于原纸箱工厂里预成型的容器和封盖来说：

　　（1）容器、隔板和封盖应存放在原始纸板箱内并加以密封，直到使用；并且

　　（2）部分拆箱使用的容器、隔板及封盖应重新密封，直到恢复使用。

　　d. 用于储存生产加工过程使用的树脂及其他原料、再生料、废弃物及边角料的容器，应加以覆盖、保持清洁、不渗水，并加以适当识别标记。存储容器（比如盖洛德搬运纸箱）如果使用了一次性塑料衬垫可被再利用。

　　e. 与容器或封盖的产品接触面相接触的处理存储箱应以可清洁、不吸水的材料建造而成，并且要保持清洁。

15. 制造设备

　　本节要求适用于在制造加工容器和封盖中所用的所有设备和工艺，不论用到的什么材料，也不论在此是否提到。这类设备包括研磨机、滚筒、钻孔器、切刀、塑膜机及配件、挤压机、储仓、树脂箱及漏斗、印刷设备、下料设备及密封设备。

　　a. 卷筒、模具、皮带、操作台、心轴、传输管及其他接触面应保持清洁卫生，并且没有积累纸、塑料、金属粉末和其他生产污物。为了乳加工厂而设计的设备用作预成型容器的，应在操作前保持清洁卫生。

　　b. 不应使用临时装置，如胶带、绳索、麻线、纸板等。所有紧固件、导向件、悬吊管、支架和挡板应由不渗水、可清洁的材料构造而成，并且保持良好的维护状态。

　　c. 翻坯机和其他容器接触面应以可清洁的材料制成，并保持清洁和良好的维护状态。

　　d. 用于再研磨的所有研磨机、碎纸机及类似设备应离地安装或有防护措施确保地面的垃圾清扫物和其他污染物就不能进入研磨机或碎纸机。

　　e. 用于存储塑料树脂的储存槽、储仓、搬运箱或箱子，其构造应保护树脂免受污染。所有通风口应过滤，以防止灰尘、污垢或虫子的进入。用于传送树脂的空气管应

处于良好的维护状态，安装方式应避免树脂遭受污染。用于传送树脂的空气管应具有用链条或绳索与之连接封盖，以防止污染。本条款也适用于以此方式处理的所有原材料。

16. 容器和封盖的制造材料

a. 只有符合《美国联邦法规》第21篇174~-178部分要求的树脂可被用于容器和/或封盖的制造。仅允许使用符合相关标准的制造和/或装配工厂生产的塑料片材和挤压制品、塑料层压纸、卷筒材料、构件、模塑或成型部件、金属与纸板隔板、或其组合物等，名列当前州际乳品货运商名录（IMS）的装配工厂可视为符合本条要求。

b. 仅食品级的无毒润滑剂可用于容器和/或封盖的接触面。靠近轴、滚筒、轴承套筒及心轴的表面的过量润滑剂应予以除去。润滑剂处理和存储过程应避免与非食品级的润滑剂交叉污染。其储存区应保持清洁、通风良好。

c. 落地的容器、封盖、树脂及防水板，自地面扫起的产品原材料和废料禁止再利用。材料符合业经美国食品药品管理局审核并认可的回收协议时，其使用不在本条限制范围。

17. 蜡、黏合剂、密封剂、涂料和油墨

a. 应用于容器和/或封盖的蜡、粘合剂、密封剂、涂料及油墨的处理和存储过程应避免与同类的非食品级材料交叉污染。其储存区应保持清洁、通风良好。

b. 未用的材料应加以覆盖、标记并正确储存。

c. 蜡、粘合剂、密封剂、涂料及油墨的气味或味道不得扩散污染乳或乳制品，不得导致产品的微生物、有毒、有害物质污染。拟应用于产品接触面的材料应符合《美国联邦法规》第21篇174~178部分要求。

d. 容器和/或封盖应实施蜡封以确保被彻底涂盖，蜡的温度应保持大于等于60℃（140 ℉）。

18. 容器、封盖和设备的处理

a. 容器和/或封盖表面的处理应保持在最低限度。

b. 操作者应经常清洁双手或戴干净的一次性手套。如果使用手部消毒机，其安装位置应便于所有涉及手部接触的操作。

19. 包装和运输

a. 隔板、封盖、对板、嵌入式或预成型容器，及部件如阀门、软管、导管及其他配件，在运输前应予以适当包装或打包。

b. 外包装或打包件应能保障内含物不受灰尘或其他污染。

c. 经常从一次性容器或封盖工厂或在工厂内运输成品材料的运输车辆应保持清洁和良好的维护状态，不应使用曾运输过垃圾、废物或有毒材料的车辆。

d. 与容器和/或封盖表面有接触的纸板箱、包装材料、间隔物不得再回收用于此功能。

e. 与容器和/或封盖产品表面有接触的所有包装材料应符合《美国联邦法规》第21篇第174~178部分的要求，及这些标准C节的细菌标准，但材料不需要在所列的一次性产品制造商生产。某些外包装材料，如用来包装乳箱纸板的瓦楞纸板盒，可免除本细菌标准的限制。这些纸板的边缘在容器的成型和封装阶段会经过加热处理。菌检

测样本采样频率未具体规定。监管机构可视具体情况选择采集样本验证包装材料是否符合本节的细菌检测标准。

20. 标识和记录

a. 外包装应标明制造内含物的生产工厂的名称、所在城市和州在同一场所制造并仅在同一场所内使用的除外。对于外国生产工厂，外包装还应标明原产国。数家工厂由一家公司经营，那么可以使用通用的公司名称，前提是外包装上标明了其内含产品的生产工厂所在地，或所在地在联邦信息处理标准（FIPS）中对应的数字编码。

b. 一次性玻璃容器应标记警示语声明，以指明"仅供一次使用"。

c. 对容器和/或封盖所要求的细菌检验记录应在制造工厂保留两年，其结果应符合这些标准的 C 节要求。

d. 已检验和/或认证及登记的工厂，有责任保留用在最终装配产品上所有零部件的细菌和化学安全性记录。

e. 制造工厂应具有原材料、蜡、黏合剂、密封剂、涂料及油墨供应商的存档记录信息，表明材料符合《美国联邦法规》第 21 篇第 174～178 部分的要求。

f. 制造工厂应具有这本些标准规定的包装材料供应商的存档记录信息，表明材料符合《美国联邦法规》第 21 篇第 174～178 部分及这些标准 C 节的细菌标准要求。对于采样频率没有说明。监管机构可以选择收集包装材料样本，以确定是否符合本节的细菌标准。

g. 有多家工厂的集团公司可以将要求的信息集中保存在一个场所，只要能够保证有需要时信息可以传送至需求地。

21. 环境

a. 外部环境应保持整洁干净，没有吸引或供苍蝇、昆虫及啮齿动物躲藏的条件。

b. 工厂来往车辆的行车道、围栏、通行区应分等级、能排水、无积水洼。

附录 K 危害分析和关键控制点（HACCP）计划

I 危害分析和关键控制点（HACCP）系统介绍

危害分析和关键控制点（HACCP）的历史：危害分析和关键控制点（HACCP）系统早已运用于乳品行业。危害分析和关键控制点（HACCP）是一种合乎逻辑、简单、有效，却对食品安全控制高度结构化的系统。

20世纪60年代，危害分析和关键控制点（HACCP）系统作为太空计划的副产品被引入到食品行业。美国国家航空和航天局（NASA）使用危害分析和关键控制点（HACCP）以提供可用于空间飞行器部件的最高质量保证。制定这项计划是为了确保产品的可靠性，并被转入到宇航员食品的研制中。

美国陆军纳提克实验室（ArmyNatickLaboratories）与美国航空和航天局合作，开始研制载人太空探索所需要的食物。他们与贝氏堡公司（PillsburyCompany）订立合同，设计和生产太空中使用的主要食品。同时贝氏堡公司致力于解决某些问题，比如如何使食品在零重力下免于破碎。他们还承担着尽可能接近100％地保证他们生产的食品无细菌或病毒病原体的任务。

对于贝氏堡公司所承担的任务来说，食品工业中使用传统的质量控制方法很快就证明是行不通的。当前的方案并没有达到所期望的安全程度，然而产品抽样必须提供足够的安全度，这就阻碍了太空食品的商业化。贝氏堡公司抛弃了他们的标准质量控制方法，并与美国航空和航天局、纳提克实验室合作，开始对食品安全进行广泛的评估。他们很快就意识到要取得成功，他们就必须控制其工艺、原材料、环境和他们的员工。1971年，他们推出了危害分析和关键控制点（HACCP）作为厂家生产食品的一种预防性的制度，使所生产食品的安全性有了高度保证。

背景：危害分析和关键控制点（HACCP）是一种管理工具，对识别的危害的控制提供了一种结构性和科学性的方法。危害分析和关键控制点（HACCP）对产品安全作出更好决策提供了一个逻辑基础。危害分析和关键控制点（HACCP）作为控制食品安全危害的一个有效手段已得到国际认可，同时受到世界卫生组织（WHO）粮农联合组织/世界卫生组织食品准则委员会等的认同。美国国家食品微生物标准咨询委员会（NACMCF）也对其表示认同。

危害分析和关键控制点（HACCP）的概念将使那些在危害分析和关键控制点（HACCP）计划下的操作和调控转为预防性措施，使在生产环境中潜在的危害被识别和控制，即预防生产故障。危害分析和关键控制点（HACCP）给予了食品安全一个预防性、系统性的处理方法。

自愿参与：本附录描述了一种自愿参加的国家州际乳品贸易协会（NCIMS）危害分析和关键控制点（HACCP）计划，代替了传统的检测系统。负责对乳加工厂、接收站或中转站的设施场所实施督查的监管机构未同意协同参加国家州际乳品贸易协会（NCIMS）推荐性危害分析和关键控制点（HACCP）计划时，乳加工厂、接收站或中转站不可参加国家州际乳品贸易协会（NCIMS）推荐性危害分析和关键控制点（HACCP）计划。双方都必须向对方提供书面承诺，对参与国家州际乳品贸易协会（NCIMS）推荐性危害分析和关键控制点（HACCP）计划将提供必要的资源支持。负责监管机构和乳加工厂、接收站和中转站双方的管理部门，应提供建立和执行一个成功危害分析和关键控制点（HACCP）体系所需的资源。

危害分析和关键控制点（HACCP）原则：以下是包括在危害分析和关键控制点（HACCP）计划中的 7 个危害分析和关键控制点（HACCP）的原则：

1. 进行危害分析；
2. 确定关键控制点；
3. 建立关键限值；
4. 建立监控程序；
5. 建立矫正措施；
6. 建立验证程序；和
7. 建立记录保存和文件程序。

前提方案（PPs）：在危害分析和关键控制点（HACCP）计划实施之前，乳加工厂、接收站或中转站需制订、编制和实施书面的前提方案。前提方案阐述了生产安全、健康食品必须的基本生产环境和工作条件。许多条件和惯例在联邦和各州的规程和指南中都有详细说明。

前提方案和整个危害分析和关键控制点（HACCP）体系着重于解决公共健康关注的问题，例如，列入《美国联邦法规》（CFR）第 21 篇第 7 部分召回、第 110 部分良好操作规范（GMPs）、第 113 部分密封容器包装低酸性食品的热力菌第 131 部分乳和奶油、本《"A"级巴氏杀菌乳条例》、及美国国家食品微生物标准咨询委员会（NACMCF）危害分析和关键控制点（HACCP）原则和应用指南现行版本中的相关问题。

概要：危害分析和关键控制点（HACCP）的 7 大原则也被称为危害分析和关键控制点（HACCP）计划。与前提方案相结合后，它们构成了危害分析和关键控制点（HACCP）系统。本附录中所述的国家州际乳品贸易协会（NCIMS）推荐性危害分析和关键控制点（HACCP）计划包括危害分析和关键控制点（HACCP）系统和其他在《"A"级巴氏杀菌乳条例》中描述的标准，例如，药物残留检测和追溯；使用的乳品只能来自已获得 90％ 或更高乳品卫生达标率的乳品，或来自州际乳品货运商（IMS）危害分析和关键控制点（HACCP）目录的适宜乳源可接受乳品；以及本条例第四章的标示要求。本附录中阐述的国家州际乳品贸易协会（NCIMS）的推荐性危害分析和关键控制点（HACCP）计划正确有效执行时，可为乳和乳制品提供与传统检验系统同等效力的安全性保障。

Ⅱ 危害分析和关键控制点（HACCP）系统的实施

预备步骤：当实施危害分析和关键控制点（HACCP）计划时，应遵循美国国家食品微生物标准咨询委员会（NACMCF）文件中所列的预备步骤。所有乳和乳制品的生产都需要完整的、最新的工艺流程图。当工艺、产品和危害相似时，可以合并流程图。

前提及其他方案：危害分析和关键控制点（HACCP）不是一个独立的方案，而是一个更大的控制系统的一部分。前提方案是用来控制乳加工厂环境的通用程序，这有助于乳和/或乳制品的整体安全。它们代表了计划、操作和程序的总和，必须应用于在一个清洁、卫生的环境中生产和配送安全的乳和乳制品。它们不同于关键控制点，因为它们是基本的卫生方案，以减少可能发生的乳和/或乳制品的安全隐患。通常情况下，危害分析和关键控制点（HACCP）计划的关键控制点和前提方案的控制措施对控制食品安全危害都是必要的。

危害分析和关键控制点（HACCP）系统只能在一个建造和运行能提供卫生环境的场所中实施。乳加工厂、接收站或中转站的房屋场地、建筑结构、维修和内务工作应以一种能充分提供这种环境的方式运维。乳加工厂、接收站或中转站按照其选择的有效程序措施或前提方案对这些环境因素进行控制。

由于乳和/或乳制品以及具体工艺的不同，前提方案的具体安排会有所不同。在每个危害分析和关键控制点（HACCP）计划的设计和实施过程中，应评估前提方案的必要性和有效性。应当记录前提方案，并定期审核。审计主要包括验证确认该公司有一套表明公司如何对前提方案的每一个步骤进行监测和控制的实施计划。前提方案的建立和管理是和危害分析和关键控制点（HACCP）计划分开的。

除了前提方案之外，还可能需要其他程序来保障危害分析和关键控制点（HACCP）系统正常运行。

1. 必需的前提方案：以下必需的前提方案应有一份简短的书面说明或清单，确保被审核的前提方案遵守规定。前提方案应包括可以被监测的程序；所监测具体程序的记录；以及程序被监测的频率。

在加工的前、中、后期，每一个乳加工厂、接收站或中转站都应有和实施注重于先决条件和操作的前提方案。前提方案应注重：

a. 接触乳和/或乳制品或产品接触面的用水安全，包括蒸汽和冰的安全；

b. 设备产品接触面的状况和清洁；

c. 防止不卫生的物品和/或对乳或乳制品的操作或产品接触面、包装材料及其他食物接触的表面（包括器具、手套、外衣等），以及从原材料产品到加工产品造成的交叉污染；

d. 洗手设备、手部消毒设备和厕所设施的维护；

e. 保护乳和/或乳制品、包装材料和产品接触面，使它们不受由于润滑剂、燃料、杀虫剂、清洁剂、消毒剂、冷凝液及其他化学、物理和生物污染物引起的掺杂。

f. 正确的标示、储存和使用有毒物质；

g. 控制工作人员的健康状况，包括他们暴露于高风险的情况下可能导致的乳和/或

乳制品、包装材料和产品接触面的微生物污染；以及

h. 乳加工厂除害。

i. 员工培训计划至少应具有以下几点：

（1）所有直接负责原材料和配料的卸载和储存、"A"级乳和/或乳制品的存储和任何加工处理的员工，均接受包括食品良好操作规范（GMPs）、本《条例》附录 K 要求、危害分析和关键控制点（HACCP）概述和过敏原在内的年度食品安全培训。

（2）（1）中所列员工的培训记录以及接受培训的日期和类型。

除上述必需前提方案，其他在危害分析过程中所依赖的、用以降低危害可能性、避免危害发生的关键性前提方案，也应作为必需的前提方案进行监测、审核和记录。

2. 监测和矫正： 乳加工厂、接收站或中转站应以足够的频率监测所有必需前提方案的先决条件和操作，以确保符合这些先决条件，有利于保障工厂、接收站或中转站以及正在加工中的乳和/或乳品的安全性都是适当的。每个乳加工厂、接收站或中转站都应记录那些不符合规定的先决条件和操作的矫正措施。用于监测前提条件的设备，如温度指示和记录仪等，必须按照乳加工厂、接收站、中转站规定的频率实施校准以保证设备准确性。

3. 其他程序： 每个乳加工厂都应建立并执行为保障危害分析和关键控制点（HACCP）能够按计划顺利实施的必要的其他程序。这些程序应包括：

a. 一个书面的环境监测计划，其制定和实施的依据是暴露在外界环境中的乳和/或乳制品在不持续接受能够显著减少病原微生物的处理时的相关记录。环境监测计划的最低要求包括：

（1）以科学有效的数据为基础；

（2）包含书面程序和记录；

（3）确定日常环境监测的地点和取样数量；

（4）确定收集和检测样品的时间和频率；

（5）确定环境病原体或适当的指示微生物进行检测；

（6）确定试验的实施，包括使用的分析方法和试验结果的判定；

（7）确定进行检测的实验室；

（8）包括环境监测试验结果的纠偏措施。

b. 供应商计划至少应包含以下内容：

（1）文档记录，证明乳和/或乳制品的所有配料都源自州际乳品货运商（IMS）登记的目录，或者当不在州际乳品货运商（IMS）原料目录里时，供应商至少应具备有效的风险控制计划，其控制措施能显著降低在乳加工厂的"A"级乳和/或乳制品中使用不在州际乳品货运商（IMS）目录的乳或乳制品配料导致的危害风险。

（2）文档记录，证明用于乳加工厂"A"级乳和/或乳制品的非乳和/或乳制品配料供应商具备有效的、书面的、包括过敏源管理的食品安全计划。

c. 一个书面召回计划，至少应符合《美国联邦法规》第 21 篇第 7 部分（A 和 C 部分）要求。

注意： 关于食品药品管理局（FDA）产品召回的更多信息的指南，乳加工厂应参考现行的《食品药品管理局（FDA）企业指南：产品召回》（包括产品下架和整改）。

网址：http://www.fda.gov/Safety/Recalls/IndustryGuidance/ucm 129259. htm.

4. 必需的记录：每一个乳加工厂、接收站或中转站应保存由本附录规定的监测和纠正措施的文档记录。这些记录应遵守本附录的记录保存要求。

危害分析：每个乳加工厂、接收站或中转站应制定或已经制定一份书面的危害分析，以确定对于乳加工厂、接收站或中转站加工或处理的每种类型的乳和/或乳制品，是否存在极有可能发生的乳和/或乳制品危害，以及确定乳加工厂、接收站或中转站可采取的相应危害控制措施。

危害分析应包括可能在乳加工厂、接收站或中转站内部和外部环境引入的危害，包括在装卸、运输、加工和配送过程中可能发生的危害。

相当有可能发生的危害是指，一个科学严谨的乳加工厂、接收站或中转站的操作员基于工作经验、疾病数据、科学报告或其他数据分析认为在不制定并采取相应的危害控制措施时，危害极有可能在某特定类型的在加工乳和/或乳制品中发生。危害分析应由参照并符合本附录要求受过培训的个体（团队）制定，并应该按照本附录中所述的记录保存要求进行保存。

1. 在评估什么是相当可能地发生的乳和/或乳制品危害时，至少应考虑以下几点：

a. 微生物污染；

b. 寄生虫；

c. 化学污染；

d. 非法药物和农药残留；

e. 天然毒素；

f. 未经批准使用的食品或色素添加剂；

g. 存在未申报的、可能是过敏原的成分；以及

h. 物理危害。

2. 乳加工厂、接收站或中转站操作员应评估产品的成分、处理程序、包装、储存和预期的用途，插入设施、设备的功能和设计；以及乳加工厂的卫生，包括员工卫生，以确定对用于预期消费者的成品乳和/或乳制品安全性的每种潜在影响。

危害分析和关键控制点（HACCP）计划：

1. 危害分析和关键控制点（HACCP）计划：每当危害分析显示一个或多个危害会相当可能地发生时，每个乳加工厂、接收站或中转站应拥有和实施一份书面的危害分析和关键控制点（HACCP）计划。危害分析应由参照并符合本附录要求受过培训的个体（团队）制定，并应符合本附录的记录保存要求。危害分析和关键控制点（HACCP）计划应具体到每个位置和每种乳或乳制品。按照本节第2项要求识别和执行的危害、关键控制点、关键限值和程序基本相同时，且在计划中已经对具体乳、乳制品或方法所有特有的计划特征进行了明确清楚的阐述并会在实施过程中进行监测，则在计划中可将相似类型的乳和乳制品、相似的生产方法进行分组归类。

2. 危害分析和关键控制点（HACCP）计划的内容：危害分析和关键控制点（HACCP）计划至少应：

a. 包括用于所有乳或乳制品生产的完整的最新流程图。当工艺、乳和乳制品和危害相似时，可以合并流程图。

b. 列出在上述危害分析中确定的相当可能发生的所有危害，并且对每种类型的乳或乳制品应当进行控制。

c. 列出对于每一种确定的危害的关键控制点，包括适用的：

（1）旨在控制可能发生或可能引入乳加工厂、接收站或中转站环境的危害的关键控制点；

（2）旨在控制乳加工厂、接收站或中转站环境中外部引入的危害，包括在到达乳加工厂、接收站和/或中转站前发生的危害的关键控制点；

（3）列出的关键限值应符合每个关键控制点。

d. 列出用于监测确保每个关键控制点符合关键限值需执行的程序及执行频率；

e. 包括已经按照本附录中所述的矫正措施的要求制定的为纠正关键控制点相对关键限值的偏差应实施的所有矫正措施；

f. 列出乳加工厂、接收站或中转站按照本附录所述关于核查和验证的要求，拟使用并执行的核查和验证程序，以及执行频率。

g. 提供一个符合本附录中所述记录要求的关键控制点监测记录的记录保存系统。记录应包含理论值和监测过程中所获得的观测值。

3. 卫生：卫生控制可列入危害分析和关键控制点（HACCP）计划，然而，在前提方案范畴规定并执行卫生控制时，不需在危害分析和关键控制点（HACCP）计划列明。

矫正措施：一旦关键限值的相对偏差产生，乳加工厂、接收站或中转站应按照本节中第 1 或第 2 部分列出的程序，采取矫正措施。

1. 乳加工厂、接收站或中转站需按照本附录要求制定书面矫正措施计划，这些计划会成为危害分析和关键控制点（HACCP）计划的一部分。这些矫正措施计划可以预先确定在关键限值的相对偏差产生时，乳加工厂、接收站或中转站可采用的矫正措施。一个适用于特定偏差的纠正措施计划应对采用的步骤进行说明并为各步骤分配指明相应的权责，以确保：

a. 对健康有害或由于其他偏差结果造成掺杂的乳或乳制品不允许进入市场；

b. 如果这样的乳或乳制品已进入市场，需要尽快下架；并

c. 矫正偏差发生的原因。

2. 当相对某关键限值的偏差产生时，且乳加工厂、接收站或中转站没有适用于该偏差的相应矫正措施计划，乳加工厂、接收站或中转站必须：

a. 隔离并控制扣留受影响的乳或乳制品，至少直到本节第 2. b 和 2. c 的要求得到满足；

b. 执行或接受复查以确定配送的受影响乳或乳制品的可接受性。该复查必须由经培训或具有相关经验的具备可实施复查资质的个体或团体执行；

c. 必要时对受影响的乳或乳制品采取矫正措施，以确保没有对健康有害的或由于其他偏差结果造成掺杂的乳或乳制品被允许进入市场；

d. 必要时采取矫正措施以矫正偏差发生的原因；以及

e. 按本附录的要求由有资质的个体（团体）执行或进行及时的验证，以确定是否需要修改危害分析和关键控制点（HACCP）计划，以减少偏差再次发生的风险，并在

必要的时候修改危害分析和关键控制点（HACCP）计划。

3. 按照本节要求所采取的所有的矫正措施应全部记录在记录中以备核查。

核查和验证：

1. 核查：按本《条例》规定，每一个乳加工厂、接收站或中转站必须核查确认危害分析和关键控制点（HACCP）系统是按照设计规划执行，其中，不包括在本条例中分别定义的乳加工厂的无菌加工系统和包装后灭菌系统，即使在危害分析过程中识别确认为一个关键控制点，危害分析和关键控制点（HACCP）系统也必须与国家州际乳品贸易协会（NCIMS）危害分析和关键控制点（HACCP）系统分开管理。乳加工厂的无菌加工系统和加工后灭菌系统必须分别经食品药品管理局（FDA）或食品药品管理局（FDA）指定的国家监管机构根据《美国联邦法规》第21篇第108、110和113部分适用的要求以食品药品管理局（FDA）确定的频率进行检查。

a. 核查措施应包括：

（1）关键控制点过程监测仪器的校准，即巴氏杀菌检测等；

（2）按照乳加工厂、接收站或中转站的意愿，定期执行成品或半成品的检测；

（3）由根据本附录培训要求培训过的个人执行的记录评审（包括签名和日期）应记录：

i）关键控制点的监测：这次审查的目的至少包括，确保记录完整，并确认记录的记录值在关键限值之内。该审查应按照危害分析和关键控制点（HACCP）计划中指定的、与记录重要性相适用的频率执行；

ii）采取矫正措施：此审查的目的至少包括，确保记录完整，并确认根据之前引述的矫正措施要求采取了恰当的矫正措施。该审查应按照与记录重要性相适用的频率执行。前文所述应建立一个集中式偏差日志；以及

iii）用于关键控制点的任何过程监测仪器的校准，和列属乳加工厂、接收站或中转站验证活动的、所有定期执行的成品或半成品的检测。这些审查的目的至少应是，确保该记录完整，并且这些措施按照乳加工厂、接收站或中转站的书面程序进行。这些审查应在记录后的适当时间内进行。

（4）任意核查程序确定需要采取矫正措施时，采取矫正措施程序。

b. 按照本节 1. a.（3）ii）和 1. a.（3）iii）项的要求，关键控制点过程监测仪器的校准，及任何定期执行成品或半成品产品，应当记录在符合本附录的记录保存要求的记录中。

2. 危害分析和关键控制点（HACCP）计划的验证：每一个乳加工厂、接收站或中转站，应当验证危害分析和关键控制点（HACCP）计划充分地控制了相当可能发生的危害。该验证应该至少在实施后12个月内进行一次，并在此后至少每年一次，或每当在此过程中发生任何可能影响危害分析或改变危害分析和关键控制点（HACCP）计划时进行验证。这种变化可能包括：

a. 原料或原料来源；产品配方；加工方法或系统，包括计算机及其软件；包装；成品配送系统；或成品的预期使用或预期消费者和消费者投诉。

验证应由根据本附录所述要求培训有资质的个体（团体），并应遵守正文所述记录保存要求。无论何时验证发现该计划已不再足够地、充分地满足本文件要求，应立即

修改危害分析和关键控制点（HACCP）计划。

3. 危害分析验证：乳加工厂、接收站或中转站没有危害分析和关键控制点（HACCP）计划时，因为危害分析已经表明没有相当可能发生的危害，每当在这个过程中有很可能影响是否存在危害的任何变化，乳加工厂、接收站或中转站应重新评估危害分析的妥善性。

这种变化可能包括：

a. 原料或原料来源；

b. 产品配方；

c. 加工方法或系统，包括计算机及其软件；

d. 包装；

e. 成品配送系统；或

f. 成品的预期使用和预期消费者；以及

g. 消费者投诉。

此验证必须由参照并符合本附录要求受过培训的有资质的个体（团体）执行。

记录：

1. 必需的记录：乳加工厂、接收站和中转站使用一致的术语识别每件设备、记录、文件或整个书面的危害分析和关键控制点（HACCP）系统的其他程序，这是非常重要的。乳加工厂、接收站或中转站应维护下列的记录乳加工厂、接收站或中转站危害分析和关键控制点（HACCP）系统的记录：

a. 记录前提方案持续应用的记录，包括一个简短的书面描述，监测和矫正记录；

b. 书面的危害分析；

c. 书面的危害分析和关键控制点（HACCP）计划；

d. 本节 1. a～c 中具体规定的危害分析和关键控制点（HACCP）文件和格式，应注明日期或标注版本号。每一页上应标有一个新的日期或每当页面更新时的版本号；

e. 根据标题和危害分析和关键控制点（HACCP）系统持续应用记录排列的危害分析和关键控制点（HACCP）计划记录的目录和集中列表应保存并备用于审查；

f. 记录更改日志；

g. 记录危害分析和关键控制点（HACCP）计划持续应用的记录包括：

（1）根据乳加工厂、接收站或中转站危害分析和关键控制点（HACCP）计划规定，关键控制点及其关键限值的监测，包括记录的实际时间、温度或其他测量值；

（2）矫正措施，包括对偏差响应时采取的所有措施；

（3）需要一个集中式偏差日志；以及

（4）计划验证日期。

h. 记录核查和验证危害分析和关键控制点（HACCP）系统的记录，包括危害分析和关键控制点（HACCP）计划、危害分析和前提方案。

2. 一般要求：本节所要求的记录应包括：

a. 乳加工厂、接收站或中转站的标识和位置；

b. 记录所反映措施的日期和时间；

c. 执行操作或创建记录的个体的签名或缩写；和

d. 在适当的情况下，乳和/或乳制品的标示和生产代码（如果有的话）；当检测到加工以及其他信息时，应立即记录。记录应包含理论值和监测过程中所获得的观测值。

3. 建档：

a. 在本节 1.a.～c 的记录应由乳加工厂、接收站或中转站现场负主要责任的个体签署姓名和日期。此签名应表示这些记录已被公司认可。

b. 本节 1.a.～c 的记录应签名并注明日期：

（1）首次验收时；

（2）有任何修改时；以及

（3）在按照以上列出的要求进行核查和验证时。

4. 记录保留：

a. 按照本节的要求，易腐或冷藏产品的所有记录应当保留在乳加工厂、接收站或中转站，在这类产品生产日期之后至少保留 1 年。对于冷冻、防腐或耐储的产品，应在产品生产日期或产品的保质期之后保存 2 年，以时间较长的日期为准，除非其他法规要求保存更长时间。

b. 涉及的关于设备或使用工艺妥善性的记录，如调试或工艺验证记录（包括科学研究和评估的结果），在乳加工厂、接收站或中转站最后一次使用这样的设备或工艺之日起至少在乳加工厂、接收站或中转站至少保留两年。

c. 监测发生日期 6 个月后，如果加工记录可以在请求正式审查的 24h 内能够被取回并提供到现场，则允许加工记录不在现场保存。如果电子记录能够从现场的位置获取，则电子记录被认为是现场的。

d. 如果加工设备长时间关闭，记录可能会被转移到其他一些合适的、易于获得的位置，但在正式审查需要时应立即返回到加工场所。

5. 正式审查：由本节要求的所有记录应在合理时限内可用于正式审查。

6. 电脑上保存的记录：按照上述要求，电脑上保存的记录是可接受的。

Ⅲ　员工教育和培训

危害分析和关键控制点（HACCP）系统的成功取决于教育、培训管理和员工，他们的作用在生产安全的乳和乳制品中很重要性。这也应包括与乳品生产和加工所有阶段有关的乳源性危害控制方面的信息。具体的培训活动应包括工作说明和程序，其中概述了员工监测具体关键控制点和前提方案的任务。

Ⅳ　培训和标准化

对企业和监管人员的危害分析和关键控制点（HACCP）培训将以美国国家食品微生物标准咨询委员会（NACMCF）现行的《危害分析和关键控制点原理与应用指南》、现行的食品药品管理局（FDA）HACCP 的建议以及本附录和本《条例》相关章节的监管要求为基础。

利用国家州际乳品贸易协会（NCIMS）危害分析和关键控制点（HACCP）计划，

负责评估、许可和设施监管审核的监管机构人员，必须接受履行传统国家州际乳品贸易协会（NCIMS）职能所需培训等效的培训。他们必须接受执行危害分析和关键控制点（HACCP）系统审核的专门培训。

企业、监管机构、评定机构和食品药品管理局（FDA）人员应一起培训。

危害分析和关键控制点（HACCP）培训：

1. 核心课程：乳品危害分析和关键控制点（HACCP）核心课程包括：

a. 国家州际乳品贸易协会（NCIMS）危害分析和关键控制点（HACCP）培训；以及

b. 对国家州际乳品贸易协会（NCIMS）危害分析和关键控制点（HACCP）计划的各项要求的情况介绍。

基础的危害分析和关键控制点（HACCP）培训，包括针对食品安全性的美国国家食品微生物标准咨询委员会（NACMCF）危害分析和关键控制点（HACCP）原则的应用指导。这种培训包括进行危害分析和评估潜在危害、书写危害分析和关键控制点（HACCP）计划和验证此计划的实际练习。

培训各环节最好能与基础危害分析和关键控制点（HACCP）培训内容有机结合，也可单独授课。培训内容将参照国家州际乳品贸易协会（NCIMS）的指导执行。它的目的是使企业和监管人员熟悉特定的乳品危害分析和关键控制点（HACCP）关注的问题和国家州际乳品贸易协会（NCIMS）危害分析和关键控制点（HACCP）计划下的监管要求。它是由在国家州际乳品贸易协会（NCIMS）危害分析和关键控制点（HACCP）计划下对危害分析和关键控制点（HACCP）应用有经验的指导者教授的。

执行本附录规定需要接受培训的或在本节第 2 部分中列出的特定职能的企业个体，必须成功地完成了针对乳和乳制品加工危害分析和关键控制点（HACCP）原则应用的适当培训，至少是与乳品危害分析和关键控制点（HACCP）的核心课程下接受的培训相当。或者，如果基于经验提供的知识已经能够完全覆盖通过标准课程学习获得的知识，则具备工作经验的个体有资质履行相关职能。

2. 企业人员：只有符合本节第 1 部分要求的企业人员才能负责下列职能：

a. 制定前提方案；

b. 制定危害分析，包括按要求划定控制措施；

c. 制定一个适用于具体乳加工厂、接收站或中转站以满足这些要求的危害分析和关键控制点（HACCP）计划；

d. 按照矫正措施程序和指定的验证活动，验证和修改危害分析和关键控制点（HACCP）计划；

e. 执行要求的危害分析和关键控制点（HACCP）计划记录的审查。

3. 监管人员：执行危害分析和关键控制点（HACCP）审核的监管人员应当已成功地完成了对乳和乳制品加工中危害分析和关键控制点（HACCP）原则应用的适当培训，至少是与乳品危害分析和关键控制点（HACCP）的核心课程下接受的培训相当。

V 危害分析和关键控制点（HACCP）审查和后续措施

政府监管机构审查、执法审查、诉讼和后续措施：应对乳加工厂、接收站或中转站设施和国家州际乳品贸易协会（NCIMS）危害分析和关键控制点（HACCP）计划实施审查，以确保符合危害分析和关键控制点（HACCP）系统和其他相关的国家州际乳品贸易协会（NCIMS）监管要求。

审查可能会由稽查员酌情决定在某些特定情况下宣布，即初步审查、后续审查、新的施工、巴氏杀菌检查等。当实施突击审核时，直到乳加工厂人员找到机会将所有相关记录供稽查员审核后，审核才算完成。

审核程序：

1. 预审管理会谈：审查和讨论乳加工厂危害分析和关键控制点（HACCP）系统，包括：

    a. 管理结构的变化；

    b. 危害分析——确保所有的乳或乳制品危害已经解决；

    c. 危害分析和关键控制点（HACCP）计划的变化；

    d. 前提方案的变化；

    e. 流程图中的变化；以及

    f. 乳或乳制品或工艺的变化。

2. 审查过去的审核报告（AR）以及缺陷和不符合（如果有的话）的纠正措施；

3. 乳加工厂危害分析和关键控制点（HACCP）系统实施和验证的审查；

4. 危害分析和关键控制点（HACCP）系统的审查记录；

5. 符合其他适用国家州际乳品贸易协会（NCIMS）监管要求的审查＊；

6. 讨论发现和观察到的问题；

7. 根据发现的缺陷和不符合项，准备并提供一份审核报告。审核报告应包括所有已发现缺陷和不符合项的纠正措施的时间表；以及

8. 结束会谈。

＊**注意**：其他适用的国家州际乳品贸易协会（NCIMS）要求的示例：

1. 生鲜乳的供应来源；

2. 标签合规性；

3. 掺杂；

4. 许可证规定；

5. 药物残留检测和追溯要求；

6. 监管样品合规性；

7. 用于要求的监管测试的认证实验室；以及

8. 巴氏杀菌设备的设计和安装。

政府监管机构执法行动/后续措施：政府监管机构应：

1. 在发现的缺陷和不符合项，以及其他国家州际乳品贸易协会（NCIMS）要求的基础上准备和提供审核报告；

2. 乳加工厂审核报告，以及所有发现的缺陷和不符合项及其他国家州际乳品贸易协会（NCIMS）要求的矫正时间表的审查；

3. 后续措施以确保矫正措施是根据审核报告的结果制定；

4. 当观察到一个迫在眉睫的健康危害时，应立即采取措施，以防止乳和乳制品的进一步转移，直到这样的危害已经被消除；以及

5. 当乳加工厂、接收站或中转站不能认识到或纠正缺陷或不符合项，应启动监管执法行动，如许可证的暂时吊销、撤销、听证会、法院的诉讼，和/或其他等效措施。

审核时间表：

审核	最低频率
首次监管审核后第一年	初次审核； 在 30～45 天后再次审核；此后是 4 个月的时间间隔，除非监管机构确定更高的频率是必要的
后续审核	每 6 个月一次，除非监管机构确定更高的频率是必要的*
遵守情况跟进	应有必要尽可能频繁地对遵守法规的情况跟进，以保证监管机构发现的问题已得到解决

* 监管机构可以选择把最低审核频率从 4 个月延长到 6 个月，如果存在下面的条件：

1. 对于当前危害分析和关键控制点（HACCP）审核，FDA2359m 表格——乳加工厂、接收站或中转站国家州际乳品贸易协会（NCIMS）危害分析和关键控制点（HACCP）系统审核报告第 12b 条没有标记监管审核。

2. 没有当前四（4）分之二（2）的警示通报或五（5）分之三（3）的不合格通报，或不合格水样结果报告。

3. 没有当前或以前审核的关键列表元素（CLE）。

审核报告表：

请参见本《条例》附录 M。

附录 L《联邦食品、药品和化妆品法》
以及《联邦农药、杀真菌剂和杀鼠剂法》
中乳和乳制品鉴定适用的法规、标准

《美国联邦法规》第 7 篇　58.334　巴氏杀菌法

《美国联邦法规》第 7 篇　58.2601　乳清

《美国联邦法规》第 21 篇　第 7 部分——强制政策

《美国联邦法规》第 21 篇　第 11 部分——电子记录；电子签名

《美国联邦法规》第 21 篇　第 101 部分——食品标签

《美国联邦法规》第 21 篇　第 108 部分——紧急许可控制

《美国联邦法规》第 21 篇　第 110 部分——现行的生产、包装或供人体消费食品的良好操作规范

《美国联邦法规》第 21 篇　第 113 部分——密封容器包装的热加工低酸性食品

《美国联邦法规》第 21 篇　第 114 部分——酸化食品

《美国联邦法规》第 21 篇　第 117 部分——人类食品现行良好操作规范和危害分析及基于风险的预防性控制措施

《美国联邦法规》第 21 篇　130.10——用一种营养素含量声明和标准化术语命名的食品的规定

《美国联邦法规》第 21 篇　131.3　定义——奶油、巴氏杀菌和超巴氏杀菌

《美国联邦法规》第 21 篇　131.110　乳

《美国联邦法规》第 21 篇　131.111　酸化乳

《美国联邦法规》第 21 篇　131.112　发酵乳

《美国联邦法规》第 21 篇　131.115　炼乳

《美国联邦法规》第 21 篇　131.120　甜炼乳

《美国联邦法规》第 21 篇　131.123　低脂乳粉

《美国联邦法规》第 21 篇　131.125　脱脂乳粉

《美国联邦法规》第 21 篇　131.127　维生素 A 和维生素 D 强化脱脂乳粉

《美国联邦法规》第 21 篇　131.147　全脂乳粉

《美国联邦法规》第 21 篇　131.149　干奶油粉

《美国联邦法规》第 21 篇　131.150　重奶油

《美国联邦法规》第 21 篇　131.155　淡奶油

《美国联邦法规》第 21 篇　131.157　淡鲜奶油

《美国联邦法规》第 21 篇　131.160　酸奶油

《美国联邦法规》第 21 篇　131.162　酸化酸性稀奶油

《美国联邦法规》第 21 篇　131.170　蛋奶酒

《美国联邦法规》第 21 篇　131.180　牛乳加等量淡奶油混合饮料

《美国联邦法规》第 21 篇　131.200　酸奶

《美国联邦法规》第 21 篇　131.203　低脂酸奶

《美国联邦法规》第 21 篇　131.206　脱脂酸奶

《美国联邦法规》第 21 篇　133.128　农家干酪

《美国联邦法规》第 21 篇　133.129　干凝乳农家干酪

《美国联邦法规》第 21 篇　173.310　锅炉水添加剂

《美国联邦法规》第 21 篇　174—间接食品添加剂：一般

《美国联邦法规》第 21 篇　第 175 部分—间接食品添加剂：黏合剂和涂料的成分

《美国联邦法规》第 21 篇　第 176 部分—间接食品添加剂：纸和纸板组件

《美国联邦法规》第 21 篇　第 177 部分—间接食品添加剂：聚合物

《美国联邦法规》第 21 篇　第 178 部分—间接食品添加剂：辅剂、生产助剂和消毒剂

《美国联邦法规》第 21 篇　182.6285　磷酸氢二钾

《美国联邦法规》第 21 篇　184.1666　丙二醇

《美国联邦法规》第 21 篇　184.1979　乳清

《美国联邦法规》第 21 篇　184.1979（2）　浓缩乳清

《美国联邦法规》第 21 篇　184.1979（3）　乳清粉《美国联邦法规》第 21 篇 184.1979a 低乳糖乳清

《美国联邦法规》第 21 篇　184.1979b　低矿物质乳清

《美国联邦法规》第 21 篇　184.1979c　浓缩乳清蛋白粉

《美国联邦法规》第 21 篇　1240.61　直接用于人类消费的所有乳和乳制品最终封装形式的强制性巴氏杀菌

《美国联邦法规》第 40 篇　第 141 部分——国家饮用水基本规定

《美国联邦法规》第 40 篇　152.500　设备要求

《美国联邦法规》第 40 篇　156.10　设备及其产品的标签要求

《美国联邦法规》第 40 篇　158　注册的数据要求、农药评估指南

《美国联邦法规》第 40 篇　180.940　抗菌配方中使用的活性和惰性成分的残留限量（接触食品表面的消毒液）

《联邦食品、药品和化妆品法案》（FFD&CA），修订版，第 402 节［342］掺假食品和第 403 节［343］贴假标签食品

附录 M　报告和记录

下列表格可在如下网址获得：

http：//www.fda.gov/AboutFDA/ReportsManualsForms/Forms/default.htm

FDA 2359 乳加工厂检验报告表格

FDA 2359a 乳牛场检验报告表格

FDA 2359b 乳加工厂设备检测报告表格

FDA 2359c 制造工厂检验报告表格（用于乳和/或乳制品的一次性容器和/或封盖）

FDA 2359d 认证报告表格（用于乳和/或乳制品的一次性容器和/或封盖的制造）

FDA 2359m 乳加工厂、接收站或中转站表格国家州际乳品贸易协会（NCIMS）危害分析和关键控制点（HACCP）系统审核报告表格

FDA 2399 乳品取样员评估报告表格（乳牛场取样——生鲜乳和巴氏杀菌乳）

FDA 2399a 散乳搬运工/取样员评估报告表格

FDA 2399b 乳罐车检验报告表格

附录 N 药物残留检测和农场监管

I 厂家职责

监测和监督：

厂家应对所有的散乳罐车和/或所有尚未装运至散乳罐车中的生鲜乳进行 β 内酰胺类抗生素残留筛查，无论最终用途是什么。此外，食品药品管理局（FDA）委员在确定是否存在本《条例》第六章所述的潜在问题时，可以采用随机采样计划对散乳罐车和/或所有尚未装运至散乳罐车中的生鲜乳进行其他的药物残留检测。散乳罐车和/或所有未装运至散乳罐车中的生鲜乳的随机取样及检测程序应能代表并包括：在任意连续 6 个月当中，须分别至少 4 个单独的月份中（在 3 个月中，某一个月包括了相隔至少 20d 的两个取样日期的情况除外）采集至少 4 份用于巴氏杀菌、超巴氏杀菌、或无菌加工和包装的生鲜乳样本。根据随机取样和检测计划采集的样本应按照食品药品管理局（FDA）的规定进行分析（参见本《条例》第六章）。

从最后的生产者那里收乳之后以及在任何其他的混合之前，应对散乳罐车进行采样。应由经过认证的无菌采样器采集散乳罐车样本。样本必须是有代表性的。散乳罐车检测必须在乳品加工前完成。如果散乳罐车样本通过核准的检测方法确认药残为阳性，且/或经确认筛查呈阳性，使用的检测方法为未经食品药品管理局（FDA）评估、被国家州际乳品贸易协会（NCIMS）确认且无需经额外批准的，监管机构确定为必要时，应保留样本。

所有尚未装运至散乳罐车中的生鲜乳应在乳品加工前采样。样品应具代表性，覆盖每个农场的散乳罐车/乳罐、每个乳品工厂生鲜乳槽和/或乳罐及其他储存容器等。所有未装运至散乳罐车中的生鲜乳检测必须在乳品加工前完成。

注意：拟冷链储存或运输生鲜羊乳的农场生产者/加工者，应于冷藏前采集生鲜羊乳样品。样品应由经乳场所在地监管机构许可的散装乳搬运工/取样员采集。之后生鲜羊乳样品应由经认证的实验室或筛查设施进行检测。如果这是农场生产者/加工者的唯一生鲜羊乳供应，该检测应符合本《条例》附录 N 中"所有未装运至散乳罐车中的生鲜乳检测必须在乳品加工前完成"的规定。就乳羊场而言，应符合本《条例》附录 B 中"生鲜乳样品应按照乳场所在地监管机构批准的样品协议要求冷藏"的规定并运输至经认证的实验室进行检测。检测结果或生鲜乳样品应能准确追溯到该冷藏生鲜羊乳的批次号、对应的生鲜羊乳批次及乳源农场。

对于经过混合的生鲜乳槽、散乳罐车和/或所有未装运至散乳罐车中的生鲜乳或农场生鲜乳槽/储乳罐（仅用于销售的乳）样本进行的分析而得出的，使用核准的检测方法药物残留推定阳性或使用未经食品药品管理局（FDA）评估、被国家州际乳品贸易协会（NCIMS）认可的检测方法确认筛查呈阳性的检测结果应向实施该检测所在地的监管机构报告。散乳罐车和/或所有未装运至散乳罐车中的生鲜乳样本通过核准的检测方法确认药残为阳性，且/或经确认筛查呈药物残留阳性，使用的检测方法为未经食品药品管理局（FDA）评估、被国家州际乳品贸易协会（NCIMS）确认且无需经额外批准的，由监管机构裁定留样或作其他处理。所有使用核准的检测方法药物残留推定阳性的成品乳和/或乳制品检测结果应向实施该检测所在地的监管机构报告。

应根据本《条例》第六章的规定并按照第五章中所规定的频率对厂家取样员进行评估。

报告和农场追溯：

如果散乳罐车和/或尚未装运至散乳罐车中的生鲜乳供应品通过核准的检测方法推定药物残留为阳性或通过未经食品药品管理局（FDA）评估、被国家州际乳品贸易协会（NCIMS）认可的检测方法确认筛查呈阳性的，应将生鲜乳的结果和最终的处理情况立即通知给实施该检测所在地的监管机构。

如果来自散乳罐车的生产者样本使用核准的检测方法确认药物残留为阳性，或经确认筛查呈药物残留阳性，使用的检测方法为未经食品药品管理局（FDA）评估、被国家州际乳品贸易协会（NCIMS）确认且无需经额外批准的，应当逐个检测以确定农场来源。应按照监管机构的指示对样本进行测试。

如果农场散乳罐车/乳罐、乳品工厂生鲜乳槽和/或乳罐及其他生鲜乳储存容器等，用来作为工厂生鲜乳来源，而不使用散装乳罐车装运时，经核准的检测方法确认（乳的）药物残留为阳性，或经确认筛查呈药物残留阳性，使用的检测方法为未经食品药品管理局（FDA）评估、被国家州际乳品贸易协会（NCIMS）确认且无需经额外批准的，如可追溯到药物残留来源的农场，则无需通过进一步检测确定乳源。

监管机构和乳品生产者收到关于违规的单个生产者乳品不合格情况的官方通报后，在后续药物残留检测不再呈阳性之前，应立即停止从违规的单个生产者那里收乳，包括其散乳罐车/乳罐、生鲜乳槽、未装运至散乳罐车中的生鲜乳供给等。

记录要求：

应按照监管机构认可的格式记录所有的检测结果，至少应包括下列信息：

1. 进行检测人员的身份信息；

2. 如检测对象为散乳罐车或农场的散乳罐车/储乳罐，乳品工厂生鲜乳乳槽和/或乳罐，以及其他生鲜乳存储容器等，用来作为工厂生鲜乳来源，而不使用散装乳罐车装运的身份识别信息；

3. 进行检测的日期/时间（时间，日，月，年）；

4. 进行的检测的识别信息/批号♯/任何和全部的对照（＋/－）；

5. 检测结果；

6. 如果最初的检测是阳性的/任何和全部的对照（＋/－）的后续检测；

7. 进行检测的地点；以及

8. 对使用核准的检测方法确认药物残留为阳性，或经确认筛查呈药物残留阳性，使用的检测方法为未经食品药品管理局（FDA）评估、被国家州际乳品贸易协

（NCIMS）确认的运载物应提供之前的检测文件。

  *上述信息应包含在散乳罐车和/或未装运至散乳罐车中的生鲜乳上面的农场散装罐体单元（BTU）编号。

所有样本结果的记录由厂家在检测所在地和/或在监管机构指定的且厂家认可的其他地点保存至少 6 个月。实验室调查采证时，记录留存机构可举证 2 年内的记录档案。

Ⅱ 监管机构的职责

如果监管机构收到通知，来自另一个监管机构辖区内某厂家散乳罐车内的乳和/或未装运至散乳罐车中的生鲜乳，经核准的检测方法确认药物残留为阳性，或经确认筛查呈药物残留阳性，使用的检测方法为未经食品药品管理局（FDA）评估、被国家州际乳品贸易协会（NCIMS）确认的，则收到该通知的监管机构负责向问题乳源所在地的监管机构通报。

监测和监督：

监管机构应对厂家的监督活动进行监控，在例行的或未事先通知的季度现场检查中对采集散乳罐车/未装运至散乳罐车中的生鲜乳进行取样并审核厂家的取样计划记录。检查日到达的计划内散乳罐车和/或未装运至散乳罐车中的生鲜乳中至少 10％应接受采样和分析。采用的检测方法应适合被分析的药物，并且能够按照厂家正在使用的方法检测同样浓度下的同样药物。作为选择，监管机构或实验室评估官员（LEO）可以在审核出行中携带已知的样本并且对厂家分析员（IA）检测该样本的过程进行观察。如果收购点决定对其收货分析员进行认证，并且这些分析员全部经过了国家州际乳品贸易协会（NCIMS）实验室认证计划的规定认证，则该收购点可以免除本章的取样要求。如果收购点中所有经批准的厂家收货分析员和厂家监督员（ISs）成功地参加了实验室评估官员举行的两年一次的现场评估和一年一次的分样比对，则该收货点可以免除本章的取样要求。

审核应包括但不限于下列内容：

1. 对于药物残留检测来说，这个计划是适合的例行监督计划吗？

2. 该计划采用了适合的检测方法了吗？

3. 药物残留的检测计划对每个生产者的乳品来说具有代表性吗，并且按照本附录第Ⅰ部分规定的频率进行检测了吗？

4. 该计划能够确保将阳性检测结果、散乳罐车和或/未装运至散乳罐车中的生鲜乳的最终处置情况和追溯农场源头及时通知给有关监管机构吗？

5. 在后来的检测确认乳品的药物残留不再呈阳性之前，暂停该农场的收乳和/或使用违规的单个生产者供给乳了吗？

为了满足这些要求：

a. 在监管机构和厂家之间应订立公文协议，对进行通知的细节进行约定。该通知应当"及时"，例如，通过电话或传真和书面方式进行通知。

b. 最终处理既可以在监管机构和厂家之间的公文协议中预先约定，也可以在监管机构的现场监督下进行。应根据 M－Ⅰ－06－5 的规定对乳品进行处理，也可以根据经食品药品管理局（FDA）和监管机构审核和认可的指定药物残留乳转换协议的规定用作动物饲料。

c. 应采用同样的或类似的核准的检测方法（M－I－96－10，最新修订版）将所有筛查呈阳性（确定的）的运载物销毁（生产者追溯）。应由官方实验室、官方指定的实验室或认证的厂家监督人员（CIS）实施"确认检测"（运载物和生产者追溯/许可强制措施）。应根据本附录的规定对检测呈阳性的乳品的生产者进行处理。

d. 应使用同样的检测方法对所有经确认筛查呈药物残留阳性，使用的检测方法为未经食品药品管理局（FDA）评估、被国家州际乳品贸易协会（NCIMS）确认且无需经额外批准的运载物，加以分类（生产者追溯）。应按照之前与监管机构签订的公文协议规定实施生产者追溯（参见本附录第VI部分）。应根据本附录的规定对证实检测呈阳性的乳品的生产者进行处理。

e. 如果农场散乳罐车/乳罐、乳品工厂生鲜乳乳槽和/或乳罐，以及其他生鲜乳存储容器等，用来作为工厂生鲜乳来源，而不使用散装乳罐车装运时，经核准的检测方法确认（乳的）药物残留为阳性，则药物残留的乳源农场可以确定，无需通过进一步检测确认乳源农场。应由官方实验室、官方指定的实验室或认证的厂家监督人员（CIS）实施"确认检测"。应根据本附录的规定对检测呈阳性的乳品的生产者进行处理。

f. 如果农场散乳罐车/乳罐、乳品工厂生鲜乳乳槽和/或乳罐，以及其他生鲜乳存储容器等，用来作为工厂生鲜乳来源，而不使用散装乳罐车装运时，（乳）经确认筛查呈药物残留阳性，使用的检测方法为未经食品药品管理局（FDA）评估、被国家州际乳品贸易协会（NCIMS）确认的，则药物残留的乳源农场可以确定，无需通过进一步检测确认乳源农场。应按照之前与监管机构签订的公文协议的规定实施生产者追溯（参见本附录第VI部分）。应根据本附录的规定对筛查确认呈阳性的乳品生产者进行处理。

g. 在监管机构的指导和监督下，厂家负责暂停和中止农场散乳槽的收乳活动和/或未装运至散乳罐车中的生鲜乳的使用。监管机构可自行决定由厂家和/或监管机构保存下列有关记录：

（1）确认检测呈阳性的未装运至散乳罐车中的生鲜乳的生产者的身份信息或检测呈阳性的运载物的生产者和身份信息；以及

（2）确认在监管机构根据使用的检测方法履行了其在本附录的第II部分中的义务并且清除了这些乳品的收乳或使用之前不从乳品检测呈阳性的生产者那里收乳或使用乳。

为确保收乳站混合原料乳之前对所有的散乳罐车和/或所有未装运至散乳罐车中的生鲜乳进行取样，应审核充足的记录，并将结果提供给相关的散装罐体单元（BTU）。

监管机构还应实施本《条例》第六章中规定的药物残留的例行取样和检测。

实施：

药物残留检测呈阳性的乳品处理依据是不得让其进入人或动物的食物链，除非根据"食品药品管理局（FDA）合规政策指南"（CPG 7126.20）恢复至合格状态。监管机构应确定对此违规负责的生产者。

暂扣许可证及防止乳品出售：一旦乳品的药物残留经核准的检测方法检测确认呈阳性，监管机构应立即暂扣生产者的"A"级乳许可证或采取其他类似有效措施防止出售含有药物残留的乳品。一旦监管机构和乳品生产者收到确认阳性的官方通知，应立即禁止从违规的单个生产者处收乳，包括其散乳罐车/乳罐、生鲜乳槽、未装运至散乳罐车中的生鲜乳等，直到后续检测显示其乳品不再有药物残留。

防止乳品出售：一旦乳品经确认筛查呈药物残留阳性，并且使用的检测方法为未经食品药品管理局（FDA）评估、被国家州际乳品贸易协会（NCIMS）确认且无需经额外批准的，监管机构应立即采取有效措施防止含有药物残留的乳品出售。

乳品确认阳性检出的处罚：该处罚相当于受到污染的全部乳品和/或未装运至散乳罐车中的生鲜乳的价值加上与处置受污染运载物或未装运至散乳罐车中的生鲜乳有关的任何成本。监管机构可接受违规生产者的乳品营销合作方或乳品购买者提供的被处罚方满足了处罚要求的证明。

恢复：当按规定暂停许可后，在与任何其他乳品混合之前，从该生产者的乳品中采集的具有代表性样本的药物残留检测不再呈阳性时，应恢复"A"级乳生产者的许可证或采取其他让乳品作为食品进行销售的措施。

跟进：当通过核准的检测方法确认药物残留为阳性，或经确认筛查呈药物残留阳性，并且使用的检测方法为未经食品药品管理局（FDA）评估、被国家州际乳品贸易协会（NCIMS）确认且无需经额外批准时，应进行调查并查明原因。由监管机构或其代理完成对农场的检查以确定药物残留的原因并采取措施防止进一步的违规，这些措施包括：

1. 按照监管机构的建议，为了防止以后出现问题在农场对程序进行必要的修改。

2. 讨论和培训本《条例》附录 C 中所列的"避免药物残留的控制措施"。

许可证吊销：如果在 12 个月内，经核准的检测方法检测药物残留违规次数达到 3 次，监管机构应根据本《条例》第三章中"许可证"的规定，以多次违规为由启动吊销"A"级乳许可证的行政程序。

监管机构记录：

对于行业报告称乳罐车和/或未使用散装乳罐车装运的工厂生鲜乳，经核准的检测方法确认（乳的）药物残留为阳性，或（乳）经确认筛查呈药物残留阳性，使用的检测方法为未经食品药品管理局（FDA）评估、被国家州际乳品贸易协会（NCIMS）确认且无需经额外批准的，监管机构的记录中应当说明下列内容：

1. 监管机构的指示是什么？

2. 什么时候通知监管机构？由谁进行通知？

3. 运载物或农场散乳罐车/乳罐、乳品工厂生鲜乳乳槽和/或乳罐，以及其他生鲜乳存储容器等，用来作为工厂生鲜乳来源，而不使用散装乳罐车装运时，其身份识别信息是什么？

4. 使用了什么筛查和/或确认检测，分析员是谁？

5. 被掺入杂质的乳是如何处理的？

6. 负责的生产者是谁？

7. 在随后从违规的生产者那里收乳之前检测结果呈阴性的记录。

Ⅲ 药物残留检测方案确定

定义：

在本附录中将采用下列定义：

1. 推定阳性：推定阳性检测指采用最新修订版 M－a－85 或 M－Ⅰ－92－11 认可的检测方法从对散乳罐车和/或未使用散装乳罐车装运的工厂生鲜乳的最初检测中得出的阳性结果，立即对同一样本采用同样检测方式利用阳性（＋）和阴性（－）对照再一次进行双份检测，对照提供的结果有效可信并且再次进行的双份检测中的一次（1）或两次呈阳性结果。

2. 筛查检测阳性（运载物或未装运至散乳罐车中的生鲜乳确认）：采用用于推定阳性的同样的或类似（M－Ⅰ－96－10，最新修订版）的检测方法，在阳性（＋）和阴性（－）对照情况下，在推定阳性样本进行双份检测中获得了筛查检测阳性（确认）结果，对照提供的结果有效可信，并且双份检测中的一次或两次呈阳性结果。官方实验室、官方指定的实验室或认证的厂家监督人员采用同样的或类似（M－Ⅰ－96－10，最新修订版）的检测方法进行筛查阳性检测（运载物或农场散乳罐车/乳罐、乳品工厂生鲜乳乳槽和/或乳罐，以及其他生鲜乳存储容器等，用来作为工厂生鲜乳来源，而不使用散装乳罐车装运的确认）。

3. 生产者追溯/暂扣许可证措施：官方实验室、官方指定的实验室或认证的厂家监督人员采用与为了获得筛查阳性检测运载物（确认）所用的同样的或类似的（M－Ⅰ－96－10，最新修订版）检测方法识别出了筛查阳性检测运载物（确认）之后实施生产者追溯/暂扣许可证措施。按照筛查阳性检测运载物（确认）相同的方式获得确定的生产者阳性检测结果。在生产者样本上获得了最初的阳性结果（生产者推定阳性）之后，应按照获得生产者推定阳性结果所采用的相同检测方法对该样本进行双份检测。利用阳性（＋）和阴性（－）对照进行这项检测，如果双份检测中的一次或两次呈阳性结果，并且对照提供了适合的结果，则生产者样本被确认为阳性。

注意：如果农场散乳罐车/乳罐、乳品工厂生鲜乳乳槽和/或乳罐，以及其他生鲜乳存储容器等，用来作为工厂生鲜乳来源，而不使用散装乳罐车装运时，使用经批准的检测方法确认（乳）呈药物残留阳性，则药物残留的乳源可以确定，无需通过进一步检测确认乳源农场。

4. 单个生产者运载物：单个生产者散乳罐车是一种只装运一个乳加工厂的乳的散乳罐车或散乳罐车的隔间。

5. 个体农场生产者/加工者的生鲜乳：个体农场生产者/加工者的生鲜乳可以用乳罐车运输；和/或其生鲜乳可以储存在乳场的直接供应至间歇式巴氏杀菌器（槽）或高温短时巴氏杀菌系统恒液位槽的农场散装乳储乳罐/乳罐或通过管道从农场散装乳储乳罐/乳罐输送至乳加工厂的供应至间歇式巴氏杀菌器（槽）或高温短时巴氏杀菌系统恒液位槽的生鲜乳罐车和/或乳罐；和/或其他生鲜乳储存容器。

6. 厂家分析员（IA）：在经认证的厂家监督人员（CIS）或厂家监督人员（IS）的监督下，被委派按照本《条例》附录 N 的药物残留规定对散乳罐车和/或所有未装运至散乳罐车中的生鲜乳进行筛查的人员。

7. 厂家监督人员/经认证的厂家监督人员（IS/CIS）：经实验室评估官员（LEO）培训的人员，他们负责按照本《条例》附录 N 的药物残留规定对乳罐车和/或所有未装运至散乳罐车中的生鲜乳进行检测的厂家分析员（IAs）进行监督和培训。

8. 经认证的厂家监督人员（CIS）：经实验室评估官员（LEO）评估并且列为经认证的厂家监督人员（IS），他们在厂家药物残留筛查点使用经许可的检测方法进行药物残留筛查检测以便根据《"A"级巴氏杀菌乳条例》附录 N 的规定采取相应强制执行措施（确定散乳罐车、农场散装乳储乳罐/乳罐、乳加工厂生鲜乳储乳罐和/或乳罐、或其他用于乳加工厂的未装运至散乳罐车中的生鲜乳储存容器，生产者追溯和/或许可证措施）。

9. 确认筛查呈阳性：确认筛查呈阳性的检测是指，对散乳罐车和/或未使用散装乳罐车装运的生鲜乳使用的检测方法为未经食品药品管理局（FDA）评估、被国家州际乳品贸易协会（NCIMS）确认的，得出的最初检测结果为阳性，立即对同一样本采用同样检测方式利用阳性（＋）和阴性（－）对照再一次进行双份检测，结果有效可信并且再次进行的双份检测中的一次或两次呈阳性结果。

10. 无需暂扣许可证措施的生产者追溯：生产者追溯检测是指，实验室为识别筛查呈阳性的装载物，而使用与得出此阳性筛查结果同样的检测方法（检测），该检测方法为未经食品药品管理局（FDA）评估、被国家州际乳品贸易协会（NCIMS）确认且无需经额外批准的。按照确认筛查阳性散乳罐车相同的方式获得确认筛查阳性生产者的检测结果。在生产者样本上获得了最初的阳性结果之后，应按照获得最初生产者阳性结果所采用的相同检测方法对该样本进行双份检测。在阳性（＋）和阴性（－）对照情况下进行这项检测，结果有效可信并且再次进行的双份检测中的一次或两次呈阳性结果，则生产者样本为确认筛查阳性（参见本附录第 VI 部分）。

注意：如果农场散乳罐车/乳罐、乳品工厂生鲜乳乳槽和/或乳罐，以及其他生鲜乳存储容器等，用来作为工厂生鲜乳来源，而不使用散装乳罐车装运时，（乳）经确认筛查呈药物残留阳性，使用的检测方法为未经食品药品管理局（FDA）评估、被国家州际乳品贸易协会（NCIMS）确认且无需经额外批准的，则药物残留的乳源可以确定，无需通过进一步检测确认乳源农场。

经认证的厂家监督人员（CISs）；评估和记录
参考：《乳品实验室评估》（EML）

1. 经认证的厂家监督人员（CISs）/厂家监督人员（ISs）/厂家分析员（IAs）：监管机构可以选择允许对厂家监督人员进行认证。根据这个计划，这些经认证的厂家监督人员可以为了监管目的对推定为阳性的散乳罐车的运载物和/或所有未装运至散乳罐车中的生鲜乳正式确认，并且正式确认生产者的乳使用的为核准的检测方法（生产者追溯/许可证措施）。在实施本《条例》附录 N 的过程中，实验室评估官员（LEO）在评估官方实验室、官方指定的实验室或经认证的厂家监督人员、厂家监督人员和厂家分析员时将采用适合的 FDA/NCIMS 2400 系列表格（附录 N）。

经认证的厂家监督人员/厂家监督人员应向实验室评估官员（LEO）报告由厂家分

析员实施的全部的能力评估结果。所有经认证的厂家监督人员、厂家监督人员和厂家分析员的姓名以及他们的培训和评估情况应由实验室评估官员（LEO）保存，并且在更换、添加和/或免除时进行更新。实验室评估官员（LEO）应核实（用文件证明）每名经认证的厂家监督人员和/或厂家监督人员已经建立了一项保证受他们监督的厂家分析员能力的计划。实验室评估官员（LEO）还应核实每名厂家监督人员和厂家分析员已经证明他们具备了进行药物残留分析的能力，每两年至少一次。核实工作可以包括平行样本分析和/或现场绩效评估或实验室评估官员（LEO）和食品药品管理局（FDA）实验室能力评估组（LPET）认可的其他水平裁定。

如果厂家监督人员或厂家分析员无法向实验室评估官员（LEO）证明其具备了足够的能力，则可能被实验室评估官员（LEO）从厂家监督人员和/或厂家分析员的名单中删除。要想恢复检测资格，他们只能通过完成重新培训和/或成功分析平行样本和/或通过现场绩效评估或采取向实验室评估官员（LEO）证明其具备能力的其他方式[参见《乳品实验室评估》（EML），它说明了经认证的厂家监督人员的认证要求以及厂家监督人员和厂家分析员的培训要求]。

2. 散乳罐车的取样和检测： 从最后的生产者那里收乳之后并且在任何其他的乳混合之前，应对散乳罐车进行采样。样本必须是有代表性的。在对乳品进行加工之前完成样本分析。

3. 未装运至散乳罐车中的生鲜乳的取样和检测： 所有未装运至散乳罐车中的生鲜乳应在乳品加工前采样。样品应具代表性，覆盖每个农场的散乳槽/乳罐、每个乳加工厂生鲜乳罐车和/或乳罐及其他生鲜乳存储容器。所有未装运至散乳罐车中的生鲜乳检测应在乳品加工前完成。

4. 在阴性检测结果出来之前卸载散乳罐车： 如果在获得阴性检测结果之前卸载并混合了散乳罐车，并且筛查检测为推定阳性，使用的为经核准的检测方法，或者经确认筛查呈药物残留阳性，使用的检测方法为未经食品药品管理局（FDA）评估、被国家州际乳品贸易协会（NCIMS）确认的，应立即通知监管机构。如果散乳罐车样品经核准的检测方法确认为药物残留阳性，或经确认筛查呈药物残留阳性，使用的检测方法为未经食品药品管理局（FDA）评估、被国家州际乳品贸易协会（NCIMS）确认且无需额外批准的，则该混合乳被认为掺假，并且无论后续检测结果如何均不能作为食品食用。该乳应当在监管机构的监督下进行处理。

5. 未装运至散乳罐车中的生鲜乳在未得到阴性检测结果前加工： 如果对未装运至散乳罐车的生鲜乳在获得阴性结果之前进行加工，并且使用经核准的检测方法筛查检测为推定阳性，或者经确认筛查呈药物残留阳性，使用的检测方法为未经食品药品管理局（FDA）评估、被国家州际乳品贸易协会（NCIMS）确认的，应立即通知监管机构。如果未装运至散乳罐车的生鲜乳样品经核准的检测方法确认为药物残留阳性，或者经确认筛查呈药物残留阳性，使用的检测方法为未经食品药品管理局（FDA）评估、被国家州际乳品贸易协会（NCIMS）确认且无需额外批准的，则该混合乳被认为掺假，并且无论后续该生鲜乳和/或巴氏杀菌乳或乳制品的检测结果如何均不能作为食品食用。该加工乳应当在监管机构的监督下进行处理。

散乳罐车和/或所有未装运至散乳罐车中的生鲜乳筛查检测

1. 性能检测/对照：对于本章的散乳罐车和/或所有未装运至散乳罐车中的生鲜乳，在最初使用之前和之后的每个筛查日，采用阳性（＋）和阴性（－）对照（见本章中的"实施附录 N 的规定所需的筛查检测"中的定义）对购买的每批试剂盒进行检测。应保留所有阳性（＋）和阴性（－）对照性能检测的记录。

2. 最初的药物检测程序：根据本《条例》附录 N 的规定，下列程序适用于散乳罐车和/或所有未装运至散乳罐车中的生鲜乳的药物残留检测。厂家分析员可以筛查乳罐车和/或所有未装运至散乳罐车中的生鲜乳并且接受或拒绝乳品。乳加工厂、收购站、中转站和其他筛查点可以选择参加厂家监督人员认证计划。

a. 厂家使用核准的检测方法推定阳性选择：对于由使用核准的检测方法推定阳性样本所代表的乳品，厂家有两个选择：

（1）应通知有关的监管机构（来源地和接收地）。有关的监管机构应控制推定阳性运载物和/或未装运至散乳罐车中的生鲜乳。在首先通知了监管机构之后，应提供推定阳性检测结果的书面副本。确定该推定阳性运载物和/或未装运至散乳罐车中的生鲜乳的检测应在官方实验室、正式指定的实验室中或由经认证的厂家监督人员在监管机构认可的地点进行。前期的检测文件应提供给确认运载物和/或未装运至散乳罐车中的生鲜乳的分析员。在采用为了获得推定阳性结果所使用的同样的或类似的检测方法（M－I－96－10，最新修订版）进行分析之前，应按照监管机构的指示对推定阳性运载物和/或未装运至散乳罐车中的生鲜乳进行再次取样。采用阳性（＋）和阴性（－）对照进行双份分析。如果双份样本中的一个或两个是阳性的，并且阳性（＋）和阴性（－）对照给出了正确的反应，则该样本被视为"筛查检测阳性"（确认运载物和/或未装运至散乳罐车中的生鲜乳。应向管理机构提供实验结果的书面副本。样本所代表的乳品不得进行销售或加工成食品。

（2）推定阳性乳品的所有方可以拒收该运载物和/或未装运至散乳罐车中的生鲜乳，而无需进行进一步的检测。这时，该推定阳性检测所代表的乳品不得进行销售或加工成食品。不得对该乳品进行再次筛查。应通知有关的监管机构（来源地和接收地）。在这种选择下，应对拒收的运载物实施生产者追溯。

注意：如果农场散乳罐车/乳罐、乳品工厂生鲜乳乳槽和/或乳罐，以及其他生鲜乳存储容器等，用来作为工厂生鲜乳来源，而不使用散装乳罐车装运时，（乳）经核准的检测方法确认药物残留为阳性，则药物残留的乳源可以确定，无需通过进一步检测确认乳源农场。

3. 重新取样：

a. 使用核准的检测方法推定结果：偶尔也会出现这样的情况，在使用核准的检测方法最初获得了推定结果之后发现取样存在错误或检测结果可疑。如果出现这种情况，监管机构允许该厂家对散乳罐车和/或未装运至散乳罐车中的生鲜乳进行再次取样。应在检测记录中明确列出必须再次取样的原因并且向监管机构报告。该书面记录应提供给监管机构并且与该运载物和/或未装运至散乳罐车中的生鲜乳的检测记录一同进行保存。

b. 使用核准的检测方法筛查检测结果：不鼓励进行再次取样或对筛查检测结果进

行额外分析。然而，如果监管机构已经确定取样和/或分析程序不符合公认的国家州际乳品贸易协会（NCIMS）规范（SMEDP，附录N，FDA/NCIMS 2400表格和适用的解释或信息备忘录），监管机构可以命令进行再次取样和/或分析。监管机构的这项决定应基于客观证据。允许再次取样的监管机构应编制及时的跟进计划以便找出问题并启动纠正措施以确保导致再次取样的问题不会重复出现。如果再次取样和/或分析是必要的，它应包括对取样员、分析员和/或实验室的审核以便找出问题并启动纠正措施以确保问题不会重复出现。导致再次取样的问题原因应明确记录在由监管机构保存的检测记录上并与运载物和/或未装运至散乳罐车中的生鲜乳的检测记录一同进行保存。

4. 生产者追溯：

a. 必须采用同样的或类似检测方法（M－I－96－10，最新修订版）将所有使用核准的检测方法确定筛查呈阳性的运载物区分（生产者追溯）。应由官方实验室、官方指定的实验室或认证的厂家监督人员实施"确认检测"（运载物和生产者追溯/许可证措施）。应根据本附录的规定对检测呈阳性的乳品的生产者进行处理。

注意： 如果用于乳加工厂未装运至散乳罐车中的生鲜乳的农场散装乳储乳罐/乳罐、乳加工厂生鲜乳储乳罐和/或乳罐、其他生鲜乳储存容器等经核准的检测方法确认药物残留呈阳性，导致药物残留的乳源农场可追溯，则无需进一步检测。

b. 应采用同样的检测方法将所有通过未经食品药品管理局（FDA）评估、经国家州际乳品贸易协会（NCIMS）认可、未获其他批准的检测方法证实筛查呈阳性的运载物区分（生产者追溯）。应按照之前与监管机构签订的公文协议的规定实施生产者追溯确认检测（参见本附录第VI部分）。应根据本附录的规定对检测呈阳性的乳品的生产者进行处理。

注意： 如果农场散乳罐车/乳罐、乳品工厂生鲜乳乳槽和/或乳罐，以及其他生鲜乳存储容器等，用来作为工厂生鲜乳来源，而不使用散装乳罐车装运时，（乳）经核准的检测方法确认药物残留为阳性，则药物残留的乳源可以确定，无需通过进一步检测确认乳源农场。

确保来自单个生产者运载物和来自单个生产者的多个农场罐运载物的样本具有代表性：在牛乳场装入散乳罐车和/或其他生鲜乳运输方式之前应从每个农场的牛乳储存罐/筒仓中取得具有代表性的样本。具有代表性的样本应随散乳罐车和/或其他生鲜乳运输方式送到管理机构认可的指定地点。

记录要求： 应按照监管机构认可的格式记录所有的检测结果，至少应包括下列信息：

1. 进行检测人员的身份信息；

2. 如检测对象为散乳罐车或农场的散乳罐车/储乳罐，乳品工厂生鲜乳乳槽和/或乳罐，以及其他生鲜乳存储容器等，用来作为工厂生鲜乳来源，而不使用散装乳罐车装运的身份识别信息*；

3. 进行检测的日期/时间（时间，日，月，年）；

4. 进行的检测方法的识别信息/批号♯/任何和全部的对照（＋/－）；

5. 如果分析结果是阳性的检测结果，记录上应列明；

a. 带有阳性运载物的每个生产者的识别信息；

b. 应通知监管机构中的哪些人员；

c. 通知的时间；以及

d. 怎样进行通知。

6. 如果最初的检测是阳性的/任何和全部的对照（＋/－）的后续检测；

7. 进行检测的地点；以及

8. 如果经核准的检测方法检测（乳）为推定阳性，或（乳）经确认筛查呈药物残留阳性，使用的检测方法为未经食品药品管理局（FDA）评估、被国家州际乳品贸易协会（NCIMS）确认的，应提供之前的检测文件。

　＊上述信息应包含在散乳罐车和/或所有未装运至散乳罐车中的生鲜乳上的乳品厂散装罐体单元（BTU）编号。

实施附录 N 的规定所需的散乳罐车和/或
所有未装运至散乳罐车中的生鲜乳检测方法

1. 性能检测/对照（＋/－）：

a. 采用阳性（＋）和阴性（－）对照对购买的每批试剂盒进行检测。

b. 每个筛查机构在每个检测日进行阳性（＋）和阴性（－）对照性能检测。

c. 所有经过国家州际乳品贸易协会（NCIMS）批准的散乳罐车和/或所有未装运至散乳罐车中的生鲜乳确认检测方法应包括下列格式：

应根据监管机构的指示由经认证的分析员（官方实验室、官方指定的实验室或认证的厂家监督人员）立即采用同样的或类似的检测方法（M－I－96－10，最新修订版）对同一样本利用阳性（＋）和阴性（－）对照再一次对全部的推定阳性检测结果进行双份检测。如果双份检测的相关（＋/－）对照结果呈阴性，则散乳罐车和/或所有未装运至散乳罐车中的生鲜乳应报告为阴性。如果双份检测中的一个或两个呈阳性（＋），应向实施检测所在地的监管机构报告检测结果，即筛查检测呈阳性（确认）的结果。

d. 工厂使用的所有未经食品药品管理局（FDA）评估、经国家州际乳品贸易协会（NCIMS）认可的用于散乳罐车和/或所有未装运至散乳罐车中的生鲜乳检测方法应包括下列格式：应按照本附录第 VI 部分提供的选项中的一个执行。

e. 药物残留试剂盒所用的所有阳性（＋）对照应贴上标签以便明确说明具体的药物和该药物的浓度水平。

（1）经证实仅用来检测青霉素、氨苄青霉素和头孢匹林的检测，阳性（＋）对照为 $PenG@5 \pm 0.5 \times 10^{-9}$。

（2）经确认用来检测邻氯青霉素的试剂盒，阳性（＋）对照为邻氯青霉素 $@10 \pm 1 \times 10^{-9}$。

（3）经确认仅用来检测一种药物残留的试剂盒，阳性（＋）对照为检测出的药物残留的目标测试水平/耐受量的 $\pm 10\%$。

2. 工作区域：

a. 试剂盒生产商的标签规范之内的温度。

b. 实施试剂盒过程所需充分照明。

3. 检测试剂盒温度计：

a. 温度计，可追溯至美国国家标准与技术学会（NIST）认证的温度计。

b. 刻度间隔不超过1℃。

c. 不采用表盘式温度计来确定乳品实验室中的样本、试剂、冰箱或保温箱的温度。

4. 冷藏：

a. 生产商规定的试剂盒试剂储存温度。

5. 天平（电子）：

a. 0.01g，用于准备阳性（＋）对照。

b. 具有适合的灵敏度的天平，用来对这些移液装置进行校准，公差为±5％。可以在实验室评估官员（LEO）同意的另一个地点进行校准。

6. 筛查检测方法取样要求：

a. 确定和记录散乳罐车中的乳品和/或所有未装运至散乳罐车中的生鲜乳温度。

b. 对于药物残留检测而采集的具有代表性的散乳罐车和/或所有未装运至散乳罐车中的生鲜乳样本。

c. 在采集后的72h内对样本进行检测。

7. 筛查检测方法的容积计量装置：

a. 试剂盒生产商提供的一次性装置应得到本《条例》附录N筛查分析员的认可。

b. 经国家州际乳品贸易协会（NCIMS）认证的实验室需要经过校准的吸移装置/调配装置。可以在实验室评估官员（LEO）同意的另一个地点进行校准。

c. 试剂盒生产商提供的带有校准线移液头可以用于本《条例》附录N中的筛查。

Ⅳ 已确定的药物残留耐受量和/或指标检测水平

食品药品管理局（FDA）使用"指标检测水平"作为起诉裁量权的指南。他们没有将残留低于安全水平的乳品合法化。简而言之，食品药品管理局（FDA）将"指标检测水平"用作起诉指南，完全符合"社区营养研究所"（Community Nutrition Institute，CNI）诉Young案。它们对任何结果没有强制作用，它们不得以任何方式限制食品药品管理局（FDA）的自由裁量权，并且也不保证乳生产者或乳品不会受到法庭强制措施的约束。

"指标检测水平"不是，也不能被转变为根据经修订的《联邦食品、药品和化妆品法案》（FFD&CA）的512（b）条确定的动物药物的耐受量。"指标检测水平"：

1. 对法庭、公众，包括乳品生产者或食品药品管理局（FDA），包括食品药品管理局（FDA）的个人雇员不具约束力；并且

2. 不像耐受量或具有法律约束力的规定那样具有"法律效力"。"指标检测水平"的通知、变更或添加应通过信息备忘录（M－I's）方式传送。

V　核准的检测方法

监管机构和厂家应使用来自最新修订版的 M－a－85 的检测方法按照本附录第Ⅲ部分规定的检测程序来分析散乳罐车和/或所有未装运至散乳罐车中的生鲜乳的 β 内酰胺类抗生素残留。可以采用美国官方分析化学家协会第一决定和最终决定方法，它们符合本《条例》第六章的规定。在完成评估并且确认该方法符合食品药品管理局（FDA）要求并符合本《条例》第六章的规定之前，应延迟基于每个检测方法的强制措施。

对具体非 β 内酰胺药物或某类药物，在食品药品管理局（FDA）对检测评估并由国家州际乳品贸易协会（NCIMS）认可两次或更多次药物检测方法之后的一年内，其他未经评估的对具体非 β 内酰胺药物或某类药物检测不能用于决定乳罐车运载的乳和/或所有未装运至散乳罐车中的生鲜乳的筛查检测阳性（确认）。对经食品药品管理局（FDA）和国家州际乳品贸易协会（NCIMS）评估的非 β 内酰胺以外药物检测的认可，不授权厂家或管理机构采用经评估的药物检测方法进行额外筛查，除非食品药品管理局（FDA）委员断定在乳供应品中存在其他动物药物残留的潜在问题。

为了得到认可，对于个人药品，食品药品管理局（FDA）提交至国家州际乳品贸易协会（NCIMS）的新药物检测方法不应检测低于公差水平 50% 或目标检测水平* 25% 的药物残留，本《条例》附录 N 及其他药物检测认可的下列情况除外：

1. 盘尼西林 G＝2×10^{-9}；
2. 检测到金霉素值大于 150×10^{-9}、氧四环素四环素大于 119×10^{-9} 以及四环素大于 67×10^{-9} 的四环素药物包。

*目标检测值是食品药品管理局（FDA）根据现有科学设定的，不能由商业用检测方法的检测限值来决定。

Ⅵ　未经食品药品管理局（FDA）评估、国家州际乳品贸易协会（NCIMS）认可的非 β 内酰胺残留检测方法

如果至少有两种用于检测 β 内酰胺以外的具体药物或某类药物的检测方法被食品药品管理局（FDA）和国家州际乳品贸易协会（NCIMS）认可，根据最新修订版 M－a－85 及 M－I－92－11 关于生鲜乳的规定，如果使用该检测方法的生产商数据显示其检测灵敏度小于等于美国目标测试或公差水平，未经食品药品管理局（FDA）评估和国家州际乳品贸易协会（NCIMS）许可的非 β 内酰胺筛查检测方法可以被用于最初筛查。

最初药物检测筛查使用的检测方法为未经食品药品管理局（FDA）评估、被国家州际乳品贸易协会（NCIMS）确认的，随后的药物检测为确定筛查结果阳性（确认运载物和/或未装运至散乳罐车中的生鲜乳）使用经过食品药品管理局（FDA）评估、被国家州际乳品贸易协会（NCIMS）确认的（M－a－85 最新修订版，和 M－I－92－11）检测方法：

有监管机构书面许可的情况下，可以使用未经食品药品管理局（FDA）评估、国

家州际乳品贸易协会（NCIMS）许可的检测方法筛查散乳罐车和/或未装运至散乳罐车中的生鲜乳的非β内酰胺药物残留。在使用该检测方法之前，应先取得该检测方法的使用者、乳供应商和管理机构的书面协议，以决定用于根据最新修订版 M－a－85 及 M－I－92－11 许可的、经食品药品管理局（FDA）评估、国家州际乳品贸易协会（NCIMS）许可的检测方法实施非β内酰胺残留检测的设备及协议。最新版 M－I－96－10 的检测方法应用于确认。

应根据下列两个选项中的一个用于确认：

1. 如果未经食品药品管理局（FDA）评估、国家州际乳品贸易协会（NCIMS）许可的药物检测方法得出阳性最初检测结果，应立即对同一样本采用同样检测方式利用阳性（＋）和阴性（－）对照再一次进行双份检测，结果有效可信。如果再次进行的双份检测中的一次或两次呈阳性结果则最初结果为筛查确认阳性。应通知有关的监管机构（来源地和接收地）。有关的监管机构应控制确认筛查阳性运载物和/或未装运至散乳罐车中的生鲜乳。通知监管机构之后，应提供确认筛查阳性检测结果的书面副本。确定该确认筛查阳性运载物和/或未装运至散乳罐车中的生鲜乳的检测应使用最新修订版 M－a－85 及 M－I－92－11 中的检测方法，并应在官方实验室、官方指定的实验室中或由经认证的厂家监督人员在监管机构认可的地点实施。所有前期的检测文件应提供给确认运载物和/或未装运至散乳罐车中的生鲜乳的分析员。在采用为了获得确认筛查阳性结果所使用的最新修订版 M－I－96－10 检测方法进行分析之前，应按照监管机构的指示对推定阳性运载物和/或未装运至散乳罐车中的生鲜乳进行再次取样。采用阳性（＋）和阴性（－）对照进行双份分析。如果双份样本中的一个或两个是阳性的，并且阳性（＋）和阴性（－）对照显示出了适合的结果，则该样本被视为"筛查检测阳性"（确认运载物和/或未装运至散乳罐车中的生鲜乳）。应向管理机构提供实验结果的书面副本。样本所代表的乳品不得进行销售或加工成食品。生产者追溯、报告和强制措施按照本附录规定执行。

2. 如果未经食品药品管理局（FDA）评估、国家州际乳品贸易协会（NCIMS）许可的药物检测方法得出阳性最初检测结果，应立即对同一样本采用最新修订版 M－a－85 及 M－I－92－11 中的检测方法再次检测。应立即对同一样本采用同样检测方式利用阳性（＋）和阴性（－）对照再一次进行双份检测，结果有效可信，并且再次进行的双份检测中的一次或两次呈阳性结果，最初的 M－a－85 及 M－I－92－11 阳性检测为推定阳性。应通知有关的监管机构（来源地和接收地）。有关的监管机构应控制推定阳性运载物和/或未装运至散乳罐车中的生鲜乳。通知了监管机构之后，应提供推定阳性检测结果的书面副本。确定该推定阳性运载物和/或未装运至散乳罐车中的生鲜乳的检测应在官方实验室、正式指定的实验室中或由经认证的厂家监督人员在监管机构认可的地点实施。所有前期的检测文件应提供给确认运载物和/或未装运至散乳罐车中的生鲜乳的分析员。在采用为了获得推定阳性结果所使用的最新修订版 M－I－96－10 检测方法进行分析之前，应按照监管机构的指示对推定阳性运载物和/或未装运至散乳罐车中的生鲜乳进行再次取样。采用阳性（＋）和阴性（－）对照进行双份分析。如果双份样本中的一个或两个是阳性的，并且阳性（＋）和阴性（－）对照结果有效可信，则该样本被视为"筛查检测阳性"（确认运载物和/或未装运至散乳罐车中的生鲜乳）。

应向管理机构提供实验结果的书面副本。样本所代表的乳品不得进行销售或加工成食品。生产者追溯、报告和强制措施按照本附录规定执行。

当经食品药品管理局（FDA）评估、被国家州际乳品贸易协会（NCIMS）确认的药物检测方法（M－a－85 最新修订版，和 M－I－92－11）不可用时，使用未经食品药品管理局（FDA）评估、被国家州际乳品贸易协会（NCIMS）确认的药物检测方法做最初筛查，并且确定运载物和/或未装运至散乳罐车中的生鲜乳确认筛查阳性：

有管理机构书面许可的情况下，可以使用未经食品药品管理局（FDA）评估、国家州际乳品贸易协会（NCIMS）许可的检测方法筛查和证实散乳罐车和/或未装运至散乳罐车中的生鲜乳的非β内酰胺药物残留。在使用该检测方法之前，应先取得该检测方法的使用者、乳供应商和管理机构的书面协议，以决定用于证实存在非β内酰胺残留的设备及协议。

如果未经食品药品管理局（FDA）评估、国家州际乳品贸易协会（NCIMS）许可的药物检测方法得出阳性最初检测结果，应立即对同一样本在经认证的设备上根据之前的书面协议使用相同的检测方法再次检测。通过立即对同一样本采用同样检测方式利用阳性（＋）和阴性（－）对照再一次进行双份检测，结果有效可信，并且再次进行的双份检测中的一次或两次呈阳性结果，则最初阳性检测为确认筛查阳性。应通知有关的监管机构（来源地和接收地）。有关的监管机构应控制确认筛查阳性运载物和/或未装运至散乳罐车中的生鲜乳。在首先通知了监管机构之后，应提供确认筛查阳性检测结果的书面副本。确认筛查阳性的运载物和/或未装运至散乳罐车中的生鲜乳应被销毁，不再进入人类或动物的食物链。厂家应在根据之前的书面协议按照管理机构的指示使用相同的药物检测方法实施生产者追溯。如果最初生产者的药物检测方法得出阳性最初检测结果，应立即对同一样本在经认证的设备上根据之前的书面协议使用相同的检测方法再次检测。通过立即对同一样本采用同样检测方式利用阳性（＋）和阴性（－）显示的适合的结果对照再一次进行双份检测，并且再次进行的双份检测中的一次或两次呈阳性结果，则最初阳性检测为确认筛查阳性。应将生产者追溯结果通知监管机构。该检测方法的使用者、乳供应商及乳生产者共同负责确保筛查阳性的乳不进入人类和/或动物的食物链。在使用未经食品药品管理局（FDA）评估、国家州际乳品贸易协会（NCIMS）许可的相同或同样效果的检测方法，在该生产者的乳产品与任何其他乳混合之前采集代表性样本，进行后续检测药物残留不再呈阳性之前，禁止从违规的单个生产者处收乳和/或使用乳。当药物残留检测确认筛查阳性，由监管机构或其代理完成检查，以确定药物残留的原因并采取措施防止进一步的违规。

注意： 如果农场散乳罐车/乳罐、乳品工厂生鲜乳乳槽和/或乳罐，以及其他生鲜乳存储容器等，用来作为工厂生鲜乳来源，而不使用散装乳罐车装运时，（乳）经核准的检测方法确认药物残留为阳性，或者经确认筛查呈药物残留阳性，使用的检测方法为未经食品药品管理局（FDA）评估、被国家州际乳品贸易协会（NCIMS）确认且无需额外批准的，则药物残留的乳源可以确定，无需通过进一步检测确认乳源农场。

附录 O　液态乳制品的维生素强化

添加维生素的工艺/方法

维生素强化可以通过在加工系统中的许多不同点添加维生素来完成，最好是在分离后，包括巴氏杀菌缸，高温短时杀菌（HTST）恒液位罐，或按照制造商的建议在标准化之后和巴氏杀菌之前连续添加到管道中。批量添加和用计量泵添加都可以使用。批量添加操做需要准确测量需强化乳的体积，准确测量维生素的浓度，并适当搅拌。当维生素计量泵与高温短时杀菌（HTST）或高热短时杀菌（HHST）设备一起使用时，计量泵应安装成只有该设备是顺流时才被激活。按照制造商的建议，维生素添加应在巴氏杀菌之前完成。

强化不足的问题往往与系统执行强化之处操作点有关。维生素 A 和维生素 D 是脂溶性的，在乳的乳脂成分中会逐渐浓缩。脂溶性和水溶性维生素都易于出现这种迁移问题。

如果在分离和标准化之前添加正确量的维生素，然后产品被分离和标准化，那么低脂产品往往会维生素不足，而高脂产品往往会维生素过量。如果在分离之前添加维生素，水溶性维生素浓缩液可以使这一问题最小化。执行这一步骤的加工人员应进行确认分析，以确保每种产品的正确强化浓度。

很多的高温短时杀菌（HTST）系统目前正在与联机脂标准化一起使用，这就使得无需停止就可以从维生素 D 强化的乳和乳制品切换到维生素 A 和维生素 D 共同强化成为可能。这些系统需要在标准化之前和巴氏杀菌后，计量注入正确的维生素。洁净的容积式泵可用于这一目的。

这种泵有两种类型：

1. 第一种是活塞式无阀计量泵。它配备了一个千分尺，可根据通过系统的产品流速，添加准确量的维生素，而且重现性好。

2. 另一种是可精确控制的蠕动泵。这种精确控制是可能的，因为体积可通过管道尺寸和泵的速度控制。该系统简化了清洗，因为只有管道与维生素浓缩液接触。

这些泵有较好的重现性和可靠性记录。所有计量泵的设计应当符合本《条例》的要求。

建议的注入点是分离之后和均质之前。这使维生素在均质过程中完全分散到乳中。推荐用止回阀防止乳污染维生素浓缩液。

当有多种维生素浓缩液注入时，建议用不同的泵、管道和止回阀（参见图58）。

泵应该在巴氏杀菌系统流速的基础上进行校正。如果因为不同的乳制品改变流速，可能需要额外的维生素泵。如果准确性未经核实，不建议重新校正计量泵。建议对计量泵进行常规校正。如下建议可获得所需的维生素强化浓度：

1. 应强化管理，进行正确的强化，同时注意过高或过低的浓度。

2. 为正确添加，要正确地设计系统，浓缩液在标准化之后和巴氏杀菌之前添加。

3. 应为负责每种乳和乳制品维生素强化的所有员工提供书面的程序和培训。这些程序应着眼于乳或乳制品的启动和乳或乳制品的更换。

4. 使用的维生素和生产的乳或乳制品准确记录的维护，并对照理论用量每天进行检查。应该注意的是，少部分乳或乳制品（如脱脂乳）的充分强化不会被大量的降脂乳（2%）或其他部分脱脂的乳制品所掩盖。

计量泵

使用准确的、洁净的容积式计量泵，在使用之后有预定的清洗程序。对于批量添加，只使用准确的、经校准的测量设备，例如塑料量筒或移液管。测量设备的大小应根据浓缩液添加量来估算，即如果加入 8mL，10mL 量筒将是合适的。测量设备应使用被强化的乳或乳制品冲洗，以确保不会残留浓缩液。

在注射管道上使用止回阀，以防止乳或乳制品倒流到管道中。这取决于泵的排量。

通过测定传输速率的准确性，定期检查校准计量泵，包括泵和管道。对于蠕动泵系统，只使用正确校准的管道，并定期更换管道。

用于把维生素浓缩液加入计量泵的存储容器应定期清空。对这些容器、泵和管道，必须有定期的系统清洁和消毒计划表。

维生素浓缩液应按照制造商建议的最大储存期限存储和保存。

维生素计量泵应该与分流和循环阀相互连线，以防止在分流和/或循环流动过程中运行。

定期分析成品。结果应该以国际单位（IU）/夸脱的形式报告。因为执行这些检测的敏感度和困难，必须在一个有能力的实验室进行检测；其中一项是熟悉维生素强化乳制品的处理和检测。

应注意回收产品的重新加工，以便维生素 A 和/或维生素 D 浓度不会超过标示量的 150%。

良好操作规范

良好操作规范要求维生素 A 和维生素 D 的浓度符合《美国联邦法规》第 21 篇 131.110 款的陈述："（b）维生素添加（可选）：（1）如果添加，维生素 A 的含量应该是每夸脱食品不少于 2000IU，其含量在良好操作规范的限值之内。（2）如果添加，维生素 D 的含量应该是每夸脱食品不少于 400IU，其含量在良好操作规范的限值之内。"

为了标签标示的目的，食品营养标示遵守《美国联邦法规》第 21 篇 101.9 款适用项，其陈述为：

（3）（i）Ⅰ类。强化或合成食品中添加营养素；和

（4）（i）Ⅰ类维生素、矿物质、蛋白质、膳食纤维或钾。复合物的营养成分至少等于标签上所标示营养素的值。

因此，如果添加，《美国联邦法规》第 21 篇列出的标准化乳制品：131.110 乳，

131.111 酸化乳，131.112 发酵乳，131.127 强化维生素 A 和维生素 D 的脱脂乳粉（维生素添加不可选），131.200 酸奶，131.203 低脂酸奶和 131.206 脱脂酸奶，其维生素 A 和维生素 D 的可接受范围如下：

* 标示量的 100%～150% ＝（维生素 D，400～600IU/夸脱；维生素 A，2000～3000IU/夸脱）。

* 在方法差异性范围内。

发现在要求值或标示量 100% 以下或 150% 以上的液态乳制品，应重新取样，并确定问题的原因。

另外，《美国联邦法规》第 21 篇 130.10 款对采用营养含量声明和标准化术语来命名的食品的规定陈述如下："对于结合营养含量声明的产品，即低脂、脱脂、降脂，标准化术语的产品，即乳、酸奶油、蛋奶酒，营养成分必须添加到食品中，以恢复营养水平，使产品在营养成分上不会劣于标准化食品。"因此，维生素 A 和维生素 D 应添加到除去脂的乳制品中，如降脂、低脂和脱脂乳脱脂乳制品，需要添加的量要能够替代去除脂时损失的这些维生素量。

检测方法

应使用美国食品药品管理局（FDA）接受的检测方法，或统计学上能获得与美国食品药品管理局（FDA）检测方法同样结果的其他官方方法，实施维生素 A 和/或维生素 D 的检测。维生素分析应在食品药品管理局（FDA）认可和监管机构接受的实验室内进行（参见最新修订版 M－a－98，经食品药品管理局（FDA）批准、国家州际乳品贸易协会（NCIMS）认可的对指定的乳和/或乳制品的维生素检测方法）。

可用的浓缩液类型

有许多不同类型的浓缩液可以使用。所有包含维生素 D 和/或维生素 A 棕榈脂的载体由下列任何一种组成：酥油、玉米油、淡炼乳、脱脂乳粉、聚山梨醇酯 80、丙二醇和甘油单油酸酯。所有浓缩液最好在冷藏条件下储存，除非制造商的说明书指示在其他条件下储存。为了充分分散，黏稠的浓缩液应在添加前放置于室温。

添加的需要

维生素 A 是脂溶性的。它与脂混合时会溶解，但不溶于水。因此，维生素 A 存在于全脂乳中，在低脂乳中含量较低，而在脱脂乳中不存在，除非这些产品被强化。

维生素 D 是肠道内钙吸收的主要调节剂。普遍认为，强化维生素 D 的鲜乳实际上消除了饮用牛奶儿童的佝偻病。正常水平的维生素 D 对促进儿童钙的吸收是必须的，而且已知随着年龄的增长同样需要正常水平的维生素 D。维生素 D 还与绝经妇女骨质疏松症的发病率降低有关。

维生素 A 有很多功能。其中之一是，使眼睛的视网膜对暗光有反应。维生素 A 缺乏引起夜盲症。维生素 A 还与眼睛分辨颜色的能力有关。

液体乳中维生素 A 和 D 过量对公众健康是一个潜在的威胁。过量强化使液态乳中维生素 A 水平超过 6000IU 和维生素 D 水平超过 800IU，应参考 FDA 对健康危害的评论。

与强化有关的问题

脂含量大的乳或乳制品是相对较好的维生素 A 食物来源，但是与其他天然食品相比，未强化乳的维生素 D 含量相当低。与其他的乳成分一样，维生素 A 和维生素 D 的含量受品种、季节、饮食和哺乳期的影响，就维生素 D 而言，还受动物在阳光下的暴露有关。

一般情况下，哺乳期的动物从牧草转换为秋季饲料时，生鲜乳中维生素 A 和维生素 D 的含量预计会下降。这种情况在整个冬季会慢慢发生，直到春季动物再转换为牧草。正确选择饲料和浓缩饮食，可以使这种影响保持在最低限度。天然维生素 A 的浓度范围从冬季 400IU 到夏季 1200IU，维生素 D 的浓度范围从冬季 5IU 到夏季 40IU。这些都是大致的范围，表明可能有季节性变化。由于天然维生素浓度的季节性和其他变化，检测强化的浓度是必要的，以确保浓度在良好操作规范的要求之内。

维生素浓缩液效价会随着时间递减。浓缩液应按照生产厂家的建议储存，以维持标示的效价。维生素浓缩液效价应由维生素供应者核定。

维生素 D 在均质全乳中很稳定，并且不受巴氏杀菌或其他加工步骤的影响。在长期正确储存过程中，强化的均质全乳中的维生素 D 将会保持恒定，很少或不会损失维生素效价。在正常的有效期内，维生素 D 不会出现损失。

维生素 A 和 D 强化的脱脂乳制品的维生素 A 会递减，因为维生素 A 不再像全脂乳中受到脂的保护。在液体脱脂或低脂乳中，添加的维生素 A 在正常储存 [4.5℃ (40℉)，暗处] 过程中会逐渐变质，但在透明的玻璃瓶或半透明的塑料容器中，当乳暴露在阳光下时维生素 A 会迅速被破坏。添加的维生素 A 的光化裂解依赖于光的强度和波长，以及乳的来源。使用琥珀色或棕色玻璃瓶、能够阻挡特定光的有色塑料容器和彩色纸箱能延缓这种破坏作用。在不透明的塑料容器中，暴露在 200ft 烛光（220lx）亮度下 24h，来自 5 个乳加工厂的降脂乳（2%）中的维生素 A 的损失 8%~31% 不等。使用有色容器或金色屏蔽荧光管，能实际上消除这些损失。

注意：图 58 详述了两个快速维生素强化装置，使用两个泵和两个维生素浓缩液源。这使得通过三通阀的调整，能够从不同的维生素浓缩液和不同速度的泵之间调整。

建议：

1. 使用洁净的止回阀把维生素浓缩液和乳品管道分开。

2. 所有乳或乳制品接触面应该是卫生设计、易清洗，并便于检查。

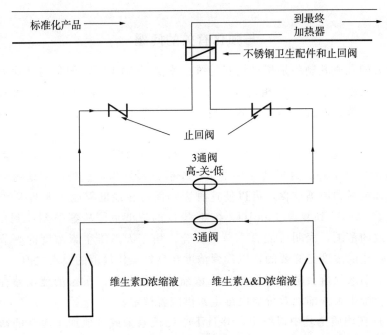

图 58　维生素强化

附录 P 基于性能的乳牛场检查系统

前言

相对"A"级乳牛场传统常规的每 6 个月检查一次的频率，基于性能的检查系统可作为一种可选方案，为监管机构提供了选择方案。对于一些监管机构来说，常规地每年两次检查每一个农场可能提供有效的监管，并能高效利用检验资源。但对于其他一些监管机构，根据生产者的乳品质量和检验性能确定常规农场检查频率的可选系统可能是更可取的，且同样有效，而且使有限的检查资源得到最有效的利用。投入到基于性能的农场检测系统中的全部检查精力，可能和传统检查系统相比或多或少，传统检查需要至少每 6 个月常规检查每个农场一次。

检查间隔和标准

使用前 12 个月的农场检查和乳品质量数据，乳牛场应被划分为至少每 3 个月一次。下列标准应被用于把农场分为 4 个检查间隔，定义如下：

最低一年检查间隔（每 12 个月检查一次）。

下面的所有标准应满足前 12 个月：

1. 不超过一份样品的标准平板计数（SPC）＞25000，但少于 100000；

2. 所有样品的体细胞计数（SCC）≤500000；

3. 无冷却温度违规；

4. 无药物残留违规；

5. 在农场检查的过程中，未观察到"关键控制点"违规。FDA2359a 中规定的乳场检查报告中确认的关键违规如：

a. 10——清洁和 11——消毒；

b. 15（d）——药物正确标示和 15（e）—药物正确使用和储存；以及

c. 18——冷却（重大违规）；

6. 无导致掺杂或即将发生健康危害的重大风险的违规；

7. 不超过 5 项任何检查表上记录的违规；

8. 无任何检查项目上连续的检查违规；

9. 没有由于检查、乳品质量或药物残留缺陷而暂扣许可证、证书或执照的记录；以及

10. 分类时细菌学安全的供水。

注意： 在此类别的农场因为一个乳质量参数违规（SCC＞500000 或冷却温度违规）而被重新归类为 6 个月检查间隔，如果在接下来的 6 个月满足所有 10 个上面列出的标准，可重新归类为一年的检查间隔。

最低 6 个月检查间隔（每 6 个月检查一次）：

下面的所有标准必须满足前 12 个月：

1. 可能有超过一份样品的标准平板计数（SPC）＞25000；

2. 可能有一份或多份样品的体细胞计数（SCC）＞500000；

3. 因为之前的官方 4 份样品结果中有 2 份 SPC 和 SCC 不符合而收到不多于一封的警告信函；

4. 无冷却温度违规；

5. 无药物残留违规；

6. 在农场检查的过程中，未观察到"关键控制点"违规。FDA2359a 中规定的乳场检查报告中确认的关键违规如：

a.10—清洁和 11—消毒；

b.15（d）—药物正确标示和 15（e）—药物正确使用和储存；以及

c.18—冷却（重大违规）；

7. 无导致掺杂或即将发生健康危害的重大风险的违规；

8. 不超过五（5）项任何检查表上记录的违规；

9. 无任何检查项目上连续的检查违规；

10. 没有由于检查、乳品质量或药物残留缺陷而暂扣许可证、证书或执照的记录；以及

11. 分类时细菌学安全的供水。

注意： 符合 1 年或 6 个月检查间隔标准，但农场检查和乳品质量的历史小于 12 个月的农场，即新农场，应被分配到 6 个月的检查间隔。

最低 4 个月检查间隔［每 4 个月检查 1 次］：

下面列出的任何标准，会导致农场从下次重新分类的 12 个月被置于此检查间隔：

1. 因为之前的官方 4 份样品结果中有 2 份 SPC 和 SCC 不符合而收到多于 1 封的警告信函；

2. 农场的状态造成监管机构采取正式的监管行动，即发出警告信函、意图暂扣许可证、复检等；

3.1 次药物残留违规；

4. 在农场检查的过程中，观察到"关键控制点"违规。FDA2359a 中规定的乳场检查报告中确认的关键违规如

a.10—清洁和 11—消毒；

b.15（d）—药物正确标示和 15（e）—药物正确使用和储存；以及

c.18—冷却（重大违规）；

5. 有一项导致掺杂或即将发生健康危害的重大风险的违规；

6. 任何检查中超过五（5）项违规；

7. 分类时不安全的供水。

最低 3 个月检查间隔［每 3 个月检查 1 次］：

下面列出的任何标准，会导致农场从下次重新分类的 12 个月被置于此检查间隔：

1. 超过 1 次的药物残留违规；

2. 在之前 12 个月的评估期，以药物残留违规之外的任何理由被监管机构暂停向市场销售的任何农场；以及

3. 农场的状态或乳品质量参数造成监管机构采取正式的监管行动，即发出警告信函、意图暂扣许可证、复检等，这样的违规事故超过 1 次；

注意：上述针对"A"级农场检查间隔的指南不是意在阻止更频繁的农场检查间隔，如果监管机构判断认为更频繁的间隔是必要的。

附录 Q 用于生产巴氏杀菌、超巴氏杀菌、无菌加工和包装或经包装后进行高温蒸汽灭菌处理的"A"级生鲜乳的自动挤乳设备的操作

本附录的目的是阐明自动挤乳设备如何构造、安装、操作、监控、维护等符合本《条例》要求。本附录的格式按照本《条例》第七章所述的条目排列。本附录列出了强制要求和推荐建议。

自动挤乳设备计算机系统的一般要求:

自动挤乳设备拥有的计算机系统可经编程来监控和/或控制各种传感器、仪表及各种装置的运行状态,例如泵和阀;拥有数据采集、存储和报告系统;拥有多重用途和位置的通讯网络;由于电子和计算机系统能完成广泛的工艺验证和异常报告,这些标准是仅符合本附录第1、第13、第14项。

乳牛场应有经认证、受过自动挤乳设备生产厂家或自动挤乳设备生产厂家指定的代表训练的代表对自动挤乳设备系统的程序进行变更。

生产厂家的书面或电子文档有关第1、第13、第14项的计算机系统监控及控制功能应解释控制的设备,监控的传感器和仪表及检测程序。文件应有经乳牛场认证的代表的签名并且当监管机构、评级机构和/或食品药品管理局(FDA)要求时应可供查阅。文件应说明第1、第13和第14项:

1. 使用的软件版本,控制或监控的装置及其位置,以及监控的传感器或仪表及其位置;

2. 所有计算机系统的控制和监控装置的检测程序;

3. 计算机、装置、仪表、传感器硬件的任何变更及维护的程序,以及

4. 有关如何在计算机系统访问这些信息的说明。

注意: 按照监管机构的指示,对设备管理进行确认。

支持电子报告的数据应存储于数据库或数据档案系统。根据本《条例》规定,乳牛场应保存相关变化和确认的书面或电子记录。该记录应包括管理计算机系统的经认证的乳牛场代表签名并且这些记录当监管机构、评级机构和/或食品药品管理局(FDA)要求时应可供查阅。

应在计算机系统试运行时及监管机构认为有必要的其他频率下,对计算机系统的所有控制功能实施确认并备案。应由评级机构和食品药品管理局(FDA)在乳牛场例行检查期间对计算机系统的控制功能进行检验和确认。

第 1r 条 异常乳

自动挤乳设备应有能力鉴别并抛弃来自产生有异常乳的动物的乳。气味的评估目前以农场散装乳储乳罐/乳罐为基础进行，不应与使用自动挤乳设备的牧群有任何不同。

乳牛场应有用于描述异常乳是如何被适时发现和适当处理的书面程序，和用于健康动物挤乳且不受污染的设备。程序还应能记录自动挤乳设备系统发生的物理变化。

在计算机系统试运行时，应对所有负责适时发现和适当处理异常乳的计算机系统控制功能实施确认并记录。该确认指监管机构人员的目视观测；或文件表明该检测由自动挤乳设备生产厂家指定的代表完成；或监管机构许可的其他方式。乳牛场应保存所有所需方案的书面或电子信息，当监管机构、评级机构和/或食品药品管理局（FDA）要求时应可供查阅。

生产异常乳的动物应被转入一个围栏中，在挤乳系统清洗和消毒之前直接挤乳，或通过适当的识别系统对这种动物进行识别，以便这种动物的乳会被自动从用于销售的乳中排除出去，但已经接触异常乳的挤乳系统应立即清洗和消毒。

第 2r 条 挤乳棚或挤乳间—建造

自动挤乳设备的挤乳容器应与任何其他挤乳间同样对待。目的是为泌乳动物提供一个清洁的环境。所有通风空气应来自牧畜居住区的外部。自动挤乳设备应放置于能为员工提供清洁通道的地方。

第 3r 条 挤乳棚或挤乳间—清洁

自动挤乳设备的挤乳容器应像任何挤乳和设备清洁区域那样保持清洁。建议经常用水冲洗挤乳平台，以除去任何可能会积蓄的粪便。

第 9r 条 器皿与设备—构造

自动挤乳设备从卫生建造和安装的角度来看和任何其他挤乳系统一样，就建造、安装、可检测性、乳接触面的适用性和光洁度等方面来说，应符合与常规挤乳系统相同的标准。

第 10r 条 器皿与设备—清洁

自动挤乳设备是一种连续的挤乳系统，应在使用一段时间后关闭并进行清洁，此清洁间隔应能够防止该系统逐渐积聚污物。建议此间隔不超过 8 小时。

第 11r 条　器皿与设备—消毒

像任何其他挤乳系统一样，自动挤乳设备在每次清洁之后和/或每次使用之前应消毒。

第 12r 条　器皿与设备—储存

每当该挤乳系统被清洗和/或消毒时，自动挤乳设备应有正压空气通风系统。用于该通风系统的空气应来自牧畜居住区的外部，并且应尽可能地清洁和干燥。该正压空气通风系统也应需要在挤乳过程中运行，如果需要尽可能地减少气味、湿气和/或病虫害防治。

第 13r 条　挤乳：腹翼、乳房及乳头

自动挤乳设备生产厂家应向食品药品管理局（FDA）提交表明用于其挤乳系统的乳头预处理系统与本《条例》第 13r 条"行政程序"第 4 项有相同效果的数据。"在挤乳之前应当用消毒液对乳头进行处理，并在挤乳前保持其干燥。"每个自动挤乳设备安装者应向乳生产者和监管机构提供这份食品药品管理局（FDA）认可的副本，其中包括对这份食品药品管理局（FDA）认可的同等效果程序的详细描述。每个乳生产者应在农场中保留一份认可的乳头预处理协议副本以及适当的自动挤乳设备生产商乳头预处理协议确认程序。

在计算机系统试运行时，应对所有负责乳头预处理的、适当的计算机系统控制功能实施确认并记录。该确认指监管机构人员的目视观测；或文件表明该检测由自动挤乳设备生产厂家指定的代表完成；或监管机构许可的其他方式。乳牛场应保存所有所需方案的书面或电子信息，当监管机构、评级机构和/或食品药品管理局（FDA）要求时应可供查阅。

第 14r 条　防止污染

挤乳杯组的乳杯（膨胀）在乳头预处理过程中应适当屏蔽，或变化可能会被单独评估，也可能受到食品药品管理局（FDA）和监管机构的许可，以确保污染物不应进入乳杯，进而进入乳中。

自动挤乳设备设计为能自动从挤乳移向清晰/消毒位置；因此应具备乳的适当分离和就地清洁（CIP）解决方案，通过清洁和/或消毒方案措施将乳品交叉污染的风险最小化。自动防故障阀门方案提供与内部连线的截流泄压阀门系统设计相同的保护，如本《条例》第 14r 条所述，应位于需要防止交叉污染的位置。在异常乳和用于销售的乳之间，以及清洁/消毒溶液和用于销售的乳之间，应提供隔离。

每个乳生产者都应在乳牛场保留一份自动挤乳设备生产厂家的自动防故障阀门系

统的检测确认程序的档案副本。

有清洗管路延伸通入持续连接到该挤乳系统的冲洗槽的自动挤乳设备，应有与冲洗管道的直径相等能提供空气断路的阀门方案。

第 18r 条　生鲜乳冷却

用于巴氏杀菌、超巴氏杀菌、无菌加工和包装或经包装后进行高温蒸汽灭菌处理的的生鲜乳在挤乳开始后的四（4）小时或更短时间内应冷却至10℃（50℉），然后在完成挤乳后的两（2）小时内冷却到7℃（45℉）。在这时间之后，农场散装乳储乳罐/乳罐中的乳温度不应超过7℃（45℉）。在本《条例》没有事先要求的情况下，建议使用农场散装乳储乳罐/乳罐记录温度计。

附录 R 乳和/或乳制品的时间/温度安全性控制的确定

　　食品工艺师学会（IFT）制定和提交了一份报告，作为食品药品管理局（FDA）协议的一部分，其中包含了对食品药品管理局（FDA）所提出的各种问题的回答，这些问题与潜在有害的食物（PHF）有关。食品工艺师学会审查了潜在有害的食物（PHF）这一术语，并建议对时间/温度安全性控制（TCS）食品以及对确定制备食品加工技术的有效性的科学框架进行改动。

　　本报告审查了一些内在因素，例如 A_w、pH、氧化还原电位、天然和添加的抗微生物剂、以及竞争性微生物；还有外在因素，例如包装、环境、储存条件、加工步骤和影响微生物生长的新保鲜技术。报告还分析了与食品的时间/温度安全性控制有关的微生物危害。

　　食品工艺师学会（IFT）制定了一个框架，可以用来判断一种食品是否是时间/温度安全性控制（TCS）的食品。

　　此框架中适用于"A"级乳及乳制品的部分包括两个表格：经巴氏杀菌后包装（表A）；未经巴氏杀菌或虽经巴氏杀菌但未包装（表B）。这两个表格都考虑到了乳和乳制品 pH 和 A_w 的相互作用。当需要进一步的产品评估（PA）时，微生物挑战检测（接种研究）的应用会与病原菌模型程序（PMP）以及乳和/或乳制品的重新配方一起被讨论。该报告中包括一份全面参考清单。

　　温度/时间的安全控制（TCS）食品的定义是针对是否需要时间/温度安全性控制来限制病原体生长或毒素形成而言。该定义不包括那些不支持细菌生长，但可能本身含有的病原微生物、化学或物理食品安全危害水平足以导致食源性疾病或损害的食品。所有食源性致病菌的增殖，无论快慢都要被考虑在内。

　　温度/时间的安全控制（TCS）的定义需要考虑 pH、A_w 和 pH，A_w 的相互作用、巴氏杀菌以及后续包装，并可以作为一种食品是否需要时间/温度安全性控制的一种相对简单的判定方式。如果乳或乳制品为杀灭致病性营养细胞而进行巴氏杀菌，需要解决不同于生鲜产品或加热不足的生鲜产品的有关问题。此外，如果乳或乳制品为防止再次污染，经过巴氏杀菌后包装，那么更高范围的 pH 和/或 A_w 是可以容忍的，因为产芽孢细菌是唯一要关注的微生物危害。乳及乳制品应当处在一个限制进入的区域以防止污染，并在符合"A"级巴氏杀菌乳的温度要求下包装。在某些乳或乳制品中，pH 和 A_w 都很低，其本身控制或消除病原菌的生长是不可能的；但通过 pH 和 A_w 的相互作用可以解决这个问题。这是一个栅栏技术的实例。所谓栅栏技术，就是利用一些抑制因子在一起使用来控制或消灭病原菌的生长，而当这些抑制因子单独使用时是无法对这些病原菌起到抑制作用的。

另一个重要的考虑因素是复合产品。复合产品是一种有两种或多种不同食品成分的产品，两种成分之间存在一个界面，可能具有与其中任何一种成分都不同的特性。确定食物是否有不同的成分，如添加水果和/或蔬菜的软白干酪凝乳和奶油调味剂的混合物，或是确定食物是否有一致的稠度，如含奶油软白干酪或原味酸奶。在这些产品中，界面 pH 在确定该产品是否是温度/时间的安全控制（TCS）乳或乳制品方面是重要的。

在下列情况下，食品药品管理局（FDA）采信的适当依据（例如，其他已发布的科学技术研究和/或一项接种项目研究）可用于判定一种食品是否可在没有时间/温度控制下保存。

1. 产品为复合产品；或

2. 在食品中发现其他外部因素（包装/环境）或内部因素（氧化还原电位、盐含量、抗生素等）用于控制或消灭病原体生长。

在使用表 A 和表 B（包含在本《条例》的乳和乳制品的时间/温度安全控制的定义中）确定乳或乳制品是否需要温度/时间的安全控制（TCS）之前，应考虑对以下问题的答案：

1. 拟不使用时间或温度控制保存乳或乳制品吗？如果答案是"否"，不需要执行后续决策。如果该产品是温度/时间的安全控制（TCS）乳或乳制品，不需要判定对应决策树。

2. 这种乳或乳制品是生鲜乳或热处理乳吗？或这种乳或乳制品经过巴氏杀菌吗？

3. 是否本《"A"级巴氏杀菌乳条例》已经对该乳或乳制品要求温度/时间的安全控制（TCS）？

4. 该产品基于良好科学理论基础的历史记录是否具有表明其使用安全的历史记录？

5. 是否乳或乳制品经过加工和包装就不再需要温度/时间的安全控制（TCS）？如无菌加工和包装的"A"级低酸乳和/或乳制品，和/或包装后蒸煮处理的"A"级低酸乳和/或乳制品？

6. 基于食品药品管理局（FDA）采信的实验室检测结果，对应问题乳或乳制品的 Aw 和 pH 是多少？

在表 A 或表 B 中，一种乳或乳制品被指定需要进一步的产品评估（PA）时应该考虑温度/时间的安全控制（TCS），直到提供了证明这种产品安全的足够信息。产品评估（PA）是一种对不支持致病微生物生长的乳或乳制品组能力的评估。这项评估包括（但不限于）：相似乳制品的文献综述、接种研究、专家风险评估和/或监管部门评估。

使用表 A 和表 B 的说明

1. 操作人员是否要不使用时间或温度控制而保存这种乳或乳制品？

a. 否：按照本《"A"级巴氏杀菌乳条例》的要求，继续在 7℃（32℉）或更低温度保存这种乳或乳制品。

b. 是：继续使用决策树，以确认使用哪个表来确定是否需要温度/时间的安全控制（TCS）。

2. 这种乳或乳制品是否已经过巴氏消毒？

a. 否：这种乳或乳制品是生鲜乳或热处理乳。继续步骤＃3。

b. 是：该乳或乳制品的巴杀处理过程达到了本《条例》巴氏杀菌定义中规定的乳或乳制品需要的最低时间和温度。继续步骤＃4。

3. 这种乳或乳制品是否使用了一些与巴氏杀菌等效的其他方法？

a. 否：这种乳或乳制品是生鲜乳或热处理乳，这可能会使营养细胞和芽孢生存。继续步骤＃6。

b. 是：如果使用另一种与巴氏杀菌等效的方法破坏病原体，如辐射、高压处理、脉冲光、超声波、感应加热等，这种新技术应当应已被食品药品管理局（FDA）采纳可实现与巴氏杀菌等效的乳或乳制品安全性，且处理效果应当由足够的证据或其他手段证明。继续步骤＃5。

4. 是否经过包装以防止再次污染？

a. 否：巴氏杀菌后产品的再次污染也会发生，因为产品没有被立即包装。继续步骤＃6并使用表B。

b. 是：如果乳或乳制品经过巴氏杀菌后立即被包装以防止再次污染，更高范围的pH和/或 A_w 是可以接受的，因为产芽胞细菌是唯一关注的微生物危害。继续步骤＃6并使用表A。

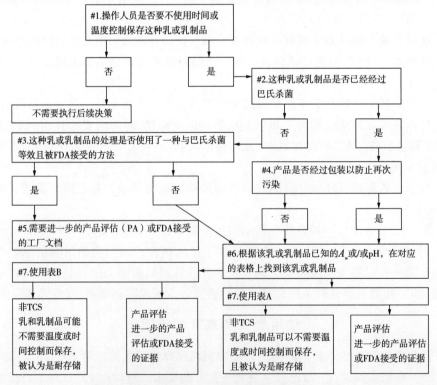

图59　基于 pH、A_w 或 pH 和 A_w 的组合确定一种乳或乳制品是否需要时间/温度控制安全性的决策树

源文档：食品工艺师学会（IFT）2001 版的《潜在危害食品的评估和定义》，

获取网址为：http://www.fda.gov/~comm/ift4exec.html.

5. 需要进一步的产品评估（PA）或工厂文档。

a. 本产品的制造商可提供能够被食品药品管理局（FDA）采信的依据，依据表明这种乳或乳制品在没有时间/温度安全性控制（TCS）的情况下可以安全地保存。

b. 使用新技术制备或加工的乳或乳制品可以不需时间/温度控制而保存，前提是这种新技术已经被食品药品管理局（FDA）认可能够实现与巴氏杀菌等效的乳或乳制品安全性，且使用该技术的有效性是基于食品药品管理局（FDA）采信的依据。

6. 基于该乳或乳制品的加工参数，已知的 A_w 和/或 pH，在对应的表格上找到该乳或乳制品。

a. 选择"pH"项下包含该问题乳或乳制品 pH 值的对应列。

b. 选择"A_w"项下包含该问题乳或乳制品 A_w 值的对应列。

c. 查看行和列相交处确认这种乳或乳制品是否是非温度/时间的安全控制（TCS）的食品，如果是则不需要时间/温度控制，或确认是否需要进一步的产品评估（PA）。其他因素，如氧化还原电位、竞争性微生物、盐分含量或加工方法，可能使产品在没有时间/温度控制的情况下保存；但是，需要提供食品药品管理局（FDA）认可的依据。

7. 乳或乳制品没有经过巴氏杀菌或经过巴氏杀菌但没有立即包装，致病性芽孢和营养细胞都是关注的问题，则使用表 B；或乳或乳制品经过巴氏杀菌并立即包装，只有致病性芽孢是关注的问题，则使用表 A。

8. 如果乳或乳制品是非温度/时间的安全控制（TCS）或需进一步产品评估（PA）相应的决策。

附录 S 无菌加工和包装方案以及包装后蒸煮处理方案

无菌加工和包装方案旨在涵盖所有的"A"级低酸（《美国联邦法规》（CFR）第21篇第113部分）无菌加工和包装的乳和/或乳制品。

包装后蒸煮处理方案旨在涵盖所有的"A"级低酸（《美国联邦法规》（CFR）第21篇第113部分）包装后蒸煮处理的乳和/或乳制品。

注意： 包装后蒸煮处理的低酸性乳和/或乳制品，如果作为一种成分用于生产任何符合本《条例》乳制品定义的乳和/或乳制品，或者如果被标注为符合本《条例》第四节描述的"A"级，那么在本《条例》乳制品的定义中应理解为"A"级乳和/或乳制品。

州际乳品货运商（IMS）列出的生产无菌加工和包装的低酸性乳和/或乳制品，和/或生产包装后蒸煮处理的低酸性乳和/或乳制品的乳加工厂或乳加工厂部分区域的检查应由与本《条例》要求相符的监管机构执行，至少每6个月提供一次以下信息。按本《条例》规定，乳加工厂的无菌加工和包装系统（APPS）或包装后蒸煮处理系统（RPPS）分别在本条例中定义声明不受本《条例》第7p、第10p、第11p、第12p、第13p、第15p、第16p、第17p、第18p和第19p条的限制，且应当符合《美国联邦法规》（CFR）第21篇第108、第110和第113部分适用的部分。乳加工厂的无菌加工和包装系统（APPS）和/或包装后蒸煮处理系统（RPPS），应分别由食品药品管理局（FDA）或食品药品管理局（FDA）指定的州监管机构根据《美国联邦法规》第21篇第108、第110和第113部分适用的要求以食品药品管理局（FDA）确定的频率进行检查。

按本《条例》规定，当无菌加工和包装系统（APPS）被用于生产无菌加工和包装的低酸性乳和/或乳制品和巴氏杀菌和/或超巴氏杀菌的乳和/或乳制品时，无菌加工和包装系统（APPS）应由与本《条例》第七章中所述要求相符的监管机构进行检查和测试。

无菌加工和包装方案和包装后蒸煮处理方案"A"级 PMO/CFR 比较摘要参考

PMO，第七章条目	无菌方案/蒸煮方案	授权
1p. 地面—建筑	用于无菌加工和包装以及包装后蒸煮处理的低酸性乳和/或乳制品的储藏间不需要地面排水管道	PMO
2p. 墙壁和天花板—建筑	用于无菌加工和包装以及包装后蒸煮处理的低酸性乳和/或乳制品的干燥储藏间的天花板要求除外（同乳粉或乳制品）	PMO
3p. 门窗	无	PMO
4p. 照明和通风	无	PMO

续表

PMO，第七章条目	无菌方案/蒸煮方案	授权
5p. 独立的房间	在无菌加工和包装系统（APPS）和/或包装后蒸煮处理系统（RPPS）各自范畴内，用于无菌加工和包装以及包装后蒸煮处理的低酸性乳和/或乳制品的容器和封盖的制造除外	PMO
6p. 厕所—污水处理设施	无	PMO
7p. 供水*	无菌加工和包装系统（APPS）和/或包装后蒸煮处理系统（RPPS）除外，但应分别遵守 CFR	PMO/CFR
8p. 洗手设施	无	PMO
9p. 乳加工厂清洁	无	PMO
10p. 洁净的管道*	无菌加工和包装系统（APPS）和/或包装后蒸煮处理系统（RPPS）除外，但应分别遵守 CFR	PMO/CFR
11p. 容器和设备的构造和维修*	无菌加工和包装系统（APPS）和/或包装后蒸煮处理系统（RPPS）除外，但应分别遵守 CFR。经无菌加工和包装或包装后蒸煮处理的乳和/或乳制品包装用容器和封盖所用的纸、塑料、铝箔和其他成分不需要遵守本《条例》附录 J 的要求；不需要来源于洲际乳品货运商（IMS）所列资源；需要符合 CFR 的要求	PMO/CFR
12p. 容器和设备的清洗和消毒*	无菌加工和包装系统（APPS）和/或包装后蒸煮处理系统（RPPS）除外，但应分别遵守 CFR	PMO/CFR
13p. 清洁后的容器和设备的存放*	无菌加工和包装系统（APPS）和/或包装后蒸煮处理系统（RPPS）除外，但应分别遵守 CFR	PMO/CFR
14p. 一次性容器、器皿和材料的保存	无	PMO
15p.（A）防止污染*	无菌加工和包装系统（APPS）和/或包装后蒸煮处理系统（RPPS）除外，但应分别遵守 CFR	PMO/CFR
15p.（B）防止污染—交叉污染*	无菌加工和包装系统（APPS）和/或包装后蒸煮处理系统（RPPS）除外，但应分别遵守 CFR。无菌加工和包装系统（APPS）和/或包装后蒸煮处理系统（RPPS）各自设备不受《巴氏杀菌乳条例》的单独要求限制，该要求与在乳和乳制品跟清洁用和/或化学消毒用溶液之间的蒸汽阻塞块的测量有关	PMO/CFR
16p. 巴氏杀菌与无菌加工和包装（A）至（D）	无菌加工和包装系统（APPS）和/或包装后蒸煮处理系统（RPPS）除外，但应分别遵守 CFR。监管机构不需要进行季度性设备测试和封存无菌和/或加工设备。在例行检查、评级和核查评级时，记录和记录图表不需要审查	CFR

续表

PMO，第七章条目	无菌方案/蒸煮方案	授权
17p. 乳和乳制品的冷却*	无菌加工和包装系统（APPS）和/或包装后蒸煮处理系统（RPPS）；以及无菌加工和包装以及包装后蒸煮处理的低酸性乳和/或乳制品的储存除外，但应分别遵守 CFR	PMO/CFR
18p. 装瓶、包装及容器灌装*	无菌加工和包装系统（APPS）和/或包装后蒸煮处理系统（RPPS）除外，但应分别遵守 CFR	CFR
19p. 盖子、容器闭合和密封以及乳粉制品的保存	无菌加工和包装系统（APPS）和/或包装后蒸煮处理系统（RPPS）除外，但应分别遵守 CFR	CFR
20p. 人员－清洁	无	PMO
21p. 车辆	无	PMO
22p. 环境	无	PMO
* 注意：按本《条例》规定，在乳加工厂的区域内，这些项目仅分别专用于此无菌加工和包装系统（APPS）和/或包装后处理系统（RPPS），这些项目应分别按照适用的食品药品管理局（FDA）法规进行检查和监管（《美国联邦法规》第21篇第108、第110和第113部分）。		